名校名师精品系列教材

Fundamentals of Computer Network Technology

计算机网络技术基础

叶礼兵 王永学◉主编
张倩 李昌斌 吴伟强◉副主编

人民邮电出版社
北京

图书在版编目（CIP）数据

计算机网络技术基础 / 叶礼兵，王永学主编. -- 北京：人民邮电出版社，2024.4
名校名师精品系列教材
ISBN 978-7-115-45205-4

Ⅰ. ①计… Ⅱ. ①叶… ②王… Ⅲ. ①计算机网络—教材 Ⅳ. ①TP393

中国版本图书馆CIP数据核字(2021)第272119号

内 容 提 要

本书立足于网络技术发展趋势和实际网络技术人才需求，以生动的案例为载体，从易到难，遵循学生职业能力培养的基本规律，教学内容设计科学。全书共 9 个模块，分别为计算机网络基础认知、数据通信技术及硬件认知、网络协议与 IPv4 编址认知、以太网组建、无线局域网组建、广域网技术及接入互联网、网络安全技术及部署、互联网服务及部署，以及企业网组建综合实践。

本书可以作为高职院校计算机网络、通信、电子等信息技术相关专业基础课程的教材，也可以作为计算机网络技术基础的培训教材及自学参考书。

◆ 主　　编　叶礼兵　王永学
副 主 编　张　倩　李昌斌　吴伟强
责任编辑　郭　雯
责任印制　王　郁　焦志炜
◆ 人民邮电出版社出版发行　　北京市丰台区成寿寺路 11 号
邮编　100164　　电子邮件　315@ptpress.com.cn
网址　https://www.ptpress.com.cn
北京捷迅佳彩印刷有限公司印刷
◆ 开本：787×1092　1/16
印张：17.25　　2024 年 4 月第 1 版
字数：485 千字　　2024 年 9 月北京第 2 次印刷

定价：59.80 元

读者服务热线：(010)81055256　印装质量热线：(010)81055316
反盗版热线：(010)81055315
广告经营许可证：京东市监广登字 20170147 号

前言 FOREWORD

党的二十大报告对加快建设网络强国、数字中国作出了重要部署，开启了我国信息化发展新征程。随着物联网、云计算和人工智能等技术的逐渐成熟和广泛应用，几乎每个组织、每个家庭、每个人都已经逐渐融入万物互联的数字世界。在万物互联的数字世界中，基于 TCP/IP 的信息网络技术起到了举足轻重的作用。构建 IP 网络系统，能够实现不同区域、不同用户和不同终端之间的数据通信和应用的互通，为广泛而丰富的互联网应用提供坚实的基础。

本书以网络工程师实际工作过程为导向，以职业认证为抓手，以真实工作任务为依据，采用模块化教学的方式组织内容，每个项目都源自实际工作任务。全书共 9 个模块，含 17 个实训和 1 个综合实践，介绍了计算机网络基础知识、数据通信技术及硬件、网络协议与 IPv4 编址、以太网和无线局域网组建、广域网技术、网络安全技术、互联网服务，以及企业网组建综合实践等内容。全书的实训以华为网络设备为硬件平台，以网络工程项目为依托，读者可在 eNSP 上完成实训。

本书的参考学时为 64～96 学时，建议采用理论实践一体化的教学模式，各模块的参考学时见学时分配表。

学时分配表

模块	课程内容	学时数
模块 1	计算机网络基础认知	4～6
模块 2	数据通信技术及硬件认知	6～8
模块 3	网络协议与 IPv4 编址认知	8～10
模块 4	以太网组建	10～14
模块 5	无线局域网组建	6～10
模块 6	广域网技术及接入互联网	6～10
模块 7	网络安全技术及部署	6～12
模块 8	互联网服务及部署	8～12
模块 9	企业网组建综合实践	6～10
课程考评		4
总学时数		64～96

本书由叶礼兵、王永学任主编，张倩、李昌斌、吴伟强任副主编。华为技术有限公司和深圳泰克教育科技有限公司为本书的编写提供了技术支持。读者可登录人邮教育社区（www.ryjiaoyu.com）下载本书的相关资源。

由于编者的水平和经验有限，书中难免存在不足及疏漏之处，恳请读者批评指正，编者邮箱为 yelb@szpt.edu.cn，读者也可加入人邮网络技术教师交流群（QQ 群号：159528354）与编者进行联系。

编者

2023 年 11 月

目录 CONTENTS

模块 1

模块 2

模块 3

模块 4

模块 5

模块 6

模块 7

模块 8

模块 9

模块 1 计算机网络基础认知

01

【学习目标】

【知识目标】

- 理解计算机网络定义。
- 理解计算机网络的组成与分类。
- 了解常用网络操作系统。
- 熟悉华为 VRP 操作系统，熟悉华为的 eNSP。

【技能目标】

- 能够分析与绘制网络拓扑图。
- 能够搭建简单的网络。
- 能够对网络进行基础配置。
- 能够使用命令行管理网络。

【素质目标】

- 掌握实际动手解决问题的能力。
- 在实训中理解团结协作的精神。
- 培养爱国主义精神和工匠精神。

【情景引入】

计算机网络近年来飞速发展，被广泛应用于工业、农业、商业的多个方面，从学校远程教育到政府日常办公，乃至现在的智慧社区，人们的日常生活已经被各种各样的网络包围。可以说，计算机网络几乎无处不在。

“潮男”小白对计算机网络很感兴趣，他决心好好了解一下计算机网络，如计算机网络的组成和功能是什么、有哪些不同的分类、如何衡量网络性能，以及如何组建与管理网络等。

【相关知识】

1.1 计算机网络的发展

V1-1 计算机网络的发展

计算机网络起源于 20 世纪 60 年代，当时网络主要是指基于主机架构的低速串行连接，提供应用程序执行、远程打印和数据服务功能，典型的有国际商业机器（International Business Machines，IBM）公司的系统网络架构（System Network Architecture，SNA）网络与非 IBM 公司的 X.25 公共数据网络。当时，美国国防部资助建立了一个名为阿帕网（ARPANet）的基于分组交换（Packet Switching）的网络，阿帕网就是互联网的雏形。

20 世纪 70 年代，出现了以个人计算机（Personal Computer，PC）为主的商业计算模式。最初，PC 是独立的设备，由于有些商业计算的复杂性过高，要求大量终端设备进行协同操作，局域网（Local Area Network，LAN）就应运而生了。局域网大大降低了商业用户打印机和磁盘昂贵的费用。

20 世纪 80 年代—90 年代，远程计算的需求不断增加，促使计算机界开发了多种互联网协议，如传输控制协议/互联网协议（Transmission Control Protocol/Internet Protocol，TCP/IP）、互联网数据包交换/序列分组交换（Internetwork Packet Exchange/Sequenced Packet Exchange，IPX/SPX）协议，以满足不同计算方式下远程连接的需求。自此以后，互联网开始快速发展，TCP/IP 得到了广泛的应用，进而成了互联网的标准协议。

1.2 计算机网络的相关概念

计算机网络是计算机技术和通信技术相互结合、相互渗透而形成的一门交叉学科。计算机网络是指把分布在不同地理区域的计算机，利用通信线路和通信设备互联成的一个规模大、功能强的系统，系统中的计算机通过使用统一的网络体系和网络协议，从而进行信息传递和资源共享。

V1-2 计算机网络的相关概念

1.2.1 计算机网络的组成

一个典型的计算机网络可以分为硬件组成和软件组成两大部分，其中硬件组成包括计算机系统和数据通信系统（见图 1-1），而软件组成则包括网络软件及协议。

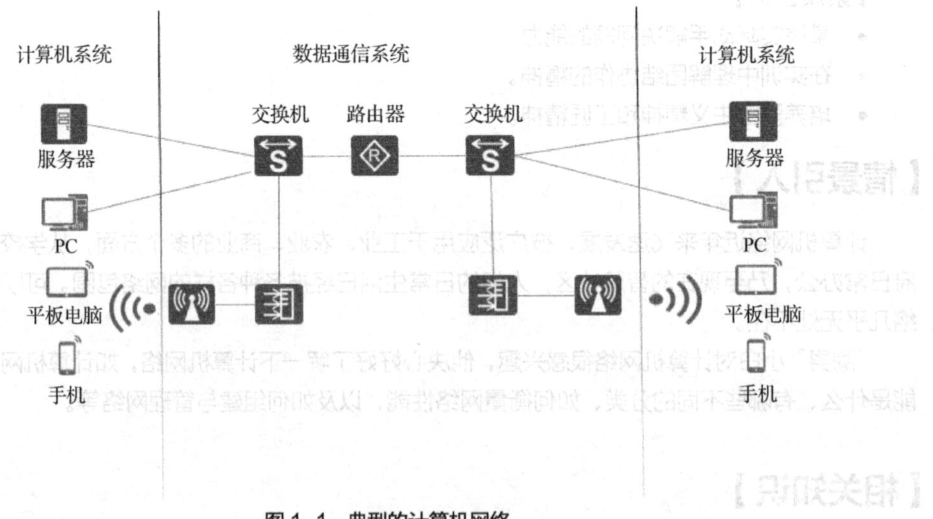

图 1-1 典型的计算机网络

1. 计算机系统

计算机系统主要完成数据信息的收集、存储、处理和输出等，并提供各种网络资源。根据用途，计算机系统可以分为两类：工作站和服务器。其中，工作站是一些具有计算功能的终端，可按照一定的权限访问网络资源，包括 PC、平板电脑、手机等；而服务器通常是一些性能较高的高端计算机，可用于管理网络资源，并为工作站提供网络服务，常见的服务器有文件服务器、计算服务器、邮件服务器、打印服务器等。

2. 数据通信系统

数据通信系统主要包括网络接口卡、通信介质和通信设备，是实现计算机系统之间信息交互的通信系统。

① 网络接口卡：又称网络适配器，主要负责计算机系统与网络之间的信息传输控制，其主要功能包括线路传输控制、差错控制、代码转换以及数据封装与解封装等。

② 通信介质：用于将网络中的各种设备连接起来，是传输数据信号的物理通道，包括有线传输介质和无线传输介质。

③ 通信设备：用于实现网络的互联互通，常见的通信设备包括无线接入控制器（Access Controller，AC）、无线接入点（Access Point，AP）、集线器、交换机、路由器、调制解调器和防火墙等。

3. 网络软件及协议

网络软件及协议是计算机网络中不可缺少的重要组成部分，如果说硬件组成相当于计算机网络的“骨架”，那么网络软件及协议则相当于计算机网络的“血肉”。

① 网络软件：主要指各种网络操作系统，包括在计算机上使用的 Windows、Linux、UNIX、NetWare 等，以及在手机和平板电脑上使用的 iOS、安卓、鸿蒙等。数据通信系统使用的网络操作系统主要有 3 个：华为的通用路由平台（Versatile Routing Platform，VRP）、思科的互联网操作系统（Internetwork Operating System，IOS）和瞻博网络（Juniper）的网络操作系统（Juniper Operating System，JunOS）。

② 网络协议：指为了使计算机网络中的不同设备能进行数据通信而预先制定的一套通信双方相互了解和共同遵守的格式及约定。网络协议是一系列规则和约定的规范性描述，定义了网络设备之间如何进行信息交换。网络协议（各种网络互联终端设备的“法律”）是计算机网络的基础，只有遵从相应协议的网络设备之间才能够通信。如果任意一台设备不支持用于网络互联的协议，则它无法与其他设备通信。

网络协议多种多样，主要有 TCP/IP、诺威尔（Novell）的 IPX/SPX 协议、IBM 的 SNA 协议等。目前被广泛应用的是 TCP/IP，它已经成为互联网的标准协议。

1.2.2 计算机网络的功能

一般来说，计算机网络可以提供以下 4 种功能。

1. 资源共享

计算机网络的出现使资源共享变得很简单，交流的双方可以跨越空间的障碍，随时随地传递信息。

2. 信息传输与集中处理

数据通过计算机网络传递到服务器（Server）中，由服务器集中处理后再回送到终端。

3. 负载均衡与分布式处理

举个典型的例子：一个大型互联网内容提供者（Internet Content Provider，ICP）为了支持更多的用户访问其网站，在全世界多个地方放置了内容相同的万维网（World Wide Web，WWW）服务器，通过一定技术使不同地域的用户看到放置在离其最近的服务器中的相同页面，这种方法实现了各服务器的负载均衡（Load Balancing）和分布式处理（Distributed Processing），同时用户也节省了访问时间。

4. 综合信息服务

计算机网络的一大发展趋势是多维化，即在一套系统上提供集成的信息服务，包括来自政治、经济等各方面的资源，甚至提供多媒体信息，如图像、语音、动画等。在多维化发展的趋势下，许多网络应用的新形式不断涌现，如电子邮件（Electronic Mail）、视频点播（Video On Demand，VOD）、电子商务（Electronic Commerce）、视频会议（Video Conference）等。

1.2.3 计算机网络的分类

计算机网络一般可以从以下几个不同的角度进行分类。

1. 根据网络覆盖范围分类

按其覆盖范围，计算机网络可划分成局域网、广域网，以及介于局域网和广域网之间的城域网。

① 局域网（Local Area Network，LAN）：覆盖范围一般在几千米之内，主要用于将距离较近的计算机系统进行互联，如覆盖一个家庭、一座或几座大楼、一个学校或企业等，主要使用的技术包括以太网、Wi-Fi 等。

② 城域网（Metropolitan Area Network，MAN）：覆盖范围一般是几十千米内，城域网可理解为较大型的局域网，需要的成本更高，但可以提供更快的传输速率，其覆盖范围一般是一个城市，其技术应用主要基于大型局域网技术，如高速以太网（10 吉比特以太网、100 吉比特以太网等）。

③ 广域网（Wide Area Network，WAN）：覆盖范围可以是几十、几百甚至几千千米内，可用于将分布较远的局域网和城域网进行互联。广域网一般会涉及电信运营商的通信网络，使用的技术一般包括高级数据链路控制（High Level Data Link Control，HDLC）、点到点协议（Point-to-Point Protocol，PPP）、帧中继（Frame Relay，FR）、异步传输方式（Asynchronous Transfer Mode，ATM）和虚拟专用网络（Virtual Private Network，VPN）。

2. 根据网络拓扑分类

网络拓扑（Network Topology）是指用传输介质（如双绞线、光纤等）互联各种设备（如计算机终端、路由器、交换机等）所呈现的结构化布局，如图 1-2 所示。

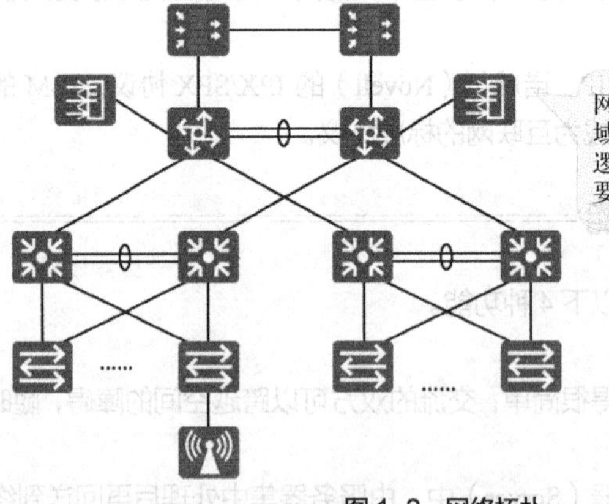

网络拓扑是在网络工程领域用于描述网络的物理或逻辑结构，是一种非常重要的网络内容。
......
......

图 1-2 网络拓扑

按照网络的拓扑形态来划分，计算机网络可分为星形网络、总线型网络、环形网络、树形网络、全网状网络和部分网状网络，如图 1-3 所示。

（1）星形网络

在星形网络中，所有节点通过一个中心节点连接在一起。当使用星形网络时，连接到局域网上的设备间的通信是通过与集线器或交换机的点到点的连线进行的。星形网络易于设计和安装，网络介质直接从中心的集线器或交换机处连接到工作站所在区域。星形网络易于维护，网络介质的布局使得网络易于修改，并且更容易对发生的问题进行诊断。

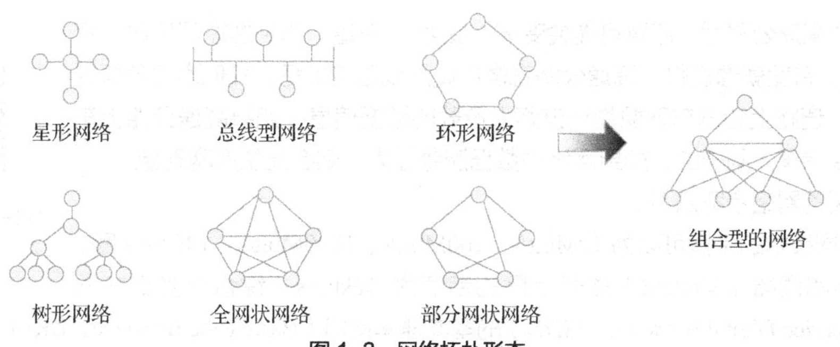

图 1-3 网络拓扑形态

（2）总线型网络

总线型网络是指将各个节点用一根总线连接起来，所有节点间的通信都通过统一的总线完成。在早期的局域网中，这是一种应用很广的网络。其突出的特点是结构简单、成本低、安装和使用方便，消耗的电缆长度短，便于维护。但总线型网络有一个致命的缺点，即总线如果出现故障，则整个总线型网络都会瘫痪。由于总线共享带宽，当网络负载过重时，会导致总线型网络的性能下降。

（3）环形网络

环形网络是指将各节点通过一条首尾相连的通信线路连接起来的封闭的环形网。每一台设备只能和它的一个或两个相邻节点直接通信，如果需要与其他节点通信，则信息必须依次经过两者之间的每一台设备。环形网络可以是单向的，也可以是双向的。单向是指每台设备只能和它的下游节点直接通信，而双向是指数据能在两个方向上进行传输，此时设备可以与两个相邻节点直接通信。

（4）树形网络

树形网络实际上是一种层次化的星形网络。树形网络将多个星形网络连接在一起，易于扩展网络规模，但层级较高节点的故障可能导致大规模的网络故障。

（5）全网状网络

全网状网络是指参与通信的任意两个节点之间均通过传输线直接连接，所以这是一种非常安全、可靠的方案。由于全网状网络不需要竞争公用线路，通信变得非常简单，任意两台设备可以直接通信，而不涉及其他设备。然而，n 个节点构建全网状网络需要 $n(n-1)/2$ 条传输线，这使得在大量节点之间构建全网状网络的费用变得极其高昂。

（6）部分网状网络

区别于全网状网络的两两互联，在部分网状网络中，只有重点节点之间才需要两两互联。与全网状网络相比，部分网状网络成本更低，且可以保障重要节点的可靠性。

在实际组网时，通常会根据成本、通信效率和可靠性等具体需求而采用多种拓扑形态相结合的方法，如图 1-3 所示的组合型的网络。

1.3 计算机网络性能标准

影响网络性能的因素有很多，如传输距离、使用的线路、传输技术、带宽、延迟等。带宽和延迟是衡量网络性能的两个主要指标。

1. 带宽

网络的带宽用于描述在一定时间范围内能够从一个节点传送到另一个节点的数据量。带宽分为模拟带宽和数字带宽，本书所述的带宽指数字带宽。带宽的单位是 bit/s（bit per second），代表每秒钟某条链路上能发送的数据位数。可以这样理解带宽的概念：假定您正在一条 8 车道的高速公路上驱车回家，当您驶离高速公路后，道路可能会变窄，变为 4 车道，当到您家门口时，变为了 2 车道。带宽就像道路，高速公路就像广域网线路的带宽，其他道路就像局域网的带宽，道路上的汽车就像物理链路上承载的数据信息。如果高速公路上车辆过多，则会堵车；同样的，如果网络中数据流量过大，则会发生拥塞现象。

V1-3 计算机网络性能标准

目前常见的网络带宽如下。

① 以太网技术的带宽可以为 10Mbit/s、100Mbit/s、1000Mbit/s、10Gbit/s 等。

② 调制解调器（Modem）拨号上网的带宽为 56kbit/s，综合业务数字网（Integrated Service Digital Network，ISDN）的基本速率接口（Basic Rate Interface，BRI）的带宽最高为 128kbit/s。

③ 非对称数字用户线（Asymmetric Digital Subscriber Line，ADSL）在不影响正常电话通信的情况下可以提供最高 3.5Mbit/s 的上行速度和最高 24Mbit/s 的下行速度。

④ 欧洲复用标准 E1 的主群速率接口（Primary Rate Interface，PRI）带宽约为 2Mbit/s，E2（4 个 E1）的带宽约为 8Mbit/s，E3（4 个 E2）的带宽约为 32Mbit/s。

⑤ 同步光纤网（Synchronous Optical Network，SONET）中有不同的光载波（Optical Carrier，OC）接口，其中，OC-3 接口的带宽为 155Mbit/s，OC-12 接口的带宽为 622Mbit/s，OC-48 接口的带宽为 2.5Gbit/s，OC-192 接口的带宽为 10Gbit/s。

2. 延迟

网络的延迟又称时延，定义了网络把数据从一个网络节点传送到另一个网络节点所需要的时间。例如，一个横贯亚洲的网络可能有 24ms 的延迟，即将一个比特从一端传到另一端将花费 24ms 的时间。

网络延迟主要由传播延迟（Propagation Delay）、交换延迟（Switching Delay）、介质访问延迟（Access Delay）和队列延迟（Queuing Delay）等组成。总之，网络中产生延迟的因素很多，延迟既受网络设备的影响，又受传输介质、网络协议标准的影响；延迟既受硬件制约，又受软件制约。由于物理规律的限制，延迟是不可能完全消除的。

1.4 网络操作系统

网络操作系统是网络的“心脏”，是管理硬件资源的系统软件，是用户与计算机网络之间的接口。网络操作系统除了具有单机操作系统的常用功能之外，还可对整个网络的资源进行协调，实现计算机之间高效、可靠的通信，提供各种网络服务、网络管理功能。

V1-4 网络操作系统 1

1.4.1 网络操作系统概述

网络操作系统包括计算机使用的操作系统和通信设备使用的操作系统，本节着重讲解通信设备使用的操作系统。目前，市面上主要的通信设备厂商包括华为、思科、Juniper、中兴和锐捷等，它们旗下的设备使用不同的网络操作系统。下面介绍华为网络操作系统。

1.4.2 华为网络操作系统

华为的通信设备使用的网络操作系统叫作 VRP。VRP 是华为公司具有完全自主知识产权的网络操作系统，VRP 以 IP 业务为核心，具备组件化的体系结构，拥有 300 项以上的特性。VRP 在提供丰富功能、特性的同时，还提供基于应用的可裁剪能力和可伸缩能力。

VRP 是华为公司从低端到核心的全系列路由器、以太网交换机和业务网关等产品的软件核心引擎，实现了统一的用户界面和管理界面；实现了控制平面功能，并定义了转发平面接口规范，以实现各产品转发平面与 VRP 控制平面之间的交互；实现了网络接口层，屏蔽了各产品数据链路层对网络层的差异。

为了使单一软件平台能运行于各类路由器和交换机之上，VRP 的软件模块采用了组件结构，各种协议和模块之间采用了开放的标准接口。VRP 由通用控制平面、业务控制平面、数据转发平面、系统管理平面、系统服务平面 5 个平面组成。

① 通用控制平面（General Control Plane，GCP）：支持网络协议族，其中包括第 4 版互联网协议（Internet Protocol Version4，IPv4）和第 6 版互联网协议（Internet Protocol Version6，IPv6）。它所支持的协议和功能包括套接字（Socket）协议、TCP/IP、路由管理、各类路由协议、VPN、接口管理、数据链路层、多协议标记交换（Multi-Protocol Label Switching，MPLS）、安全性能，以及对 IPv4 和 IPv6 的服务质量（Quality of Service，QoS）支持等。

② 业务控制平面（Service Control Plane，SCP）：基于 GCP，支持增值服务，包括连接管理、用户认证计费、用户策略管理、VPN、组播业务管理和维护与业务控制相关的转发信息表（Forwarding Information Base，FIB）。

③ 数据转发平面（Data Forwarding Plane，DFP）：为系统提供转发服务，由转发引擎和 FIB 维护组成。转发引擎可依照不同产品的转发模式通过软件或硬件实现。数据转发支持高速交换、安全转发和 QoS，并可通过开放接口支持转发模块的扩展。

④ 系统管理平面（System Management Plane，SMP）：具有系统管理功能，提供与外部设备进行交互的接口，对系统输出信息进行统一管理。在平台的配置和管理方面，VRP 可灵活地引入一些网络管理机制，如命令行、网络管理协议（Network Management Protocol，NMP）和 Web 管理工具等。

⑤ 系统服务平面（System Service Plane，SSP）：支持公共系统服务，如内存管理、计时器、进程间通信（Interprocess Communication，IPC）、装载、转换、任务/进程管理和组件管理。

VRP 还具有支持产品许可证文件（即 License）的功能，可在不破坏原有服务的前提下根据需要调整设备的各种增值特性或资源容量。

随着网络技术和应用的飞速发展，VRP 在处理机制、业务能力、产品支持等方面也在持续演进。

华为 VRP 系统软件版本分为核心版本（又称内核版本）和发行版本两种。其中，核心版本是用来开发具体交换机 VRP 系统的基础版本，也就是通常所说的 VRP 1.x、VRP 2.x、VRP 3.x，以及现在的 VRP 5.x 和 VRP 8.x；发行版本则是在核心版本的基础上针对具体的产品（如 S 系列交换机、AR/NE 系列路由器等）而发布的 VRP 系统版本。

VRP 系统的核心版本是由一个小数来表示的，小数点前面的数字表示主版本号，仅当发生比较全面的功能或者体系结构修改时才会发布新的主版本号；小数点后面第 1 位数字表示次版本号，仅当发生重大或者较多功能修改时才会发布新的次版本号；小数点后面第 2 和 3 位数字为修订版本号，只要发生修改就会发布新的修订版本号。例如，某设备软件核心版本为 VRP 5.120，则表明主版本号为 5，次版本号为 1，修订版本号为 20。

华为 VRP 系统的发行版本是以 V、R、C 这 3 个字母（代表 3 种不同的版本号）进行标识的，基本格式为 V×××R×××C××，其中，×是一些具体的数字；V、R 版本号为必需部分；C 版本号根据版本性质的不同而确定，可能出现也可能不出现。

V、R、C 这 3 个字母的定义如下。

① V 版本是指产品所基于的软件或者硬件平台版本。

V×××标识产品/解决方案主力产品平台的变化，称为 V 版本号。其中，×××从 100 开始，并以 100 为单位递增编号，仅当产品的平台发生变化时，V 版本号才会发生变化。

② R版本是面向客户发布的通用特性集合，是产品在特定时间的具体体现形式。

R×××标识面向所有客户发布的通用版本，称为R版本号。其中，×××从001开始，并以1为单位递增编号。

③ C版本是基于R版本开发的快速满足不同类型客户需求的客户化版本。

C××称为C版本号。在同一R版本下，C版本号中的××从00开始，并以1为单位递增编号。如果R版本号发生变化，则C版本号下的××又从01开始重新编号，如V100R001C01、V100R001C02、V100R002C01。

1.4.3 认识及使用命令行

命令行界面（Command Line Interface，CLI）是交换机、路由器等网络设备提供的人机接口。与图形用户界面（Graphical User Interface，GUI）相比，命令行界面对系统资源要求低，容易使用，并且功能扩充更方便。

为方便学习者熟悉VRP操作系统，掌握命令行的使用，华为公司推出了一款免费的、可扩展的、支持图形化操作的企业网络仿真平台——eNSP（enterprise Network Simulation Platform），可对企业网络中的路由器、交换机、防火墙等设备进行软件仿真，呈现真实设备场景，支持大型网络模拟，让学习者在没有真实设备的情况下能够模拟演练网络配置，学习网络技术。

本书后续的大部分组网配置实训可在eNSP中完成，eNSP的使用方法请参考【技能实训】部分。eNSP软件具有如下特点。

① 图形化操作：eNSP提供便捷的图形化操作界面，让复杂的组网操作变得更简单，用户可以直观感受设备形态，并且支持一键获取帮助和在华为网站中查询设备资料。

② 高度仿真：按照真实设备支持特性情况进行模拟，模拟的设备形态多，支持的功能全面，模拟程度高。

③ 可与真实设备对接：支持eNSP与真实网络接口卡的绑定，能够实现模拟设备与真实设备的对接，组网更灵活。

④ 灵活部署：eNSP使用客户端/服务器（Client/Server，C/S）架构，支持单机部署和分布式部署，可以满足多种场景的应用需求。在单机部署情形下，客户端和服务器部署到同一台PC上，组建的拓扑规模受PC配置影响，一般用来组建小型拓扑，便于自学。

V1-5 网络操作系统2

1. 进入命令视图

VRP提供命令行接口，其命令视图如图1-4所示。使用某个命令行时，需要先进入该命令行所在的视图。

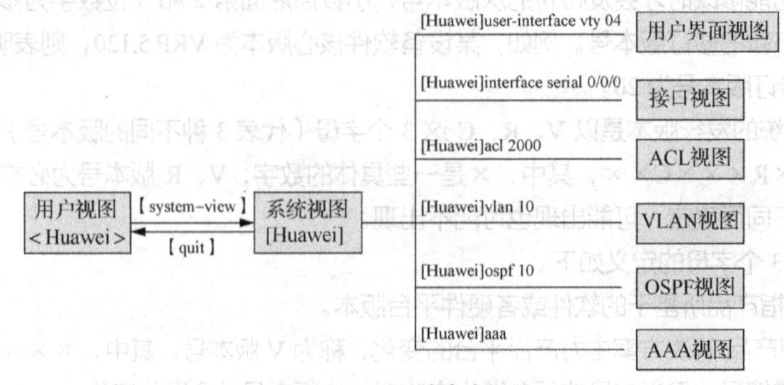

图1-4 VRP的命令视图

用户初次登录设备时，默认进入用户视图。在 VRP 中，用户视图用“<>”表示，如<Huawei>这个视图就是用户视图。在用户视图下，用户只能执行文件管理、查看、调试等操作，不能执行设备维护、配置修改等操作。如果需要对网络设备进行配置，则必须在相应的视图模式下才可以进行。例如，在接口视图下才能创建接口的 IP 地址。用户只有在进入系统视图后，才能进入其他的子视图。

在用户视图下执行【system-view】命令可以进入系统视图，在系统视图下执行【quit】命令可以进入用户视图。VRP 命令视图的切换命令具体如表 1-1 所示。

表 1-1　VRP 命令视图的切换命令

操作	命令
从用户视图进入系统视图	【system-view】
从系统视图返回用户视图	【quit】
从除系统视图外的任意的非用户视图返回用户视图	【return】（或功能键“Ctrl+Z”）

在系统视图下使用相关的业务命令可以进入其他命令视图，不同的命令视图下可以使用的命令也不同。例如，进入系统视图后，如用户需对接口“GigabitEthernet0/0/0”进行配置，则可以使用【interface GigabitEthernet0/0/0】命令进入接口视图。

2. 设置命令级别

在 VRP 系统中，命令采用了分级方式，从低到高划分为 4 个级别，对应级别为 0～3，如图 1-5 所示。

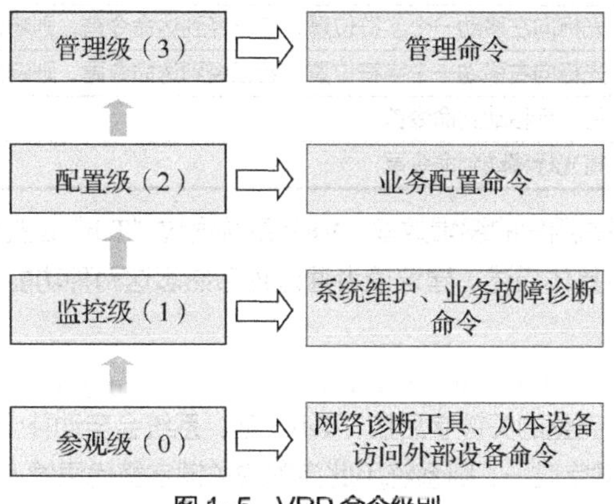

图 1-5　VRP 命令级别

① 参观级（级别为 0）：网络诊断工具命令（如【ping】、【tracert】）、从本设备访问外部设备的命令（如【telnet】、【ssh】、【rlogin】）等。

② 监控级（级别为 1）：用于系统维护、业务故障诊断的命令，如【display】、【debugging】等。

③ 配置级（级别为 2）：业务配置命令，包括路由、各个网络层次的命令，向用户提供直接网络服务。

④ 管理级（级别为 3）：用于系统基本运行的命令，对业务提供支撑作用，包括文件系统管理、FTP、TFTP、Xmodem 下载、配置文件切换命令、备板控制命令、用户管理命令、命令级别设置命令和系统内部参数设置命令等。

为了限制不同用户对设备的访问权限，系统对用户也进行了分级管理。用户级别与命令级别对应，不同级别的用户登录后，只能使用等于或低于自己级别的命令。默认情况下，命令级别按 0～3 级进行注册，用户级别按 0～15 级进行注册。用户级别和命令级别的对应关系如表 1-2 所示。

表 1-2 用户级别与命令级别的对应关系

用户级别	命令级别
0	0
1	0、1
2	0、1、2
3～15	0、1、2、3

此外，系统还支持自定义命令级别，即可以根据实际需要，授权低级别用户使用高级别命令。例如，授权 level 0 用户使用【save】命令，可通过如下配置实现。

```
<Huawei>system-view
[Huawei]command-privilege level 0 view user save
```

3. 编辑命令行

VRP 的命令行接口提供了基本的命令行编辑功能。命令行接口支持多行编辑，每条命令的最大长度为 510 字符，命令中的关键字不可修改且不区分大小写，命令中的参数根据实际需要修改，其大小写是否区分由各命令定义的参数决定。一些常用的编辑功能如表 1-3 所示。

表 1-3 一些常用的编辑功能

功能键	功能
普通按键	若编辑缓冲区未满，则将字符插入当前光标位置，并向右移动光标，否则，响铃告警
“Backspace”	删除光标位置的前一个字符，光标左移，若已经到达命令首，则响铃告警
“←”或“Ctrl+B”	光标向左移动一个字符位置，若已经到达命令首，则响铃告警
“→”或“Ctrl+F”	光标向右移动一个字符位置，若已经到达命令尾，则响铃告警
“Ctrl+A”	将光标移动到命令首
“Ctrl+E”	将光标移动到命令尾

在编辑命令行时，为提高用户的编辑效率，VRP 系统通过“Tab”键提供补全关键字功能，并支持不完整关键字输入，下文将具体描述。建议读者通过练习熟悉这两种功能，以提高自己的命令行编辑效率。

（1）补全关键字

在编辑命令时，输入不完整的关键字后按“Tab”键，系统会自动补全关键字，规则如下。

① 如果与之匹配的关键字唯一，则系统用此完整的关键字替代原输入并换行显示，光标与关键字之间空一格。

② 如果与之匹配的关键字不唯一，则反复按“Tab”键可循环显示所有以输入字符串开头的关键字，此时光标与关键字之间不空格。

③ 如果没有与之匹配的关键字，则按“Tab”键后，换行显示，输入的关键字不变。

（2）不完整关键字输入

VRP 支持不完整关键字输入，即在当前视图下，当输入的字符能够匹配唯一的关键字时，可以不输入完整的关键字。不完整关键字输入功能提供了一种快捷的输入方式，有助于提高用户操作效率。例如，用户需查看当前配置时，完整的命令是【display current-configuration】，用户通过输入【d cu】、【di cu】或【dis cu】等可以执行此命令，但不能输入【d c】或【dis c】等，因为与【d c】或【dis c】匹配的命令不唯一。

4. 命令行在线帮助

用户在使用命令行时，可以使用在线帮助以获取实时帮助，从而无须记忆大量复杂的命令。在线帮助可通过输入“?”来获取，在命令行输入过程中，用户可以随时输入“?”以获得在线帮助。命令行在线帮助分为完全帮助和部分帮助，如图 1-6 所示，下文将详细讲述完全帮助和部分帮助的使用。

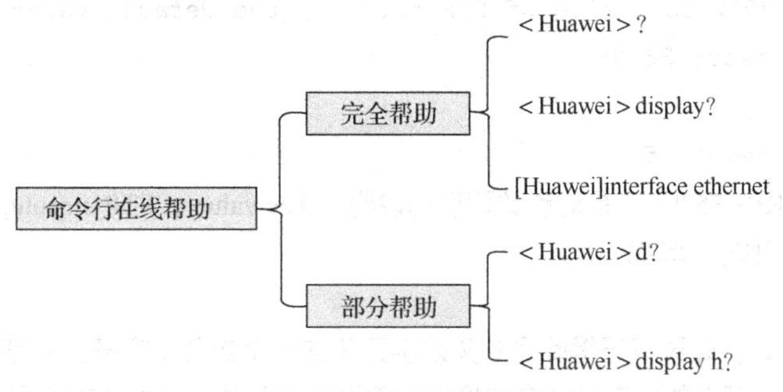

图 1-6　命令行在线帮助

（1）完全帮助

当用户输入命令时，可以使用命令行的完全帮助获取全部关键字或参数的提示。下面给出几种完全帮助的示例供参考。

【例 1-1】完全帮助

① 在任一命令视图下，输入“?”获取该命令视图下的所有命令及其简单描述，举例如下。

```
<Huawei>?
User view commands:
backup        Backup electronic elabel
cd            Change current directory
check         Check information
clear         Clear information
clock         Specify the system clock
compare       Compare function
...
```

② 输入一条命令的首关键字，后接以空格分隔的“?”，如果该位置为关键字，则列出全部关键字及其简单描述，举例如下。

```
<Huawei>system-view
[Huawei]user-interface vty 0 4
[Huawei-ui-vty0-4]authentication-mode ?
aaa      AAA authentication
password  Authentication through the password of a user terminal interface
[Huawei-ui-vty0-4]authentication-mode aaa ?
<cr>
[Huawei-ui-vty0-4]authentication-mode aaa
```

在此例中，“aaa”“password”是关键字，“AAA authentication”“Authentication through the password of a user terminal interface”是对关键字的描述，“<cr>”表示该位置没有关键字或参数，在紧接着的下一个命令行中该命令被复述，直接按“Enter”键即可执行。

③ 输入一条命令的首关键字，后接以空格分隔的“?”，如果该位置为参数，则列出有关的参数名和参数描述，举例如下。

```
<Huawei>system-view
[Huawei]ftp timeout ?
  INTEGER<1-35791> The value of FTP timeout, the default value is 30 minutes
[Huawei]ftp timeout 35 ?
  <cr>
[Huawei]ftp timeout 35
```

其中，“INTEGER<1-35791>”是对参数取值的说明，“The value of FTP timeout, the default value is 30 minutes”是对参数作用的简单描述。

（2）部分帮助

当用户输入命令时，如果只记得此命令关键字开头的一个或几个字符，则可以使用命令行的部分帮助获取以输入字符串开头的所有关键字的提示，下面给出几种部分帮助的示例供参考。

【例 1-2】部分帮助

① 输入一个字符串，其后紧接“?”，即可列出以该字符串开头的所有关键字，举例如下。

```
<Huawei>d?
  debugging                              delete
  dir                                    display
<Huawei>d
```

② 输入一条命令，后接一个字符串再紧接“?”，即可列出以该字符串开头的所有关键字，举例如下。

```
<Huawei>display b?
bootrom                                  bpdu
bpdu-tunnel                              bridge
buffer
```

5. 解读命令行的错误信息

在使用命令行时，如果用户输入的命令通过语法检查，则可正确执行，否则系统将会向用户报告错误信息。常见的错误信息如表 1-4 所示，用户可根据系统报告的错误信息检查并纠正输入的命令。

表 1-4　常见的错误信息

英文错误信息提示	错误原因
Error: Unrecognized command found at '^' position.	没有查找到标识'^'位置的命令
Error: Wrong parameter found at '^' position.	没有查找到标识'^'位置的关键字
Error:Incomplete command found at '^' position.	标识'^'位置的参数类型错误，参数值越界
Error:Too many parameters found at '^' position.	标识'^'位置的输入参数太多
Error:Ambiguous command found at '^' position.	标识'^'位置的输入命令不完整

6. 使用 undo 命令行

在使用命令行时，在命令前加 undo 关键字，即为 undo 命令行。undo 命令行一般用来恢复默认配置、禁用某种功能或者删除某项配置。几乎每条配置命令都有对应的 undo 命令行，下面举例说明。

【例 1-3】使用 undo 命令行

① undo 命令行可用于恢复默认配置。其中，【sysname】命令用来设置设备的名称，举例如下。

```
<Huawei>system-view                                   //进入系统视图
[Huawei]sysname Server                                //设置设备名称为 Server
```

```
[Server]undo sysname                              //恢复设备默认名称为 Huawei
[Huawei]
```

② undo 命令行可用于禁用某个功能。

```
<Huawei>system-view                               //进入系统视图
[Huawei]undo stp enable                           //禁用 STP
```

③ undo 命令行可用于删除某项配置。

```
<Huawei>system-view                               //进入系统视图
[Huawei]interface GigabitEthernet0/0/0            //进入接口视图
[Huawei-GigabitEthernet0/0/0]ip address 10.1.1.1 255.255.255.0
                                                  //配置接口 IP 地址
[Huawei-GigabitEthernet0/0/0]undo ip address      //删除接口 IP 地址
```

7. 历史命令查询

命令行接口可以将用户输入的历史命令自动保存，用户可以随时调用命令行接口保存的历史命令，并重复执行。在默认状态下，命令行接口最多为每个用户保存 10 条历史命令。历史命令的调用方式及其功能如表 1-5 所示。

表 1-5　历史命令的调用方式及其功能

调用方式	功能
【display history-command】	显示历史命令
“↑”或“Ctrl+P”	访问上一条历史命令
“↓”或“Ctrl+N”	访问下一条历史命令

在使用历史命令功能时，需要注意以下几点。

① VRP 保存的历史命令与用户输入的命令相同，如果用户使用了命令的不完整形式，则保存的历史命令也是不完整形式的。

② 如果用户多次执行同一条命令，则 VRP 的历史命令中只保留最近执行的一条；但如果执行时输入的形式不同，则这些命令将被作为不同的命令对待。例如，多次执行【display ip routing-table】命令时，历史命令中只保存一条；执行【disp ip routing】命令和【display ip routing table】命令时，将保存两条历史命令。

1.4.4　查询命令行显示信息

1. 查询命令行的配置信息

在完成一系列配置后，可以执行相应的【display】命令查看设备的配置信息和运行信息。

VRP 支持通过命令行查询某个协议或应用的配置信息。例如，在完成文件传送协议（File Transfer Protocol，FTP）服务器的各项配置后，可以执行【display ftp-server】命令，查看当前 FTP 服务器的各项参数。

```
[Huawei]display ftp-server
```

同时，VRP 支持查看当前生效的配置信息和当前视图下生效的配置信息，命令如下。

（1）查看当前生效的配置信息

```
[Huawei]display current-configuration
```

对于某些正在生效的配置参数，如果与默认参数相同，则不显示。

(2)查看当前视图下生效的配置信息

```
[Huawei]display this
```

对于某些正在生效的配置参数，如果与默认参数相同，则不显示。

2. 配置不同级别用户查看指定的配置信息

网络设备提供了让不同级别用户查看指定的配置信息的功能，用户可以通过此功能查看指定的命令行显示信息，具体过程描述如下。

① 管理员通过执行【command-privilege level】命令设置低级别用户可以使用的某条命令。

② 管理员通过执行【set current-configuration display】命令设置低级别用户可查看的配置信息。

【例 1-4】配置不同级别用户查看指定的配置信息

管理员希望低级别用户(如 0 级用户)可以执行【display current-configuration】命令，但是该级别用户只能查看接口的 IP 地址配置信息，配置过程如下。

```
<Huawei>system-view
[Huawei]command-privilege level 0 view cli_8f display current-configuration
[Huawei]set current-configuration display level 0 ip address
```

此时，0 级用户登录设备后执行【display current-configuration】命令查看配置信息，结果大致如下，只会显示接口及对应的 IP 地址配置信息。

```
<Huawei>display current-configuration
#
interface GigabitEthernet0/0/0
 ip address 192.168.200.183 255.255.255.0
#
interface LoopBack0
 ip address 10.168.1.1 255.255.255.0
#
return
```

3. 控制命令行显示方式

所有的命令行都有共同的显示特征，并且可以根据用户的需求，灵活控制显示方式。当终端屏幕上显示的信息过多时，可以按“PageUp”键和“PageDown”键显示上一页信息和下一页信息。当执行某一条命令后，显示的信息超过一屏时，系统会自动暂停，以方便用户查看。此时用户可以通过功能键控制命令行的显示方式，如表 1-6 所示。

表 1-6　控制命令行显示方式

功能键	功能
“Ctrl+C”和“Ctrl+Z”	停止显示或停止命令执行。 说明：也可以按除“Space”键、“Enter”键等以外的其他键(可以是数字键或字母键)来停止显示或停止命令执行
“Space”	继续显示下一页信息
“Enter”	继续显示下一行信息

4. 过滤命令行显示信息

过滤命令行显示信息可以帮助用户迅速查找到所需要的信息。例如，在执行【display】命令查看显示信息时，可以使用正则表达式(regular-expression，用于指定显示规则)来过滤显示信息。当显示信息超过一屏时，VRP 提供暂停功能，此时用户有 3 种过滤方式可以选择，如表 1-7 所示。

表 1-7　过滤方式

过滤方式	功能
输入+regular-expression	功能等同于|include regular-expression
输入-regular-expression	功能等同于|exclude regular-expression
输入/regular-expression	功能等同于|begin regular-expression

在表 1-7 中，3 种可选的过滤方式说明如下。

① | include regular-expression：只输出匹配指定正则表达式的所有行，即如果待输出的字符串中包含指定的字符串（此字符串区分大小写），则会显示到界面上，否则过滤不显示。

② | exclude regular-expression：输出不匹配指定正则表达式的所有行，即如果待输出的字符串中没有包含指定的字符串（此字符串区分大小写），则会显示到界面上，否则过滤不显示。

③ | begin regular-expression：输出以匹配指定正则表达式的行开始的所有行，即过滤掉所有待输出字符串，直到出现指定的字符串（此字符串区分大小写）为止，其后的所有字符串都会显示到界面上。

【例 1-5】在命令中指定过滤方式的用法

① 执行【display interface brief】命令，显示不匹配正则表达式“10GE|40GE”的所有行，“10GE|40GE”表示匹配“10GE”或“40GE”，命令及执行结果如下。由于命令中使用了过滤方式“exclude 10GE|40GE”，显示的结果中不包含所有 10GE 及 40GE 的接口。

```
<Huawei>display interface brief | exclude 10GE|40GE
PHY: Physical
*down: administratively down
^down: standby
(l): loopback
(s): spoofing
(b): BFD down
(e): EFM down
(d): Dampening Suppressed
(p): port alarm down
(dl): DLDP down
InUti/OutUti: input utility rate/output utility rate
Interface                 PHY   Protocol InUti OutUti  inErrors  outErrors
Eth-Trunk2                down  down        0%     0%        0          0
Eth-Trunk27               up    up       0.01%  0.01%        0          0
MEth0/0/0              up    up       0.01%  0.01%        0          0
NULL0                   up    up(s)       0%     0%        0          0
Vlanif2                  down  down        --     --        0          0
Vlanif10                 down  down        --     --        0          0
Vlanif20                 down  down        --     --        0          0
Vlanif200                up    up          --     --        0          0
```

② 执行【display current-configuration】命令，只显示匹配正则表达式“vlan”的所有行，命令及执行结果如下。

```
<Huawei>display current-configuration | include vlan
vlan batch 2 9 to 20 77 99 200 222 4091
vlan 19
 mux-vlan
vlan 222
 aggregate-vlan
 access-vlan 1
 instance 2 vlan 2
 carrier-vlan 100
 ce-vlan 10
 port trunk allow-pass vlan 99 200
 igmp-snooping static-router-port vlan 99
 port trunk allow-pass vlan 20
 port default vlan 77
 port trunk allow-pass vlan 20
```

③ 执行【display current-configuration】命令，显示匹配正则表达式“vlan”的行数，命令及执行结果如下。

```
<Huawei>display current-configuration | include vlan | count
Total lines: 14.
```

【技能实训】

实训 1-1　认知校园网并绘制拓扑图

【实训描述】

绘制网络拓扑图是网络工程师的基本功之一。网络工程师在需求分析、网络规划、制定方案、故障排查等各种场合中都需要利用网络拓扑图，以便于更好地展示网络结构。

本实训要求通过观察校园网机房环境，了解校园网拓扑结构，利用 Visio 或 PPT 进行网络拓扑图绘制。通过实训，学生可掌握相关绘制软件的使用，了解实际的校园网拓扑结构。

【实训准备】

1. 联系校园网维护工程师，了解校园网拓扑结构。
2. 安装了 Visio 2010 以上版本的计算机。

【实训步骤】

1. 学生（5~8 人为一组）观察校园网机房，统计机房中的各种网络设备及其数量。指导老师讲解相应网络设备的主要功能，学生填写网络设备情况记录，如表 1-8 所示。

表 1-8　网络设备情况记录

网络设备类型	数量	功能

2. 指导老师根据校园网维护工程师提供的资料，讲解校园网拓扑结构，并给出学生需要完成的网络拓扑图。

3. 学生使用 Visio 绘制网络拓扑图，绘制参考步骤如下。

（1）启动 Visio，选择“Network”目录下的“基本网络图”模板，进入网络拓扑图编辑状态，并按实训步骤 2 中指导老师提供的网络拓扑图进行绘制。

（2）在“基本网络图”模板中选择相应的设备模块并拖曳到绘图区域中。

（3）选择不同粗细的线条，完成各种网络设备之间的连接线绘制。

（4）添加各种网络设备的文字标注。

（5）绘制文本框，添加标题，建议标题命名为“××学校网络拓扑图——××学生绘制”。

（6）改变图样的背景色，保存图样。

（7）保存绘制好的网络拓扑图，建议将文件命名为“××学校网络拓扑图——××学生绘制”。

【思考题】

校园网中有哪些拓扑结构?

实训 1-2　搭建小型局域网并熟悉 VRP 系统

【实训描述】

对于初学者而言，首先应该熟练掌握 eNSP 的基本使用，本实训要求学生使用 eNSP 搭建小型局域网，并使用命令行进行一些基础配置，熟悉华为的 VRP 系统。

【实训准备】

1. 计算机开启虚拟化技术。

2. 下载并安装 eNSP。

【实训拓扑】

小型局域网拓扑如图 1-7 所示。

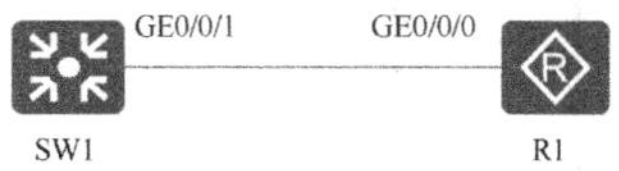

GE0/0/1　GE0/0/0
SW1　R1

图 1-7　小型局域网拓扑

【实训步骤】

1. 在 eNSP 上按图 1-7 所示搭建实训拓扑。

（1）打开 eNSP 软件，选择“新建拓扑”选项。

（2）选择“路由器”选项，再选择 AR 系列路由器，如“AR2220”，将其拖曳至操作区，增加一台路由器，如图 1-8 所示。

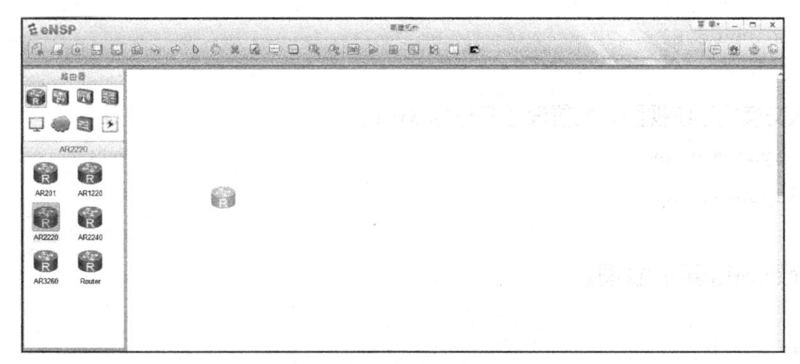

图 1-8　增加一台路由器

（3）选择“交换机”选项，再选择 S 系列交换机，如“S5700”，将其拖曳至操作区，增加一台交换机，如图 1-9 所示。

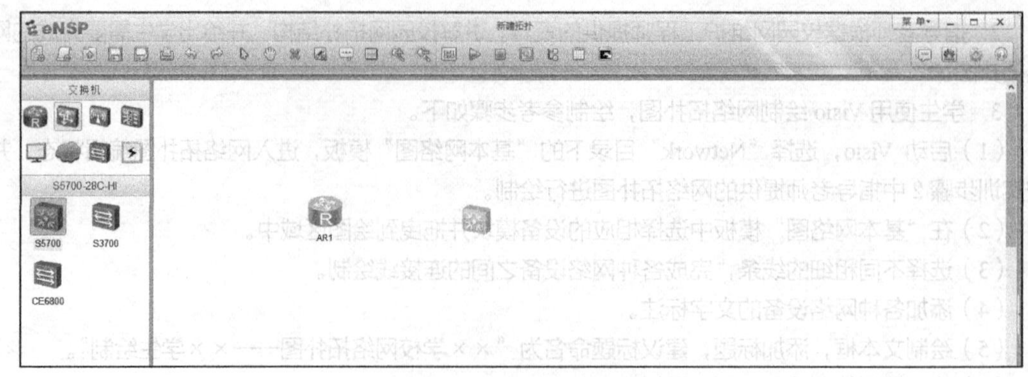

图 1-9　增加一台交换机

（4）选择“设备连线”选项，选择“Copper”（双绞线）选项，连接路由器和交换机，如图 1-10 所示。

（5）分别选择设备，单击鼠标右键，选择“启动”选项，启动设备。

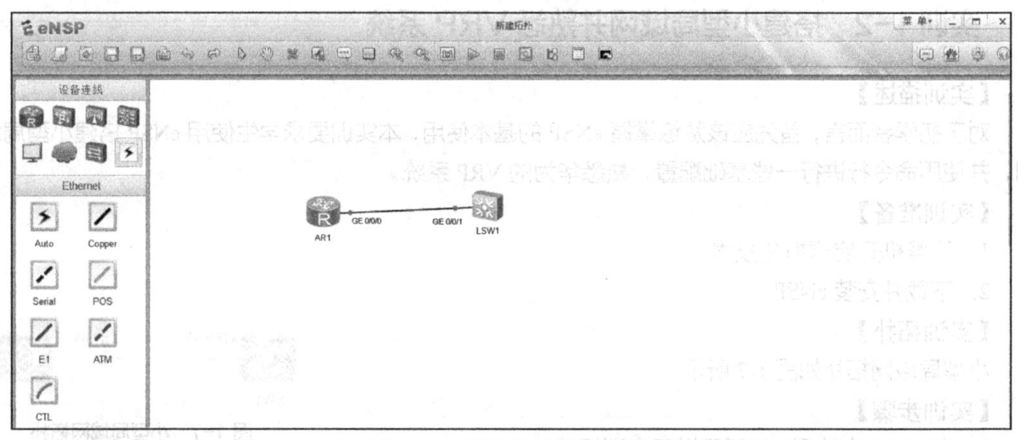

图 1-10　连接路由器和交换机

2. 熟悉命令视图切换，配置设备名称。

（1）进入路由器系统视图，配置设备名称为 R1。

```
<Huawei>system-view
[Huawei]sysname R1
[R1]
```

（2）进入交换机系统视图，配置设备名称为 SW1。

```
<Huawei>system-view
[Huawei]sysname SW1
[SW1]
```

（3）切换到路由器用户视图。

```
<R1>
[R1]quit
```

或者

```
[R1]return
<R1>
```

3. 查看设备版本。

（1）查看并记录 R1 的版本。

```
[R1]display version
Huawei Versatile Routing Platform Software
VRP (R) software, Version 5.130 (AR2200 V200R003C00)
Copyright (C) 2011-2012 HUAWEI TECH CO., LTD
Huawei AR2220 Router uptime is 0 week, 0 day, 0 hour, 0 minute
BKP 0 version information:
1. PCB      Version  : AR01BAK2A VER.NC
2. If Supporting PoE : No
3. Board    Type     : AR2220
4. MPU Slot Quantity : 1
5. LPU Slot Quantity : 6

MPU 0(Master) : uptime is 0 week, 0 day, 0 hour, 0 minute
MPU version information :
1. PCB      Version  : AR01SRU2A VER.A
2. MAB      Version  : 0
3. Board    Type     : AR2220
4. BootROM  Version  : 0
```

（2）查看并记录 SW1 的版本。

```
 [SW1]display version
Huawei Versatile Routing Platform Software
VRP (R) software, Version 5.110 (S5700 V200R001C00)
Copyright (c) 2000-2011 HUAWEI TECH CO., LTD
Quidway S5700-28C-HI Routing Switch uptime is 0 week, 0 day, 0 hour, 22 minutes
```

4. 在路由器 R1 上使用并熟悉在线帮助。

（1）完全帮助。

① 执行【display】命令显示可以查看的所有命令。

```
[R1]display ?
  Cellular                     Cellular interface
  aaa                          AAA
  access-user                  User access
  accounting-scheme            Accounting scheme
  acl                          <Group> acl command group
  actual                       Current actual
  adp-ipv4                     Ipv4 information
  adp-mpls                     Adp-mpls module
  alarm                        Alarm
  antenna                      Current antenna that outputting radio
  anti-attack                  Specify anti-attack configurations
```

```
  ap                       <Group> ap command group
  ap-auth-mode              Display AP authentication mode
  ap-elabel                 Electronic label
  ap-license                AP license config
  ap-performance-statistic  Display AP performance statistic information
  ap-profile                Display AP profile information
  ap-region                 Display AP region information
  ap-run-info               Display AP run information
  ap-type                   Display AP type information
  ap-update                 AP update
  ap-whitelist              AP white list
  apv2r3                    PAF(Product Adaptive File)
```

② 显示用户视图下可以使用的所有命令。

```
<R1>?
User view commands:
  arp-ping                  ARP-ping
  autosave                  <Group> autosave command group
  backup                    Backup  information
  cd                        Change current directory
  clear                     <Group> clear command group
  clock                     Specify the system clock
  cls                       Clear screen
  compare                   Compare configuration file
  copy                      Copy from one file to another
  debugging                 <Group> debugging command group
  delete                    Delete a file
  dialer                    Dialer
  dir                       List files on a filesystem
  display                   Display information
  factory-configuration  Factory configuration
  fixdisk                   Try to restory disk
  format                    Format file system
  free                      Release a user terminal interface
  ftp                       Establish an FTP connection
  help                      Description of the interactive help system
  hwtacacs-user             HWTACACS user
  license                   <Group> license command group
  lldp                      Link Layer Discovery Protocol
  ---- More ----
```

（2）部分帮助。

① 在用户视图下，显示所有以“d”开头的命令。

```
<R1>d?
  debugging  <Group> debugging command group
  delete     Delete a file
  dialer     Dialer
  dir       List files on a filesystem
  display    Display information
```

② 执行【display】命令查看所有以“i”开头的命令。

```
<R1>display i?
  icmp          ICMP status and configuration information
  icmpv6        ICMPv6 status and configuration information
  igmp          <Group> igmp command group
  igmp-snooping  <Group> igmp-snooping command group
  ike           Specify IKE(Internet Key Exchange) configuration information
  info-center    <Group> info-center command group
  interface      <Group> interface command group
  ip            <Group> ip command group
  ipsec         Specify IPSec(IP Security) configuration information
  ipv6          <Group> ipv6 command group
  isdn          ISDN status and configuration information
  isis          ISIS status and configuration information
```

5. 在交换机 SW1 上熟悉查询命令行的使用。

(1) 使用查询命令行查看某个协议或服务的配置。

```
[SW1]display vlan
The total number of vlans is : 1
--------------------------------------------------------------------------------
U: Up;         D: Down;         TG: Tagged;         UT: Untagged;
MP: Vlan-mapping;               ST: Vlan-stacking;
#: ProtocolTransparent-vlan;    *: Management-vlan;
--------------------------------------------------------------------------------

VID  Type    Ports
--------------------------------------------------------------------------------
1    common  UT:GE0/0/1(U)      GE0/0/2(D)      GE0/0/3(D)      GE0/0/4(D)
                GE0/0/5(D)      GE0/0/6(D)      GE0/0/7(D)      GE0/0/8(D)
                GE0/0/9(D)      GE0/0/10(D)     GE0/0/11(D)     GE0/0/12(D)
                GE0/0/13(D)     GE0/0/14(D)     GE0/0/15(D)     GE0/0/16(D)
                GE0/0/17(D)     GE0/0/18(D)     GE0/0/19(D)     GE0/0/20(D)
                GE0/0/21(D)     GE0/0/22(D)     GE0/0/23(D)     GE0/0/24(D)


VID  Status  Property     MAC-LRN Statistics Description
```

```
------------------------------------------------------------------------------
1   enable  default      enable  disable   VLAN 0001
```

（2）使用查询命令行查看设备当前配置与起始配置。

① 执行【display current-configuration】【disp cu】或【disp cur】命令查看当前配置。

```
[SW1]display current-configuration
#
sysname SW1
#
cluster enable
ntdp enable
ndp enable
#
drop illegal-mac alarm
#
diffserv domain default
#
drop-profile default
#
aaa
 authentication-scheme default
 authorization-scheme default
 accounting-scheme default
 domain default
 domain default_admin
 local-user admin password simple admin
 local-user admin service-type http
#
interface Vlanif1
#
  ---- More ----
```

② 执行【display saved-configuration】命令、【disp sa】或【disp saved】命令查看起始配置。

```
[SW1]display saved-configuration
#
sysname SW1
#
cluster enable
ntdp enable
ndp enable
#
drop illegal-mac alarm
```

```
#
diffserv domain default
#
drop-profile default
#
aaa
 authentication-scheme default
 authorization-scheme default
 accounting-scheme default
 domain default
 domain default_admin
 local-user admin password simple admin
 local-user admin service-type http
#
interface Vlanif1
#
  ---- More ----
```

③ 使用查询命令行查看当前视图下的配置。

- 查看系统视图下的配置。

```
[SW1]dis this
#
sysname SW1
#
cluster enable
ntdp enable
ndp enable
#
drop illegal-mac alarm
#
return
```

- 查看某接口视图下的配置。

```
[SW1]int g0/0/1
[SW1-GigabitEthernet0/0/1]dis th
#
interface GigabitEthernet0/0/1
#
```

- 查看身份认证、授权和记账协议（Authentication Authorization and Accounting，AAA）视图下的配置。

```
[SW1-aaa]dis th
#
aaa
```

```
 authentication-scheme default
 authorization-scheme default
 accounting-scheme default
 domain default
 domain default_admin
 local-user admin password simple admin
 local-user admin service-type http
#return
```

6. 设置命令行显示信息的过滤方式。

（1）使用查询命令行查看当前配置，设置过滤方式为包含字符串“Gigabit”（字符串区分大小写）。

```
[SW1]disp current-configuration | include Gigabit
interface GigabitEthernet0/0/1
interface GigabitEthernet0/0/2
interface GigabitEthernet0/0/3
interface GigabitEthernet0/0/4
interface GigabitEthernet0/0/5
interface GigabitEthernet0/0/6
interface GigabitEthernet0/0/7
interface GigabitEthernet0/0/8
interface GigabitEthernet0/0/9
interface GigabitEthernet0/0/10
interface GigabitEthernet0/0/11
interface GigabitEthernet0/0/12
interface GigabitEthernet0/0/13
interface GigabitEthernet0/0/14
interface GigabitEthernet0/0/15
interface GigabitEthernet0/0/16
interface GigabitEthernet0/0/17
interface GigabitEthernet0/0/18
interface GigabitEthernet0/0/19
interface GigabitEthernet0/0/20
interface GigabitEthernet0/0/21
interface GigabitEthernet0/0/22
interface GigabitEthernet0/0/23
interface GigabitEthernet0/0/24
```

（2）使用查询命令行查看当前配置，设置过滤方式为不包含字符串“Gigabit”或“#”（字符串区分大小写）。

```
[SW1]disp current-configuration | exclude Gigabit|#
sysname SW1
cluster enable
ntdp enable
```

```
ndp enable
drop illegal-mac alarm
diffserv domain default
drop-profile default
aaa
 authentication-scheme default
 authorization-scheme default
 accounting-scheme default
 domain default
 domain default_admin
 local-user admin password simple admin
 local-user admin service-type http
interface Vlanif1
interface MEth0/0/1
interface NULL0
user-interface con 0
user-interface vty 0 4
return
```

（3）使用查询命令行查看当前配置，设置过滤方式为匹配以“user-interface”开头的配置。

```
[SW1]disp cur | begin user-interface
user-interface con 0
user-interface vty 0 4
#
return
```

7. 配置系统时钟。

（1）显示当前时间。

```
[R1]disp clock
2022-04-23 10:31:25
Saturday
Time Zone(China-Standard-Time) : UTC-08:00
```

（2）设置时区，名为 Beijing，时区为东八区。

```
<R1>clock timezone Beijing minus 8:00:00
```

此处东一区到东十二区用 minus，表示时间比世界协调时（Universal Time Coordinated，UTC）早；西一区到西十二区用 add，表示时间比 UTC 迟。

（3）设置当前日期和时间，将系统时间设置为比当前时间晚一小时。

```
<R1>clock datetime 11:31:25 2022-4-23
```

（4）再次显示当前时钟，确认配置已修改。

```
<R1>display clock
2022-04-23 11:31:57
Saturday
Time Zone(BeiJing) : UTC-08:00
```

【实训实施记录】

1. 填写路由器和交换机设备版本记录，如表 1-9 所示。

表 1-9 路由器和交换机设备版本记录

设备名称	核心版本	V 版本	R 版本	C 版本
R1				
SW1				

2. 执行【display interface brief】命令查看路由器和交换机接口信息，并截图提交。
3. 执行【display ip interface brief】命令查看路由器和交换机三层接口信息，并截图提交。
4. 记录当前时间，执行【display clock】命令查看当前时钟，并截图提交。

【学思启示——国产操作系统的探索】

除了通信设备的操作系统外，2021 年 6 月，华为公开发布了一款基于微内核的面向全场景的分布式操作系统——鸿蒙操作系统（HarmonyOS）。鸿蒙操作系统实现了模块化耦合，对应不同设备可弹性部署，可用于手机、平板电脑、PC、汽车等各种不同的设备，是一款可将大量设备串联在一起的通用系统。

相较谷歌的安卓、苹果的 iOS，华为的鸿蒙操作系统可提供全场景的智慧生活解决方案，可一站式覆盖智能家居、智慧办公、智慧出行、运动健康、影音娱乐等五大生活场景。鸿蒙操作系统采用了分布式技术，包括分布式软总线、分布式数据处理和分布式安全部署。其中，分布式软总线可实现自由组合硬件，将多终端融为一体，用户操作简单、快捷；分布式数据处理可实现快速跨设备数据访问；分布式安全部署可确保只有正确的人才能用正确的设备正确地使用数据。

鸿蒙操作系统是突破操作系统垄断的一个现实方案，对全球技术平衡具有积极意义。尽管 iOS 和安卓系统已经占领全球大部分市场，但竞争是市场的天性。只要鸿蒙操作系统具有充分的技术优越性，我国企业团结协作，以我国市场为基础孵化市场、积累出有竞争力的生态系统，相信在不久的将来，鸿蒙操作系统也会如华为之前的电信设备一样，慢慢地走向全球市场。

【模块小结】

本模块介绍了计算机网络的定义、组成、功能与分类，说明了计算机网络的性能标准，以及网络操作系统，着重介绍了国产网络操作系统——华为 VRP。通过本模块的学习，学生应初步了解计算机网络，知晓常见的网络设备，认知常见的计算机网络，能绘制网络拓扑图，并具备初步的网络搭建能力。

本模块最后通过实训使学生进一步了解计算机网络中的拓扑结构，掌握 eNSP 的初步使用方法，熟悉命令行的一些基本操作，同时通过实际观察和对网络的实际配置，培养学生以现有工具认识网络、理解网络技术，以及实际动手解决问题的能力和团结协作的精神。

【练习题】

一、填空题

1. 根据网络的覆盖范围，计算机网络可以分为_________、_________和_________。
2. 计算机网络的硬件组成主要有___________和___________；软件组成主要有___________和___________。

3. 计算机网络中的主机根据用途可以分为两类：________和________。
4. 华为设备使用的网络操作系统是________；思科设备使用的网络操作系统是________。

二、选择题

1. 以下不是计算机网络功能的是（　　）。

A. 资源共享　　B. 数据信息的集中处理
C. 数据信息的分布式处理　　D. 数据信息的规范化

2. 以下选项中，（　　）不是带宽的单位。

A. bit/s　　B. Mbit/s　　C. KB/S　　D. Gbit/s

3. 【多选】以下选项中，属于网络拓扑结构的是（　　）。

A. 总线型　　B. 网状　　C. 星形
D. 树形　　E. 扇形

4. VRP 的全称是（　　）。

A. Versatile Routine Platform　　B. Virtual Routing Platform
C. Virtual Routing Plane　　D. Versatile Routing Platform

5. 【多选】VRP 对于 Telnet 用户支持的级别为（　　）。

A. 参观级　　B. 监控级　　C. 配置级　　D. 管理级

6. 对于华为路由器，用户要从用户视图进入系统视图，需要执行的命令是（　　）。

A. 【system-view】　　B. 【enable】
C. 【configure terminal】　　D. 【interface system】

模块 2 数据通信技术及硬件认知

02

【学习目标】

【知识目标】

- 理解数据通信的基本概念和主要技术指标。
- 了解常见的网络传输介质及网络设备。
- 理解不同交换技术的工作原理。
- 了解数据调制技术和编码技术。
- 理解数据通信方式、同步技术、信道复用技术的概念和原理。
- 了解差错控制技术。

【技能目标】

- 能够动手完成双绞线的制作。
- 能够认识网络中的各种设备，并进行进一步调研。

【素质目标】

- 掌握实际动手解决问题的能力。
- 在实训中理解团结协作的精神。
- 培养科学严谨的学习态度。

【情景引入】

通过学习，小白对网络有了一定的认识，知道网络是把计算机通过介质连接起来的一个系统，计算机与计算机之间的通信就如同人与人之间的对话一样。不过，他还不明白，计算机与计算机之间到底是怎样进行通信的，出了错误又该怎样处理。他很想进一步学习关于网络通信的基础知识。

【相关知识】

2.1 数据通信基础

数据通信技术是计算机网络的技术基础。本节主要讲述数据通信的基本概念（包括通信系统模型、数据传输类型）以及数据通信的主要技术指标。

V2-1 数据通信基础

国家广播电视总局于 2004 年 11 月宣布，2015 年停止模拟电视播出，实现有线、卫星和无线数字广播电视的全国覆盖。那么，究竟什么是模拟电视，什么是数字电视？它们有什么区别呢？

2.1.1 数据通信的基本概念

1. 通信系统模型

物理层处于计算机网络开放系统互连参考模型（Open System Interconnection Reference Model，OSI/RM）的最底层，物理层的作用是在物理介质上传输信号，并尽可能使对方能够正确地接收信号。因此，物理层规定了为传输数据所需要的物理链路的创建、维持、拆除等规程，并规定了相关介质和设备的机械特性、电气特性、功能特性及过程特性。

简单地说，物理层能够确保原始的数据可在各种物理介质上传输，为数据传输提供可靠的环境。物理层并不仅指物理介质，还包括信号及传输技术（即如何在介质上传输信号）。

通信系统的基本结构可以用一个理想状态的通信系统模型表示。发送信息的一端叫作信源，接收信息的一端叫作信宿。信源与信宿通过通信线路（也称为信道）进行通信。理想状态的通信模型如图 2-1 所示。

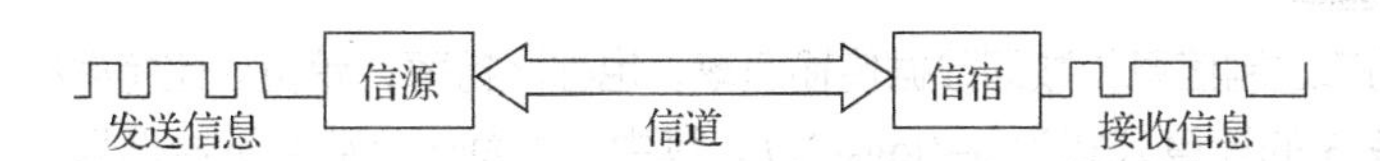

图 2-1 理想状态的通信系统模型

在理想状态下，信息从信源发出到信宿接收的过程中不会出现问题，但实际的情况并非如此。由于实际状态的通信系统的信道中存在干扰噪声，如图 2-2 所示，传输到信道上的信息在到达信宿之前可能会受干扰而出错。因此，为了保证在信源和信宿之间能够实现正确的信息传输与交换，除了使用一些消除干扰及差错的检测和控制方法外，还要借助于其他各种通信技术，如调制、编码、复用技术等。不同的通信系统涉及的技术有所不同。

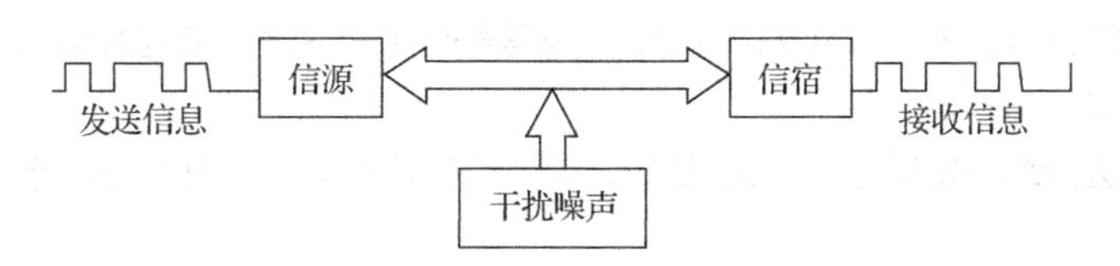

图 2-2 实际状态的通信系统模型

2. 数据传输类型

数据在计算机中是以离散的二进制数字信号表示的，但是在数据通信过程中，它是以数字信号方式还是以模拟信号方式来表示，主要取决于选用的信道所允许传输的信号类型。如果信道不允许直接传输计算机所产生的数字信号，则需要在发送端将数字信号转换成模拟信号，在接收端再将模拟信号还原成数字信号，这个过程称为调制解调。

如果信道允许直接传输计算机所产生的数字信号，为了很好地解决收发双方的同步及具体实现中的技术问题，有时需要对数字信号进行适当的波形转换。因此数据传输类型可分为模拟通信、数字通信和数据通信。

如果信源产生的是模拟数据并以模拟信号进行传输，则称为模拟通信；如果信源产生的是模拟数据，但以数字信号进行传输，则称为数字通信；如果信源产生的是数字数据，既可以采用模拟信号进行传输，又可以采用数字信号进行传输，则称为数据通信。数据传输类型如表 2-1 所示。

表 2-1 数据传输类型

数据传输类型	信源产生的信号类型	信道中传输的信号类型
模拟通信	模拟数据	模拟信号
数字通信	模拟数据	数字信号
数据通信	数字数据	模拟信号 数字信号

2.1.2 数据通信的主要技术指标

本节主要讲解数据通信的主要技术指标，包括数据传输速率、信号传输速率、信道容量、延迟和误码率。

1. 数据传输速率

每秒能传输的二进制信息位数即数据传输速率，也称比特率，单位为比特/秒，即 bit/s。

数据传输速率 S 的计算公式为 $S=(\log_2 N)/T$。其中，T 为一个数字脉冲信号的宽度（全宽码）或重复周期（归零码），单位为 s；N 为一个码元所取的离散值个数。通常，进行二进制编码传输时，$N=2$；进行八进制编码传输时，$N=8$；进行十六进制编码传输时，$N=16$。

例如，进行二进制编码传输时，取 $N=2$，则 $S=1/T$，表示数据传输速率等于码元脉冲的重复频率。

2. 信号传输速率

单位时间内通过信道传输的码元个数即信号传输速率，也称码元速率、调制速率或波特率，单位为波特，即 Baud。

信号传输速率的计算公式为 $B=1/T$，其中，T 为信号码元的宽度，单位为 s。数据传输速率与信号传输速率的关系为 $S=B\log_2 N$。

通常，进行二进制编码传输时，$S=B$；进行八进制编码传输时，$S=3B$；进行十六进制编码传输时，$S=4B$。

3. 信道容量

信道容量表示一个信道的最大数据传输速率，单位为 bit/s。信道容量与数据传输速率的区别是，前者表示信道的最大数据传输速率，是信道传输数据能力的极限，而后者是实际的数据传输速率，二者之间的关系就像公路上的最高限速与汽车实际速度的关系。

信道的最大数据传输速率和信道带宽之间存在着明确的关系，所以人们可以用“带宽”表示“数据传输速率”。例如，人们常把网络的“高数据传输速率”表述为网络的“高带宽”。因此，“带宽”与“数据传输速率”在网络技术的实际应用中几乎成了同义词。

4. 延迟

1.3.3 节中有相关讲解，此处不再赘述。

5. 误码率

误码率是二进制数据位传输时出错的概率，是衡量数据通信系统在正常工作时的传输可靠性的指标。在计算机网络中，一般要求误码率低于 1×10^{-6}。误码率的计算公式为 $P_e=N_e/N$，其中，N_e 为出错的位数；N 为传输的数据总位数。

2.2 传输介质及网络设备

传输介质和网络设备是构建计算机网络的必备元素。本节介绍网络中常用的传输介质及各种网络设备。

2.2.1 传输介质

V2-2 传输介质

传输介质是网络中信息传输的载体，其性能对传输速率、传输距离、传输可靠性和可连接的网络节点数目等都有很大的影响，必须根据不同的通信要求，合理地选择传输介质。网络的传输介质可以分为有线介质和无线介质两种类型，下面分别进行介绍。

1. 有线介质

有线介质主要有 3 类：同轴电缆、双绞线和光纤。

（1）同轴电缆

同轴电缆由内、外两个导体组成，且这两个导体是同轴线缆，所以称为同轴电缆。在同轴电缆中，内导体是一根导线，外导体是一个空心圆柱体，两者之间有填充物。外导体能够屏蔽外界电磁场对内导体信号的干扰。

同轴电缆既可以用于基带传输，又可以用于宽带传输。用于基带传输时只传输一路信号，而用于宽带传输时可以同时传输多路信号。用于局域网的同轴电缆都是基带同轴电缆。

处于萌芽期的以太网一般使用同轴电缆作为传输介质，常见的类型有 10Base-5 和 10Base-2。

① 10Base-5，俗称粗缆，如图 2-3 所示，其最大传输距离为 500m。

② 10Base-2，俗称细缆，如图 2-4 所示，其最大传输距离为 185m。

（2）双绞线

双绞线共 8 芯，由绞合在一起的 4 对导线组成，如图 2-5 所示，这样做可减少各导线之间相互的电磁干扰，并具有抗外界电磁干扰的能力。双绞线可以分为两类：屏蔽双绞线（Shielded Twisted Pair，STP）和非屏蔽双绞线（Unshielded Twisted Pair，UTP），分别如图 2-6 和图 2-7 所示。屏蔽双绞线外面环绕着一圈保护层，有效减小了影响信号传输的电磁干扰，但相应提高了成本。而非屏蔽双绞线没有保护层，易受电磁干扰，但成本较低。非屏蔽双绞线广泛用于星形拓扑的以太网中。

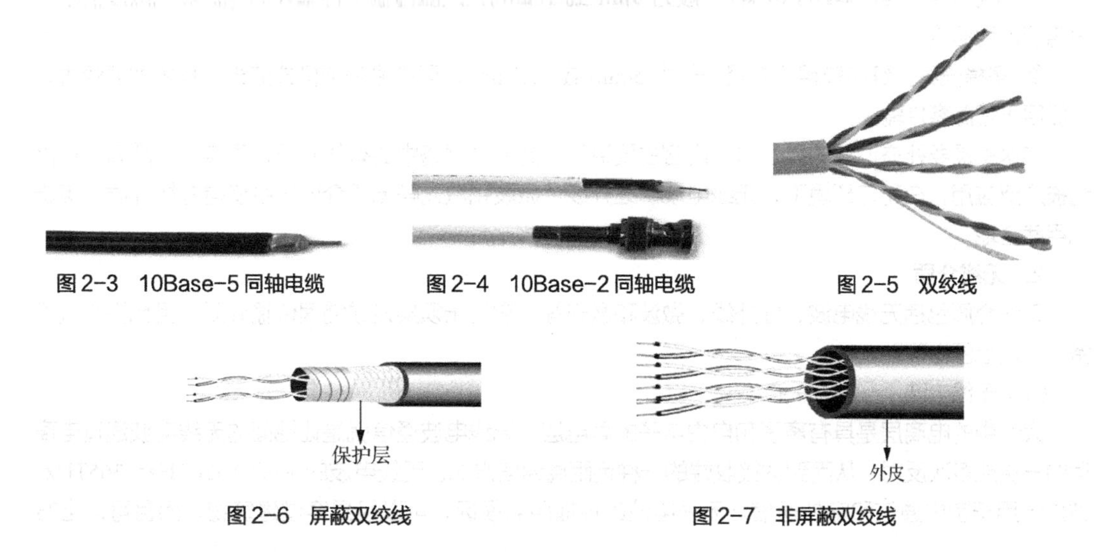

图 2-3 10Base-5 同轴电缆　图 2-4 10Base-2 同轴电缆　图 2-5 双绞线

图 2-6 屏蔽双绞线　图 2-7 非屏蔽双绞线

双绞线的优势在于它使用了电信产业中已经比较成熟的技术，因此，对通信系统的建立和维护都要容易得多。在不需要较强抗干扰能力的环境中，选择双绞线，特别是非屏蔽双绞线，既利于安装，又能节省成本，所以非屏蔽双绞线往往是办公环境下传输介质的首选。相应的，双绞线（特别是非屏蔽双绞线）主要的缺点在于抗干扰能力不强。

双绞线根据线径、缠绕率等指标，又可分为以下几类。

① CAT-1：曾用于早期语音传输，未被电子工业协会（Electronic Industry Association，EIA）/电信工业协会（Telecommunication Industries Association，TIA）承认。

② CAT-2：未被 EIA/TIA 承认，常用于 4Mbit/s 的令牌环网。

③ CAT-3：EIA/TIA 568-B 认定标准，目前只应用于语音传输。

④ CAT-4：未被 EIA/TIA 承认，常用于 16Mbit/s 的令牌环网。

⑤ CAT-5：EIA/TIA 568-B 认定标准，常用于快速以太网中。

⑥ CAT-5e：EIA/TIA 568-B 认定标准，常用于快速以太网及吉比特以太网中。

⑦ CAT-6：EIA/TIA 568-B 认定标准，可提供 250MHz 的带宽，是 CAT-5、CAT-5e 宽带的 2 倍。

⑧ CAT-6a：应用于 10 吉比特以太网中。

⑨ CAT-7：其规定的最低的传输带宽为 600MHz。

（3）光纤

光纤的全称为光导纤维，具有通信容量大、抗干扰能力强、传输距离长等优点。光纤由纤芯、包层及护套组成。纤芯由玻璃或塑料制成；包层由玻璃制成，使光信号可以反射回去，沿着光纤传输；护套则由塑料制成，用于防止外界的伤害和干扰，如图 2-8 所示。

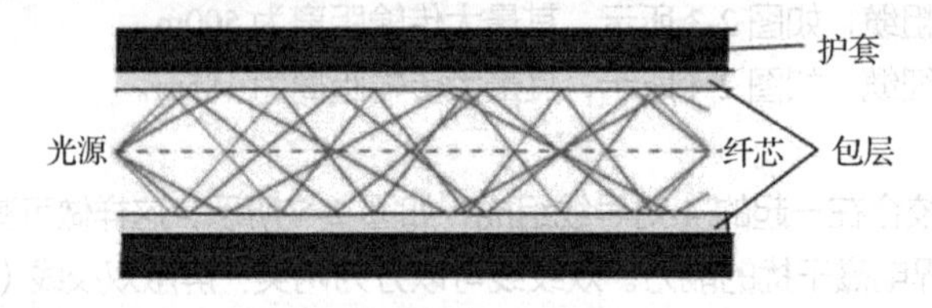

图 2-8 光纤

根据光在光纤中的传输模式，光纤可分为单模光纤和多模光纤。

① 单模光纤：纤芯较细（芯径一般为 9μm 或 10μm），只能传输一种模式的光。其色散度很小，适用于远程通信。

② 多模光纤：纤芯较粗（芯径一般为 50μm 或 62.5μm），可传输多种模式的光。其色散度较大，一般用于短距离传输。

在这里需要补充说明的是，以上内容主要讲解的是有线网络中的有线介质。事实上，随着无线网络被广泛应用，在特定环境下，无线电波、红外线、微波和激光等无线介质已经使得有线介质“英雄无用武之地”。

2. 无线介质

无线介质包括无线电波、红外线、微波和激光等，它们无须架设或铺埋传输介质，且允许终端设备在一定范围内移动。

（1）无线电波

大气中的电离层是具有离子和自由电子的导电层。无线电波通信就是让地面的无线电波通过电离层的一次或多次反射，从而到达接收端的一种远距离通信方式。无线电波的频率为 326THz～365THz，被广泛用于室内通信和室外通信。无线电波的传播距离很远，可以轻易穿过建筑物，而且可以全方向传播，使得无线电波的发射和接收装置不需要精确对准。例如，常见的 Wi-Fi、蓝牙、全球定位系统（Global Positioning System，GPS）等都使用无线电波进行通信。

（2）红外线

红外线通信在发送端设有红外线发送器，在接收端设有红外线接收器。红外线的频率为 300GHz～200000GHz。红外线通信的优点是收发信机体积小、重量轻、价格低，红外线的频率范围比较大，不受各个国家和地区的限制；缺点是传播距离较短且不允许有障碍物。例如，遥控器一般使用红外线进行传输。

（3）微波

微波是一种具有极高频率（通常为 300MHz～300GHz）、波长很短的电磁波。在微波频段，由于频率很高、电波的绕射能力弱，所以微波的信号传输一般限定在视线距离内的直线传播。微波具有传播较稳定、受外界干扰小等优点。但在传播过程中，微波难免受到影响而出现反射、折射、散射和吸收现象，从而产生传播衰减和传播失真现象。例如，无线广播电视、雷达、卫星系统一般使用微波进行通信。

（4）激光

激光通信是指利用激光束调制成光脉冲来传输数据。激光通信只能传输数字信号，不能传输模拟信号。激光通信必须配置一对激光收发器，而且要安装在可视范围内。激光的频率比微波高，可以获得较高带宽，激光具有高度的方向性，因而难以窃听和被干扰。激光通信的缺点在于激光源会发出少量射线污染环境，所以只有通过特许后才能安装。例如，地面间短距离通信、水下潜艇间的通信都可使用激光实现。

2.2.2 网络设备

从调制解调器拨号的单人环境，到多人使用的局域网，再到互联网这种“无界限”的广域网，不论覆盖范围大小，网络设备必不可缺。下面介绍在网络中常用的各种网络设备。

V2-3　网络设备

1. 调制解调器

Modem（调制解调器）是 Modulator（调制器）与 Demodulator（解调器）的简称，根据 Modem 的谐音，人们亲昵地称之为“猫”，它是一种能够实现通信所需的调制和解调功能的网络设备。调制解调器一般由调制器和解调器组成。在发送端，调制解调器将计算机串行口产生的数字信号调制成可以通过电话线传输的模拟信号；在接收端，调制解调器把输入计算机的模拟信号转换成相应的数字信号，并送入计算机接口。在 PC 中，调制解调器常被用来与其他计算机交换数据和程序，以及访问联机信息服务程序等。

简而言之，调制就是把数字信号转换成电话线上传输的模拟信号，而解调就是把模拟信号转换成数字信号。调制解调器的角色是模拟信号和数字信号的“翻译员”。电子信号有两种，一种是模拟信号，另一种是数字信号。我们使用的电话线传输的是模拟信号，而计算机之间传输的是数字信号。所以当人们想通过电话线把自己的计算机连入 Internet 时，就必须使用调制解调器来“翻译”两种不同的信号。连入 Internet 后，当计算机向 Internet 发送信息时，因为电话线传输的是模拟信号，所以必须要用调制解调器把数字信号“翻译”成模拟信号，才能传输到 Internet 上，这个过程叫作“调制”。当计算机从 Internet 获取信息时，因为通过电话线从 Internet 传来的信息都是模拟信号，所以计算机想要“看懂”它们，还必须借助调制解调器这个“翻译员”，这个过程叫作“解调”。总的来说，这个过程就称为“调制解调”。

2. 网卡

网络接口卡（Network Interface Card，NIC）简称网卡，又叫作网络适配器，是连接计算机和网络硬件的设备，它一般插在计算机的主板扩展槽中，它的标准是由电气电子工程师学会（Institute of Electrical and Electronics Engineers，IEEE）定义的。网卡工作于OSI/RM的数据链路层。网卡的类型不同，与之对应的网线或其他网络设备也不同，不能盲目混合使用。

网卡的工作原理如下：整理计算机要发往网络的数据，并将数据分解为适当大小的数据包之后向网络上发送。每块网卡都有唯一的网络节点地址，也就是我们常说的介质访问控制（Medium Access Control，MAC）地址。MAC地址是网卡生产厂家在生产时烧入只读存储器（Read-Only Memory，ROM）的，固定不变且保证唯一。

MAC地址由48位长的12个十六进制数字组成，其中，从左到右计数，0～23位是厂商向因特网工程任务组（Internet Engineering Task Force，IETF）申请的用来标识厂商的代码，称为组织唯一标识符（Organizationally Unique Identifier，OUI），24～47位由厂商自行分派，是各个厂商制造的网卡的唯一编号，称为扩展唯一标识符（Extended Unique Identifier，EUI）。

根据不同的分类标准，网卡可以分为不同的种类，如图2-9所示。

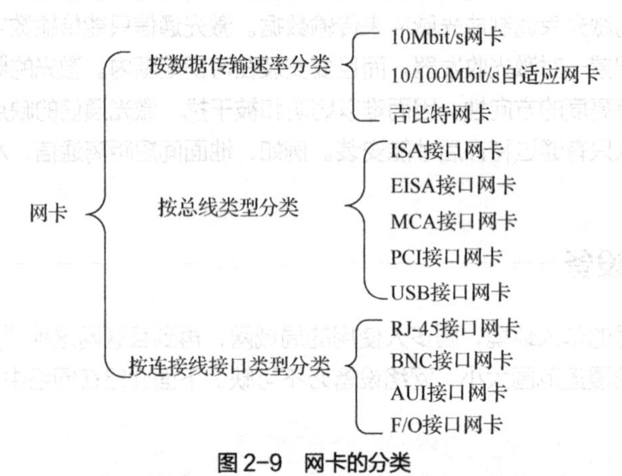

图2-9　网卡的分类

① 按数据传输速率分类。网卡主要有10Mbit/s网卡和10/100Mbit/s自适应网卡及吉比特（1000Mbit/s）网卡等。目前经常用到的是10Mbit/s网卡和10/100Mbit/s自适应网卡两种，它们价格便宜，比较适用于个人用户和普通服务器，10/100Mbit/s自适应网卡在各方面都要优于10Mbit/s网卡。吉比特网卡主要用于高速的服务器。

② 按总线类型分类。目前典型的微机总线主要有16位的工业标准结构（Industry Standard Architecture，ISA）总线、32位的扩充的工业标准结构（Extended Industry Standard Architecture，EISA）总线、IBM所采用的微通道结构（Micro Channel Architecture，MCA）总线及外围器件互联（Peripheral Component Interconnect，PCI）总线。因此，网卡也设计成可以适应不同总线类型的网卡。

通用串行总线（Universal Serial Bus，USB）接口网卡主要适用于没有内置网卡的笔记本电脑，它通过主板上的USB接口引出。

③ 按连接线接口类型分类。针对不同的传输介质，网卡提供了相应的接口。RJ-45接口适用于非屏蔽双绞线的网卡；BNC接口适用于细同轴电缆的网卡；AUI接口适用于粗同轴电缆的网卡；F/O接口适用于光纤的网卡。

目前，也有一些网卡在一块网卡上同时提供2种甚至3种接口，用户可依据自己所选的传输介质选用相应的网卡。

3. 中继器

中继器（Repeater）又称为转发器，它是局域网中非常简单的设备，作用是将因传输而衰减的信号进行放大、整形和转发，从而扩大局域网的覆盖范围。使用中继器连接局域网时，要注意以太网的“5-4-3规则”。“5-4-3 规则”是指，在 10Mbit/s 以太网中，网络总长度不得超过 5 个网段，有 4 台网络延长设备，且 5 个网段中只有 3 个网段可接网络设备，即一个网段最多只能分为 5 个子网段，一个网段最多只能有 4 台中继器，一个网段最多只能有 3 个子网段含有计算机。若中继器的两个接口相同，则可以连接使用相同介质的网段。例如，接口为 AUI 接口时，连接两个 10Base-5 的网段；接口为 BNC 时，连接两个 10Base-2 的网段。若中继器的两个接口不同，则可以连接使用不同介质的网段。例如，用中继器实现 10Base-2 网段和 10Base-5 网段的互联，如图 2-10 所示，其中，中继器的一个接口为 AUI 接口，另一个接口为 BNC 接口。10Base-5 网段的单网段最大长度为 500m。10Base-2 网段（总线网络）每一网段的架设规则如下：每网段的最长延伸距离为 185m，最多可接 30 台网络设备，每两台网络设备间的最小距离为 0.5m，每一网段两端各接一个 50Ω 终端电阻器，用来结束电气信号。

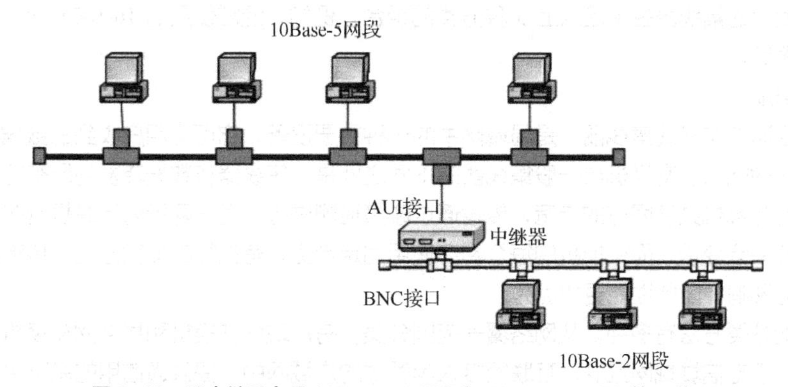

图 2-10　用中继器实现 10Base-2 网段和 10Base-5 网段的互联

4. 集线器

集线器（Hub）是带有多个端口的中继器（转发器），主要功能是对接收到的信号进行再生、整形、放大，以扩大网络的覆盖范围，同时把所有节点集中在以它为中心的节点上。它工作于 OSI/RM 的最底层，即物理层。集线器与网卡、网线等传输介质一样，属于局域网中的基础设备，采用带冲突检测的载波监听多路访问（Carrier Sense Multiple Access with Collision Detection，CSMA/CD）方式。集线器应用很广泛，它不仅可以应用于局域网（如企业网和校园网），还可以应用于广域网。

按集线器端口连接介质的不同，集线器可连接同轴电缆、双绞线和光纤。许多集线器上除了带有 RJ-45 接口外，还带有一个 AUI 粗同轴电缆接口或一个 BNC 细同轴电缆接口，以实现不同网络的连接。

集线器主要用于共享网络，属于纯硬件网络底层设备，只能简单地对信号进行放大和中转等。它不具备自动寻址能力，即不具备交换能力。集线器发送数据时没有针对性，它采用广播方式发送数据。也就是说，当它要向某节点发送数据时，不是直接把数据包发送到目的节点，而是把数据包发送到与集线器相连的所有节点。

这种广播发送数据的方式有以下几点不足。第一，用户数据包向所有节点发送，很可能使数据通信不安全，一些别有用心的人很容易就能非法截获他人的数据包；第二，由于所有数据包都向所有节点同时发送，加上使用共享带宽方式，可能造成网络堵塞现象，降低网络的执行效率；第三，集线器在同一时刻每一个端口只能进行一个方向的数据通信，不能像交换机那样进行双工传输，因此网络执行效率低，不能满足较大型网络的通信需求。

但是因为集线器价格便宜、组网灵活，所以应用广泛。例如，将集线器用于星形网络，如果一个工作站出现问题，不会影响整个网络的正常运行。

随着集线器技术的不断改进，有些集线器产品已在技术上向交换机技术进行了过渡，具备了一定的智能性和数据交换能力。但由于交换机价格的不断下降，集线器的价格优势已不再明显，集线器的市场变得越来越小，处于被淘汰的边缘。尽管如此，集线器对于家庭或小型企业来说，在经济上还是有诱惑力的，特别适合在家庭中具有几台机器的网络中使用，或者在中小型公司中用于构建分支网络。

集线器按照不同的分类标准，可分为不同的种类，具体如下。

① 依据总线带宽的不同，集线器分为 10Mbit/s 集线器、100Mbit/s 集线器和 10/100Mbit/s 自适应集线器 3 种。

② 依据配置形式的不同，集线器分为独立型集线器、模块化集线器和堆叠式集线器 3 种。

③ 依据管理方式的不同，集线器分为智能型集线器和非智能型集线器两种。

目前所使用的集线器基本是以上 3 种分类的组合。例如，经常使用的 10/100Mbit/s 自适应智能型堆叠式集线器等。

5. 交换机

交换机也叫作交换式集线器，是局域网中的一种重要设备，它可将用户收到的数据包根据目的地址转发到相应的端口。交换机与一般集线器的不同之处是，集线器将数据转发到所有的集线器端口，即同一网段的计算机共享固有的带宽，传输通过碰撞检测进行，同一网段内计算机越多，传输碰撞也越多，传输速率会变慢；而交换机的每个端口使用固定带宽，有独特的传输方式，传输速率不受计算机台数增加的影响，因此性能更加优秀。

交换机的分类方法有多种。从网络覆盖范围分类，有广域网交换机和局域网交换机两种。广域网交换机主要用于电信城域网互联、互联网接入等领域的广域网中，提供通信用的基础平台；局域网交换机用于局域网络，用于连接终端设备，如服务器、工作站、集线器、路由器和网络打印机等网络设备，提供高速、独立的通信通道。

局域网交换机又可以划分为多种不同类型的交换机。下面介绍局域网交换机的主要分类标准。

① 根据交换机使用的网络传输介质和传输速率分类，可以将局域网交换机分为以太网交换机、快速以太网交换机、吉比特以太网交换机、10 吉比特以太网交换机、适用于异步传输方式（Asynchronous Transfer Mode，ATM）网络的交换机、光纤分布式数据接口（Fiber Distributed Data Interface，FDDI）交换机等，其特点如表 2-2 所示。

表 2-2　根据使用的传输介质和传输速率分类的交换机及其特点

交换机	特点
以太网交换机	用于带宽在 100Mbit/s 以下的以太网
快速以太网交换机	用于 100Mbit/s 的快速以太网，传输介质可以是双绞线或光纤
吉比特以太网交换机	带宽可以达到 1000Mbit/s，传输介质有光纤、双绞线两种
10 吉比特以太网交换机	用于骨干网段，传输介质为光纤
ATM 网络交换机	用于 ATM 网络
FDDI 交换机	带宽可以达到 100Mbit/s，接口为光纤接口

② 根据交换机应用的网络层次分类，可以将交换机划分为企业级交换机、校园网交换机、部门级交换机、工作组交换机和桌面型交换机 5 种，其特点如表 2-3 所示。

表 2-3　根据应用的网络层次分类的交换机及其特点

交换机	特点
企业级交换机	采用模块化的结构，可为企业骨干网络构建高速局域网
校园网交换机	主要应用于较大型网络，且一般作为网络的骨干交换机
部门级交换机	面向部门级网络使用，采用固定配置或模块配置
工作组交换机	一般为固定配置
桌面型交换机	低档交换机，只具备基本的交换机特性，价格低

③ 根据 OSI 层次结构分类，交换机可以分为二层交换机、三层交换机和四层交换机等，其特点如表 2-4 所示。

表 2-4　根据 OSI 层次结构分类的交换机及其特点

交换机	特点
二层交换机	工作在 OSI/RM 的第二层（数据链路层），主要功能包括物理编址、错误校验、帧序列处理及流控制，是非常便宜的方案。它在划分子网和广播限制等方面提供的控制最少
三层交换机	工作在 OSI/RM 的第三层（网络层），具有路由功能，它将 IP 地址信息提供给网络路径，并实现不同网段间数据的线速交换。在大中型网络中，三层交换机已经成为基本配置设备
四层交换机	工作在 OSI/RM 的第四层（传输层），直接面对具体应用。目前这种交换技术尚未真正成熟且价格昂贵，因此，四层交换机在实际应用中较少见

6. 路由器

路由器是网络层的设备，主要用于不同网络间的存储和转发分组。它具有以下 3 个基本功能。

① 连接功能。路由器不但可以连接不同的局域网，还可以连接广域网、不同速率的链路或子网接口。另外，通过路由器，在不同的网段之间可以定义网络的逻辑边界，从而将网络分成独立的广播域。因此，路由器可以用来进行流量隔离，将网络中的广播通信量限定在某一局部网络，以免扩散到整个网络，并影响到其他的网络。

② 网络地址判断、最佳路由选择和数据处理功能。路由器为每一种网络层协议建立路由表，并对其加以维护。路由表可以是静态的，也可以是动态的。在路由表生成后，路由器根据每个帧的协议类型取出网络层目的地址，并按指定协议的路由表中的数据来决定是否转发该数据。另外，路由器还根据链路速率、传输开销和链路拥塞等参数来确定数据包转发的最佳路径。在数据处理方面，路由器的加密和优先级处理等功能有助于有效地利用宽带网的带宽资源。特别是它的数据过滤功能，可以限定对特定数据的转发。例如，可以不转发它不支持的协议数据包、不转发以未知网络为信宿的数据包、不转发广播信息，从而起到防火墙的作用，避免广播风暴的出现。

③ 设备管理功能。路由器工作在网络层，因此可以了解更多的高层信息，可以通过软件协议本身的流量控制功能控制数据转发的流量，以解决拥塞问题。路由器还可以提供对网络配置管理、容错管理和性能管理的支持。

路由器是一种智能型的设备，它的特点如下。

① 路由器可在网络层上实现多个网络的互联。

② 路由器能确定数据传输的最佳路径。

③ 路由器要求节点在网络层以上的各层中使用相同或兼容的协议。

2.3 交换技术

我们从一个城市到另一个城市，如果没有直达车的话，通常只能采取中途换乘的方式。在通信系统中，数据从源节点到达目的节点也很难实现收发两端直接相连的传输，通常要通过多个节点转发才能到达。那么，怎样实现数据的交换与转发，又有哪些数据交换方式呢？

V2-4 交换技术

数据经编码后在信道上进行传输，非常简单的方法是用传输介质将两个端点直接连接起来进行数据传输。但是，每个通信系统都采用收发两端直接相连的方法是不可能的，一般要通过一个由多个节点组成的中间网络来把数据从源节点转发到目的节点，以实现数据传输。中间网络不关心所传输的数据内容，只是为数据从一个节点到另一节点直至目的节点提供数据交换的功能。因此，这个中间网络也称为交换网络，组成交换网络的节点称为交换节点。一般的交换网络拓扑结构如图 2-11 所示，其中，H1～H6 为工作站，A～F 为交换节点。

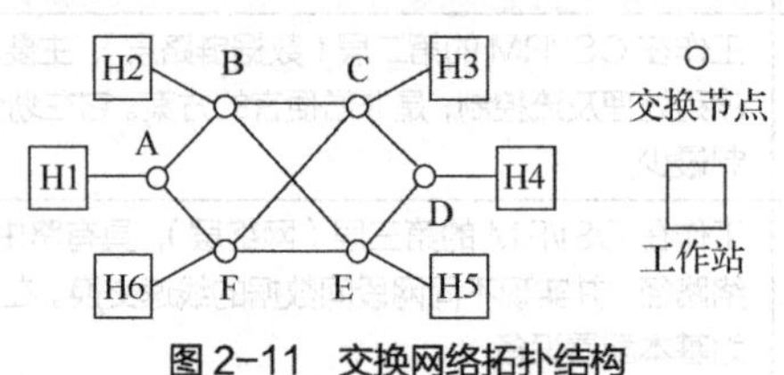

图 2-11 交换网络拓扑结构

数据交换是多节点网络中实现数据传输的有效手段。常用的数据交换方式包括电路交换和存储交换。存储交换又可细分为报文交换和分组交换。下面分别介绍这几种交换方式。

2.3.1 电路交换

电路交换（Circuit Switching）也称线路交换，是数据通信领域最早使用的交换方式。利用电路交换进行通信时需要通过交换节点在两个站点之间建立一条专用通信链路。

1. 电路交换的原理

利用电路交换进行通信时，包括建立电路、传输数据和拆除电路 3 个阶段。

① 建立电路。在传输任何数据之前，要先经过呼叫建立一条端到端的电路。如图 2-12 所示，若 H1 站要与 H2 站连接，H1 站要先向与其相连的 A 节点提出请求，然后 A 节点在有关联的路径中找到下一个支路上的 B 节点，在此链路上分配一个未使用的通道，并告诉 B 节点还要连接 C 节点；接着用同样的方法到达 D 节点，完成所有的连接；再由 H2 站（被叫用户）发出应答信号给 H1 站（主叫用户），这样，物理链路就接通了。

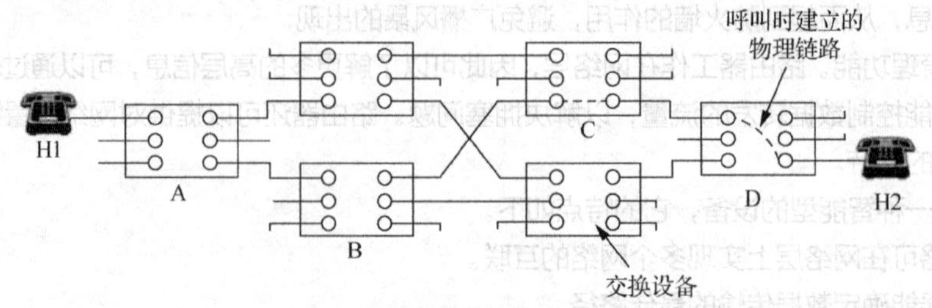

图 2-12 通信双方建立物理链路

只有当通信的两个站点之间建立起物理链路之后，才允许进入传输数据阶段。电路交换的这种“连接”过程所需时间（即建立时间）的长短，与要连接的中间节点的个数有关。

② 传输数据。电路 A-B-C-D 建立以后，数据就可以从连接 H1 的 A 发送到 B，再由 B 发送到 C，再由 C 发送到 D（连接 H2），D 也可以经 C、B 向 A 发送数据。在整个数据传输过程中，所建立的电路必须始终保持连接状态。

③ 拆除电路。数据传输结束后，由某一方（H1 站或 H2 站）发出拆除电路请求，然后逐步拆除电路到对方站点。

2. 电路交换的特点

电路交换技术具有以下几个特点。

① 在数据传输开始之前必须设置一条专用的电路，采用面向连接的方式。

② 一旦电路建立，用户就可以以固定的速率传输数据，中间节点不会对数据进行其他缓冲和处理，传输实时性好、透明性好，数据传输可靠、迅速，数据不会丢失且保持原来的顺序。电路交换方式适用于系统间要求高质量的大量数据传输的情况，常用于电话通信系统中。目前的公共电话网和移动网采用的都是电路交换技术。

③ 在电路拆除之前，该电路由一对站点完全占用，即使没有数据传输也要占用电路，因此电路利用率低。

④ 电路建立延迟较大，对于突发式的通信，电路交换效率不高。

⑤ 电路交换既适用于传输模拟信号，又适用于传输数字信号。

2.3.2 报文交换

电路交换技术主要适用于传输语音业务，这种交换方式对于数据通信业务而言，有着很大的局限性。数据通信具有很强的突发性，与语音业务相比，数据通信业务对延时没有严格的要求，但需要进行无差错的传输；而语音信号可以有一定程度的失真，但实时性一定要高。报文交换（Message Switching）技术就是针对数据通信业务的特点而提出的一种交换方式。

1. 报文交换的原理

报文交换方式的数据传输单位是报文，报文就是站点一次性要发送的数据块，其长度不限且可变。在交换过程中，交换设备将接收到的报文先存储起来，待信道空闲时再转发给下一节点，逐级中转，直到到达目的地。这种数据传输技术称为“存储-转发”。

报文传输之前不需要建立端到端的连接，仅在相邻节点传输报文时建立节点间的连接。这种方式称为“无连接”方式。

2. 报文交换的特点

报文交换技术具有以下几个特点。

① 在传输报文时，一个时刻仅占用一段通道，大大提高了线路利用率。

② 报文交换系统可以把一个报文发送到多个目的地。

③ 可以设置报文的优先级，优先级高的报文在节点中可优先转发。

④ 报文大小不一，因此存储管理较为复杂。

⑤ 大报文造成存储、转发的延时过长，对存储容量要求较高。

⑥ 出错后整个报文必须全部重发。

⑦ 报文交换只适用于传输数字信号。

在实际应用中，报文交换主要用于传输报文较短、实时性要求较低的通信业务，如公用电报网及电子邮件系统。

2.3.3 分组交换

1. 分组交换原理

分组交换（Packet Switching）又称包交换。为了更好地利用信道容量，应将报文交换改进为分组交换。分组交换将报文分成若干个分组，每个分组的长度有一个上限，有限长度的分组使每个节点所需的存储能力降低了。分组可以存储到内存中，减小了传输延迟，提高了交换速度。分组交换适用于交互式通信，如终端与主机的通信。

在数据报分组交换中，每个分组自身携带足够的地址信息，独立地确定路由（即传输路径）。由于不能保证分组按序到达，所以目的站点需要按编号对分组进行重新排序和组装。如图 2-13 所示，主机 A 先后将分组 1 与分组 2 发送给主机 B，分组 2 经过 S1、S4、S5 先到达主机 B；分组 1 经过 S1、S2、S3、S5 后到达主机 B；主机 B 必须对分组重新排序，才能获得有效数据。

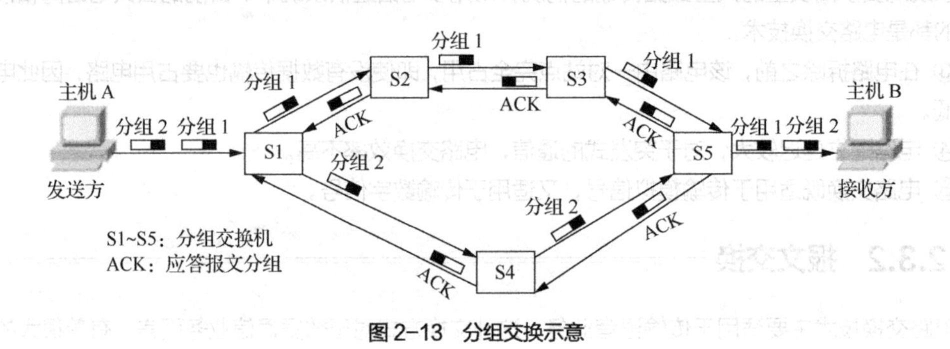

图 2-13　分组交换示意

2. 分组交换的特点

分组交换技术具有以下几个特点。

① 采用“存储-转发”方式。

② 具有报文交换的优点。

③ 加速数据在网络中的传输。这是因为分组是逐个传输的，可以使后一个分组的存储操作与前一个分组的转发操作并行，正是这种流水线式的传输方式减少了报文的传输时间。此外，传输一个分组所需的缓冲区比传输一个报文所需的缓冲区小得多，这样因缓冲区不足而等待发送的概率小得多，等待的时间也必然少得多。

④ 简化存储管理。因为分组的长度上限固定，相应的缓冲区的大小也固定，在交换节点中存储器的管理通常被简化为对缓冲区的管理，管理起来相对比较容易。

2.3.4 3 种交换方式的比较

图 2-14 所示为电路交换、报文交换和分组交换 3 种交换方式的数据传输过程。其中，A、B、C 和 D 对应图 2-12 所示的节点。

如果要传输的数据量很大，并且传输时间远大于呼叫时间，则采用电路交换较为合适。当端到端的通路由很多段的链路组成时，采用分组交换传输数据较为合适。从提高整个网络的信道利用率来看，报文交换和分组交换优于电路交换，其中分组交换比报文交换的时延小，尤其适用于计算机之间的突发式数据通信。

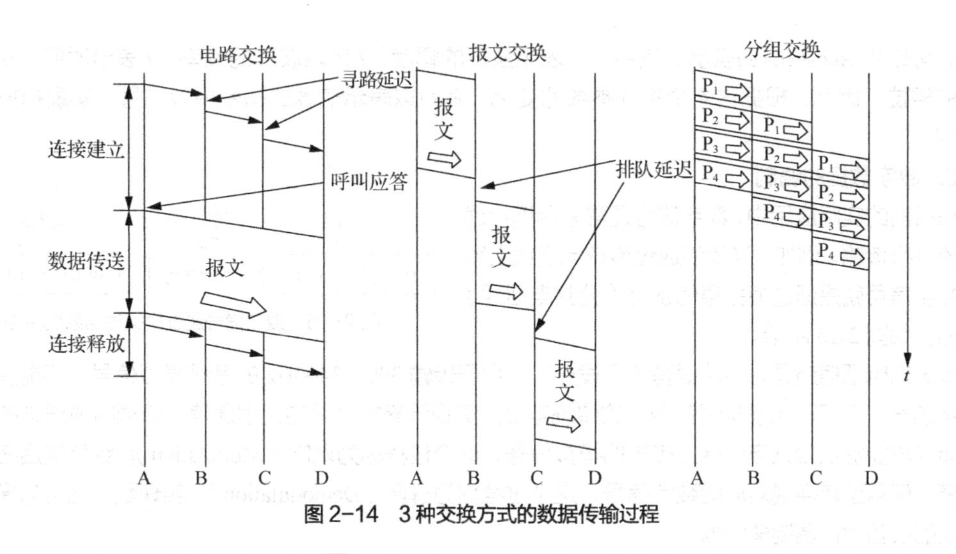

图 2-14 3 种交换方式的数据传输过程

2.4 数据调制与编码技术

很多家庭用户采用电话拨号上网方式，电话线（模拟信道）中传输的是模拟信号，而计算机中传输的是数字信号，怎样能使数字信号通过模拟信道进行传输呢？我们使用的数字电话又是怎样传输模拟音频信号的呢？

V2-5 编码与调制

2.4.1 数据编码类型

模拟数据和数字数据都可以用模拟信号或数字信号来表示和传输。在一定条件下，可以将模拟数据编码成数字信号，或将数字数据编码成模拟信号。数据编码类型有以下 4 种，分别是采用模拟信号传输模拟数据和数字数据，以及采用数字信号传输模拟数据和数字数据，如图 2-15 所示。

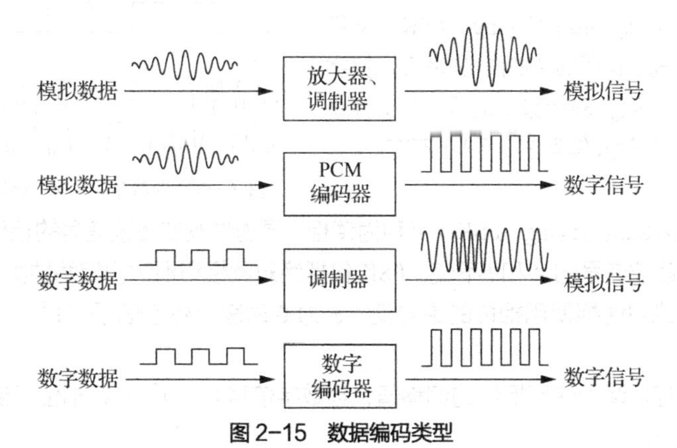

图 2-15 数据编码类型

2.4.2 调制技术

若模拟数据或数字数据采用模拟信号传输，则需采用调制解调技术。

1. 模拟数据的调制

模拟数据的基本调制技术主要有调幅、调频和调相。由于模拟信号是具有一定频率的连续载波波形，可以用 $A\cos(2ft+\varphi)$表示。其中，A 表示波形的幅度、f 代表波形的频率、t 表示时间、φ 表示波形的相位。因此，根据这 4 个不同参数的变化，就可以表示信源的基带模拟信号，实现模拟数据的调制。

2. 数字数据的调制

在目前的实际应用中，数字信号通常采用模拟通信系统进行传输。例如，当我们通过传统电话线上网时，数字信号就是通过模拟通信系统（公共电话网）传输的，如图 2-16 所示。

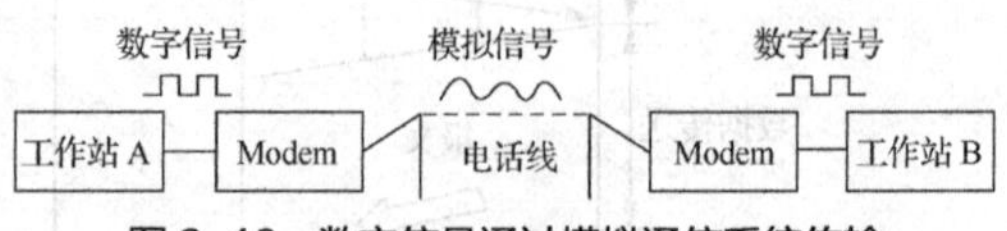

图 2-16　数字信号通过模拟通信系统传输

传统的电话信道是为传输语音信号设计的，用于传输 300～3400Hz 的音频模拟信号，不能直接传输数字信号。为了利用模拟语音通信的传统电话网实现计算机之间的远程通信，必须将发送端的数字信号转换成能够在公共电话网上传输的模拟信号，这个过程称为调制（Modulation）；经传输后在接收端将模拟信号逆转换成对应的数字信号，这个过程称为解调（Demodulation）。实现数字信号与模拟信号互换的设备叫作调制解调器。

数字数据调制有 3 种基本技术：幅移键控、频移键控和相移键控。图 2-17 所示为对数字数据“00110100010”使用不同调制技术后的波形。在实际应用中，以上 3 种调制技术通常结合起来使用。

（1）幅移键控

幅移键控（Amplitude Shift Keying，ASK）又称为调幅，是通过改变载波信号的幅度值来表示数字信号“1”和“0”的，用载波幅度 A_1 表示数字信号“1”，用载波幅度 A_2 表示数字信号“0”（通常 A_1 取 1，A_2 取 0），而载波信号的参数 f 和 φ 不变。

（2）频移键控

频移键控（Frequency-Shift Keying，FSK）又称为调频，是通过改变载波信号频率的方法来表示数字信号“1”和“0”的，用 f_1 表示数字信号“1”，用 f_2 表示数字信号“0”，而载波信号的 A 和 φ 不变。

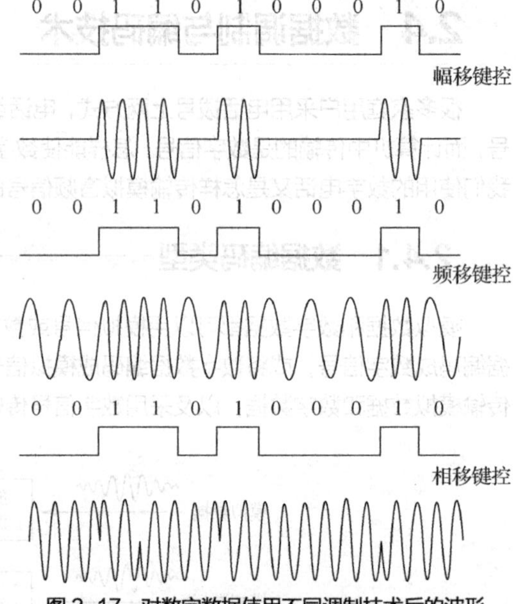

图 2-17　对数字数据使用不同调制技术后的波形

（3）相移键控

相移键控（Phase-Shift Keying，PSK）又称为调相，是通过改变载波信号的相位值来表示数字信号“1”和“0”的，而载波信号的 A 和 f 不变。PSK 包括绝对调相和相对调相两种类型。

① 绝对调相：绝对调相使用相位的绝对值，φ 为 0 时表示数字信号“1”，φ 为 π 时表示数字信号“0”。

② 相对调相：相对调相使用相位的偏移值，当数字信号为“0”时，相位不变，而当数字信号为“1”时，相位要偏移 π。

2.4.3 编码技术

若模拟数据或数字数据采用数字信号传输，则需采用编码技术。模拟数据编码主要用于数字化的电话交换和传输系统中，常用的一种技术为脉冲编码调制（Pulse Code Modulation，PCM）。采用 PCM 对模拟信号进行数字化需要经过采样、量化和编码 3 个步骤。本节重点讲解数字数据的编码，关于 PCM

技术的细节可参阅相关文献。

数字信号可以直接采用基带传输。基带传输就是指在线路中直接传输数字信号的电脉冲，是一种特别简单的传输方式，近距离通信的局域网大都采用基带传输。进行基带传输时，需要解决的问题是数字数据的编码及收发两端之间的信号同步。

数字数据的编码方式主要有 3 种：不归零编码、曼彻斯特编码和差分曼彻斯特编码。

① 不归零（Non-Return-to-Zero，NRZ）编码。NRZ 编码可以用负电平表示逻辑“1”，用正电平表示逻辑“0”，反之亦然，如图 2-18 所示。NRZ 编码的缺点是发送方和接收方不能保持同步，需采用其他方法保持收发同步。

② 曼彻斯特编码（Manchester Coding）。每一位的中间有一个跳变，位中间的跳变既用作时钟信号，又用作数据信号，从高到低跳变表示“1”，从低到高跳变表示“0”。

③ 差分曼彻斯特编码（Differential Manchester Coding）。每位中间的跳变仅提供时钟定时，用每位开始时有无跳变来表示数据信号，有跳变为“0”，无跳变为“1”。

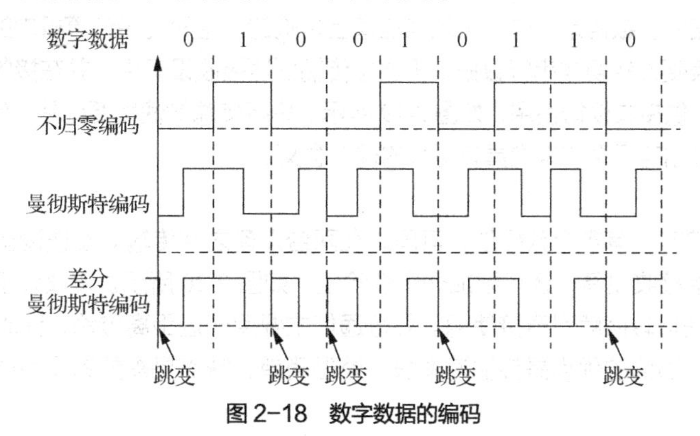

图 2-18　数字数据的编码

两种曼彻斯特编码将时钟和数据包含在数据流中，在传输信息的同时，也将时钟同步信号一起传输给对方，每位编码中有一个跳变，不存在直流分量，因此具有自同步功能和良好的抗干扰性能。但每一个码元都被调成两个电平，所以数据传输速率只有信号传输速率的 1/2。在 10 Mbit/s 的以太网中，采用的就是曼彻斯特编码。

2.5 传输技术

数据传输无处不在，如打电话、使用对讲机、收听广播时均有数据传输。那么这几种通信方式中所用到的数据传输方式相同吗？数据传输都有哪些方式？数据传输需要哪些技术？在串行传输时，接收端如何从串行数据流中正确地分出发送的一个个字符？

V2-6　传输技术

2.5.1 数据通信方式

本节介绍信道通信方式、数据的传输方式，以及数据传输的基本形式。

1. 信道通信方式

按照信号的传输方向与时间的关系，信道的通信方式可以分为 3 种：单工通信、半双工通信和全双工通信。

（1）单工通信

单工通信是指信道是单向信道，信号仅沿一个方向传输，发送方只能发送不能接收，而接收方只能接收不能发送，任何时候都不能改变信号传输方向。例如，无线电广播、BP 机（寻呼机）、传统的模拟电视都使用的是单工通信。

（2）半双工通信

半双工通信是指信号可以沿两个方向传输，但同一时刻一个信道只允许单方向传输，即两个方向的传输只能交替进行，而不能同时进行。当改变传输方向时，要通过开关装置进行切换。

（3）全双工通信

全双工通信是指信号可以同时沿相反的两个方向进行传输，如电话使用的就是双工通信。

2. 数据的传输方式

在数字通信中，按每次传输的数据位数，传输方式可分为串行通信和并行通信两种。

（1）串行通信

在进行串行通信时，数据是一位一位地在信道上传输的。这时先由计算机内的发送设备将几位并行数据经一系列转换硬件转换成串行数据，再逐位传输到达接收设备中，并在接收端将串行数据重新转换成并行数据，以供接收设备使用，如图 2-19 所示。串行传输的速度要比并行传输慢得多，但对于覆盖面极其广泛的公用电话系统来说具有更大的现实意义。

（2）并行通信

在进行并行通信时，有多个数据位，可同时在两台设备之间传输。发送设备将这些数据位通过对应的数据线传输给接收设备，还可附加一个校验位，如图 2-20 所示。接收设备可同时接收到这些数据位，不需要做任何转换就可直接使用。并行通信主要用于近距离传输，计算机内的总线结构就采用并行通信。并行通信的优点是传输速率快，处理简单；缺点是需要铺设多条线路，不适合远距离传输。

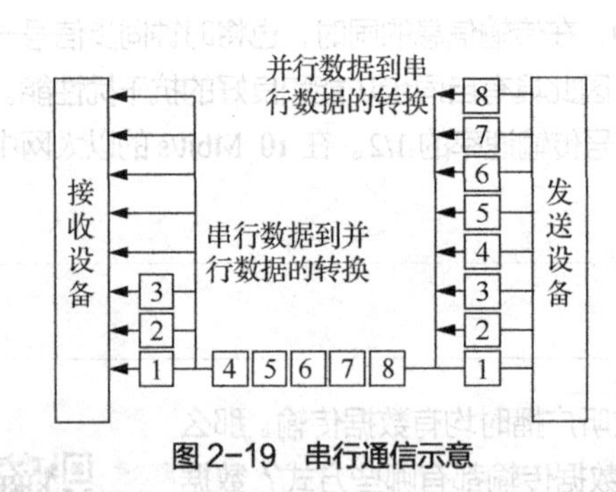

图 2-19 串行通信示意

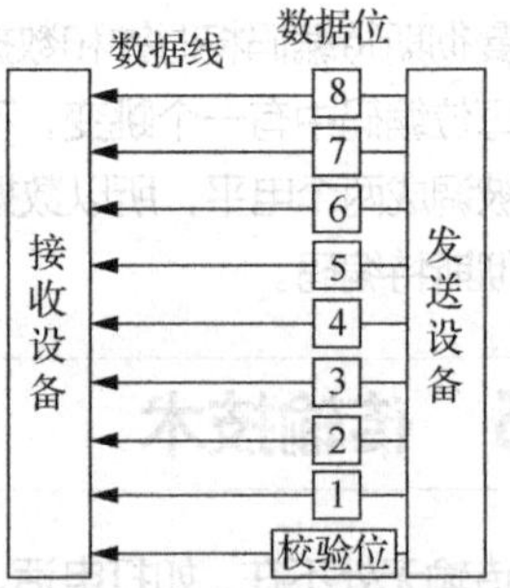

图 2-20 并行通信示意

3. 数据传输的基本形式

按照信号在信道中的具体传输形式，可以将传输方式大致分为基带传输和频带传输，而频带传输又包含常用的宽带传输技术。

（1）基带传输

基带是原始信号所占用的基本频带。基带传输是指在线路上直接传输基带信号或将基带信号略加整形后进行的传输。

在基带传输中，整个信道只传输一种信号，因此信道利用率低。数字信号被称为数字基带信号，在基带传输中，需要对数字信号进行编码后再传输。

基带传输是一种非常简单、非常基本的传输形式。基带传输过程简单、设备费用低、基带信号的功率衰减不大，适用于近距离传输的场合。在局域网中通常使用基带传输技术。

（2）频带传输

远距离信道多为模拟信道，例如，传统的电话（电话信道）只适用于传输 300～3400Hz 的音频模拟信号，不适用于直接传输频带很宽但能量集中在低频段的数字基带信号。

频带传输就是指先将基带信号转换（调制）为便于在模拟信道中传输的、具有较高频率的模拟信号（称为频带信号），再将这种频带信号在模拟信道中传输。

计算机网络的远距离通信通常采用的是频带传输，基带信号与频带信号的转换是由调制解调器完成的。

（3）宽带传输

所谓宽带，就是指比音频信号带宽还要宽的频带，简单地说就是包括大部分电磁波频谱的频带。使用这种宽频带进行传输的系统称为宽带传输系统，它几乎可以容纳所有的广播，还可以进行高速率的数据传输。

借助频带传输，一个宽带信道可以被划分为多个逻辑基带信道。这样就能把声音、图像和数据信息的传输综合在一个物理信道中进行，以满足用户对网络的高要求。总之，宽带传输一定是采用频带传输技术的，但频带传输不一定就是宽带传输。

2.5.2 同步技术

在网络通信过程中，通信双方交换数据时需要高度协同地工作。为了正确解释信号，接收方必须确切地知道信号应当何时接收和何时结束，因此定时是非常重要的。在数据通信中，定时也称为同步。同步是指要接收方按照发送方发送的每个位的起止时刻和速率来接收数据，否则，收发双方之间就会产生很小的误差。随着时间推移，误差的逐步累积可能会造成传输的数据出错。

常用的同步技术有两种：异步方式和同步方式。

1. 异步方式

在异步方式中，每传输一个字符（7 位或 8 位）都要在每个字符前加一个起始位，以表示字符的开始；在字符校验位后加一或两个停止位，表示字符的结束。接收方根据起始位和停止位来判断一个新字符的开始和结束，从而实现通信双方的同步。

异步方式比较容易实现，但每传输一个字符都需要多使用 2 或 3 位，因此适用于低速通信。

2. 同步方式

通常，同步方式的信息格式是一组字符或一组二进制位组成的数据块（也称为帧）。对这些数据，不需要附加起始位或停止位，而是在发送数据块之前先发送一个同步段（Synchronization Segment，SYN，以“01101000”表示）或一个同步字节（01111110），用于接收方进行同步检测，从而使收发双方进入同步状态。在发送同步段或同步字节之后，可以连续发送任意多个数据块，发送数据完毕后，再使用同步段或同步字节来标识整个发送过程的结束。

在同步传输时，发送方和接收方将整个字符组作为一个单位传输，且附加位非常少，从而提高了数据传输的效率。这种方法一般用于高速传输数据的系统中，如计算机之间的数据通信。

2.5.3 信道复用技术

信道复用技术指的是利用一个物理信道同时传输多个信号，以提高信道利用率，使一条线路能同时被多个用户使用而互不影响。多路复用器连接了多条低速线路，将它们的传输容量组合在一起之后，在一条速度较高的线路上传输数据。在长途通信中，一些高容量的同轴电缆、地面微波、卫星设施以及光纤可用于传输的频率带宽很宽，为了高效合理地利用资源，通常采用信道复用技术。

信道复用技术采用多路复用器将来自多个输入电路的数据组合、调制成一路复用数据，并将此数据信号送入高容量的传输线路；多路复用器接收复用的数据流，依照信道分离、还原为多路数据，并将它们送到适当的输出电路，如图 2-21 所示。

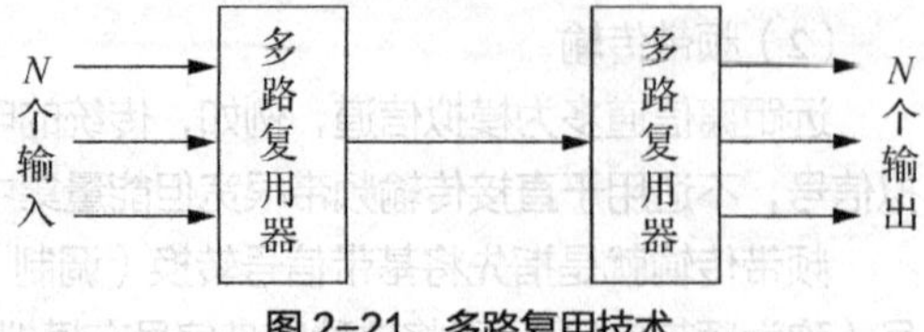

图 2-21　多路复用技术

目前主要有以下 4 种信道复用方式：频分多路复用（Frequency Division Multiplexing，FDM）、时分多路复用（Time Division Multiplexing，TDM）、波分多路复用（Wave length Division Multiplexing，WDM）和码分多址（Code Division Multiplexing Access，CDMA）。

1. 频分多路复用

频分多路复用就是指将物理信道的总带宽分割成若干个与传输单个信号带宽相同或略宽一点的子信道，每一个子信道传输一路信号。多路的原始信号在频分复用前，首先要通过频谱搬移技术，将各路信号的频谱搬移到物理信道频谱的不同段上，这可以通过频率调制时采用不同的载波实现。

频分多路复用的典型例子有许多。例如，无线电广播、无线电视中将多个电台或电视台的多组节目对应的声音、图像信号分别载在不同频率的无线电波上，同时在同一无线空间中传播，接收者根据需要接收特定频率的信号来收听或收看相关节目。

2. 时分多路复用

时分多路复用是将信道按传输信号的时间进行分割的。它使不同的信号在不同时间内传输，即将整个传输时间分为许多时间片，又称为时隙，每个时间片被一路信号占用。电路上的每一短暂时刻只有一路信号存在。因为数字信号是有限个离散值，所以时分多路复用技术广泛应用于包括计算机网络在内的数字通信系统，而模拟通信系统一般采用频分多路复用。

3. 波分多路复用

波分多路复用是在同一根光纤中能同时传播多个波长不同的光载波的复用技术。通过波分多路复用可以使原来只能传输一个光载波的单一光信道，变为可传输多个不同波长光载波的光信道，使光纤的传输能力成倍增强。波分多路复用的原理如图 2-22 所示，在发送端将不同波长的光信号组合起来，复用到一根光纤上，在接收端又将组合的光信号分开（解复用），并送入不同的终端。

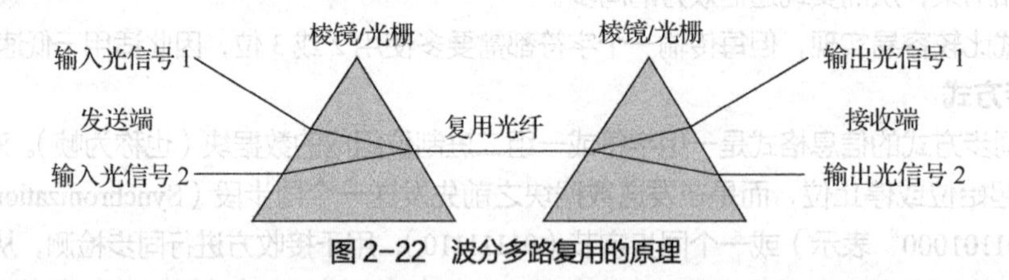

图 2-22　波分多路复用的原理

波分多路复用是频分多路复用在光信号信道上的一种变种。其原理是类似的，区别在于波分多路复用应用于光信号，频分多路复用应用于电信号。

4. 码分多址

码分多址也是一种共享信道的技术，每个用户可在同一时间使用同样的频带进行通信，但使用的是基于码型的分割信道的方法，即为每个用户分配一个地址码，各个码型互不重叠，通信各方不会相互干扰，抗干扰能力强。

码分多址技术主要用于无线通信系统，特别是移动通信系统。它不仅可以提高通信的质量和数据传输的可靠性并减少干扰对通信的影响，还可以增大通信系统的容量。

2.6 差错控制技术

正如邮局的信件在投递过程中会产生一些错误投递一样，数据在传输过程中也会产生差错。本节介绍差错产生的原因，以及差错控制的方法。

V2-7 差错控制技术

2.6.1 差错的产生

所谓差错，就是指在数据通信中，接收端接收到的数据与发送端实际发出的数据不一致，如数据传输过程中位丢失；发出的数据位为“0”，而接收到的数据位为“1”；发出的数据位为“1”，而接收到的数据位为“0”。图 2-23 所示为差错产生的过程。

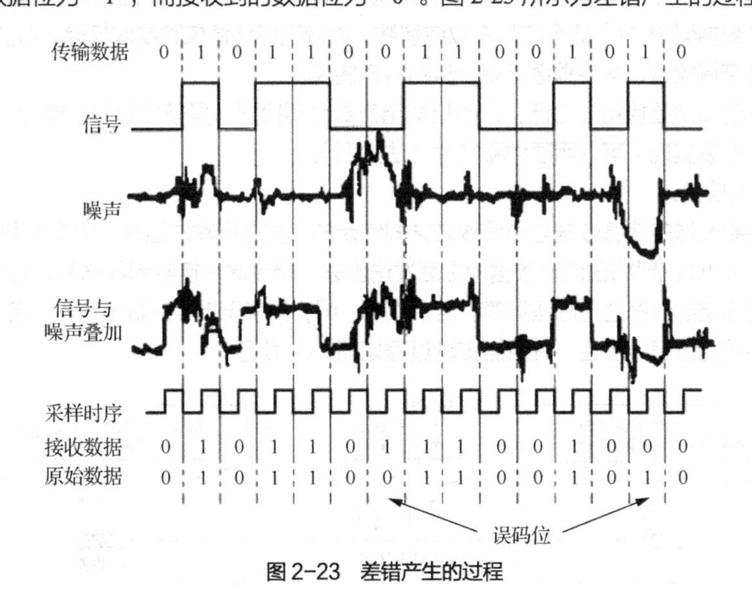

图 2-23 差错产生的过程

差错是由噪声引起的。根据产生原因的不同，噪声可分为两类：热噪声和冲击噪声。

1. 热噪声

热噪声又称为白噪声，是由传输介质的电子热运动产生的，它存在于所有电子器件和传输介质中。热噪声是温度变化引起的，不受频率变化的影响。热噪声在所有频谱中以相同的形态分布，它是不能被消除的，由此对通信系统性能产生了限制。

例如，线路本身电气特性随机产生的信号幅度、频率与相位的畸变和衰减，电气信号在线路上产生反射造成的回音效应，相邻线路之间的串扰等都属于热噪声。

2. 冲击噪声

冲击噪声的波形呈突发状，常由外界因素引起，其噪声幅度可能相当大，是数据传输中的主要差错。

例如，大气中的闪电、电源开关的跳火、自然界磁场的变化及电源的波动等外界因素所引起的噪声都属于冲击噪声。

2.6.2 差错控制编码

为了保证通信系统的传输质量，降低误码率，必须采取差错控制措施——差错控制编码。

数据信息位在向信道发送之前，先按照某种关系附加上一定的冗余位，构成一个完整码字后再发送，这个过程称为差错控制编码，也称信道编码。接收端收到该码字后，检查数据信息位和附加的冗余位之间的关系，以判定传输过程中是否有差错发生，这个过程称为检错过程。如果发现错误，则及时采取措施，纠正错误，这个过程称为纠错过程。因此差错控制编码可分为检错码和纠错码两类。

① 检错码。检错码是能够自动发现错误的编码，如奇偶校验码、循环冗余校验（Cyclic Redundancy Check，CRC）码。

② 纠错码。纠错码是能够发现错误且能自动纠正错误的编码，如汉明码、卷积码。

下面主要介绍奇偶校验码和循环冗余校验码。

1. 奇偶校验码

奇偶校验码是一种非常简单的检错码。其检验规则如下：在原数据位后附加校验位（冗余位），根据附加后的整个数据码中“1”的个数为奇数或偶数，而分别叫作奇校验或偶校验。奇偶校验分为水平奇偶校验、垂直奇偶校验、水平垂直奇偶校验和斜奇偶校验。

奇偶校验码的特点是检错能力低，只能检测出奇数个码错误，具备部分纠错能力。这种检错法所用的设备简单、容易实现（可以用硬件和软件方法实现）。

2. 循环冗余校验码

发送端先将要发送的信息数据与通信双方共同约定的数据进行除法运算，根据余数得出一个 CRC 码，然后将这个 CRC 码附加在信息数据帧之后发送出去。接收端在接收到数据后，将包括 CRC 码在内的数据帧再与约定的数据进行除法运算，若余数为“0”，则表示接收的数据正确；若余数不为“0”，则表明数据在传输的过程中出错，其数据传输过程如图 2-24 所示。

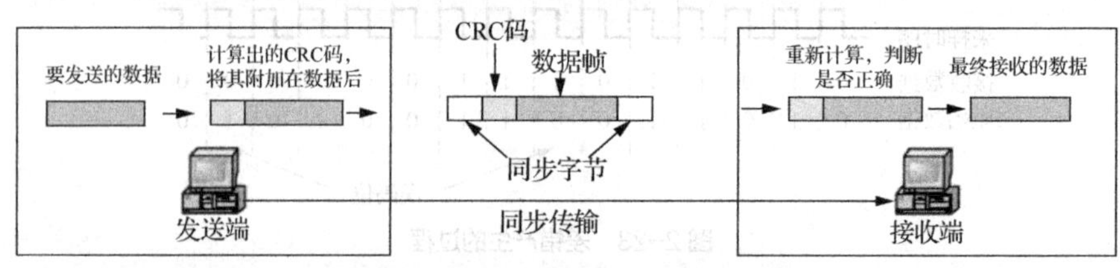

图 2-24　使用 CRC 码的数据传输过程

2.6.3 差错控制方法

差错控制方法主要有两类：反馈重发和前向纠错。

1. 反馈重发方法

反馈重发方法又称自动重传请求（Automatic Repeat Request，ARQ）方法，利用编码的方法在接收端检测差错。当检测出差错后，设法通知发送端重新发送数据，直到无差错为止，如图 2-25 所示。反馈重发方法只使用检错码。

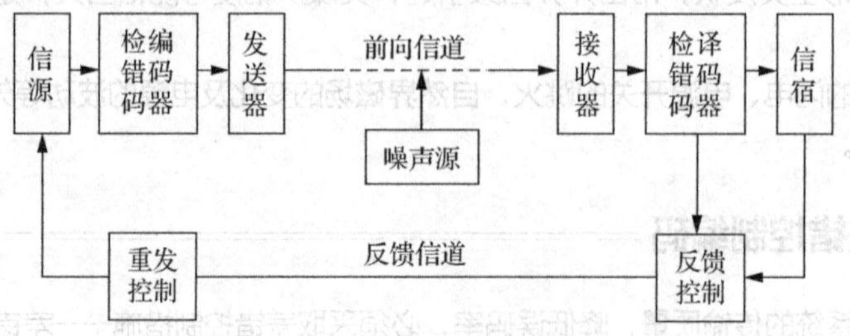

图 2-25　反馈重发方法的原理

2. 前向纠错方法

在前向纠错（Forward Error Correction，FEC）方法中，接收端不仅对数据进行检测，当检测出差错后还能利用编码的方法自动纠正差错，如图 2-26 所示。FEC 方法必须使用纠错码。

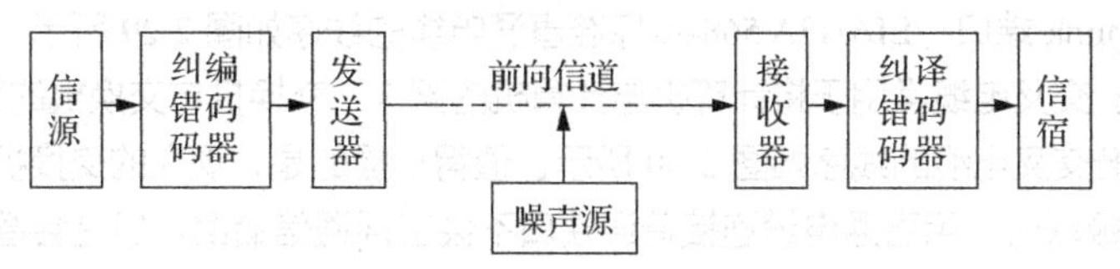

图 2-26　FEC 方法的原理

【技能实训】

实训　制作双绞线

【实训描述】

小白在学习了物理层的基础知识后，知道传输介质是实现信息通信的载体，而双绞线是局域网中极常用的传输介质。他还知道双绞线总共有 8 芯，由绞合在一起的 4 对导线组成。小白想动手制作一下双绞线，并进行测试。

【实训准备】

1. 材料准备：双绞线、RJ-45 连接器、测线器和剥线钳，如图 2-27 所示。

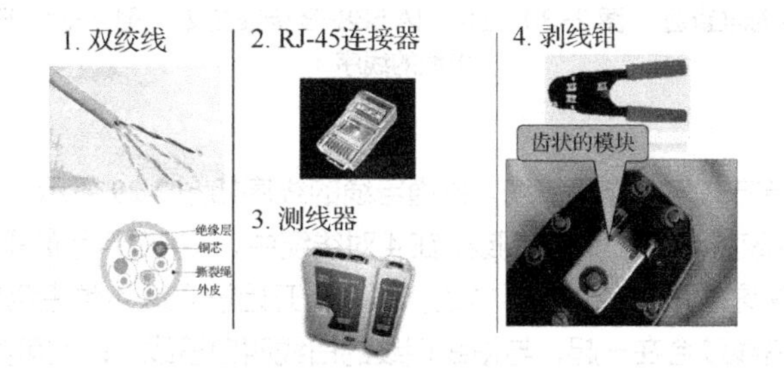

图 2-27　制作双绞线的材料

2. 分组准备：5 或 6 个人一组，双绞线（每人一段），RJ-45 连接器（每人两个），剥线钳（每组一把）。

【知识补充】

双绞线（Twisted Pair）是由 4 对相互绝缘的导线，按照一定的规格互相缠绕（一般以逆时针缠绕）在一起而制成的一种传输介质，属于信息通信网络传输介质。双绞线过去主要是用来传输模拟信号的，现在同样适用于数字信号的传输。双绞线是一种常用的布线材料，实物如图 2-28 所示。

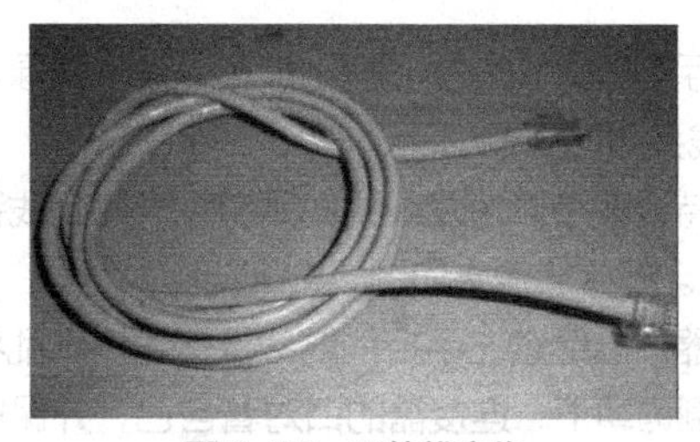

图 2-28　双绞线实物

双绞线根据采用的标准打线方式的不同，可分为直通电缆（Straight-through Cable）、交叉电缆（Crossover Cable）和全反电缆（Rollover Cable）。

（1）直通电缆：直通电缆可用于将计算机连入集线器或交换机的以太网口，或者用于连接交换机与交换机的专用 Uplink 端口。EIA/TIA 568-A 标准直通电缆的线序如图 2-29 所示。

（2）交叉电缆：交叉电缆常用于将计算机与计算机的网卡、交换机与交换机的普通端口直接相连，EIA/TIA 568-B 标准交叉电缆的线序如图 2-30 所示。值得一提的是，现在的交换机都采用了自适应技术，在交换机之间级联时，用直通电缆连接普通端口不会出现通信错误，但是会增加交换机自动调整信号的时间。

（3）全反电缆：全反电缆称为控制线（Console Cable），又称反接线，用于将一台工作站连接到交换机或路由器的控制端口，以访问这台交换机或路由器，直通电缆两端的 RJ-45 连接器的电缆都具有完全相反的次序，EIA/TIA 568-B 标准全反电缆的线序如图 2-31 所示。

图 2-29　EIA/TIA 568-A 标准直通电缆的线序　　图 2-30　EIA/TIA 568-B 标准交叉电缆的线序　　图 2-31　EIA/TIA 568-B 标准全反电缆的线序

【实训步骤】

本实训采用直通电缆方式来制作双绞线。直通电缆的线序如图 2-29 所示。有一种比较好用的方法来记忆双绞线的排序。双绞线有 4 对，8 根铜线。在 4 对线缆中，保护塑料用的是 4 种主要颜色（主色）：橙、蓝、绿、棕。先记住这 4 种主色，左手执线，从左边开始按照这 4 种主色排好序；再仔细看会发现每根主色线都与一根白线绞合在一起，与橙线相绞的白线叫白橙线，以此可类推出其他 3 根白线的叫法。把白线全部打开，只需将白蓝线与白绿线交换一下位置，就是直通电缆的线序。具体步骤如下。

1. 剪线、剥线头。用剥线钳剪一段一定长度的非屏蔽双绞线。然后用剥线钳的剥线刀口将线缆的一端剥出一定长度的线缆，剥出 3cm 左右，剥线时不可太用力，防止将里面的线割裂。观察其线对颜色，共 4 对，按主色顺序（橙、蓝、绿、棕）排好。

> **注意**　**剥线钳的剥线刀口比较锋利，任何时候都不要将手指伸到剥线钳的刀口之间。**

2. 排列并捋平线缆。用左手持线，按白橙、橙、白蓝、蓝、白绿、绿、白棕、棕的顺序分离 4 对电缆，并将它们捋平。捋平的线头如图 2-32 所示。

3. 将捋平的线缆剪齐。维持该颜色顺序及线缆的平整性，用网线钳把线缆剪平，并使得未绞合在一起的线缆长度不要超过 1.2cm。剪平的线头如图 2-33 所示。

4. 将线缆插入 RJ-45 连接器中。继续左手持线缆，保持线序不乱将线缆插入 RJ-45 连接器，在插入过程中注意 RJ-45 连接器的倒钩朝下，连接器的口对着自己，并保持线缆的颜色顺序不变。把电缆推入得足够紧凑，从而确保在查看 RJ-45 连接器顶端和侧面时能够看见所有的铜线。再次检查线序，确保它们都是正确的，如图 2-34 所示。

图 2-32　捋平的线头

图 2-33　剪平的线头

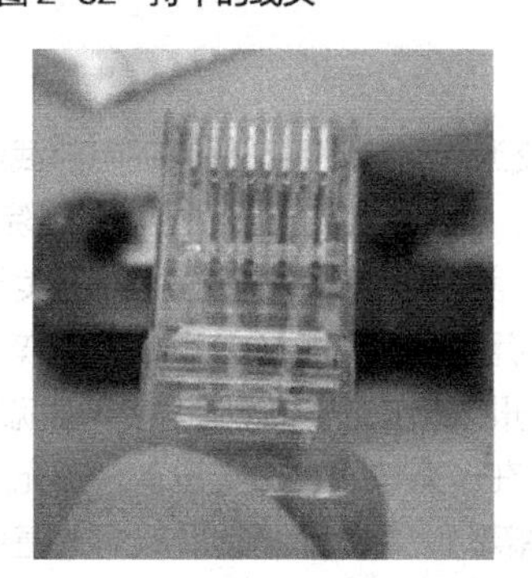

图 2-34　将双绞线插入 RJ-45 连接器

5. 压接 RJ-45 连接器。把 RJ-45 连接头紧紧插入网线钳的压线口，用力压网线钳，彻底对其进行压接，如图 2-35 所示。

利用同样的方法制作双绞线的另一端，线缆的颜色排列顺序两端是一样，制作过程一样。记住，RJ-45 连接器压接过后不能再重复使用。

6. 用测线器进行测试。将制作好的双绞线 RJ-45 连接器接到测线器上，观察线缆亮灯情况。如果没有按照 1、2、3、4、5、6、7、8 成对亮灯，且某号灯不亮，则说明某号线缆是不通的，需要将 RJ-45 连接器剪掉，重新制作。测线器测试双绞线如图 2-36 所示。

图 2-35　压接 RJ-45 连接器

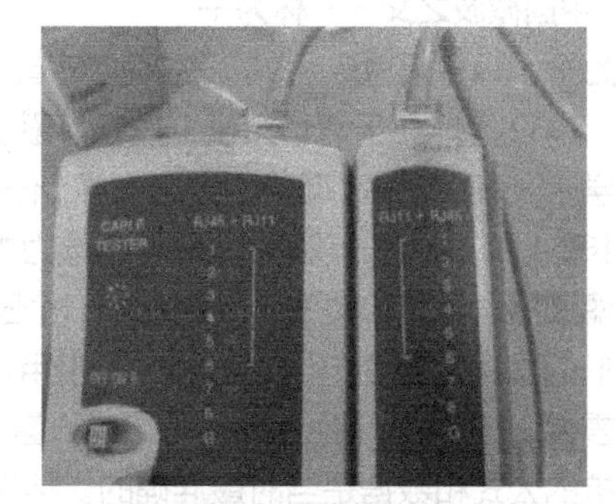

图 2-36　测线器测试双绞线

【实训实施记录】

1. 拍照记录制作过程。

2. 制作完成后，用双绞线连接主机和交换机（或路由器）的端口进行测试，测试能否上网。

【学思启示——致敬我国通信行业的专家和学者】

我国成立之初，百废待兴，通信行业亦如是。在之后的相当长一段时间里，电报几乎成为电信业的代名词，而电报是属于邮政的一个子业务。

而同期的西方，1970 年，美国电话电报公司（AT&T）已经正式推出了商业视频电话服务；摩托罗拉在 1973 年也成功发明了世界上第一台“大哥大”；贝尔实验室在 1978 年推出了 GSM 网络。伴随着市场开放，一些国外的通信设备进入我国，出现了我国通信史上的“七国八制”（7 个国家 8 种通信制式）。当时通信设备主要依靠进口，成本非常高昂，普通家庭想装一部电话需要花费几千元，说那个时候的电话是一种奢侈品并不夸张。

直到 1988 年，“科学技术是第一生产力”的论断正式提出，我国的科技，尤其是通信科技的发展势如破竹，并在后来的 30 多年时间取得了让世界为之震撼的成绩。下面介绍两位为我国通信行业发展做出巨大贡献的专家和学者。

1. 中国光纤之父——赵梓森

赵梓森 1932 年出生于上海，1953 年毕业于上海交通大学电信系，是原邮电部武汉邮电科学研究院高级工程师和总工程师、武汉·中国光谷首席科学家，在 1995 年当选中国工程院院士。

1966 年，高锟提出玻璃丝可用于通信。1970 年，美国康宁公司花费 3000 万美元研制出了 3 根长 30m 的光纤样品。那时候光通信的研究主要集中于利用大气作为传输介质，而赵梓森却想采用玻璃丝进行通信，他于 1974 年提交了《关于开展光导纤维研制工作的报告》。消息一出就出现不少反对和质疑的声音，但他坚信自己的判断，顶住了各方压力，在一无技术、二无设备、三无人员的情况下开始技术攻关。经过 3 年多的努力，赵梓森团队终于用酒精灯、氧气、四氯化硅等最基础的原料拉制出我国第一根实用型光纤，该光纤采用石英光纤作为传输介质、半导体激光器作为光源、脉冲编码调制为通信制式。从该方案开始，建立了中国的光纤通信技术体系。

在 1977 年举办的“邮电部工业学大庆展览会”上，赵梓森因展示自行研制的光纤传输黑白电视信号而引起轰动，光纤通信被破格列为国家重点攻关项目，我国的光纤通信技术发展从此迈入了“快车道”。

1982 年 12 月 31 日，由赵梓森领导科研技术团队架设的，我国第一个光纤通信系统工程——“八二工程”按期开通，武汉市民可以通过光纤打电话，开创了我国数字化通信新纪元。此外，赵院士还倡议并支持建立起了武汉·中国光谷这个全国最大的光电产品研产基地。

2. 中国微波之父——林为干

林为干，1919 年 10 月 20 日生于广东省台山县，中国科学院院士、微波理论学家、电子科技大学教授；1939 年毕业于清华大学；1951 年获美国加利福尼亚大学博士学位；1951 年回国后，先后在岭南大学、华南工学院（现华南理工大学）任教；1957 年调至成都电讯工程学院（现电子科技大学），曾任院长助理、副院长等职；1980 年当选为中国科学院院士（学部委员）。林教授在《关于一腔多模的微波滤波器理论》论文中，首先发现一个圆柱谐振腔中有 5 个同谐振频率的简并模可以利用，受到同行们的重视，至今该论文仍被大量引用。在他发表的百篇科学论文中，保角变换应用方面的研究尤为重要。《英国马可尼丛书》第二卷大量引用了他的外圆内矩的特种截面的数据和公式，认为其特性阻抗的公式和数据是当时最准确的。林为干对高校教学做出贡献，1989 年获首届优秀教学成果国家级特等奖；自 1979 年以来出版著作 4 部，即《微波网络》《微波理论与技术》《电磁场工程》和《电磁场理论》，共 300 多万字。林教授于 2015 年 1 月 23 日 9 时 30 分在成都逝世，享年 96 岁。林为干曾解开电磁学的“哥德巴赫猜想”，是我国电磁场与微波技术学科的主要奠基人、我国 50 年重大贡献科学家之一。

【模块小结】

物理层定义了传输介质以及信号如何在介质上进行传输。本模块介绍了数据通信的概念、交换技术，以及网络的硬件组成等物理层的基础知识。常见的有线介质包括同轴电缆、双绞线、光纤，常见的无线介质包括无线电波、红外线、微波、激光。在信号传输到信宿之前，需要经过调制、编码等过程。信道在传输信号时，往往需要在一个信道上传输多路信号，因此需要使用信道复用技术。为了保证信号传输的正确性，还需要使用差错控制技术进行数据的校验。

【练习题】

一、填空题

1. 模拟信号传输的基础是载波，载波具有 3 个要素，即_________、_________和_________。数字数据可以针对载波的不同要素或它们的组合进行调制，有 3 种基本的数字调制技术，即_________、_________和_________。

2. 模拟信号的数字化必须经过________、________和________3 个步骤。

3. 常用的两种信道复用技术为________和________，其中，前者在同一时间传输多路信号，而后者将一条物理信道按时间分成若干个时间片轮流分配给多个信号使用。

4. 调制解调器是实现计算机的________信号和电话线模拟信号间相互转换的设备。

5. 数据交换技术主要有________、________和________。

6. 模拟信号是一种连续变化的________，而数字信号是一种离散的________。

二、选择题

1. CDMA 系统中使用的信道复用技术是（　　）。
   A. 时分多路　　B. 波分多路　　C. 码分多址　　D. 空分多址

2. 调制解调器的主要功能是（　　）。
   A. 模拟信号的放大　　B. 数字信号的整形
   C. 模拟信号与数字信号的转换　　D. 数字信号的编码

3. 采用曼彻斯特编码的数字信道，其数据传输速率为信号传输速率的（　　）。
   A. 2 倍　　B. 4 倍　　C. 1/2 倍　　D. 1 倍

4. 下列传输介质中，（　　）的抗干扰性最好。
   A. 双绞线　　B. 光纤　　C. 同轴电缆　　D. 无线介质

5. 在同一个信道的同一时刻，能够进行双向数据传输的通信方式是（　　）。
   A. 单工　　B. 半双工　　C. 全双工　　D. 以上 3 种均不是

6. 对于实时性要求很高的场合，适合使用的技术是（　　）。
   A. 电路交换　　B. 报文交换　　C. 分组交换　　D. 以上 3 种均不是

7. 将物理信道的总带宽分割成若干个子信道，每个子信道传输一路信号，这就是（　　）。
   A. 同步时分多路复用　　B. 空分多路复用
   C. 异步时分多路复用　　D. 频分多路复用

模块 3

网络协议与IPv4编址认知

【学习目标】

【知识目标】

- 了解网络参考模型。
- 理解常见的网络协议。
- 熟悉 IP 地址的概念与分类。
- 熟悉具有特殊用途的 IP 地址。
- 理解 IP 网络及子网规划方法。
- 理解 VLSM 技术。
- 理解 CIDR 技术。

【技能目标】

- 能够通过抓包软件分析数据流。
- 能够完成 IPv4 编址。
- 能够计算网络地址和广播地址。
- 能够进行子网划分和路由汇总。

【素质目标】

- 掌握实际动手解决问题的能力。
- 在实训中理解团结协作的精神。
- 培养爱国主义精神和工匠精神。

【情景引入】

小白使用网络时偶尔会发现自己的计算机上不了网，用手机在网上搜索了解决方案，其中的一个步骤要求他查看自己计算机的 IP 地址，小白对此感到疑惑，IP 地址与上网有什么关系呢？小白还发现，身边的智能设备似乎都有属于自己的 IP 地址，小白决定好好地了解一下 IP 地址到底是什么，网络层协议有哪些，以及如何查看自己计算机的 IP 地址等。

【相关知识】

3.1 协议与标准概述

什么是协议（Protocol）？举例来说，在发送电报时，必须首先规定好报文的传输格式，什么表示启动，什么表示结束，出了错误怎么办，怎样表示发报人的名字和地址，这些预先定义好的格式及约定就是协议。

V3-1 协议与标准

标准（Standard）是广泛使用的或者由官方规定的一套规则和程序。标准描述了协议的规定，设定了保障网络通信的最简性能集。通信标准一般可分为两大类，即事实标准和法定标准。事实标准指的是未经组织、团体承认，但已在应用中被广泛使用和接受的标准，而法定标准则指那些由官方认可的团体制定的标准。

在计算机网络的发展过程中，有许多国际标准机构做出了重大的贡献，它们整理、研究并指定了很多开放性标准协议，使各个网络产品厂家生产的产品可以互联互通。在网络通信领域，知名的标准机构主要有如下几个。

（1）国际标准化组织（International Orgnization for Standardization，ISO）

ISO 是世界上最大的非政府标准化专门机构，是国际标准化领域中一个重要的组织，其宗旨是推动与促进全球标准化，主要任务是制定国际标准，协调世界范围内的标准化工作，与其他国际组织合作研究有关标准化的问题。ISO 提出了 OSI/RM，它描述了网络的工作原理，为计算机网络构建了一个易于理解的、清晰的层次模型。

（2）电气电子工程师学会（Institute of Electrical and Electronics Engineers，IEEE）

IEEE 是一个国际性的电子技术与信息科学工程师的协会，也是全球最大的非营利性专业技术学会。IEEE 提供了网络硬件上的标准，使得各种不同网络硬件厂商生产的硬件设备可相互连通，包括著名的 IEEE 802.×标准，这是目前广泛流行的局域网标准。

（3）美国标准学会（American National Standards Institute，ANSI）

ANSI 是由公司、政府和其他组织的成员组成的自愿组织，主要定义了光纤分布式数据接口（Fiber Distributed Data Interface，FDDI）的标准。

（4）电子工业协会/电信工业协会（Electronic Industries Association /Telecommunication Industries Association，EIA/TIA）

EIA/TIA 是行业性质的协会组织，EIA/TIA 共同定义了网络连接线缆的标准，如 RS-232、CAT-5、HSSI、V.24 等，同时定义了这些线缆的布放标准，如 EIA/TIA 568-B。

（5）国际电信联盟（International Telecommumication Union，ITU）

ITU 是联合国的一个重要专门机构，简称“国际电联”。ITU 主要分为电信标准化部门（ITU-T）、无线电通信部门（ITU-R）和电信发展部门（ITU-D）。计算机网络中的部分广域网协议就来自 ITU，如 X.25、帧中继等。

（6）因特网架构委员会（Internet Architectrue Board，IAB）

IAB 是由探讨与因特网结构有关问题的互联网研究员组成的委员会，下设因特网工程任务组（Internet Engineering Task Force，IETF）、因特网研究任务组（Internet Research Task Force，IRTF）、因特网编号分配机构（Internet Assigned Numbers Authority，IANA），负责各种 Internet 标准的定义，是目前极具影响力的国际标准化机构。

其中，因特网工程任务组（Internet Engineering Task Force，IETF）是一个互联网技术工程专家自发参与和管理的国际机构，成员包括网络设计者、制造商、研究人员，以及所有对 Internet 的正常运转和持续发展感兴趣的个人或组织。IETF 分为数百个工作组，分别处理 Internet 的应用、实施、管理、路由、安全和传输服务等不同方面的技术问题。这些工作组同时承担着对各种规范加以改进、发展，使之成为 Internet 标准的任务。IETF 制定了 Internet 的很多重要协议标准。

3.2 OSI/RM

V3-2 OSI/RM

自 1947 年成立以来，ISO 提出了很多标准，其中 OSI/RM 就是由 ISO 于 1984 年发布的关于网络体系架构的标准，收录在 ISO 7498 标准中。

3.2.1 OSI/RM 概述

从 20 世纪 60 年代计算机网络问世以来，国际上各大厂商为了在数据通信网络领域占据主导地位，顺应信息化潮流，纷纷推出了各自的网络架构体系和标准，如 IBM 公司的 SNA 协议、Novell 公司的 IPX/SPX 协议、苹果公司的 AppleTalk 协议、DEC（美国数字设备公司）的 DECnet 协议，以及广泛流行的 TCP/IP。同时，各大厂商针对自己的协议生产出了不同的硬件和软件。各大厂商的共同努力无疑促进了网络技术的快速发展和网络设备种类的迅速增长。

但多种协议的并存也使网络变得越来越复杂，且不同厂商之间的网络设备大部分不能兼容，很难进行通信。为了解决网络之间的兼容问题，帮助各个厂商生产出可兼容的网络设备，ISO 于 1984 年提出了 OSI/RM，该模型具有以下几个特点。

① 所有参与通信的计算机系统都有相同的层次结构。

② 不同网络系统的相应层次具有相同的功能。

③ 不同网络系统的同等层按照协议实现对等层之间的通信。

④ 同一网络系统的各个层次之间通过接口联系。

⑤ 相邻的层次之间，下层为上层提供服务。

3.2.2 OSI/RM 层次结构及功能

OSI/RM 采用了分层结构技术，把一个网络系统从下到上分成了 7 层，分别是物理层、数据链路层、网络层、传输层、会话层、表示层和应用层，如图 3-1 所示。一般来说，OSI/RM 的第 1 层～第 3 层为底层，负责网络数据传输，以硬件和软件相结合的方式来实现，网络设备往往位于底层。OSI/RM 的第 4 层～第 7 层为高层，负责主机之间的数据传输，以软件方式来实现。

OSI/RM 的每一层都有不同的功能，每一层的功能都以协议形式规范描述，协议定义了某层同远端一个对等层通信所使用的一套规则和约定，各层的主要功能如图 3-2 所示。

图 3-1 OSI/RM 的层次结构　　图 3-2 OSI/RM 各层的主要功能

3.3 TCP/IP

TCP/IP 起源于 20 世纪 60 年代末美国国防部资助的阿帕网，因此在 OSI/RM 问世以后，TCP/IP

也被称为国防部（Department of Defense，DoD）模型。在计算机网络通信中，OSI/RM 只是一个具备参考作用的模型，并没有被实际应用于任何一个网络通信系统。目前，互联网上广泛使用的是 DoD 模型，即 TCP/IP，因此它又被称为互联网的基础。

V3-3 TCP/IP

3.3.1 TCP/IP 的层次结构

由于 TCP/IP 早于 OSI/RM 出现，TCP/IP 最初是按不同协议开发的，在 OSI/RM 出现之后才总结出其层次结构，因此关于 TCP/IP 的层次结构有 4 层或 5 层的不同说法，如图 3-3 所示。图 3-3 中，4 层的 TCP/IP 标准模型将 OSI/RM 中的数据链路层和物理层合并为网络接入层，但事实上物理层协议和数据链路层协议是独立开发的，因此这种划分方式与实际情况有所背离。目前业界比较认同的是 5 层的 TCP/IP 对等模型，本书后面的讲解也都基于这种模型。

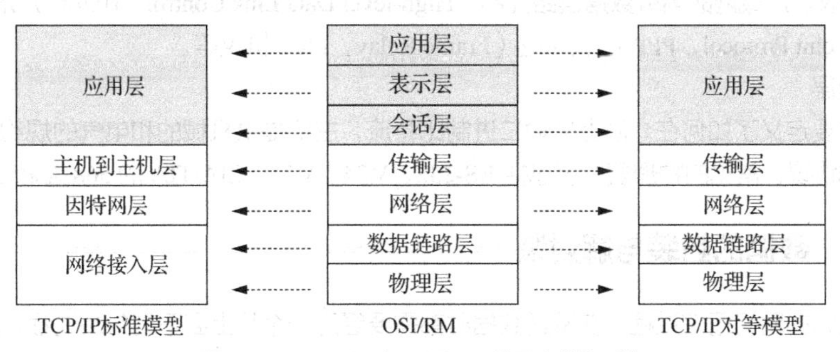

图 3-3　OSI/RM 与 TCP/IP 的层次结构对比

3.3.2 TCP/IP 的各层功能与主要协议

TCP/IP 的各层功能与主要协议如表 3-1 所示，具体介绍如下。

表 3-1　TCP/IP 的各层功能与主要协议

层次名称	主要功能	主要协议
应用层	提供应用程序接口	HTTP、FTP、TFTP、SNMP、DNS 协议、DHCP 等
传输层	建立和维护端到端的连接	TCP、UDP
网络层	编址与路径选择	IP、ARP、ICMP、IGMP 等
数据链路层	物理介质访问	Ethernet 协议、HDLC 协议、PPP、FR 协议等
物理层	传输二进制比特流	接口与线缆相关的协议，如 RS-232、V.24、V.35、EIA/TIA 568-A、EIA/TIA 568-B 等协议

（1）应用层

应用层用于提供应用程序接口，常见的应用层协议包括超文本传送协议（HyperText Transfer Protocol，HTTP）、文件传送协议（File Transfer Protocol，FTP）、简易文件传送协议（Trivial File Transfer Protocol，TFTP）、简单网络管理协议（Simple Network Management Protocol，SNMP）、域名服务（Domain Name Service，DNS）协议、动态主机配置协议（Dynamic Host Configuration Protocol，DHCP）等。

（2）传输层

传输层用于建立和维护一次端到端的数据传输过程，它可以控制数据传输的速率，调整数据的排序等。传输层的主要协议只有两个：传输控制协议（Transmission Control Protocol，TCP）和用户数据报协议（User Datagram Protocol，UDP）。其中，TCP 用于为应用程序提供可靠的面向连接的通信服务，目前，许多流行的应用程序都使用 TCP；而 UDP 则用于提供无连接的通信服务，没有可靠性保证。

（3）网络层

网络层的主要功能是编址和路径选择，即为数据在节点之间的传输定义逻辑地址，创建逻辑链路，并通过路由选择算法实现数据包的路径选择。网络层的常用协议包括互联网协议（Internet Protocol，IP）、地址解析协议（Address Resolution Protocol，ARP）、互联网控制报文协议（Internet Control Message Protocol，ICMP）、互联网组管理协议（Internet Group Management Protocol，IGMP）等。

（4）数据链路层

数据链路层将分组数据封装成帧，并在数据链路上实现数据通过点到点或点到多点方式的直接通信，在传输的过程中还使用差错控制编码进行差错检测。常见的数据链路层协议包括局域网的以太网（Ethernet）协议、广域网的高级数据链路控制（High-level Data Link Control，HDLC）协议、点到点协议（Point-to-Point Protocol，PPP）、帧中继（Frame Relay，FR）协议等。

（5）物理层

物理层主要定义了如何在介质上传输二进制比特流，主要提供机械的和电气的规约，即关于传输线缆和接口的协议。常见的物理层协议包括 RS-232、V.24、V.35、EIA/TIA 的 568-A 和 568-B 等协议。

3.3.3 数据的封装与解封装

每一个实际的网络通信过程，在发送数据时都需要经历一个从上到下的封装过程，而在接收数据时则需要经历一个从下到上的解封装过程。所谓封装是指网络节点将要传输的数据用特定的协议加上头部和尾部信息，用以实现数据传输；而解封装则是指网络节点将接收的数据的头部和尾部信息依次拆除，还原出对应的数据。一般地，完整的网络通信可分为 3 个过程：发送端的数据封装、中间网络的数据传输和接收端的数据解封装。

下文以计算机访问百度官网为例，结合 TCP/IP 介绍数据的封装和解封装过程。

1. 发送端的数据封装

发送端的数据封装过程如图 3-4 所示，在浏览器中输入百度官网地址后，计算机会按下列步骤进行数据的封装。

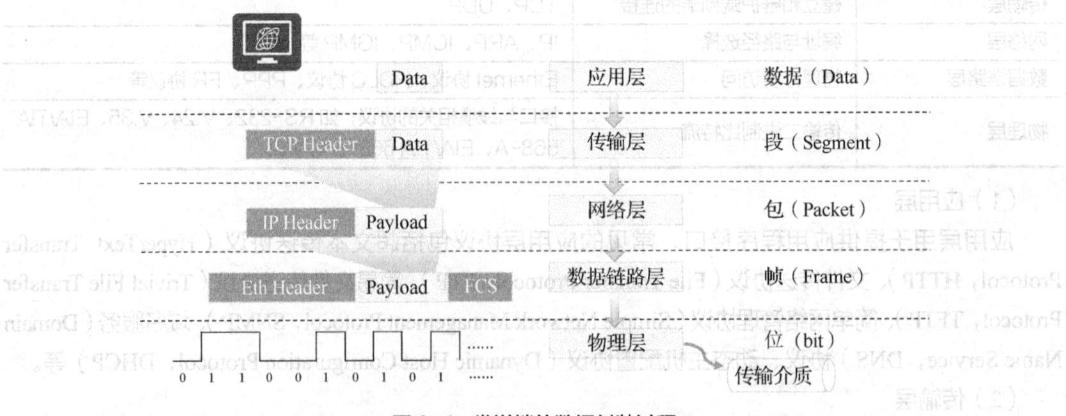

图 3-4 发送端的数据封装过程

① 浏览器（应用程序）调用 HTTP（应用层协议），完成应用层数据的封装[图 3-4 中 Data 还应

包括 HTTP 头部信息（Header），此处省略]，并传递给传输层。此时的协议数据单元（Protocol Data Unit，PDU）被称为数据（Data）。

② 传输层根据应用层传递下来的 Data，按照协议加上相应的 TCP 头部信息（源端口、目的端口等），并传递给网络层。此时的 PDU 被称为段（Segment）。

③ 网络层在收到传输层传递来的段之后，完成 IP 头部信息的封装，并将其传递给数据链路层，此时的 PDU 被称为包（Packet）。

④ 数据链路层收到网络层下发的包后，会根据协议进行数据链路层的封装，此处应该加上以太网的头部信息和帧检验序列（Frame Check Sequence，FCS），并传递给物理层，此时的 PDU 被称为帧（Frame）。

⑤ 物理层根据传输介质的不同，将数字信号（位）转换成电信号、光信号或电磁波信号等，然后在网络中开始传递。

2. 中间网络的数据传输

中间网络的数据传输过程如图 3-5 所示，不同的网络设备会经过不同的数据传输过程，一般情况下，网络中的二层设备（如以太网交换机）只会解封装数据的二层头部，根据二层头部的信息进行相应的“交换”操作。网络中的三层设备（如路由器）只会解封装三层头部，并根据三层头部的信息进行相应的“路由”操作。

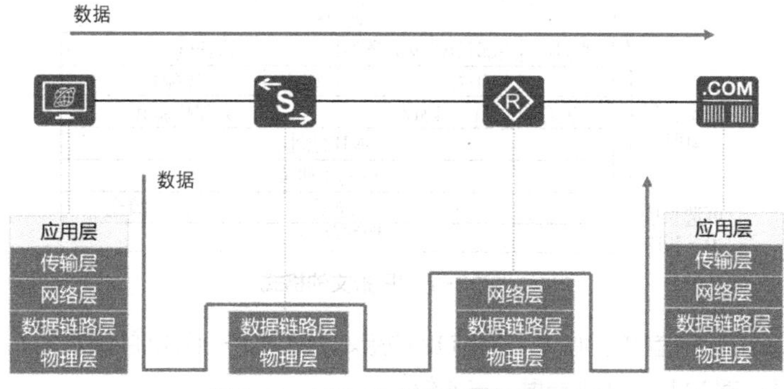

图 3-5 中间网络的数据传输过程

3. 接收端的数据解封装

接收端的数据解封装过程如图 3-6 所示，经过中间网络的传输之后，数据最终到达目的服务器，即百度官网的 Web 服务器。根据不同的协议头部的信息，数据将被一层层地解封装并进行相应的处理和传递，最终交由 Web 服务器上的应用程序进行处理。

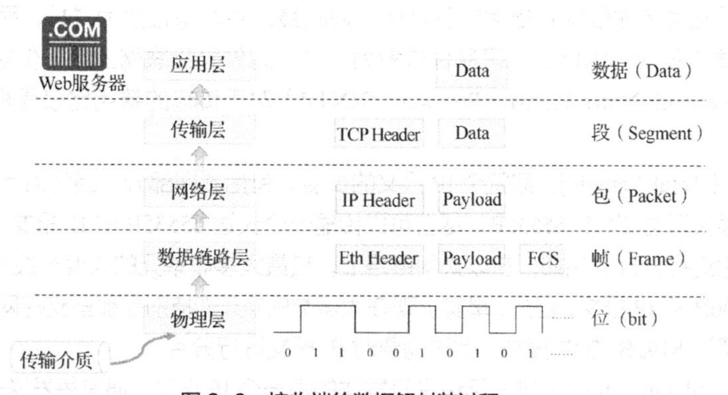

图 3-6 接收端的数据解封装过程

3.4 TCP/IP 族中的常见协议

TCP/IP 族中有非常多的协议，有一些协议是非常常见的，需要重点关注这些常见协议的原理和相关知识。

3.4.1 IP

IP 是 TCP/IP 族中极为核心的协议，处于网络层。IP 本身是一个协议文件，定义并阐述了 IP 报文的封装格式。经常被提及的 IP 一般不是特指 IP 这个协议文件本身，而是泛指直接或间接与 IP 相关的任何内容。

V3-4 常见协议介绍（IP 与 ICMP）

IP 主要用于为网络层的设备提供逻辑地址，并负责数据包的寻址和转发，IP 有 IPv4 和 IPv6 两个不同的版本。目前，Internet 上的 IP 报文主要是 IPv4 报文，但是在逐步向 IPv6 报文过渡。本书中若无特别声明，所提及的 IP 均指 IPv4。IP 报文的格式如图 3-7 所示，其中各字段的含义如下。

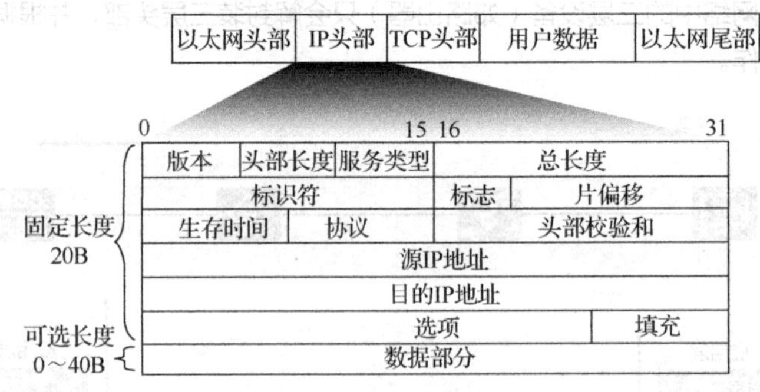

图 3-7 IP 报文的格式

① 版本（Version）：指 IP 的版本，目前 IP 的版本为 4。下一代 IP 的版本为 6。

② 头部长度：指 IP 报文头部长度，占 4 位。

③ 服务类型（Type of Service，ToS）：占 8 位，包括 3 位服务类别（Class of Service，CoS）字段，4 位 ToS 字段和 1 位未用位（必须置 0）。3 位的 CoS 字段可以定义 8 种不同的优先级，用于不同的业务。ToS 字段的 4 位分别表示最小时延、最大吞吐量、最高可靠性和最小费用，4 位中最多只能有一位置为 1。如果 4 位均为 0，则意味着是一般服务。例如，Telnet（远程上机）和 Rlogin（远程登录）这两种交互应用传输的数据较少，但对于传输时延要求很高，因此 ToS 字段中最小时延位置为“1”。FTP 文件传输要求有最大的吞吐量，因此最大吞吐量位置为“1”。而 SNMP 和路由选择协议对可靠性要求很高，因此最高可靠性位置为“1”。另外，互联网上用于传输网络新闻的网络新闻传送协议（Network News Transfer Protocol，NNTP）对于传输的费用比较重视，因此其最小费用位置为“1”。

④ 总长度（Total Length）：即整个 IP 报文的长度，包括数据部分。因为该字段占 16 位，所以 IP 报文的总长度最长可达 $2^{16}-1=65535$B。尽管可以传输一个长达 65535B 的 IP 报文，但是大多数的数据链路层都会对它进行分片。例如，在以太网链路上，其最大接收单元的长度一般是 1500B，即不能接收长度超过 1500B 的 IP 报文。但是，事实上现在大多数的实现（特别是那些支持网络文件系统的实现）允许接收长度超过 8192B 的 IP 报文，此时需要对 IP 报文进行分片。

⑤ 标识符（Identification）：唯一标识主机发送的每一个 IP 报文。通常每发送一个报文，其值就会

加 1。

⑥ 标志：占 3 位，目前只有高两位有意义，在报文需要分片重组时使用。

⑦ 片偏移：表明某个分片在原数据报中的相对位置。

⑧ 生存时间（Time To Live，TTL）：设置了数据包最多可以经过的路由器数目。一旦经过一个路由器，TTL 的值就会减 1，当该字段值为 0 时，数据包将被丢弃。

⑨ 协议：确定在数据包内传输的上层协议，和端口号类似，IP 报文用协议号区分上层协议。例如，TCP 的协议值为 0x06，UDP 的协议值为 0x11。

⑩ 头部校验和（Head Checksum）：计算 IP 报文头部的校验和，检查报文头部的完整性。

⑪ 源 IP 地址：发送该报文的 IP 地址，标识数据包的源端设备。

⑫ 目的 IP 地址：接收该报文的 IP 地址，标识数据包的目的端设备。

⑬ 选项：可变字段。

⑭ 填充：可变字段，如果存在，则固定为全 0。

在以上 IP 报文的字段中，有一些重要的字段需要特别说明，具体如下。

（1）分片字段——标识符、标志和片偏移

网络中转发的 IP 报文的长度可以不同，但如果报文长度超过了数据链路所支持的最大长度，则报文就需要分割成若干个较小的片段才能够在链路上传输。将报文分割成多个片段的过程叫作分片，如图 3-8 所示。

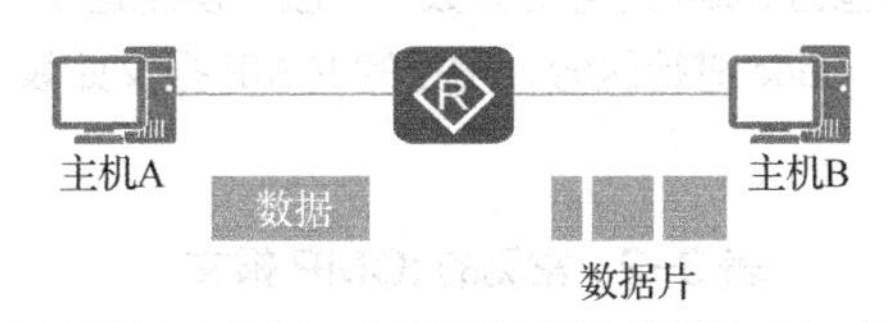

图 3-8 IP 报文的分片

分片时会用到 IP 报文中的 3 个字段，分别是标识符、标志和片偏移，具体介绍如下。

① 标识符：用于唯一标识主机发送的每个报文，同一个数据包的不同分片的标识符是相同的，可确保分片被正确识别和重组。

② 标志：用于判断是否已经收到最后一个分片。其中，最低位为保留位，固定为 0，前两位分别是 DF（Don't Fragment）和 MF（More Fragment）。DF 为 1 表示不可以分片，为 0 表示可以分片；MF 为 1 表示有更多的分片，为 0 表示当前分片是最后一个分片。

③ 片偏移：用于标识某个分片在原 IP 报文中的位置。第一个分片的片偏移为 0，第二个分片的片偏移表示紧接第一个分片后的第一个位的位置。例如，如果第一片报文包含 1259bit，那么第二片报文的片偏移字段值就应该为 1260。

（2）生存时间

生存时间用于标识报文可经过的最多路由数，即数据包在网络中可通过的路由器数的最大值。报文在网段间转发时，如果网络设备上的路由规划不合理，则可能出现环路，导致报文在网络中无限循环，无法到达目的端。环路出现后，所有发往目的端的报文都会被循环转发，随着这种报文的逐渐增多，网络将会发生拥塞。

为避免环路导致的网络拥塞，IP 报文中包含一个 TTL 字段。初始 TTL 值由源端设备设置，报文每经过一台三层设备，TTL 值就减 1。当报文中的 TTL 值为 0 时，报文会被丢弃。同时，丢弃报文的设备会根据报文中的源 IP 地址向源端设备发送 ICMP 错误消息。（注意：网络设备也可被配置为不向源端设备发送 ICMP 错误消息。）

（3）协议

IP 报文中的协议字段标识了上层将会继续处理该报文的协议，即指出此数据包携带的数据使用何种协议，以便目的端设备的 IP 层将数据部分上报给进程进行处理。

目的端设备的网络层在接收并处理报文以后，需要决定下一步如何处理报文，IP 报文中的协议字段标识了将会继续处理报文的协议。

该字段可以标识网络层协议（例如，ICMP 的对应值为 0x01，IGMP 的对应值为 0x02），也可以标识上层协议（例如，TCP 的对应值为 0x06，UDP 对应值为 0x11）。

3.4.2 ICMP

ICMP 是 IP 的辅助协议。ICMP 用来在网络设备间传递各种差错和控制信息，在收集各种网络信息、诊断和排除各种网络故障等方面起着至关重要的作用。

ICMP 报文承载在 IP 头部后面，IP 头部的协议值为 0x01 时表示 ICMP，其报文格式如图 3-9 所示。

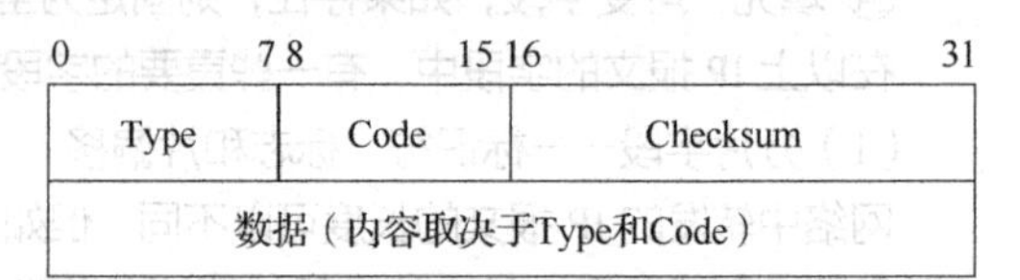

图 3-9 ICMP 报文格式

ICMP 消息的格式取决于 Type 和 Code 字段，其中，Type 字段表示消息类型，Code 字段包含该消息类型的具体参数。Checksum 是校验和字段，用于检查消息是否完整。ICMP 消息中包含 32bit 的可变参数，一般不使用这个字段，通常将其设置为 0。

不同的 ICMP 报文由 Type、Code 进行区分，常见的 ICMP 报文如表 3-2 所示。接下来介绍 ICMP 报文的常见应用。

表 3-2 常见的 ICMP 报文

Type	Code	描述
0	0	回送应答（Echo Reply）
3	0	网络不可达
3	1	主机不可达
3	2	协议不可达
3	3	端口不可达
5	0	重定向
8	0	回送请求（Echo Request）

1. ICMP 差错检测

ICMP Echo 消息常用于诊断源端设备和目的端设备之间的网络连通性，还可以提供其他信息，如报文往返时间等。可以用 ICMP 提供的【ping】命令检查网络的连通性。【ping】是网络设备、Windows、UNIX 和 Linux 平台上的一个命令，它其实是一个小巧而实用的应用程序，基于 ICMP。

ping 测试拓扑如图 3-10 所示，在 RTA 上使用【ping】命令测试其到服务器 A 的连通性，结果如下。

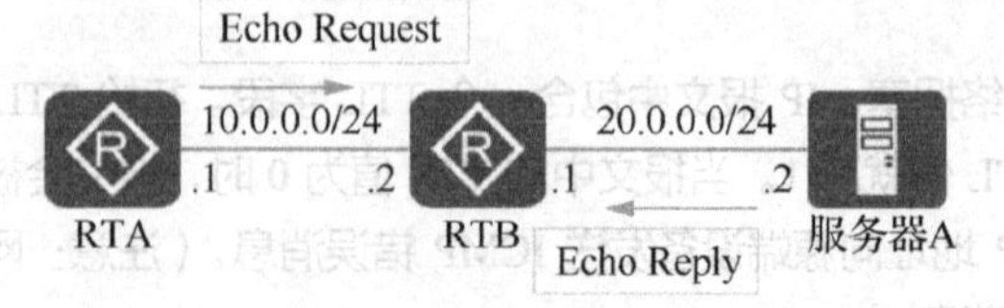

图 3-10 ping 测试拓扑

```
[RTA]ping 20.0.0.2
Ping 20.0.0.2: 32 data bytes, Press Ctrl_C to break
From 20.0.0.2: bytes=32 seq=1 ttl=128 time=16 ms
From 20.0.0.2: bytes=32 seq=2 ttl=128 time=16 ms
From 20.0.0.2: bytes=32 seq=3 ttl=128 time<1 ms
From 20.0.0.2: bytes=32 seq=4 ttl=128 time=15 ms
From 20.0.0.2: bytes=32 seq=5 ttl=128 time<1 ms

--- 20.0.0.2 ping statistics ---
  5 packet(s) transmitted
  5 packet(s) received
  0.00% packet loss
  round-trip min/avg/max = 0/9/16 ms
```

【ping】命令是检测网络连通性的常用工具，同时能够收集其他相关信息。用户可以在【ping】命令中指定不同参数，如 ICMP 报文长度、发送的 ICMP 报文个数、等待响应的超时时间等，设备会根据配置的参数构造并发送 ICMP 报文，进行 ping 测试。

2. ICMP 错误报告

ICMP 定义了各种错误消息，用于诊断网络连接性问题。根据这些错误消息，源端设备可以判断出数据传输失败的原因。

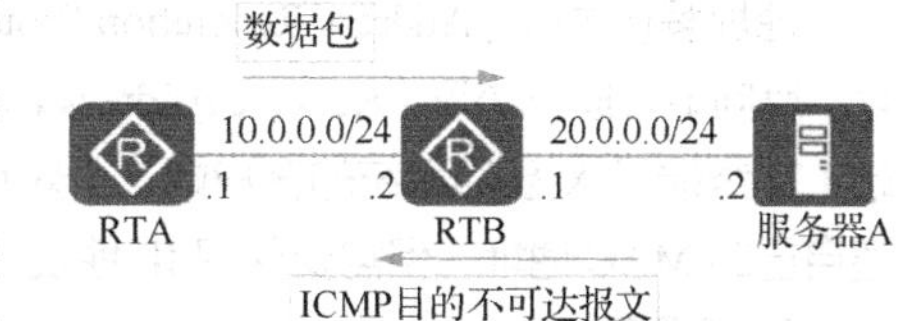

图 3-11　ICMP 错误报告过程

当网络设备无法访问目的网络时，服务器会自动发送 ICMP 目的不可达报文到源端设备，如图 3-11 所示。目的不可达的情况有多种，如果是网络设备无法找到目的网络，则发送目的网络不可达消息；如果是网络设备无法找到目的网络中的目的主机，则发送目的主机不可达消息。

ICMP 的另一个典型应用是 Tracert 工具，Tracert 基于 IP 头中的 TTL 值来逐跳跟踪报文的转发路径。为了跟踪到达某特定目的地址的路径，源端设备首先将报文的 TTL 值设置为 1。该报文到达第一个节点后，TTL 超时，于是该节点向源端设备发送 TTL 超时消息，消息中携带时间戳。此后源端设备将报文的 TTL 值设置为 2，报文到达第二个节点后超时，该节点同样返回 TTL 超时消息，以此类推，直到报文到达目的地址。这样，源端设备根据返回的报文中的信息可以跟踪到报文经过的每一个节点，并根据时间戳信息计算往返时间。如图 3-11 所示，假设 RTA 和服务器 A 之间的连通性正常，在 RTA 上使用【tracert】命令跟踪报文转发路径，结果如下。

```
[RTA]tracert 20.0.0.2
 traceroute to  20.0.0.2(20.0.0.2), max hops: 30 ,packet length: 40,press CTRL_C
 to break
 1 10.0.0.2   80 ms  10 ms  10 ms
 2 20.0.0.2   30 ms  30 ms  20 ms
```

3. ICMP 重定向

ICMP 重定向报文是 ICMP 控制报文中的一种。在特定的情况下，当路由器检测到一台主机使用非最优路由的时候，它会向该主机发送一个 ICMP 重定向报文，请求主机改变路由。

ICMP 重定向过程如图 3-12 所示，具体说明如下。

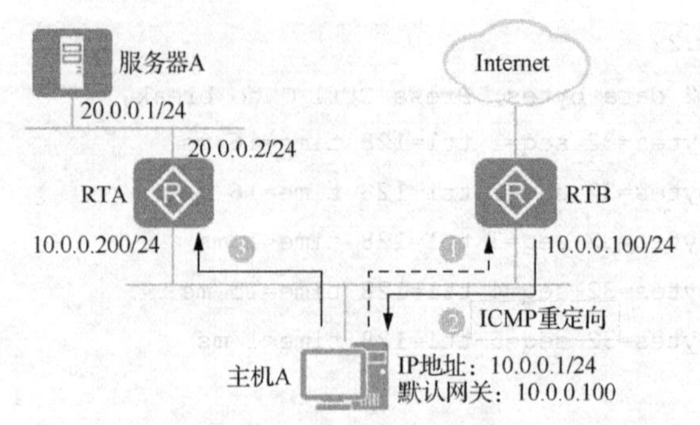

图 3-12　ICMP 重定向过程

① 主机 A 希望发送报文到服务器 A，于是根据配置的默认网关地址向网关 RTB 发送报文。

② 网关 RTB 收到报文后，检查报文信息，发现报文应该转发到与源主机在同一网段的另一个网关设备 RTA，此转发路径是更优的路径，所以 RTB 会向主机 A 发送一个 ICMP 重定向报文，通知主机 A 直接向另一个网关 RTA 发送该报文。

③ 主机 A 收到 ICMP 重定向报文后，会向 RTA 发送报文，然后 RTA 会将该报文转发给服务器 A。

3.4.3 ARP/RARP

地址解析协议（Address Resolution Protocol，ARP）根据 IP 地址获取 MAC 地址。反向地址解析协议（Reverse Address Resolution Protocol，RARP）常用于 X 终端（X 终端是 X 窗口系统的客户端，一般也无盘）和无盘工作站等，这些设备知道自己的 MAC 地址，但需要获取 IP 地址。

V3-5　常见协议介绍（ARP/RARP 和 TCP/UDP）

1. ARP

ARP 是 IPv4 中必不可少的一种协议，它的主要功能如下。

① 将 IP 地址解析为 MAC 地址。

② 维护 IP 地址与 MAC 地址的映射关系的缓存，即 ARP 表项。

③ 实现网段内重复 IP 地址的检测。

在实际通信过程中，ARP 的工作过程一般可以分为如下 5 个步骤。

① 本端设备查看自己的 ARP 缓存表，检查有无对应的 ARP 表项，若有，则直接发送帧；否则进行第②步。

② 发送 ARP 请求报文请求对端设备的 MAC 地址。

③ 对端设备查看自己的 ARP 缓存表。

④ 对端设备回复 ARP 响应报文。

⑤ 本端设备将 MAC 地址记录在 ARP 缓存表中。

ARP 工作过程如图 3-13 所示，具体说明如下。

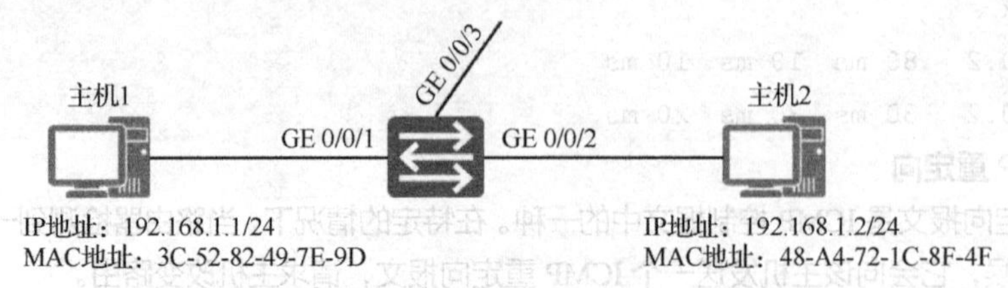

图 3-13　ARP 工作过程

① 在发送数据前，主机 1 会先查找本地 ARP 缓存表（Windows 中可在命令提示符窗口下执行【arp -a】命令进行查看）。如果 ARP 缓存表中存在主机 2 的 ARP 表项，则直接采用该表项中的 MAC 地址来封装帧，并将帧发送出去。如果 ARP 缓存表中不存在相应信息，则发送 ARP 请求报文进行地址解析。

② ARP 请求报文封装在以太网帧中。帧头中的源 MAC 地址为发送端主机 1 的 MAC 地址。此时，由于主机 1 不知道主机 2 的 MAC 地址，所以目的端 MAC 地址为广播地址 FF-FF-FF-FF-FF-FF。ARP 请求报文中包含发送端 MAC 地址、发送端 IP 地址、目的端 MAC 地址、目的端 IP 地址。ARP 请求报文会在整个网络上传播，该网络中的所有主机（包括网关）都会接收到此 ARP 请求报文。

③ 网络中的所有主机接收到该 ARP 请求报文后，都会检查报文的目的端 IP 地址与自身的 IP 地址是否匹配。若主机 2 发现目的端 IP 地址与自身 IP 地址匹配，则会将 ARP 请求报文中的发送端 MAC 地址和发送端 IP 地址信息记录到自己的 ARP 缓存表中。

④ 主机 2 会向主机 1 回复 ARP 响应报文。ARP 响应报文中的发送端 IP 地址是主机 2 自己的 IP 地址，发送端 MAC 地址是自己的 MAC 地址，目的端 IP 地址是主机 1 的 IP 地址，目的端 MAC 地址是主机 1 的 MAC 地址。ARP 响应报文通过单播传输。

⑤ 主机 1 收到 ARP 响应报文以后，会检查 ARP 响应报文中目的端 IP 地址与自身的 IP 地址是否匹配。如果匹配，则 ARP 响应报文中的发送端 MAC 地址和发送端 IP 地址会被记录到主机 1 的 ARP 缓存表中。

2. RARP

RARP 允许局域网的物理机器从网关服务器的 ARP 缓存表或缓存上请求其 IP 地址，为了让 RARP 能正常工作，网络管理员需在局域网网关路由器中创建一个表，以映射物理地址和与其对应的 IP 地址。RARP 通常应用于 X 终端和无盘工作站等场景。

RARP 工作过程如图 3-14 所示，无盘工作站需要获得自己的 IP 地址，向网络中广播 RARP 请求，RARP 服务器接收到 RARP 请求后，发送应答报文，无盘工作站获得 IP 地址。

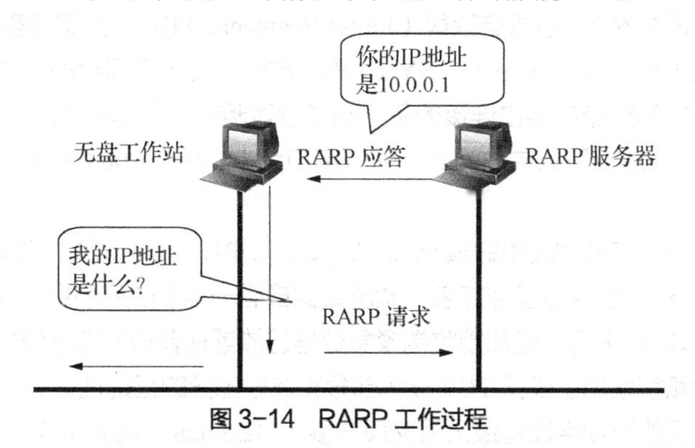

图 3-14　RARP 工作过程

3.4.4　TCP/UDP

TCP 是一种面向连接的、可靠的、基于字节流的传输层通信协议；UDP 是一种无连接的传输层协议，提供面向事务的简单、不可靠信息传输服务。

1. TCP

TCP 是一种面向连接、基于字节流的传输层协议，即 TCP 在传输数据前要先建立逻辑连接，再传输数据，最后释放连接。TCP 提供端到端、全双工通信，采用字节流方式，如果字节流太长，则需将其分段。TCP 还提供紧急数据传输功能。

（1）TCP 报文格式

TCP 报文格式如图 3-15 所示，TCP 为了保证数据传输的可靠性，相对于 UDP 报文，TCP 头部有更多的字段。

① 源端口/目的端口：源端口/目的端口用于标识和区分源端设备和目的端设备的应用进程。在 TCP/IP 中，源端口和目的端口分别与源 IP 地址和目的 IP 地址组成套接字（Socket），以唯一确定一个 TCP 连接。

② 序列号：序列号用来标识 TCP 源端设备向目的端设备发送的字节流，它表示在这个报文段中的第一个数据字节。如果将字节流看作在两个应用程序间的单向流动，则 TCP 用序列号对每个字节进行计数。序列号是一个 32bit 的数字。

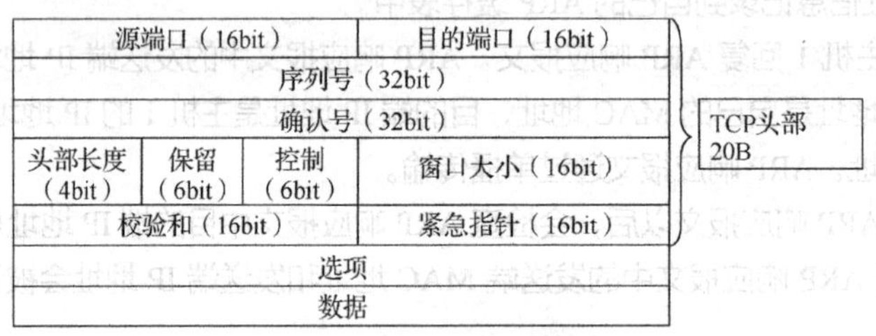

图 3-15　TCP 报文格式

③ 确认号：确认号的长度也是 32bit，是期望收到对方下一个报文段数据的第一字节的序列号，即上次已成功接收到的数据段的最后一字节数据的序列号加 1。

④ 头部长度：头部长度字段的长度为 4bit，可表示十进制的 0～15，单位为 4B。TCP 头部的标准长度为 20B，当出现选项字段时，头部长度可变，但 TCP 头部最大长度为 15×4 = 60B。

⑤ 保留：该字段保留为今后可用，目前应置为 0。

⑥ 控制：控制字段共 6bit，包含结束段（Finish Segment，FIN）、肯定应答（Acknowledgement，ACK）、同步段（Synchronization Segment，SYN）等标志位，代表不同状态下的 TCP 数据段。

⑦ 窗口大小：TCP 的流量控制由连接的每一端通过声明窗口大小来实现。窗口大小（Win）字段的长度为 16bit，最大为 65535，默认单位为 B。例如，窗口大小字段为 1000 时，表示一次可以发送 1000B 的数据包。

⑧ 紧急指针：只有当控制字段中的紧急域（Urgent，URG）标志位置 1 时才有效。紧急指针是一个正的偏移量，和序列号字段中的值相加表示紧急数据最后一字节的序列号。TCP 的紧急指针在发送端向另一端发送紧急数据时采用，通知接收端紧急数据已放置在普通的数据流中。

⑨ 校验和：校验和字段用于校验 TCP 报头部分和数据部分的正确性。

⑩ 选项：非常常见的选项字段是最大报文段长度（Maximum Segment Size，MSS）。MSS 指明了本端能够接收的最大长度的报文段。当一个 TCP 连接建立时，连接的双方都要通告各自的 MSS 协商可以传输的最大报文段长度。

（2）TCP 建立连接

任何基于 TCP 的应用，在发送数据之前，都需要由 TCP 进行“三次握手”建立连接，如图 3-16 所示，TCP 建立连接的详细过程说明如下。

① 由 TCP 连接发送端（见图 3-16 中的 PC1）发送第一个 SYN 位置为 1 的 TCP 报文。初始序列号（Seq）*a* 为一个随机生成的数字，因为没收到过来自 PC2 的任何报文，所以确认号为 0。

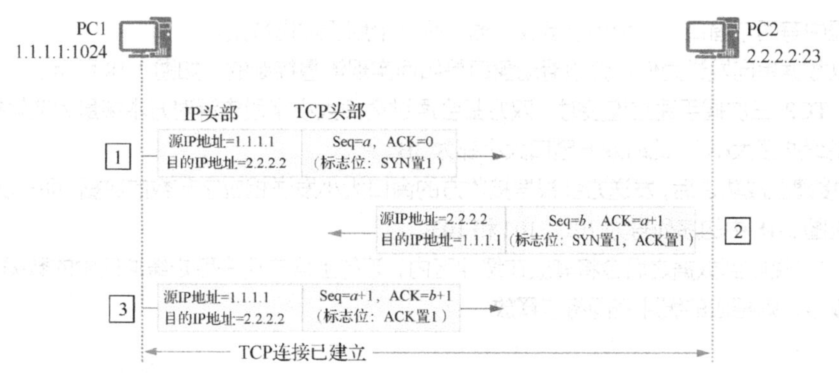

图 3-16　TCP 建立连接

② 接收端（见图 3-16 中的 PC2）接收到合法的 SYN 报文之后，回复一个 SYN 和 ACK 置 1 的 TCP 报文。初始序列号 *b* 为一个随机生成的数字，因为此报文是回复给 PC1 的报文，所以确认序列号为 *a*+1。

③ PC1 接收到 PC2 发送的 SYN 和 ACK 置 1 的 TCP 报文后，回复一个 ACK 置 1 的报文，此时序列号为 *a*+1，确认序列号为 *b*+1。PC2 收到该报文之后，TCP 双向连接建立。

（3）TCP 传输可靠性机制

在 TCP 连接建立完成后，TCP 就可以进行数据传输了，此时可以使用序列号和确认序列号字段实现数据的可靠和有序传输。

如图 3-17 所示，假设 PC1 给 PC2 单向发送一段数据，具体的可靠传输过程如下。

① PC1 将全部待发送的数据以 B 为单位进行编号。假设数据第一字节的编号为 *a*+1，第二字节的编号为 *a*+2，以此类推。

② PC1 会把每一段数据的第一字节的编号作为序列号，用于将 TCP 报文发送出去，此时序列号为 *a*+1、确认号为 *b*+1、载荷长度为 12B。

③ PC2 在收到 PC1 发送的 TCP 报文后，需要给予确认，同时请求下一段数据，由于 PC2 不发送数据给 PC1，所以序列号为 *b*+1、载荷长度为 0B、确认号为 *a*+1+12（即 *a*+13）。

④ PC1 在收到 PC2 发送的 TCP 报文之后，发现确认序列号为 *a*+13，说明 *a*+1 到 *a*+12 的这一段数据已经被接收，接下来应该发送从 *a*+13 开始的数据。

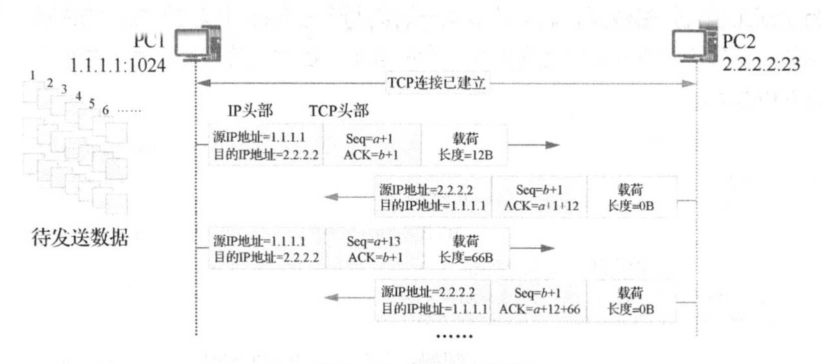

图 3-17　可靠传输过程

后续的数据传输过程与上述过程类似，一直到数据发送完毕为止。为了提升传输速率，在 TCP 传输时，发送端也可以一次性发送多段数据，由接收端统一确认。

（4）TCP 滑动窗口机制

TCP 通过滑动窗口机制控制数据的传输速率。每台 TCP/IP 主机都支持全双工数据传输，因此 TCP

在传输过程中有两个窗口：一个用于接收数据；另一个用于发送数据。

下面以数据单向发送为例，介绍滑动窗口是如何实现流量控制的，如图 3-18 所示。

① 在 TCP 三次握手建立连接时，双方都会通过窗口大小字段告诉对方本端最大能够接收的字节数（也就是缓冲区大小），此时双方窗口大小都为 3B。

② 连接建立成功之后，发送方会根据接收方的窗口大小发送相应字节数的数据，即一次性发送 3B 数据，对应图 3-18 中的序列号为 101、102 和 103。

③ 接收方接收到数据之后会将其放在缓冲区内，等待上层应用来取走缓冲区中的数据。若数据被上层应用取走，则相应的缓冲空间将被释放。

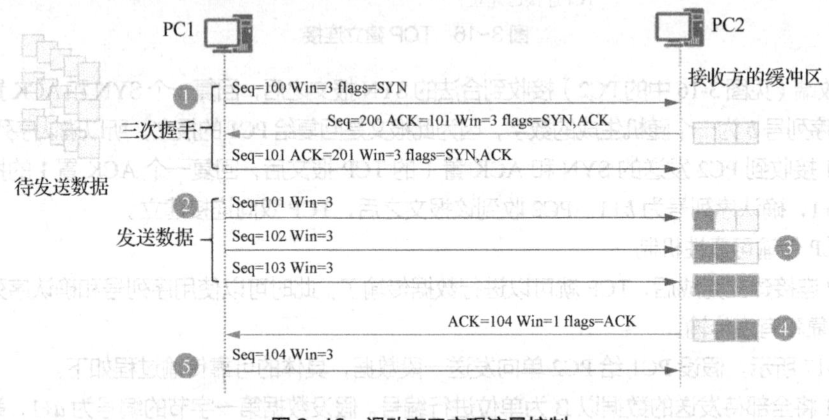

图 3-18　滑动窗口实现流量控制

④ 接收方根据自身的缓冲区大小通知发送方当前可以接收的数据大小（窗口大小），若 PC2 上层取走了 1B 数据，则 PC2 通知 PC1 此时的窗口大小为 1B。

⑤ 发送方根据接收方当前的窗口大小，发送相应数量的数据。此时 PC1 应发送 1B 的数据，对应的序列号为 104。

（5）TCP 拆除连接

当数据传输完成后，TCP 需要通过“四次挥手”机制断开 TCP 连接，释放系统资源。

TCP 支持全双工模式传输数据，这意味着同一时刻两个方向都可以进行数据的传输。在传输数据之前，TCP 通过三次握手建立的实际上是两个方向的连接，因此在传输完毕后，两个方向的连接必须都拆除，如图 3-19 所示。

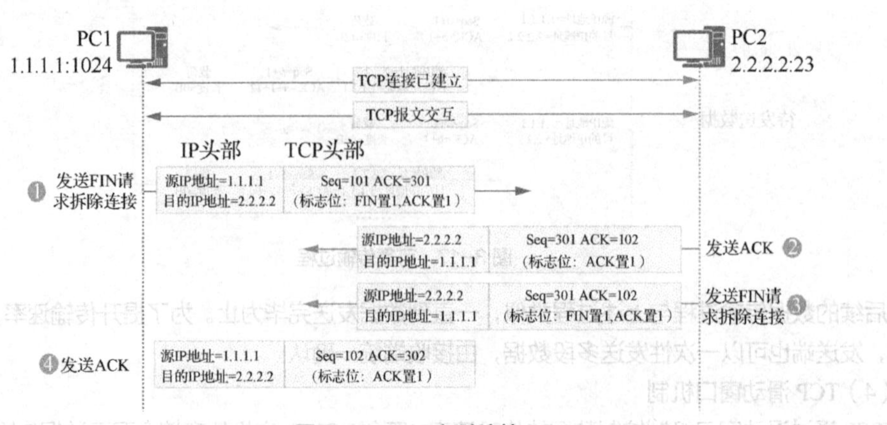

图 3-19　TCP 拆除连接

假设在图 3-18 所示的过程中，PC1 发送完数据后，主动发起连接拆除，具体的拆除过程如下。

① 由 PC1 发出一个 FIN 置 1 的不带数据的 TCP 报文，假定此时序列号 Seq=101、确认号 ACK=301。

② PC2 收到 PC1 发来的 FIN 置 1 的 TCP 报文后，会回复一个 ACK 置 1 的 TCP 报文，此时序列号 Seq=301、确认号 ACK=102。

③ 若 PC2 没有需要发送的数据，则直接发送 FIN 置 1 的 TCP 报文，此时序列号 Seq=301、确认号 ACK=102。假设此时 PC2 还有数据要发送，那么 PC2 会等到发送完这些数据之后再发送一个 FIN 置 1 的 TCP 报文去拆除连接。

④ PC1 收到 FIN 置 1 的 TCP 报文后，会回复 ACK 报文，TCP 双向连接拆除。

2. UDP

UDP 是一种简单的、面向数据报的传输层协议，进程的每个输出操作都正好产生一个 UDP 数据报，并组装成一份待发送的 IP 数据报，如图 3-20 所示。UDP 不提供可靠性保证，它把应用程序传给网络层的数据发送出去，但是并不保证它们能到达目的地。

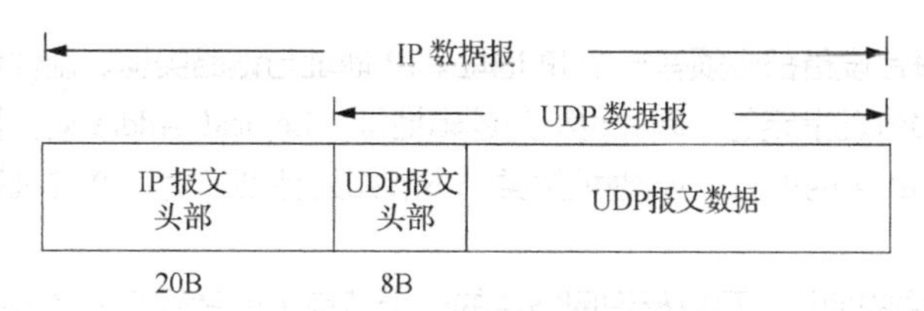

图 3-20 UDP 数据报报文封装

UDP 报文没有可靠性保证、顺序保证和流量控制字段等，可靠性较差。当然，使用传输层 UDP 服务的应用程序也有优势。正因为 UDP 只有较少的控制选项，在数据传输过程中，延迟较小、数据传输效率较高，可以用于对可靠性要求并不高的应用程序，或者可以用于有可靠性保障的应用层协议（如 DNS、TFTP、SNMP 等）。UDP 也可以用于传输链路可靠的网络。

UDP 报文头部比较简单，只有源端口、目的端口、报文长度、校验和等字段，如图 3-21 所示，具体说明如下。

源端口（16bit）	目的端口（16bit）	UDP头部 8B
报文长度（16bit）	校验和（16bit）	
数据		

图 3-21 UDP 报文格式

（1）源端口和目的端口

源端口（Source Port）和目的端口（Destination Port）用于标识和区分源端设备和目的端设备的应用进程。TCP 端口号与 UDP 端口号是相互独立的。但如果 TCP 和 UDP 同时提供某种知名服务，则这两种协议通常选择相同的端口号。这纯粹是为了使用方便，而不是协议本身的要求。

（2）报文长度

报文长度表明整个 UDP 报文的长度，即 8B 的 UDP 头部和 UDP 数据的总长度。该字段的最小值为 8B（即 UDP 数据的长度可以为 0B）。这个 UDP 长度是有冗余的。前文提及的 IP 报文的总长度指的是报文全长度，因此 UDP 报文长度字段的值等于 IP 报文的总长度字段值减去 IP 头部的长度。

（3）校验和

校验和字段用于校验 UDP 报文头部和数据部分是否有差错，如果有差错，则直接丢弃该 UDP 报文。

TCP 和 UDP 使用 16bit 端口号（或套接字）来标识和区分网络中的不同应用程序，IP 报文使用特定的协议值（TCP 为 0x06，UDP 为 0x11）来标识和区分传输层协议。

任何 TCP/IP 实现所提供的服务都使用 1～1023 的端口号，这些端口号由 IANA 分配管理。其中，低于 255 的端口号保留，用于公共应用；255～1023 的端口号分配给各个公司，用于特殊应用；高于 1023 的端口号称为临时端口号，IANA 未做规定。

常用的 TCP 端口号有 HTTP 80、FTP 20/21、Telnet 23、SMTP 25 和 DNS 53 等；常用的保留 UDP 端口号有 DNS 53、BootP 67（服务器）/ 68（客户端）、TFTP 69 和 SNMP 161 等。

3.5 IP 地址与子网规划

前文中我们已经了解了 TCP/IP 的网络层的相关协议，本节重点介绍 TCP/IP 中 IP 的网络层地址——IP 地址。在 IPv4 网络中，IP 地址是进行复杂的子网规划的基础。

3.5.1 IPv4 地址

连接到网络上的每台设备都必须有一个 IP 地址。IP 地址与链路类型、硬件设备无关，而是由管理员分配指定的，因此也称为逻辑地址（Logical Address），目前使用的 IP 地址分为 IPv4 地址与 IPv6 地址两类，本节如无特别说明，IP 地址都指的是 IPv4 地址。

V3-6 IP 地址与子网规划 1

IP 地址就像现实中的地址，可以标识网络中的一个节点（或者网络设备的接口），数据就通过它来找到目的地，即通过 IP 地址可实现全球范围内的网络通信。IP 地址是网络设备接口的属性，而不是网络设备本身的属性。当给某台设备分配一个 IP 地址时，实质上是给这台设备的某个接口分配一个 IP 地址。如果设备有多个接口，则通常每个接口至少需要有一个 IP 地址。

1. IP 地址格式

在计算机内部，IP 地址是用二进制数表示的，共 32 位，如 11000000 10101000 00001010 00000001。这样的二进制表示法不方便记忆，因此通常采用点分十进制表示法，即把 32 位的 IP 地址分成 4 段，每 8 个二进制数为一段，再将每段二进制数分别转换为人们习惯使用的十进制数，并用点隔开，如图 3-22 所示。这样，IP 地址就表示为以点隔开的 4 个十进制整数，如 192.168.10.1。

点分十进制表示法						
	十进制	192.	168.	10.	1	4 B
	二进制	11000000	10101000	00001010	00000001	32 bit（32位）

图 3-22 IP 地址的格式

IP 地址的点分十进制表示形式能够帮助我们更好地使用和配置网络，但通信设备在对 IP 地址进行计算时使用的是二进制的操作方式，因此掌握十进制、二进制的转换运算非常有必要。

IP 地址是一个结构化的地址，32bit 的 IP 地址可分为网络号和主机号，如图 3-23 所示。其中，网络号用于标识该 IP 地址所在的网络，主机号用于区分同一个网络内的不同主机。

网络号	主机号

图 3-23 IP 地址的结构

IP 地址不能反映任何有关主机位置的地理信息，只能通过网络号判断出主机属于哪个网络。对于网络号相同的设备，无论实际所处的地理位置如何，它们都处在同一个网络中。在 32bit 的 IP 地址中，我们使用网络掩码来标识哪些是网络号，哪些是主机号，如图 3-24 所示。由图 3-24 可知，网络掩码的高位使用连续的 1 标识网络号，低位使用连续的 0 标识主机号。在图 3-24 中，IP 地址为 192.168.10.1，前 24 位为网络号，后 8 位为主机号，因此网络掩码的前 24 位都为 1，后 8 位都为 0，对应的十进制形式为 255.255.255.0。

在表示 IP 地址时，一般将 IP 地址和网络掩码结合在一起使用，通常将网络掩码中 1 的个数称为这个网络掩码的长度，例如。“0.0.0.0”的长度是 0，“252.0.0.0”的长度是 6，“255.255.255.0”的长度是 24。因此，图 3-24 所示的 IP 地址可以写为 192.168.10.1/24。

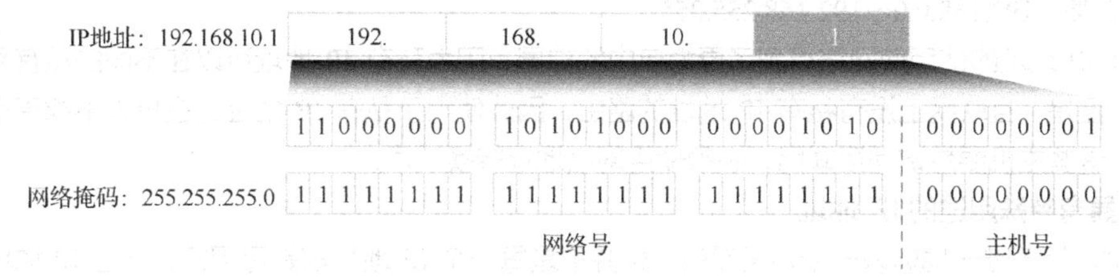

图 3-24　网络掩码的定义

2. IP 地址分类

最初在设计 TCP/IP 时，为了方便 IP 地址的管理及组网，设计者根据网络规模大小把 IP 地址分为 A、B、C、D、E 这 5 类，如图 3-25 所示。

A类	0×××××××	××××××××	××××××××	××××××××
B类	10××××××	××××××××	××××××××	××××××××
C类	110×××××	××××××××	××××××××	××××××××
D类	1110			
E类	1111			

图 3-25　IP 地址分类

① A 类地址的网络号为第一个八位数组（Octet），第一字节以“0”开始。因此，A 类地址网络号的有效位数为 8−1=7 位，A 类地址的第一字节为 1～126（127 留作他用）。例如，10.1.1.1 和 126.2.4.78 为 A 类地址。A 类地址的主机地址位数为后面的 3 字节（24 位）。A 类地址的范围为 1.0.0.0～126.255.255.255，一个 A 类网络共有 2^{24} 个 IP 地址。

② B 类地址的网络号为前两个八位数组，第一字节以“10”开始。因此，B 类地址网络号的有效位数为 16−2=14 位，B 类地址的第一字节为 128～191。例如，128.1.1.1 和 168.2.4.78 为 B 类地址。B 类地址的主机地址位数为后面的 2 字节（16 位）。B 类地址的范围为 128.0.0.0～191.255.255.255，一个 B 类网络共有 2^{16} 个 IP 地址。

③ C 类地址的网络号为前 3 个八位数组，第一字节以“110”开始。因此，C 类地址网络号的有效位数为 24−3=21 位，C 类地址的第一字节为 192～223。例如，192.1.1.1 和 220.2.4.78 为 C 类地址。C 类地址的主机地址部分为后面的 1 字节（8 位）。C 类地址的范围为 192.0.0.0～223.255.255.255，一个 C 类网络共有 2^{8} 个 IP 地址。

④ D 类地址的第一个八位数组以“1110”开头，因此，D 类地址的第一字节为 224～239。D 类地址通常作为组播 IP 地址。D 类地址的范围为 224.0.0.0～239.255.255.255。

⑤ E 类地址的第一字节为 240～255，用于科学研究。E 类地址的范围为 240.0.0.0～255.255.255.254（全“1”的地址 255.255.255.255 用作网络层的广播地址）。

A 类、B 类、C 类地址是单播 IP 地址（除一些特殊地址外），这 3 类地址由 IANA 统一进行分配，以确保其唯一性；D 类地址属于组播 IP 地址；E 类地址专门用于特殊的科学研究。

为了解决 IPv4 地址短缺的问题，现有网络中又提出了私有 IP 地址的概念。私有 IP 地址是指在内部网络中使用的 IP 地址，使用这些地址无需向 IANA 申请，可在不同的局域网中重复使用。相应的，由 IANA 统一管理、分配的地址称为公网 IP 地址，公网 IP 地址具有全球唯一性。

为适应不同的局域网规模，A 类、B 类、C 类地址中各预留了如下地址作为私有 IP 地址。

① A 类：10.0.0.0～10.255.255.255。

② B 类：172.16.0.0～172.31.255.255。

③ C 类：192.168.0.0～192.168.255.255。

私有 IP 地址的使用使网络得到了更为自由的扩展，因为私有 IP 地址可以在不同的私有网络中重复使用。但是，互联网上没有私有 IP 地址的路由，因此使用了私有 IP 地址的主机是不能直接访问互联网的，这些主机要想访问互联网，必须使用网络地址转换技术。

3. 具有特殊用途的 IP 地址

IP 地址用于唯一地标识一台网络设备，但并不是每一个 IP 地址都是可用的，一些 IP 地址具有特殊用途，不能用于标识网络设备，如表 3-3 所示。

表 3-3 具有特殊用途的 IP 地址

网络号	主机号	地址类型	用途
任意	全为 0	网络地址	代表一个网段
任意	全为 1	广播地址	标识特定网段的所有主机
127	任意	环回地址	用于环回测试
全为 0		所有网络	用于指定默认路由
全为 1		广播地址	代表本网段所有主机
169.254.0.0/16		临时通信地址	主机动态获取 IP 地址不成功时使用

主机号全为 0 的 IP 地址称为网络地址，代表一个网段。例如，192.168.1.0/24 代表该网络中的所有主机，即 192.168.1.1/24～192.168.1.254/24。

主机号全为 1 的 IP 地址称为广播地址，广播地址用于标识一个网络的所有主机，如 10.255.255.255 和 192.168.1.255。路由器可以在 10.0.0.0 或 192.168.1.0 等网段转发广播包。

网络号第一字节为 127 的 IP 地址一般用于环回测试，如 127.0.0.1。

主机号和网络号全为 0 的 IP 地址 0.0.0.0 代表所有的主机，一般用 0.0.0.0 指定默认路由。

主机号和网络号全为 1 的 IP 地址 255.255.255.255 也是广播地址，但 255.255.255.255 代表本网段的所有主机，用于向本地网络的所有节点发送数据包，这样的广播包不能被路由器转发。

如果一台网络设备获取 IP 地址的方式被设置为自动获取，但是该设备在网络上没有找到可用的 DHCP 服务器，那么该设备就会使用 169.254.0.0/16 网段的某个地址来进行临时通信。

3.5.2 VLSM 技术

自然分类法将 IP 地址划分为 A、B、C、D 和 E 类，按照自然分类法将整个 A 类、B 类或 C 类的 IP 地址分配给一个客户的方法叫作有类编址。有类编址方法过于简单，划分的颗粒度太大，具有以下几个缺点。

V3-7 IP 地址与子网规划 2

（1）IP 地址资源浪费严重

举例来说，一个公司只有一个物理网络，需要 300 个 IP 地址。一个 C 类网络可以提供 254 个 IP 地址，不满足需要，因此需要使用一个 B 类网络。而一个 B 类网络能提供 65534 个 IP 地址，网络中的地址得不到充分利用，大量的 IP 地址被浪费。

（2）IP 网络的数量不够使用

举例来说，一个公司拥有 100 个物理网络，每个网络只需要 10 个 IP 地址。虽然需要的地址量仅有 1000 个，但该公司需要 100 个 C 类网络。很多机构面临着类似的问题，其结果是，在 IP 地址被大量浪费的同时，IP 网络数量却不能满足 Internet 发展的需要。

（3）业务扩展缺乏灵活性

举例来说，一个公司拥有一个 C 类网络，其中只有 10 个地址被使用。该公司需要增加一个物理网络，就需要向 IANA 申请一个新的 C 类网络，在申请通过前，该公司无法部署这个 C 类网络接入 Internet。这显然无法满足企业发展的灵活性需求。

综上所述，有类编址的方法过于死板，划分的颗粒度太大，会有大量的 IP 地址不能被充分利用，从而造成地址资源的浪费。因此，IETF 在 RFC 917 和 RFC 950 中提出了子网划分的方法，允许将一个自然分类的网络分解为多个子网（Subnet），以缓解 IP 地址的衰竭问题。

如图 3-26 所示，子网划分的方法是从 IP 地址的主机号部分借用若干位作为子网号，剩余的位作为主机号。进行子网划分后，IP 地址就从原来的二级结构变为三级结构，包括网络号、子网号和主机号，而网络掩码也随之变化，即网络号、子网号的掩码都为“1”，主机号的掩码为“0”。

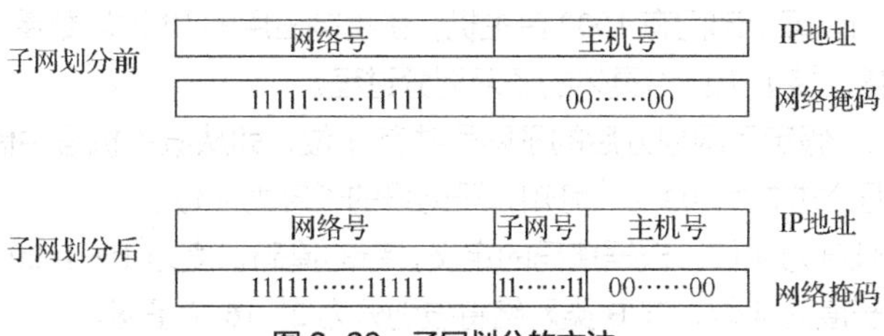

图 3-26　子网划分的方法

由于子网划分方法的出现，原本简单的 IP 地址规划和分配工作变得稍显复杂，详细的子网划分一般可按如下步骤进行。

① 根据需求确定子网号的长度。

② 确定划分后的子网掩码。

③ 确定划分后的子网数量。

④ 确定划分后每个子网的 IP 地址数量。

⑤ 计算子网划分后的每个子网的网络地址、广播地址和可用 IP 地址。

下面结合具体示例介绍子网划分的具体计算过程。

【例 3-1】某公司共有 6 个部门，每个部门内共有 25 台主机，假定该公司申请了一个 C 类网络 200.1.1.0/24，请在不考虑网络设备占用 IP 地址的前提下，完成该公司的 IP 地址规划。

该公司共有 6 个部门，每个部门有 25 台主机，主机需占用的 IP 地址数量为 150 个，小于 256，因此一个 C 类网络足够使用。接下来讨论具体的子网划分过程。

① 如图 3-26 所示，假定子网划分后的子网号共有 n 位，即从原主机号中借出 n 位作为子网号，可分成 2^n 个子网。根据公式 $2^n \geqslant 6 \geqslant 2^{n-1}$ 可知，子网号的长度为 3 位。

② 由于子网号的长度为 3 位，根据掩码的定义，新的掩码长度为 24+3=27 位，即 255.255.255.224。

③ 由于子网号的长度为 3 位，该 C 类网络将被划分成 2^3=8 个子网。

④ 由于子网号的长度为 3 位，子网划分后新的主机号长度为 8−3=5 位，因此每个子网的 IP 地址数量为 2^5=32 个，去掉网络地址和广播地址，可供主机使用的 IP 地址有 30 个，大于各部门主机数量（25 台）。

⑤ 网络地址中主机号必须全为“0”，即最后 5 位全为“0”，因此所有子网的网络地址都是 32 的

整数倍。据此，可列出所有的子网，如表 3-4 所示，可以从中任选 6 个子网分配给公司的 6 个部门使用，剩余的 2 个子网可以暂时保留，以应对后期可能的网络扩展需求。

表 3-4　C 类 IP 地址子网划分结果

编号	子网的网络地址	子网的广播地址	子网的可用 IP 地址
1	200.1.1.0/27	200.1.1.31/27	200.1.1./27～200.1.1.30/27
2	200.1.1.32/27	200.1.1.63/27	200.1.1.33/27～200.1.1.62/27
3	200.1.1.64/27	200.1.1.95/27	200.1.1.65/27～200.1.1.94/27
4	200.1.1.96/27	200.1.1.127/27	200.1.1.97/27～200.1.1.126/27
5	200.1.1.128/27	200.1.1.159/27	200.1.1.129/27～200.1.1.158/27
6	200.1.1.160/27	200.1.1.191/27	200.1.1.161/27～200.1.1.190/27
7	200.1.1.192/27	200.1.1.223/27	200.1.1.193/27～200.1.1.222/27
8	200.1.1.224/27	200.1.1.255/27	200.1.1.225/27～200.1.1.254/27

接下来，我们讨论一下针对规模更大的网络如何进行子网划分。

【例 3-2】某公司共有 10 个部门，每个部门内共有 1000 台主机，假定该公司申请了一个 B 类网络 150.1.0.0/16，请在不考虑网络设备占用 IP 地址的前提下，完成该公司的 IP 地址规划。

该公司有 10 个部门，每个部门有 1000 台主机，主机需占用的 IP 地址数量为 10000 个，小于一个 B 类网络 IP 地址的总量。接下来讨论具体的子网划分过程。

① 如图 3-26 所示，假定子网划分后的子网号共有 *n* 位，即从原主机号中借出 *n* 位作为子网号，可分成 2^n 个子网。根据公式 $2^n \geqslant 10 \geqslant 2^{n-1}$ 可知，子网号的长度为 4 位。

② 由于子网号的长度为 4 位，根据掩码的定义，新的掩码长度为 16+4=20 位，即 255.255.240.0。

③ 由于子网号的长度为 4 位，该 B 类网络将被划分为 2^4=16 个子网。

④ 由于子网号的长度为 4 位，子网划分后新的主机号长度为 16−4=12 位，每个子网的 IP 地址数量为 2^{12}=4096 个，去掉网络地址和广播地址后，可供主机使用的 IP 地址有 4094 个，大于各部门主机数量（1000 台）。

⑤ 由于网络地址的主机号必须全为“0”，即最后 12 位全为“0”，所有子网的网络地址具有如下特点：第 4 字节为“0”，第 3 字节都是“16”的整数倍。广播地址中主机号必须全为“1”，即最后 12 位全为“1”，因此所有子网的广播地址具有如下特点：第 4 字节为“255”，第 3 字节为对应网络地址的第 3 字节加 15。

据此，可列出所有的子网，如表 3-5 所示，为节约篇幅，表中省去了部分子网，可从中任选 10 个子网分配给公司的 10 个部门使用，剩余的 IP 地址暂时保留，以应对后期可能的网络扩展需求。

表 3-5　B 类 IP 地址子网划分结果

编号	子网的网络地址	子网的广播地址	子网的可用 IP 地址
1	150.1.0.0/20	150.1.15.255/20	150.1.0.1/20～150.1.15.254/20
2	150.1.16.0/20	150.1.31.255/20	150.1.16.1/20～150.1.31.254/20
3	150.1.32.0/20	150.1.47.255/20	150.1.32.1/20～150.1.47.254/20
4	150.1.48.0/20	150.1.63.255/20	150.1.48.1/20～150.1.63.254/20
……	……	……	……
13	150.1.192.0/20	150.1.207.255/20	150.1.192.1/20～150.1.207.254/20
14	150.1.208.0/20	150.1.223.255/20	150.1.208.1/20～150.1.223.254/20
15	150.1.224.0/20	150.1.239.255/20	150.1.224.1/20～150.1.239.254/20
16	150.1.240.0/20	150.1.255.255/20	150.1.240.1/20～150.1.255.254/20

以上介绍了 C 类、B 类网络的子网划分过程，对于 A 类网络的子网划分，其过程与之类似，本书不赘述。

细心的读者不难发现，例 3-1 和例 3-2 在进行子网划分时，每个子网都采用了固定长度的子网掩码，每个子网上分配的 IP 地址数相同；而在真实的企业网组建时，需要考虑到设备之间的互联，且企业内部各部门的人数和终端数量不一，甚至相差很大，这样划分容易造成 IP 地址的大量浪费。这时候可以采用可变长子网掩码（Variable Length Subnet Mask，VLSM）技术，主机数比较多的子网采用较短的子网掩码，其可供分配的 IP 地址较多；而主机数比较少的子网采用较长的子网掩码，其可供分配的 IP 地址较少。VLSM 技术能节省大量的 IP 地址，节省的 IP 地址可以用于其他子网。

下文将针对小型企业网组建，介绍如何使用 VLSM 技术进行 IP 地址规划。

【例 3-3】某小型企业在进行企业网组建时，其内网主机需求如表 3-6 所示。要求各部门（包括董事长办公室和总经理办公室）使用不同的子网，假定内网组建使用了一个 C 类网络 192.168.1.0/24，请提供合理的 IP 地址规划方案。

表 3-6　内网主机需求

部门	测试部	研发部	办公室	财务部	董事长办公室	总经理办公室
主机数量/台	80	25	20	10	5	4

根据需求，我们可以采用图 3-27 所示的网络拓扑。由拓扑可知，实际组网时，除了各部门使用单独的子网外，路由器之间的互联也需要使用 IP 地址，且每段连接都应属于不同的子网，即图 3-27 中的边界路由器 BR 和 R1、R2、R3、R4、R5、R6 之间都需要单独的子网，且至少需要两个可用的 IP 地址。因此，在本例中至少需要将 C 类网络“192.168.1.0/24”划分为 12 个子网，具体的 IP 地址需求如表 3-7 所示，与表 3-6 相比，表 3-7 中各部门的可用 IP 地址数量都加了 1，因为路由器与各部门相连的接口需要占用一个 IP 地址。

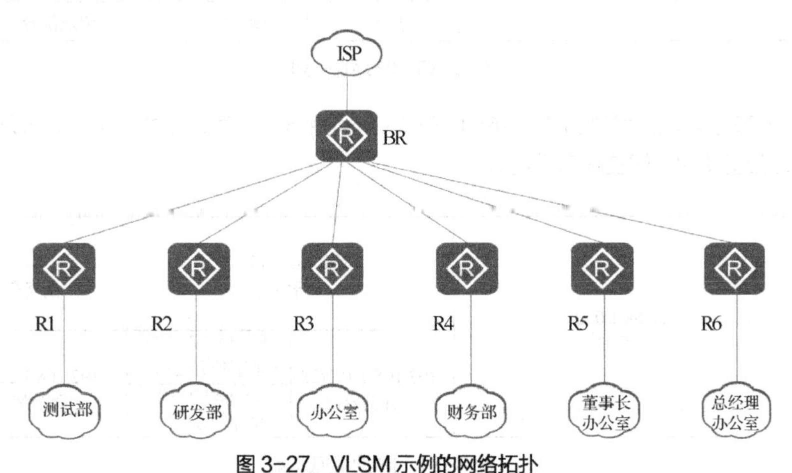

图 3-27　VLSM 示例的网络拓扑

表 3-7　IP 地址需求

部门	测试部	研发部	办公室	财务部	董事长办公室	总经理办公室
可用 IP 地址数	81	26	21	11	6	5
用途	BR-R1	BR-R2	BR-R3	BR-R4	BR-R5	BR-R6
可用 IP 地址数	2	2	2	2	2	2

现在采用类似于分蛋糕的方式，详细讲述如何对 192.168.1.0/24 中的 256 个地址进行子网划分，以满足表 3-7 所示的 IP 地址需求。

① 由于测试部的 IP 地址需求是 81 个，是 IP 地址需求数量最多的部门，因此假设测试部子网主机号的长度为 n，根据 $2^n \geq 81$，n 应该取 7，从而将 192.168.1.0/24 分成两个子网，其中一个供测试部使用，如图 3-28 所示。

192.168.1.0./25（测试部）	192.168.1.128/25（剩余部分）

图 3-28　IP 地址规划 1

② 接下来将图 3-28 所示的剩余部分 192.168.1.128/25 继续拆分为 4 个子网，将其中的两个子网分配给研发部和财务部使用，如图 3-29 所示。

192.168.1.0./25（测试部）	192.168.1.128/27（研发部）	192.168.1.160/27（财务部）
	192.168.1.192/27（剩余部分）	192.168.1.224/27（剩余部分）

图 3-29　IP 地址规划 2

③ 对图 3-29 所示的剩余部分 192.168.1.192/27 进行拆分，将其分为 2 个子网，其中一个供办公室使用，如图 3-30 所示。

192.168.1.0./25（测试部）	192.168.1.128/27（研发部）		192.168.1.160/27（财务部）
	192.168.1.192/28（办公室）	192.168.1.208/28（剩余部分）	192.168.1.224/27（剩余部分）

图 3-30　IP 地址规划 3

④ 对图 3-30 所示的剩余部分 192.168.1.208/28 进行拆分，将其分为两个子网，分别供董事长办公室和总经理办公室使用，如图 3-31 所示。

192.168.1.0./25（测试部）	192.168.1.128/27（研发部）		192.168.1.160/27（财务部）
	192.168.1.192/28（办公室）	192.168.1.208/29（董事长办公室） 192.168.1.216/29（总经理办公室）	192.168.1.224/27（剩余部分）

图 3-31　IP 地址规划 4

⑤ 至此，各部门使用的 IP 地址已规划完毕，接下来考虑对图 3-31 中的剩余部分进行划分供设备互联使用。一般仅供设备互联使用的网段建议使用 30 位的网络掩码。将 192.168.1.224/27 继续拆分为 8 个子网，其中 6 个子网供设备互联使用，剩余两个子网保留，得到最终的 IP 地址规划如图 3-32 所示。

需要特别说明的是，本例只是为了说明 VLSM 技术的应用过程，实际规划 IP 地址时，由于企业网内部通常使用私有地址，而使用私有地址不需要申请，且没有限制，IP 地址并不需要如本例一般要求精确规划。

<table>
<tr><td rowspan="3">192.168.1.0./25
（测试部）</td><td colspan="2">192.168.1.128/27
（研发部）</td><td colspan="2">192.168.1.160/27
（财务部）</td></tr>
<tr><td rowspan="2">192.168.1.192/28
（办公室）</td><td>192.168.1.208/29
（董事长办公室）</td><td>192.168.1.224/30
(BR-R1)
192.168.1.232/30
(BR-R3)</td><td>192.168.1.228/30
(BR-R2)
192.168.1.236/30
(BR-R4)</td></tr>
<tr><td>192.168.1.216/29
（总经理办公室）</td><td>192.168.1.240/30
(BR-R5)
192.168.1.248/30
(保留)</td><td>192.168.1.244/30
(BR-R6)
192.168.1.252/30
(保留)</td></tr>
</table>

图 3-32　最终 IP 地址规划

3.5.3 CIDR 技术

VLSM 技术的应用在一定程度上能缓解互联网在发展中遇到的 IP 地址不足的困难，然而，随着互联网中网络数量的爆发式增长，除了 IPv4 地址不足的问题之外，互联网主干网上路由表的路由条目也急剧增加，对网络性能造成了严重影响。针对这一问题，IETF 提出使用无分类编址的方法来解决，无分类编址技术是在 VLSM 技术的基础上研究出来的，它的正式名称是无类别域间路由选择（Classless Inter-Domain Routing，CIDR）。CIDR 在 RFC 1517、RFC 1518、RFC 1519 及 RFC 1520 中进行了定义，现在已经成为 Internet 的标准协议。

CIDR 可消除传统的自然分类地址和子网划分的界限，可以更加有效地分配 IPv4 的地址空间。

CIDR 不再使用子网地址或网络地址，转而使用网络前缀（Network-Prefix）。与只能使用 8 位、16 位和 24 位长度的自然分类网络号不同，网络前缀可以有各种长度，前缀长度由其相应的掩码标识。

CIDR 前缀既可以是一个自然分类网络地址，又可以是一个子网地址，甚至可以是由多个自然分类网络地址聚合而成的超网地址。超网是指利用较短的网络前缀将多个使用较长网络前缀的小网络聚合为一个或多个较大的网络。例如，某机构拥有两个 C 类网络 200.1.2.0/24 和 200.1.3.0/24，其需要在一个网络内部署 500 台主机，则可以通过 CIDR 技术将这两个 C 类网络聚合为一个更大的超网 200.1.2.0/23。

如图 3-33 所示，一个因特网服务提供方（Internet Service Provider，ISP）被分配了一些 C 类网络：198.168.0.0/24～198.168.255.0/24。这个 ISP 准备把这些 C 类网络分配给各个用户群。如果没有实施 CIDR 技术，ISP 的路由器的路由表中会有 256 条下连网段的路由条目，并会把它通告给 Internet 上的路由器；如果实施 CIDR 技术，则可以在 ISP 的路由器上把这些 C 类网络（198.168.1.0/24～198.168.255.0/24）汇聚成一条路由 198.168.0.0/16。这样 ISP 的路由器只需向 Internet 通告 198.168.0.0/16 这一条路由，从而大大减少了路由表的路由条目。

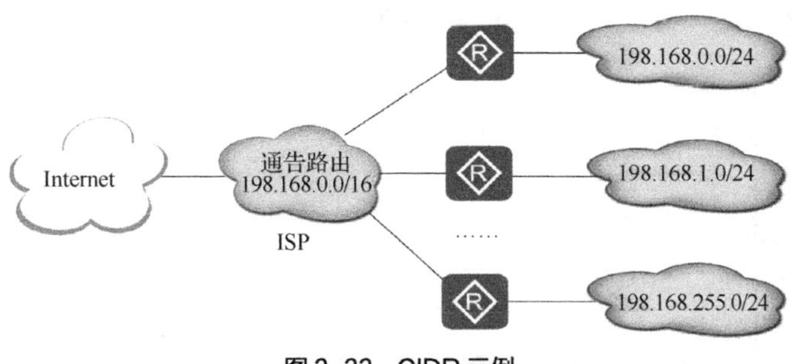

图 3-33　CIDR 示例

【技能实训】

实训 3-1　抓包分析网络数据流

【实训描述】

学习完 TCP/IP 后，小白觉得其中的很多细节有些过于抽象，因此小白希望能对 TCP/IP 有更为直观的认识。本实训通过使用抓包软件，进行数据流的抓包和分析，这是网络工程师的基本功。

【实训准备】

1. 计算机开启虚拟化技术。
2. 下载并安装 eNSP。

【实训拓扑】

抓包分析实训拓扑如图 3-34 所示。

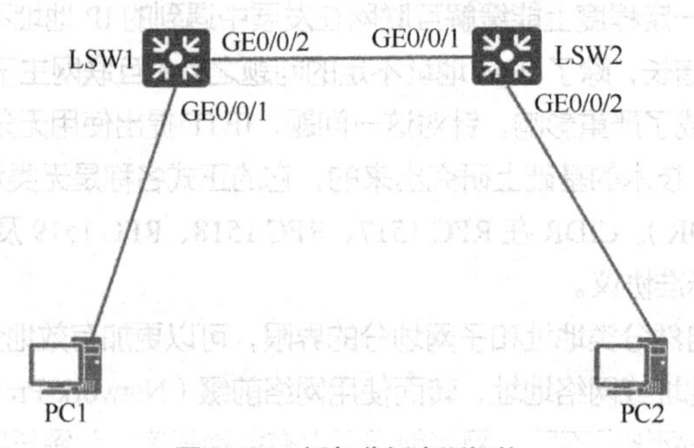

图 3-34　抓包分析实训拓扑

【实训步骤】

1. 在 eNSP 上按图 3-34 搭建实训拓扑。

（1）双击打开 eNSP 软件，单击“新建拓扑”按钮。

（2）选择“交换机”选项，再选择 S 系列交换机，如“S5700”，将其拖曳至操作区，增加交换机，如图 3-35 所示。

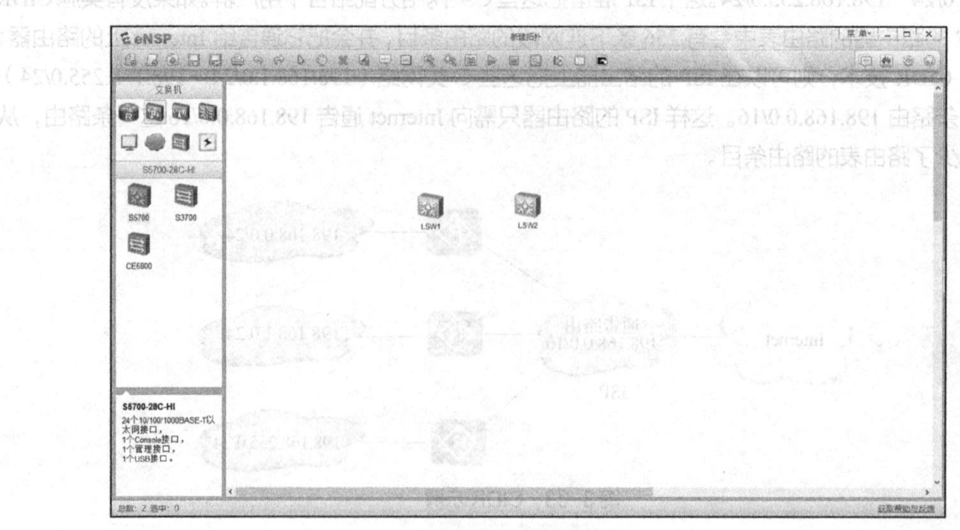

图 3-35　增加交换机

（3）选择“终端”选项，再选择“PC”选项，将其拖曳至操作区，增加主机，如图 3-36 所示。

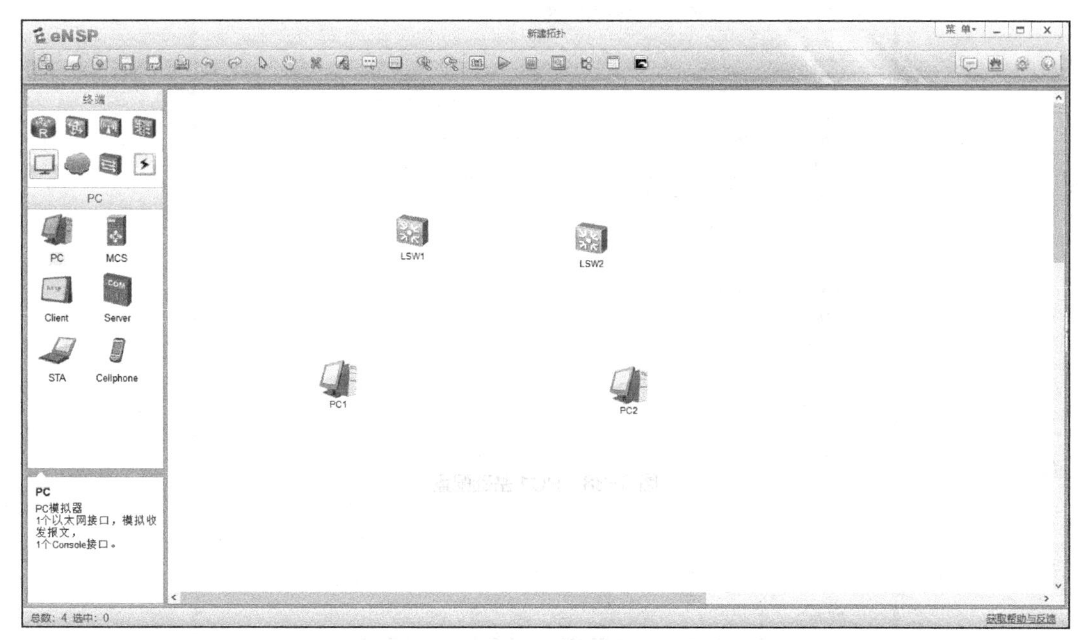

图 3-36　增加主机

（4）选择“设备连线”选项，再选择“Copper”选项，连接设备，如图 3-37 所示。

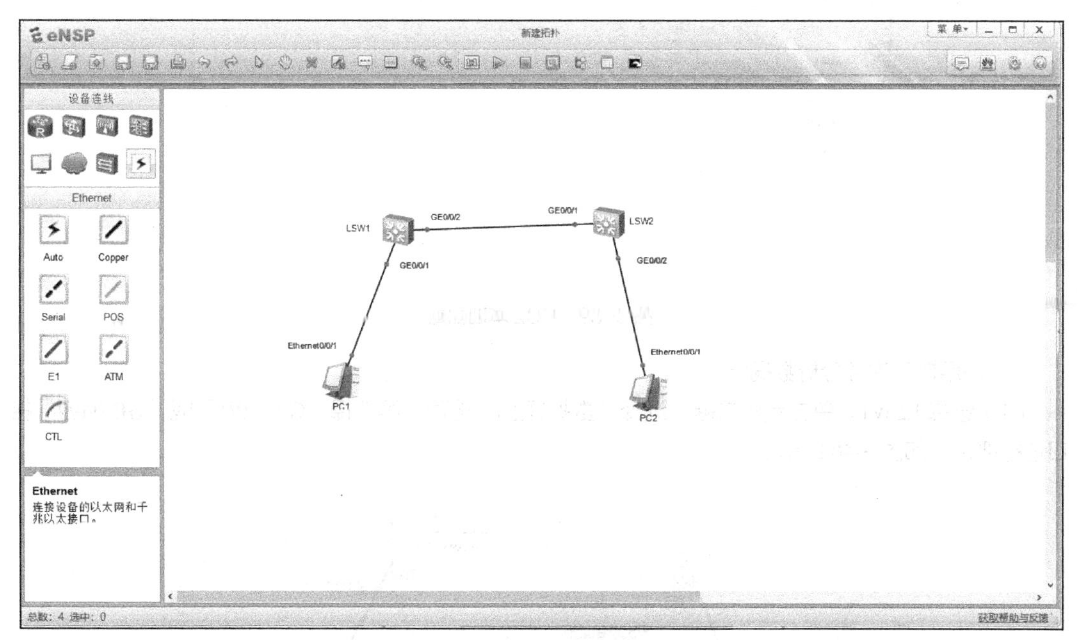

图 3-37　连接设备

（5）依次选择设备，单击鼠标右键，选择“启动”选项，启动设备。

2. 配置 PC 的 IP 地址和子网掩码。

（1）双击 PC1，配置 IP 地址和子网掩码，如图 3-38 所示，单击“应用”按钮使配置生效。

（2）双击 PC2，配置 IP 地址和子网掩码，如图 3-39 所示，单击“应用”按钮使配置生效。

图 3-38 PC1 基础配置

图 3-39 PC2 基础配置

3. 使用抓包软件分析数据流。

（1）选择 LSW1，单击鼠标右键，选择“数据抓包”选项，再选择“GE 0/0/1”或“GE 0/0/2”接口进行抓包，如图 3-40 所示。

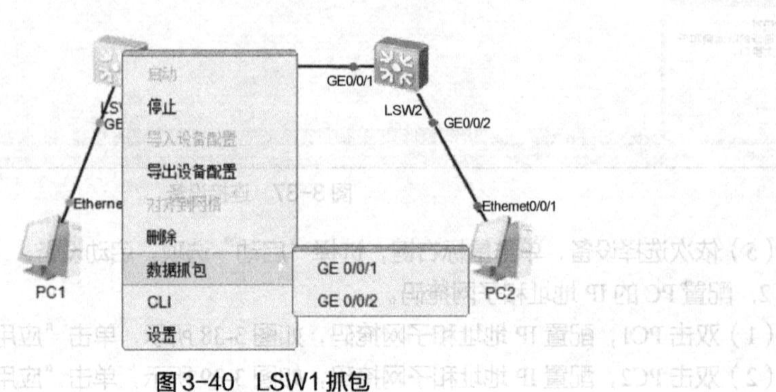

图 3-40 LSW1 抓包

（2）双击 PC1，进入命令行，执行【ping 192.168.1.2】命令进行 ping 测试。

（3）查看并记录抓包软件显示的 ping 包的报文结构。

【实训实施记录】

填写接口抓包记录，如表 3-8 所示。

表 3-8　接口抓包记录

ping 包类型	ICMP 头部		IP 头部			Ethernet-II 头部		
	Type	Code	源 IP 地址	目的 IP 地址	协议	源MAC地址（SMAC）	目的 MAC 地址（DMAC）	Type
Request								
Reply								

实训 3-2　配置小型网络的 IPv4 编址

【实训描述】

通过前面的学习，小白对网络协议有了一些初步认识，在日常使用网络时，小白对于 PC 的 IP 地址配置非常熟悉，小白想了解网络设备（如路由器）是如何进行 IP 地址配置的。本实训主要进行 PC 和路由器的 IP 地址配置，并实现 PC 和路由器的互访。

【实训准备】

1. 计算机开启虚拟化技术。
2. 下载并安装 eNSP。

【实训拓扑】

小型网络 IPv4 编址拓扑如图 3-41 所示。

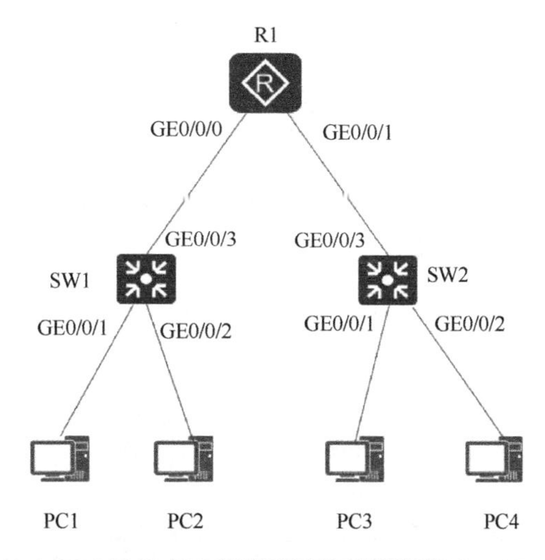

图 3-41　小型网络 IPv4 编址拓扑

【实训步骤】

1. 在 eNSP 上按图 3-41 搭建实训拓扑。

（1）选择“路由器”选项，再选择 AR 系列路由器，如“AR2220”，将其拖曳至操作区，增加路由器，如图 3-42 所示。

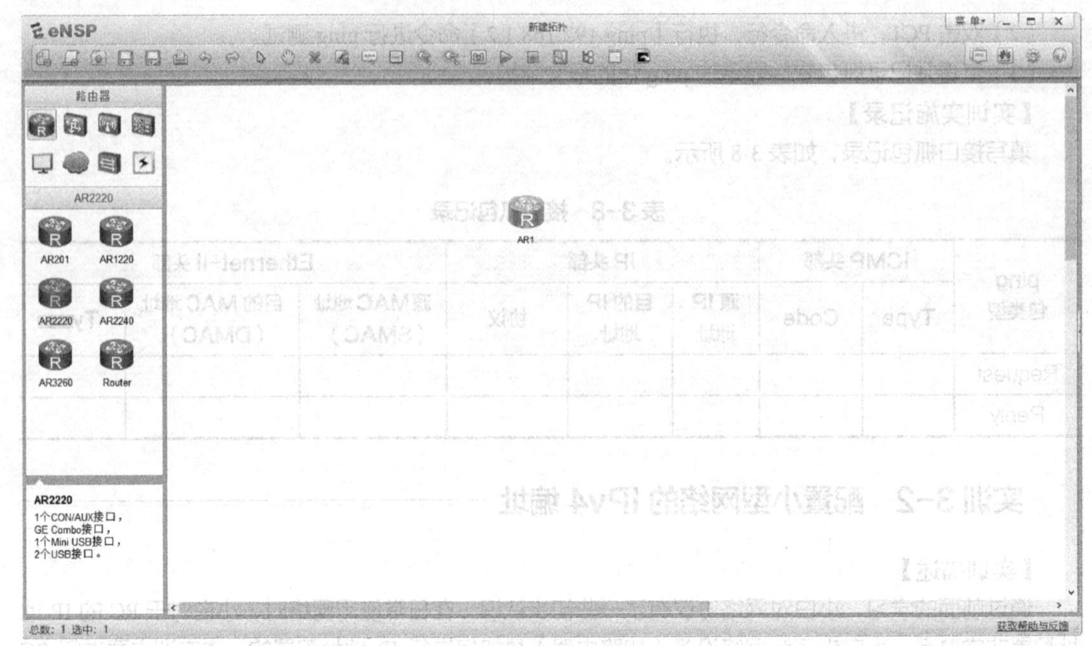

图 3-42　增加路由器

（2）选择“交换机”选项，再选择 S 系列交换机，如“S5700”，将其拖曳至操作区，增加两台交换机，如图 3-43 所示。

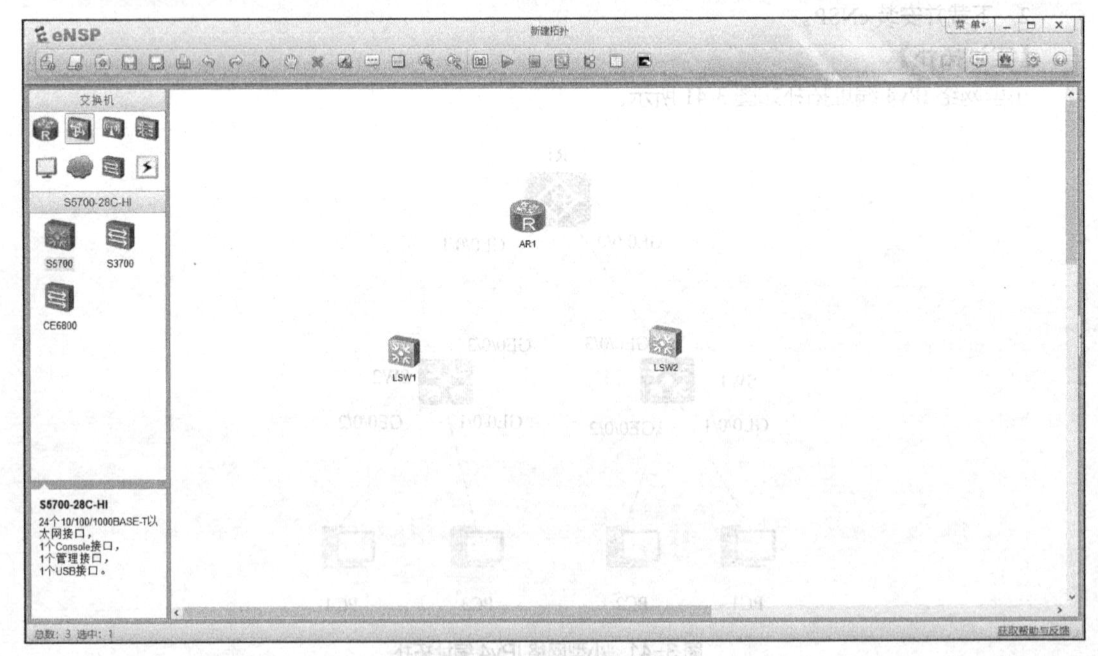

图 3-43　增加两台交换机

（3）选择“终端”选项，再选择“PC”选项，将其拖曳至操作区，增加 4 台 PC，如图 3-44 所示。

（4）选择“设备连线”选项，选择“Copper”选项，将设备连接后依次启动设备，并按实训拓扑修改设备名称，拓扑搭建完成示意如图 3-45 所示。

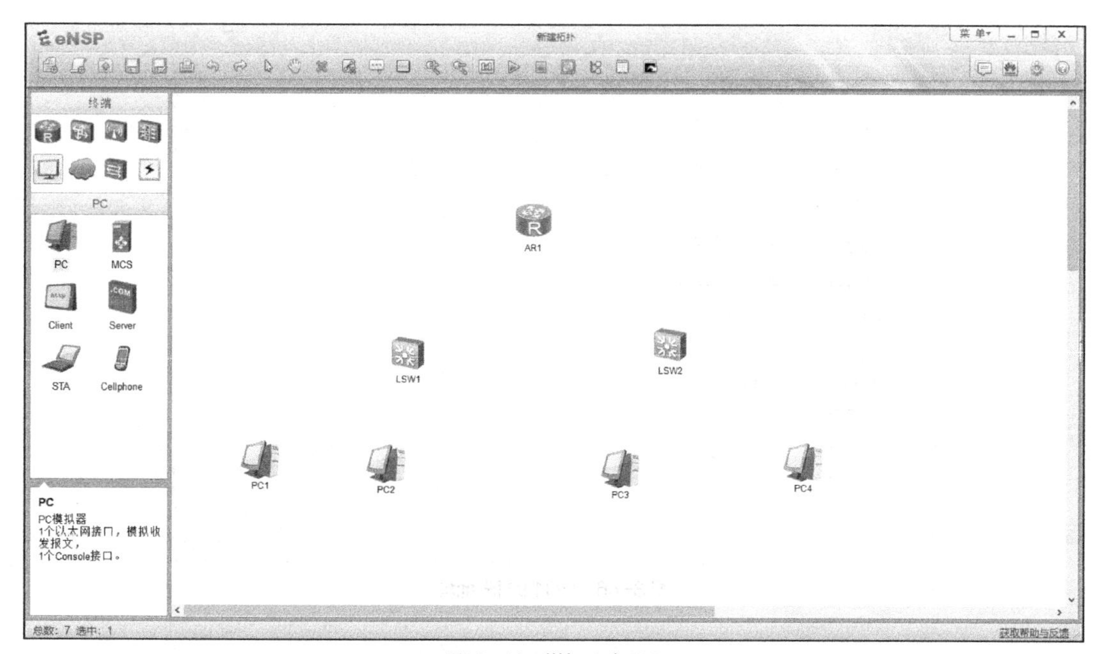

图 3-44　增加 4 台 PC

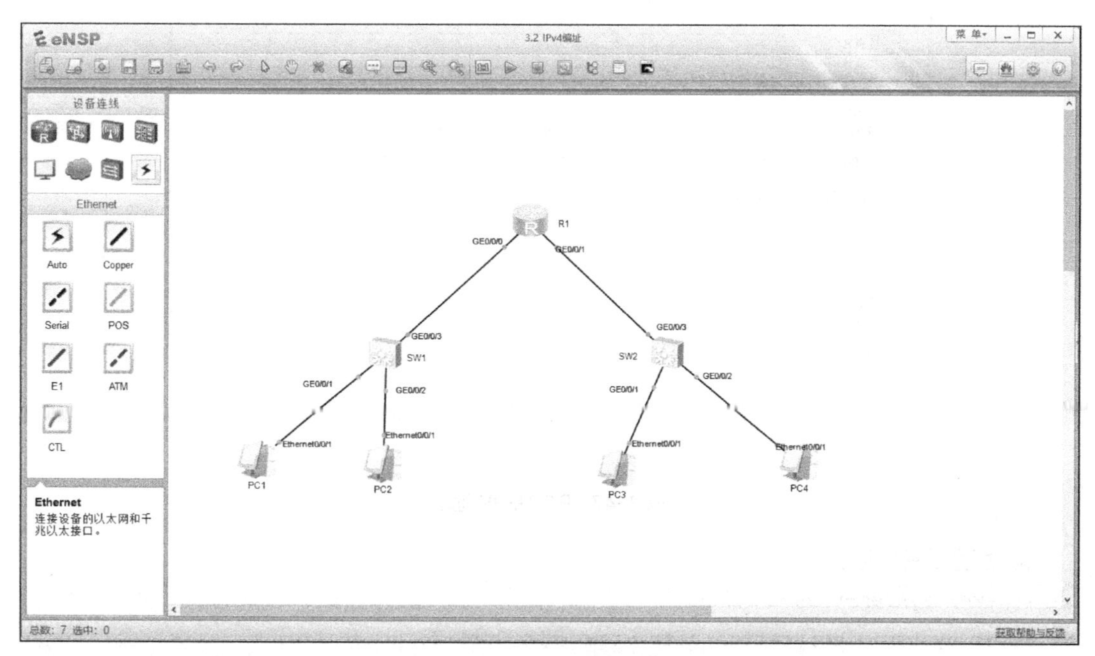

图 3-45　拓扑搭建完成示意

2. 配置 PC 的 IP 地址。

（1）配置 PC1 的 IP 地址，如图 3-46 所示，配置完成后单击“应用”按钮。PC2 的配置与 PC1 类似，IP 地址为 192.168.1.2，其他与 PC1 一致，此处不再具体列出。

（2）配置 PC3 的 IP 地址，如图 3-47 所示，配置完成后单击“应用”按钮。PC4 的配置与 PC3 类似，IP 地址为 192.168.2.2，其他与 PC3 一致，此处不再具体列出。

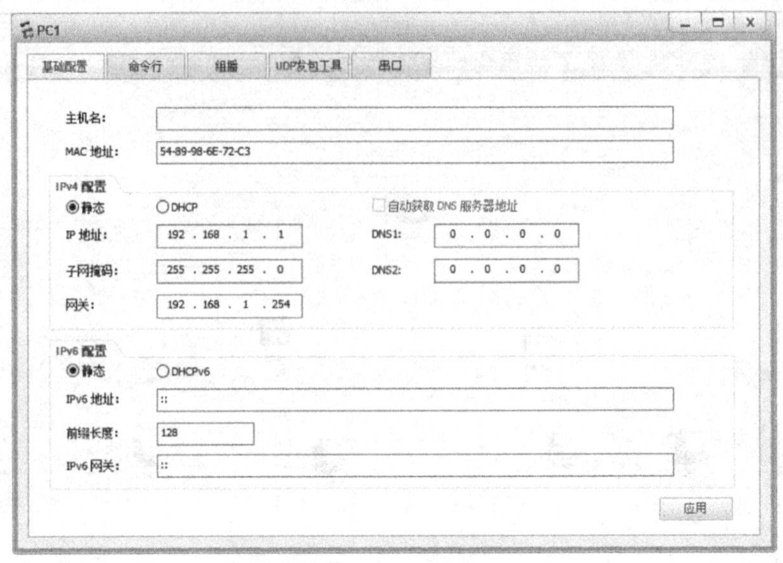

图 3-46　PC1 的 IP 地址

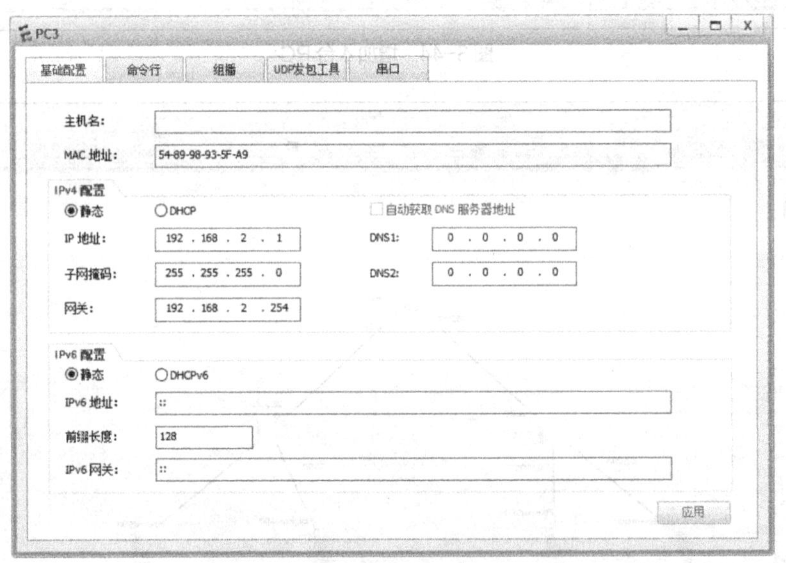

图 3-47　PC3 的 IP 地址

3. 配置设备名称。

```
<Huawei>system-view
Enter system view, return user view with Ctrl+Z.
[Huawei]sysname R1
[R1]
```

4. 配置 R1 的接口 IP 地址。

```
[R1]interface GigabitEthernet 0/0/0
[R1-GigabitEthernet0/0/0]ip address 192.168.1.254 24
[R1]interface GigabitEthernet 0/0/1
[R1-GigabitEthernet0/0/1]ip address 192.168.2.254 24
```

5. 在路由器 R1 上执行【display ip interface brief】命令查看 IP 地址配置情况及接口状态。

```
[R1]display  ip interface  brief
*down: administratively down
^down: standby
(l): loopback
(s): spoofing
The number of interface that is UP in Physical is 3
The number of interface that is DOWN in Physical is 1
The number of interface that is UP in Protocol is 3
The number of interface that is DOWN in Protocol is 1

Interface                     IP Address/Mask      Physical  Protocol
GigabitEthernet0/0/0          192.168.1.254/24     up        up
GigabitEthernet0/0/1          192.168.2.254/24     up        up
GigabitEthernet0/0/2          unassigned           down      down
NULL0                         unassigned           up        up(s)
```

6. 在 PC 之间进行连通性测试，并记录状态。

【实训实施记录】

1. 请在相应的 PC 之间进行 ping 测试，并在表 3-9 所示的连通性测试记录中填写“通”或“不通”。

表 3-9　连通性测试记录

源主机 / 目标主机	PC1	PC2	PC3	PC4
PC1				
PC2				
PC3				
PC4				

2. 在 PC1 上执行【tracert 192.168.2.2】命令跟踪到 PC4 的路由，并进行记录。

3. 在 PC4 上执行【tracert 192.168.1.1】命令跟踪到 PC1 的路由，并进行记录。

【学思启示——IPv6 部署现状】

随着 IPv4 地址资源的逐步枯竭，网络安全及网络服务质量的要求不断提升，世界主要的互联网大国已充分认识到现阶段部署 IPv6 的紧迫性和重要性。各国政府纷纷出台国家发展战略，制定明确的发展路线图和时间表来积极推进 IPv6 的大规模商用部署。欧盟、日本、美国、韩国、加拿大等国家和组织在 2008～2012 年都发布了相关的“IPv6 行动计划”或“IPv6 发展规划”。

而在我国，2017 年 11 月中共中央办公厅、国务院办公厅印发了《推进互联网协议第六版（IPv6）规模部署行动计划》，提出用 5 到 10 年时间，形成下一代互联网自主技术体系和产业生态，建成全球最大规模的 IPv6 商业应用网络，实现下一代互联网在经济社会各领域深度融合应用，成为全球下一代互联网发展的重要主导力量。

按照亚太互联网络信息中心网站上的数据统计，截至 2021 年 11 月，全球主要互联网大国的 IPv6 部署能力率统计如表 3-10 所示。

表 3-10　全球主要互联网大国 IPv6 部署能力率统计

国家	IPv6 部署能力率/%	国家	IPv6 部署能力率/%
美国	46.99	俄罗斯	9.92
德国	51.20	中国	18.90
芬兰	43.67	印度	73.95
法国	43.17	日本	27.15
英国	31.95	韩国	18.00
加拿大	32.42	越南	42.12
巴西	38.34	马来西亚	45.17
澳大利亚	26.26	泰国	41.41

由表 3-10 可见，截至 2021 年 11 月，北美洲和欧洲的发达国家 IPv6 总体部署能力率依然处于领先地位，而在亚洲，印度、马来西亚等国家比较积极地部署，目前总体能力率超过 40%，处于全球领先水平，而中国、韩国、日本则相对落后。我国近年来也在逐步发力，根据亚太互联网络信息中心网站的数据统计，截至 2019 年 4 月，我国的 IPv6 部署能力率仅为 10.8%，短短两年左右的时间，总体部署能力率接近翻番，尽管距离全球第一梯队（超过 40%）还有较大差距，但相信不久的未来应该可以接近发达国家的总体部署能力率。

【模块小结】

本模块介绍了网络参考模型概念及特点、TCP/IP、TCP/IP 族中的常见协议、IP 地址与子网规划，着重介绍了各协议的作用、基本原理及其应用场景。

本模块最后通过实训使学生进一步了解了计算机网络中的真实的数据流量是如何发送和封装的，掌握了在 eNSP 上实现简单的配置，熟悉了配置 IP 地址的基本操作，掌握了小型网络的地址配置，同时通过实际观察和 eNSP 的实施配置，培养学生以现有工具认识网络、理解网络技术，以及实际动手解决问题的能力和团结协作的精神。

【练习题】

一、填空题

1. 将报文分割成多个片段的过程叫作________。
2. 一旦经过一个路由器，TTL 值就会减________，当该字段值为________时，数据包将被丢弃。
3. IP 地址是一种结构化的地址，包括________和________。
4. ICMP 是________层协议。

二、选择题

1. 201.222.5.64 是（　　）IP 地址。

A. A类　　B. B类　　C. C类　　D. D类

2.【多选】某公司被分到了一个 C 类网络 192.168.20.0/24，现有一个部门有 40 台主机，以下（　　）子网可被分配。

A. 192.168.20.64/26　　B. 192.168.20.64/27

C. 192.168.20.128/26　　D. 192.168.20.190/26

3. 以下点分二进制表示错误的是（　　）。

A. 11110001.11110000.11100000.01100001

B. 11110001.11110000.11100000.01100111

C. 11110001.11110000.11100110.01100001

D. 11110001.11110000.111.01100001

4. 以下关于 IPv4 B 类地址的描述不正确的是（　　）。

A. B 类地址第 1 字节和第 2 字节为网络号，其他 2 字节为主机号。它的第 1 字节的前两位固定为 10

B. B 类地址范围为 128.0.0.0～191.255.0.0

C. B 类地址保留下来的私有地址范围为 172.0.0.0～172.255.255.255

D. B 类地址保留地址为 169.254.×.×

5. 如果某人使用的 IP 地址是 165.247.52.119，子网掩码是 255.255.248.0，则其主机在（　　）子网上。

A. 165.247.52.0　　B. 165.247.32.0　　C. 165.247.56.0　　D. 165.247.48.0

6. 用户需要在一个 C 类网络中划分子网，其中一个子网的最大主机数为 16，如要得到最多的子网数量，则子网掩码应为（　　）。

A. 255.255.255.192　　B. 255.255.255.248

C. 255.255.255.224　　D. 255.255.255.240

模块 4

以太网组建

04

【学习目标】

【知识目标】

- 掌握局域网的基本概念。
- 掌握以太网的工作原理。
- 理解以太网的帧格式。
- 掌握交换机的工作原理。
- 掌握以太网端口技术。
- 理解 VLAN 技术的工作原理。

【技能目标】

- 能够完成以太网端口的配置。
- 能够完成基于端口的 VLAN 配置。

【素质目标】

- 掌握实际动手解决问题的能力。
- 在实训中理解团结协作的精神。
- 培养自学探索的能力。
- 培养爱国主义精神和工匠精神。

【情景引入】

学了这么多网络理论知识，小白觉得纸上谈兵可不行，他想亲自实践一下，组建简单的局域网。通过学习，小白知道组网要使用“网线+交换机+路由器”。有了这些硬件之后，在实际项目中，又该如何来组建和配置一个局域网呢？

【相关知识】

4.1 局域网基础

V4-1 局域网基础

局域网是计算机网络的重要组成部分，是当今计算机网络技术应用与发展中非常活跃的一个领域。公司、企业、政府部门及住宅小区内的计算机都可以通过局域网连接起来，以达到资源共享、信息传递和数据通信的目的。信息化进程的加快，更是使通过局域网进行网络互联的需求的剧增。因此，理解和掌握局域网技术是非常必要的。

局域网的发展始于 20 世纪 70 年代，至今仍是网络发展中的一个活跃领域。到了 20 世纪 90 年代，局域网在传输速率、带宽等指标方面有了更大的进展，并在访问、服务、管理、安全和保密等方面有了进一步的改善。

4.1.1 局域网简介

局域网（Local Area Network，LAN）是指在一个局部的地理范围（网络连接的范围通常以几千米为限）内将各种计算机、外围设备、数据库等通信设备互相连接起来组成的一种计算机通信网。局域网是计算机通信网的一个重要组成部分，除完成一站对另一站的通信外，还通过共享的通信介质（如数据通信网或专用数据电路）与远方的局域网、数据库或处理中心相连，构成一个大范围的信息处理系统，其用途主要是数据通信与资源共享。局域网中的通信设备可以包括微型计算机、网卡、各类线路、网络操作系统和服务器等。

局域网主要对应 OSI/RM 的物理层和数据链路层，如图 4-1 所示。

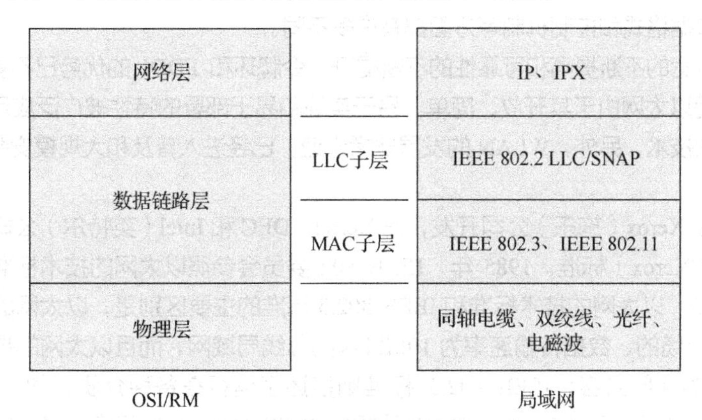

图 4-1　局域网与 OSI/RM

局域网一般具有以下特点。

① 覆盖有限的地理位置（一般范围为 10m～10km）。

② 通常多个站共享一种传输介质（如同轴电缆、双绞线和光纤）。

③ 具有较高的数据传输速率，高速局域网的传输速率可达 100Mbit/s。

④ 具有较低的时延。

⑤ 具有较低的误码率，一般为千万分之一到百万亿分之一。

⑥ 主机数量有限。

4.1.2 局域网和 IEEE 802 标准

局域网出现之后，发展迅速、类型繁多。1980 年 2 月，IEEE 成立了 802 委员会，研究并制定了局域网标准 IEEE 802。后来，ISO 经过讨论，建议将 IEEE 802 标准定为局域网国际标准。

IEEE 802 为局域网制定了一系列标准，主要有以下 12 种。

① IEEE 802.1：描述局域网体系结构以及寻址、网络管理和网络互联。

② IEEE 802.2：描述逻辑链路控制子层的功能与服务。

③ IEEE 802.3：描述 CSMA/CD 协议及相应的物理层规范。
④ IEEE 802.4：描述令牌总线式介质访问控制协议及相应物理层规范。
⑤ IEEE 802.5：描述令牌环式介质访问控制协议及相应物理层规范。
⑥ IEEE 802.6：描述城域网的介质访问控制协议及相应物理层规范。
⑦ IEEE 802.7：描述宽带技术。
⑧ IEEE 802.8：描述光纤技术。
⑨ IEEE 802.9：描述语音和数据综合局域网技术。
⑩ IEEE 802.10：描述局域网安全与解密问题。
⑪ IEEE 802.11：描述无线局域网技术。
⑫ IEEE 802.12：描述用于高速局域网的介质访问方法和相应的物理层规范。

4.1.3 几种常见的局域网技术

常见的局域网技术包括以太网、令牌环（Token Ring）、光纤分布式数据接口（Fiber Distributed Data Interface，FDDI）和无线局域网（Wireless Local Area Network，WLAN）等。它们在拓扑结构、传输介质、传输速率、数据格式和控制机制等方面都有许多不同。

随着以太网带宽的不断提高和可靠性的不断提升，令牌环和 FDDI 的优势已不复存在，渐渐退出了局域网领域。而以太网由于其开放、简单、易于实现和易于部署的特性被广泛应用，迅速成为局域网中占统治地位的技术。另外，WLAN 的发展非常迅速，已经进入普及和大规模安装阶段。

1. 以太网

以太网最早由 Xerox（施乐）公司开发，在 Xerox、DEC 和 Intel（英特尔）公司的推动下形成了 DIX（Digital/Intel/Xerox）标准。1985 年，IEEE 802 委员会参照以太网的技术标准制定了以太网国际标准 IEEE 802.3。以太网的技术标准和 IEEE 802.3 标准的主要区别是，以太网的技术标准只描述了使用 50Ω 同轴电缆的、数据传输速率为 10Mbit/s 的总线局域网，而且以太网的技术标准包括数据链路层和物理层的全部内容；IEEE 802.3 标准则描述了运行在各种介质上的、数据传输速率为 1Mbit/s～10Mbit/s 的所有采用 CSMA/CD 的局域网，IEEE 802.3 标准只定义了 OSI/RM 中的数据链路层的 MAC 子层和物理层，而数据链路层的逻辑链路控制（Logical Link Control，LLC）子层由 IEEE 802.2 描述。

如图 4-2 所示，以太网最初被设计为使多台计算机通过一根共享的同轴电缆进行通信的局域网技术，随后又逐渐扩展到包括双绞线的多种共享介质上。由于任意时刻只有一台计算机能发送数据，共享通信介质的多台计算机之间必须使用某种共同的冲突检测机制，以协调介质的使用。为解决这一问题，以太网通常采用 CSMA/CD 机制来检测冲突。

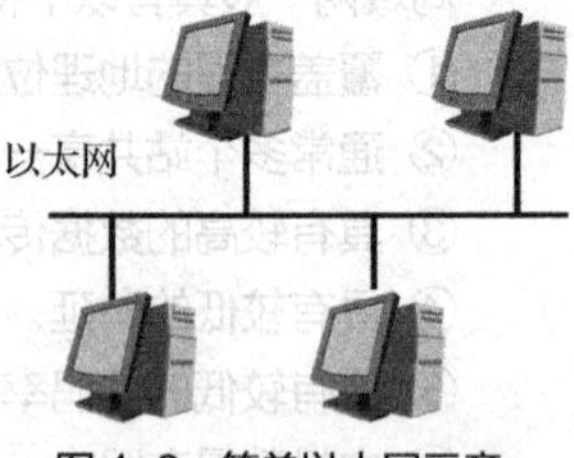

以太网

图 4-2 简单以太网示意

最初的以太网使用同轴电缆形成总线型以太网，随即又出现了用集线器实现的星形以太网，用网桥（Bridge）实现的桥接式以太网和用以太网交换机（Switch）实现的交换式以太网。当今的以太网已形成一系列标准，从早期 10Mbit/s 的标准以太网、100Mbit/s 的快速以太网、1Gbit/s 的吉比特以太网，一直到 10Gbit/s 的 10 吉比特以太网。以太网技术不断发展，成为局域网技术的主流。

以太网标准开放、技术简单、实现方便，加上其速率和可靠性不断提高，成本不断降低，管理和故障排除的方法不断简化。这些因素促使以太网获得越来越广泛的应用，并使其从众多局域网技术中脱颖而出。

2. 令牌环

令牌环最早由 IBM 公司设计开发，最终被 IEEE 接纳，并形成了 IEEE 802.5 标准。

令牌环网在物理上采用了星形拓扑结构。所有的工作站通过 IBM 数据连接器（Data Connector）和 IBM 第一类屏蔽双绞线（Type-1 Shielded Twisted Pair）连接到令牌环集线器上。但在逻辑上，所有工作站形成一个环形拓扑。

一个节点要想发送数据，首先必须获取令牌。令牌是一种特殊的 MAC 控制帧，帧中有一位用来标志令牌的“忙/闲”状态。如图 4-3 所示，令牌总是沿着环单向逐站传输的，传输顺序与节点在环中的排列顺序相同。

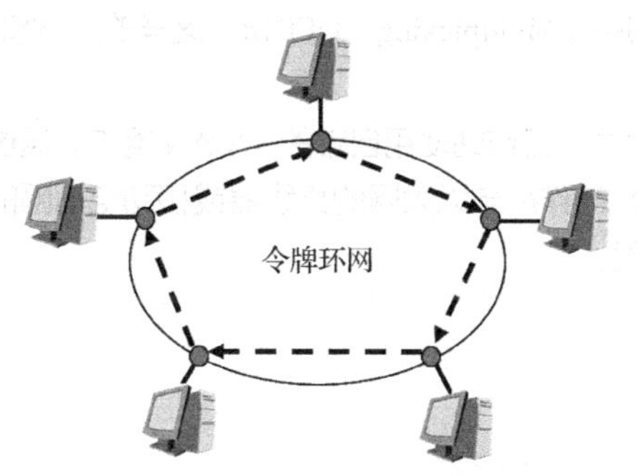

图 4-3　令牌环网的工作原理示意

如果某节点有数据帧要发送，则它必须等待空闲令牌到来。令牌在工作中有“闲”“忙”两种状态。“闲”表示令牌没有被占用，即网络中没有计算机在传输信息；“忙”表示令牌已被占用，即有信息正在传输。希望传输数据的计算机必须首先检测到“闲”令牌，将它置为“忙”的状态，然后在该令牌后面传输数据。当所传数据被目的节点计算机接收后，数据被从网络中除去，令牌被重新置为“闲”。

老式令牌环网的数据传输速率为 4Mbit/s 或 16Mbit/s，新型快速令牌环网的速率可以达到 1000Mbit/s。

令牌环网在理论上具有强于以太网的诸多优点。例如，令牌环网对带宽资源的分配更为均衡、合理，避免了无序的争抢，避免了工作站之间发生的介质占用冲突，降低了传输错误的发生概率，提高了资源使用效率。

令牌环网的缺点是机制比较复杂。网络中的节点需要维护令牌，一旦失去令牌就无法工作，需要选择专门的节点监视和管理令牌。令牌环技术的保守性、设备的昂贵，以及技术本身的难以理解和实现，都影响了令牌环网的普及。令牌环网的使用率不断下降，其技术的发展和更新也陷于停滞。

3. FDDI

FDDI 也是一种利用了环形拓扑结构的局域网技术，其主要特点如下。

① 使用基于 IEEE 802.4 的令牌总线式介质访问控制协议。

② 基于 IEEE 802.2，与符合 IEEE 802 标准的局域网兼容。

③ 数据传输速率为 100Mbit/s，联网节点数最大为 1000，环路长度可达 100km。

④ 可以使用双环结构，具有容错能力。

⑤ 可以使用多模或单模光纤。

⑥ 具有动态分配带宽的能力，能支持同步和异步数据传输。

由于 FDDI 在早期局域网环境中具有带宽高和可靠性优势，主要应用于核心机房、办公室或建筑物群的主干网、校园网等。图 4-4 所示为 FDDI 网的结构。但是，随着以太网带宽的不断提高、可靠性的不断提升，以及成本的不断下降，FDDI 网的优势已不复存在。FDDI 网的应用日渐减少，主要存在于一些早期建设的网络中。

4. WLAN

传统局域网技术都要求用户通过特定的电缆和接头接入网络，无法满足日益增长的灵活、移动接入需求。WLAN 使计算机与计算机、计算机与网络之间可以在一个特定范围内进行快速的无线通信，因而在与便携式设备的互相促进中获得了快速发展，得到了广泛应用。

WLAN 通过 RF 技术实现数据传输。WLAN 设备通过诸如扩频（Spread Spectrum）或正交频分复用（Orthogonal Frequency Division Multiplexing，OFDM）这样的技术将数据信号调制在特定频率的电磁波中进行传输。

如图 4-5 所示，在 WLAN 中，工作站使用自带的 WLAN 网卡，通过电磁波连接到 WLAN AP，形成类似于星形的拓扑结构。AP 的作用与以太网的集线器或移动电话网的基站类似。AP 之间可以进行级联以扩大 WLAN 的工作范围。

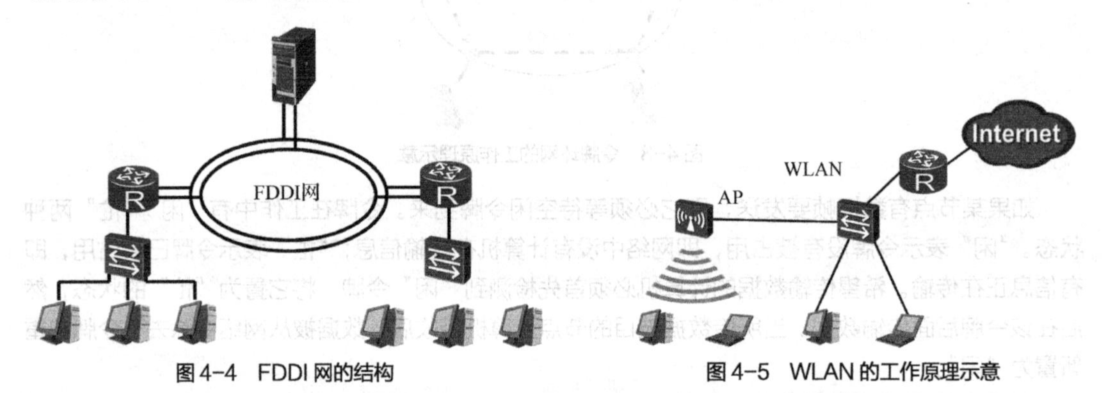

图 4-4　FDDI 网的结构　　图 4-5　WLAN 的工作原理示意

IEEE 802.11 系列标准定义了 WLAN 标准。最初的 IEEE 802.11 工作于 2.4GHz 频段，提供 2Mbit/s 的带宽，后来又逐渐发展出工作于 2.4GHz 频段的、提供 11Mbit/s 带宽的 IEEE 802.11b 和工作于 5GHz 频段的、提供 54Mbit/s 带宽的 IEEE 802.11a，以及允许提供 54Mbit/s 带宽的、工作于 2.4GHz 频段的 IEEE 802.11g。WALN 的标准不断发展，日渐丰富和完善。

WLAN 具有使用方便、便于终端移动、部署迅速、低成本、规模易于扩展、可提高工作效率等优点，因而获得了相当广泛的应用。然而，WLAN 也具备一些固有的缺点，包括安全性差、稳定性低、连接范围受限、带宽低、电磁辐射潜在地威胁人体健康等。这些问题也是 WLAN 技术发展的热点研究方向。

4.2 以太网技术

V4-2　以太网技术

以太网是一种产生较早且使用非常广泛的局域网。由于它具有结构简单、工作可靠、易于扩展等优点，因而得到了广泛的应用。以太网国际标准 IEEE 802.3 就是参照以太网的技术标准制定的，两者基本兼容。为了与后来的快速以太网相区别，通常将按 IEEE 802.3 标准生产的以太网产品简称为以太网。

4.2.1 以太网的发展

以太网从产生至今，历经了 50 多年的风雨，以太网的发展概括如图 4-6 所示。

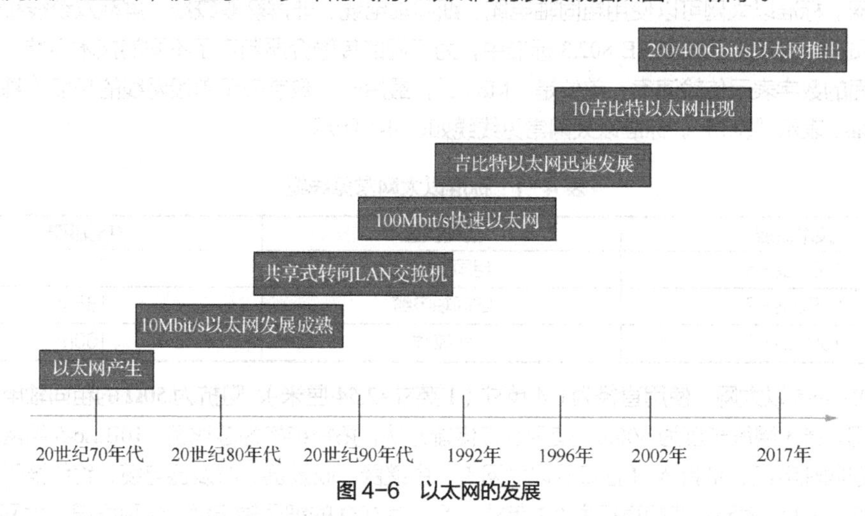

图 4-6 以太网的发展

① 1973 年，位于加利福尼亚州帕洛阿托的 Xerox 公司提出并实现了最初的以太网。罗伯特·梅特卡夫博士被公认为以太网之父，他研制的实验室原型系统的运行速度是 2.94Mbit/s。

② 1980 年，DEC、Intel、Xerox 公司联合推出 10Mbit/s 的 DIX 以太网标准，IEEE 802.3 标准则是基于最初的以太网的技术标准制定的。

③ 1995 年，IEEE 正式推出快速以太网 IEEE 802.3u 标准。

④ 1998 年，IEEE 正式发布吉比特以太网 802.3z 标准。

⑤ 1999 年，IEEE 正式推出 IEEE 802.3ab 标准，即 1000Base-T 标准。

⑥ 2002 年，IEEE 正式推出了 IEEE 802.3ae 标准，即 10 吉比特以太网标准，包括 10G Base-R、10G Base-W 和 10Base-LX4 这 3 种物理接口标准。

⑦ 2004 年，IEEE 正式推出了铜缆（一种屏蔽双绞线）10 吉比特以太网标准 IEEE 802.3ak，10G Base-CX4 对应的就是此标准，它使用 4 台发送器和 4 台接收器来传输 10Gbit/s 数据，传输介质为"cx4 铜缆"（一种屏蔽双绞线），同年还推出了以太网 IEEE 802.3ah EFM 标准。

⑧ 2005 年，IEEE 正式推出以太网 IEEE 802.3-2005 基本标准。

⑨ 2006 年，IEEE 正式推出 10 吉比特以太网 IEEE 802.3an 10G Base-T 标准及 10 吉比特以太网 IEEE 802.3aq 10G Base-LRM 标准。

⑩ 2007 年，IEEE 正式推出背板以太网 IEEE 802.3ap 标准。

⑪ 2008 年，IEEE 正式推出以太网 IEEE 802.3-2008 基本标准。

⑫ 2010 年，IEEE 宣布推出 IEEE 802.3ba 标准，即 400/1000 吉比特以太网标准，该标准为首次同时使用两种新的以太网速率的标准。

⑬ 2017 年，IEEE 正式推出 IEEE 802.3bs 标准，包括 200Gbit/s 以太网（200GbE）、400Gbit/s 以太网（400GbE）所需要的介质访问控制参数和管理参数。

4.2.2 以太网的分类

通过 4.2.1 节的描述，我们可以了解到以太网的标准众多，大体上可以分为标准以太网、快速以太网、吉比特以太网和 10 吉比特以太网。

1. 标准以太网

最初的以太网只有 10Mbit/s 的吞吐量，使用的是 CSMA/CD 方法，这种早期的 10Mbit/s 以太网为标准以太网。标准以太网可以使用粗同轴电缆、细同轴电缆、非屏蔽双绞线、屏蔽双绞线和光纤等多种传输介质进行连接，且在 IEEE 802.3 标准中，为不同的传输介质制定了不同的技术标准，在这些标准中，前面的数字表示传输速率，单位是“Mbit/s”，最后一个数字表示单段网线的长度（基准单位是 100m），Base 表示“基带”。标准以太网常见线缆如表 4-1 所示。

表 4-1 标准以太网常见线缆

技术标准	线缆类型	传输距离
10Base-5	粗同轴电缆	500m
10Base-2	细同轴电缆	185m
10Base-T	双绞线	100m

① 10Base-5 以太网：使用直径为 0.4 英寸（1 英寸=2.54 厘米）、阻抗为 50Ω 的粗同轴电缆，也称粗缆以太网，最大网段长度为 500m，使用基带传输方法，拓扑结构为总线型。10Base-5 组网的主要硬件设备有粗同轴电缆、带有 AUI 插口的以太网卡、中继器、收发器、收发器电缆、终结器等。

② 10Base-2 以太网：使用直径为 0.2 英寸、阻抗为 50Ω 的细同轴电缆，也称细缆以太网，最大网段长度为 185m，使用基带传输方法，拓扑结构为总线型。10Base-2 组网的主要硬件设备有细同轴电缆、带有 BNC 插口的以太网卡、中继器、T 形连接器和终结器等。

③ 10Base-T 以太网：使用双绞线电缆，最大网段长度为 100m，拓扑结构为星形。10Base-T 组网的主要硬件设备有 3 类或 5 类非屏蔽双绞线、带有 RJ-45 插口的以太网卡、集线器、交换机和 RJ-45 连接器等。

2. 快速以太网

随着网络的发展，传统的标准以太网技术已难以满足日益增长的网络数据流量的速度需求。在 1993 年 10 月以前，要求 10Mbit/s 以上数据流量的局域网应用，只有 FDDI 网可供选择，但它是一种价格非常昂贵的、基于 100Mbit/s 光缆的局域网。1995 年 3 月，IEEE 推出了 IEEE 802.3u 100Base-T 快速以太网（Fast Ethernet）标准，开启了快速以太网的时代。快速以太网与原来在 100Mbit/s 带宽下工作的 FDDI 网相比具有许多的优点，最主要的优点为快速以太网可以有效保障用户在布线基础设施上的投资，它支持 3、4、5 类双绞线及光纤的连接，能有效利用现有的设施。快速以太网的不足其实也是标准以太网的不足，即快速以太网仍是基于 CSMA/CD 技术的，当网络负载较重时，传输效率会降低，这可以使用交换技术来弥补。快速以太网又分为 100Base-TX、100Base-T4 和 100Base-FX 这 3 个子类，常见线缆如表 4-2 所示。

表 4-2 快速以太网常见线缆

技术标准	线缆类型	传输距离
100Base-TX	EIA/TIA 5 类非屏蔽双绞线或屏蔽双绞线 2 对	100m
100Base-T4	EIA/TIA 3、4、5 类非屏蔽双绞线或屏蔽双绞线 4 对	100m
100Base-FX	多模光纤线缆	550m~2km
	单模光纤线缆	>2km

① 100Base-TX 是一种使用 5 类非屏蔽双绞线或屏蔽双绞线的快速以太网技术标准。它使用了 2 对双绞线，一对用于发送数据，另一对用于接收数据。它在传输中使用 4B/5B 编码方式，信号频率为

125MHz。它符合 EIA 586 的 5 类布线标准和 IBM 的 SPT 1 类布线标准。它使用与 10Base-T 相同的 RJ-45 连接器，最大网段长度为 100m。它支持全双工方式的数据传输。

② 100Base-T4 是一种可使用 3、4、5 类非屏蔽双绞线或屏蔽双绞线的快速以太网技术标准。100Base-T4 使用了 4 对双绞线，其中，3 对用于在 33MHz 频率上传输数据，每一对均工作于半双工方式；另一对用于 CSMA/CD。它使用与 10Base-T 相同的 RJ-45 连接器，最大网段长度为 100m。

③ 100Base-FX 是一种使用光缆的快速以太网技术标准，可使用单模和多模光纤（直径为 62.5μm 和 125μm）。多模光纤连接的最大距离为 550m，单模光纤连接的最大距离为 3000m。在传输中使用 4B/5B 编码方式，信号频率为 125MHz。它的最大网段长度为 150m、412m、2000m 或 10km，这与所使用的光纤类型和工作方式有关。它支持全双工方式的数据传输。100Base-FX 特别适用于有电气干扰的环境，在连接距离较大或高保密环境等情况下也适用。

3. 吉比特以太网

吉比特以太网技术作为新型的高速以太网技术，给用户带来了提高核心网络数据传输速率的有效解决方案，这种解决方案的最大优点是继承了传统以太网技术价格便宜的优点。吉比特以太网技术仍然是以太网技术，它采用了与标准以太网相同的帧格式、帧结构、网络协议、全/半双工工作方式、流量控制模式，以及布线系统。吉比特以太网技术不改变传统以太网的桌面应用、操作系统，因此可与标准或快速以太网很好地配合工作。将标准或快速以太网升级到吉比特以太网不必改变网络应用程序、网管部件和网络操作系统，能够极大程度地保护原有的投资。此外，IEEE 标准支持最大距离为 550m 的多模光纤、最大距离为 70km 的单模光纤和最大距离为 100m 的同轴电缆。吉比特以太网技术有两个标准：IEEE 802.3z 和 IEEE 802.3ab，常见线缆如表 4-3 所示。

① IEEE 802.3z 工作组负责制定光纤（单模光纤或多模光纤）和同轴电缆的全双工链路标准。IEEE 802.3z 定义了基于光纤和短距离铜缆的 1000Base-X 标准，采用 8B/10B 编码技术，信道传输速率为 1.25Gbit/s，去耦后可实现 1000Mbit/s 的传输速率。IEEE 802.3z 分为以下几个子类。

- 1000Base-SX 只支持多模光纤，可以采用直径为 50μm 或 62.5μm 的多模光纤，工作波长为 770～860nm，传输距离为 220～550m。
- 1000Base-LX 只支持单模光纤，可以采用直径为 9μm 或 10μm 的单模光纤，工作波长为 1270～1355nm，传输距离为 5km 左右。
- 1000Base-CX 采用了 150Ω 屏蔽双绞线，传输距离为 25m。

② IEEE 802.3ab 工作组负责制定基于非屏蔽双绞线的半双工链路的吉比特以太网标准。IEEE 802.3ab 定义了基于 5 类非屏蔽双绞线的 1000Base-T 标准，其目的是让数据能在 5 类非屏蔽双绞线上以 1000Mbit/s 的速率传输 100m。

表 4-3 吉比特以太网常见线缆

技术标准	线缆类型	传输距离
1000Base-T	铜质 EIA/TIA 5 类非屏蔽双绞线 4 对	100m
1000Base-CX	铜质屏蔽双绞线	25m
1000Base-SX	多模光纤，50/62.5μm 光纤，使用波长为 850nm 的激光	550m 或 75m
1000Base-LX	单模光纤，9/10μm 光纤，使用波长为 1300nm 的激光	2km～15km

4. 10 吉比特以太网

10 吉比特以太网规范包含在 IEEE 802.3 标准的补充标准 IEEE 802.3ae 中，它扩展了 IEEE 802.3 协议和 MAC 规范，支持 10Gbit/s 的传输速率。除此之外，通过广域网界面子层（WAN Interface Sublayer，WIS），10 吉比特以太网也能被调整为使用较低的传输速率，如 9.584640 Gbit/s，这就允许 10 吉比特以太网设备与同步光纤网的传输格式相兼容。10 吉比特以太网常见线缆如表 4-4 所示。

表 4-4　10 吉比特以太网常见线缆

技术标准	线缆类型	传输距离
10G Base-SR/SW	多模光纤，62.5/125μm 光纤或 50/125μm 光纤	2～300m
10G Base-LR/LW	多模光纤，62.5/125μm 光纤或 50/125μm 光纤；单模光纤，10/125μm 光纤	2m～10km
10G Base-ER/EW	单模光纤，10/125μm 光纤	2m～40km
10G Base-LX4	多模光纤，62.5/125μm 光纤或 50/125μm 光纤；单模光纤，10/125μm 光纤	多模光纤为 300m，单模光纤为 10km
10G Base-CX4	同轴铜缆	15m
10G Base-T	双绞线	100m

4.3 以太网工作原理

以太网是非常典型与非常实用的局域网，本节主要介绍以太网的工作原理，包括以太网帧格式、MAC 地址、冲突域和广播域、共享式以太网、交换式以太网等。

V4-3　以太网工作原理 1

4.3.1 以太网帧格式

在以太网的发展历程中，以太网的帧格式出现过多个版本。目前正在应用中的帧格式为 Ethernet_II 帧格式和 IEEE 802.3 帧格式。

1. Ethernet_II 帧格式

Ethernet_II 帧格式由 DEC、Intel 和 Xerox 在 1982 年公布，由 Ethernet_I 帧格式修订而来。事实上，Ethernet_II 与 Ethernet_I 在帧格式上并无差异，区别仅在于电气特性和物理接口。Ethernet_II 帧格式如图 4-7 所示，各字段的含义如下。

① DMAC（Destination MAC）：目的 MAC 地址，确定帧的接收者。

② SMAC（Source MAC）：源 MAC 地址，标识发送帧的工作站。

③ Type：2B 的类型字段，用于标识 Data 字段中包含的高层协议，该字段告诉接收设备如何解释 Data 字段。该字段取值大于 1500。在以太网中，多种协议可以在局域网中同时共存。因此，在 Ethernet_II 的 Type 字段中设置了相应的十六进制值，以提供局域网中支持多协议传输的机制。

- Type 字段取值为 0800 的帧代表 IP 帧。
- Type 字段取值为 0806 的帧代表 ARP 帧。
- Type 字段取值为 8035 的帧代表 RARP 帧。
- Type 字段取值为 8137 的帧代表 IPX/SPX 传输协议帧。

④ Data：该字段表明帧中封装的具体数据。Data 字段的最小长度必须为 46B，以保证帧长至少为 64B，这意味着传输 1B 信息也必须使用 46B 的 Data 字段。如果填入该字段的信息长度小于 46B，则该字段的其余部分也必须进行填充。Data 字段的最大长度（MTU，即最大传输单元）为 1500B。

⑤ CRC：该字段提供了一种错误检测机制。每一个发送器都计算一个包括 DMAC/SMAC 字段、Type 字段和 Data 字段的 CRC 码，并将计算出的 CRC 码填入 4B 的 CRC 字段中。

2. IEEE 802.3 帧格式

IEEE 802.3 帧格式由 Ethernet_II 帧格式发展而来，目前应用较少。它将 Ethernet_II 帧格式的 Type

字段用 Length 字段取代，并占用了 Data 字段的 8B 作为 LLC 和子网络访问协议（Sub-network Access Protocol，SNAP）字段。图 4-8 所示为 IEEE 802.3 帧格式。

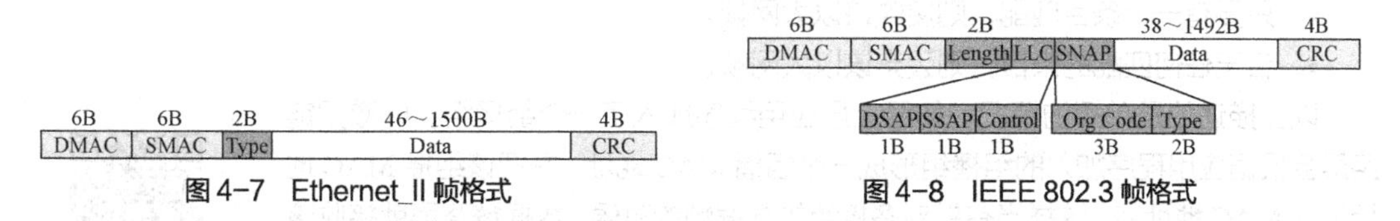

图 4-7　Ethernet_II 帧格式　　图 4-8　IEEE 802.3 帧格式

各字段的含义如下。

① Length：定义了 Data 字段包含的字节数。该字段取值小于等于 1500（大于 1500 时表示帧格式为 Ethernet_II）。

② LLC：由目的服务访问点（Destination Service Access Point，DSAP）、源服务访问点（Source Service Access Point，SSAP）和 Control 字段组成。

③ SNAP：由 Org Code（机构代码）和 Type（类型）字段组成。Org Code 的 3 字节都为 0。Type 字段的含义与 Ethernet_II 帧格式中的 Type 字段的相同。

④ 其他字段含义请参见 Ethernet_II 帧格式的字段说明。

4.3.2 MAC 地址

为了进行站点标识，在数据链路层用 MAC 地址来唯一标识一个站点。

MAC 地址由 IEEE 管理，以块为单位进行分配。一个组织（一般是制造商）从 IEEE 获得唯一的地址块，称为这个组织的组织唯一标识符（Organizationally Unique Identifier，OUI）。获得 OUI 的组织可用该地址块为 16777216 个设备分配地址。

MAC 地址长度为 48bit，通常被表示为 12bit 的点分十六进制数。例如，48bit 的 MAC 地址 000000001110000011111100001110011000000000110100 表示为 12bit 的点分十六进制数就是 00e0.fc39.8034。每个 MAC 地址（点分十六进制数）的前 6bit 代表 OUI，后 6bit 代表扩展唯一标识符（Extended Unique Identifier，EUI），由厂商自己分配。例如，地址 00e0.fc39.8034 中的 00e0.fc 是 IEEE 分配给华为公司的 OUI，后面的 39.8034 是由华为公司自己分配的地址编号。MAC 地址中的第 2 位指示该地址是全局唯一地址还是局部唯一地址。以太网一直使用全局唯一地址。

MAC 地址可分为以下几种。

① 物理 MAC 地址：这种类型的 MAC 地址唯一标识以太网上的一个终端，这样的地址是固化在硬件设备（如网卡）中的。

② 广播 MAC 地址：这是通用的 MAC 地址，用来标识网络上的所有终端设备。广播 MAC 地址的 48bit 全是 1，如 ffff.ffff.ffff。

③ 组播 MAC 地址：这是逻辑的 MAC 地址，用来标识网络上的一组终端。组播 MAC 地址的第 8 位是 1，如 000000011011101100111010101110101011111010101000。

数据链路层从网络层接收数据，附加上 MAC 地址和控制信息后把数据发送到物理链路上，在这个过程中提供校验等功能。数据的收发过程如下。

① 当上层（网络层）要发送数据的时候，把数据提交给数据链路层。

② 数据链路层把上层提交的数据放入缓存区。

③ 数据链路层附加上目的 MAC 地址和自己的 MAC 地址（源 MAC 地址），计算出数据帧的长度，形成以太网帧。

④ 以太网帧根据目的 MAC 地址被发送到对端设备。

⑤ 对端设备用以太网帧的目的 MAC 地址与 MAC 地址表中的条目进行比较。

- 只要有一个条目匹配，则接收该以太网帧。
- 若无任何匹配的条目，则丢弃该以太网帧。

以上描述的是单播的情况。如果上层应用程序加入了一个组播组，则数据链路层会根据应用程序加入的组播组形成一个组播 MAC 地址，并把该组播 MAC 地址加入 MAC 地址表。这样当有针对多播组的数据帧的时候，数据链路层就接收该数据帧并向上层发送。

V4-4 以太网工作原理 2

4.3.3 冲突域和广播域

如果一个区域中的任意一个节点都可以收到该区域中其他节点发出的任何帧，那么该区域为一个冲突域。如果一个区域中的任意一个节点都可以收到该区域中其他节点发出的广播帧，那么该区域为一个广播域。

如图 4-9 所示，整个集线器在一个冲突域范围内，交换机的每一个端口都是一个冲突域，整个交换机在一个广播域范围内，路由器的每一个端口都是一个冲突域和一个广播域。

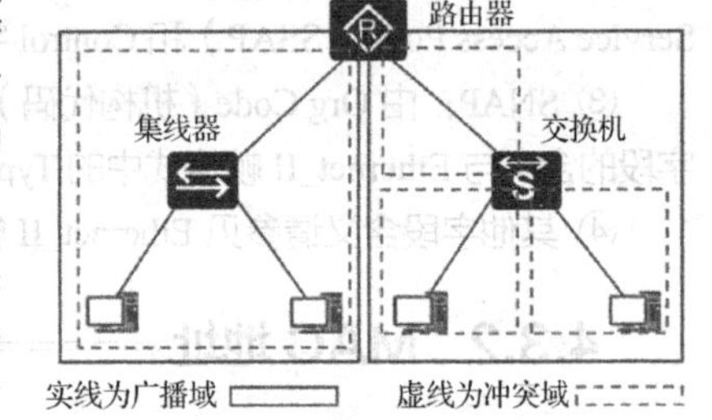

图 4-9 广播域与冲突域

4.3.4 共享式以太网

1. 共享式以太网概述

同轴电缆是以太网发展初期所使用的连接线缆，是物理层设备。通过同轴电缆连接起来的设备共享信道，即在每一个时刻，只能有一台终端主机发送数据，其他终端主机处于侦听状态，不能够发送数据。这种情况下，称网络中所有设备共享同轴电缆的总线带宽。

集线器也是物理层设备，它提供网络设备之间的直接连接或多重连接。集线器功能简单、价格低廉，在早期的网络中随处可见。在由集线器连接的网络中，每个时刻只能有一个端口在发送数据。集线器的功能是把从一个端口接收到的比特流从其他所有端口转发出去，如图 4-10 所示。因此，用集线器连接的所有站点处于一个冲突域之中。当网络中有两个或多个站点同时进行数据传输时，将会产生冲突。因此，利用集线器所组成的网络表面上为星形拓扑，但是实际上仍为总线型拓扑。

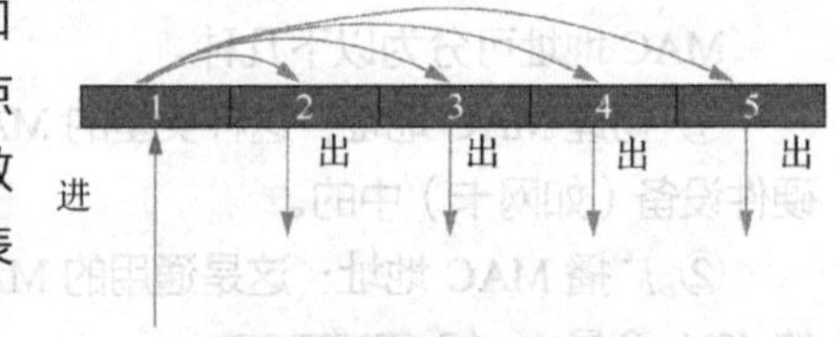

图 4-10 集线器的工作原理示意

综上所述，集线器与同轴电缆都是典型的共享式以太网所使用的设备，工作在 OSI/RM 的物理层。集线器和同轴电缆所连接的设备位于一个冲突域中，域中的设备共享带宽。因此，共享式以太网所能连接的设备数量有一定限制，否则将导致冲突不断，网络性能受到严重影响。共享式以太网利用 CSMA/CD 机制来检测及避免冲突。

2. CSMA/CD 工作原理

根据以太网的最初设计目标，计算机和其他数字设备是通过一条共享的物理线路连接起来的。这样被连接的计算机和数字设备必须采用一种半双工的方式来访问该物理线路，且必须有一种冲突检测和避免的机制，以避免多个设备在同一时刻抢占线路的情况出现，这种机制就是所谓的 CSMA/CD。CSMA/CD 的工作原理如下。

① 发前先听：发送数据前先检测信道是否空闲。如果空闲，则立即发送；如果繁忙，则等待。

② 边发边听：在发送数据过程中，不断检测是否发生冲突（通过检测线路上的信号是否稳定来判断）。

③ 遇冲退避：如果检测到冲突，则立即停止发送，等待随机时间（退避）。

④ 重新尝试：当随机时间结束后，重新尝试发送。

4.3.5 交换式以太网

1. 交换式以太网概述

交换式以太网有效地弥补了共享式以太网的缺陷，它大大减小了冲突域的范围，显著提升了网络的性能，并加强了网络的安全性。

目前，在交换式以太网中经常使用的网络设备是交换机。这里先介绍一下网桥。网桥用于连接物理介质类型相同的局域网，主要应用在以太网环境中。网桥的作用是在网络中转发报文，对于网络用户是透明的，不会对现存网络中的软/硬件造成影响，因此被称为"透明"网桥。网桥通过学习收到报文的源地址，建立源地址与端口的映射关系表来学习网络拓扑，并将其用于指导报文转发。本书不严格区分交换机与网桥，从某种意义上说，交换机就是网桥。

交换机与集线器一样同为具有多个端口的转发设备，在各个终端主机之间进行数据转发。但相对于集线器的单一冲突域，交换机通过隔离冲突域，使终端主机可以独占端口的带宽，并实现全双工通信，所以交换式以太网的交换效率大大高于共享式以太网的交换效率。

尽管外观相似，但是交换机对于数据的转发过程与集线器有很大的不同。

2. 交换机的工作原理

交换机的端口在检测到网络中的比特流后，它会先把比特流还原成数据链路层的数据帧，再对数据帧进行相应的操作。同样的，交换机端口在发送数据时，会把数据帧转换为比特流，再从端口发送出去。因此，交换机属于数据链路层的设备，可通过帧中的信息控制数据转发。

如图 4-11 所示，交换机对帧的转发行为一共有 3 种：泛洪（Flooding）、转发（Forwarding）和丢弃（Discarding）。

① 泛洪：交换机把从某一端口（Port）进来的帧通过所有其他的端口转发出去。（注意：所有其他的端口是指除了这个帧进入交换机的端口以外的所有端口。）

② 转发：交换机把从某一端口进来的帧通过另一个端口转发出去。（注意：另一个端口不能是这个帧进入交换机的端口。）

③ 丢弃：交换机把从某一端口进来的帧直接丢弃。

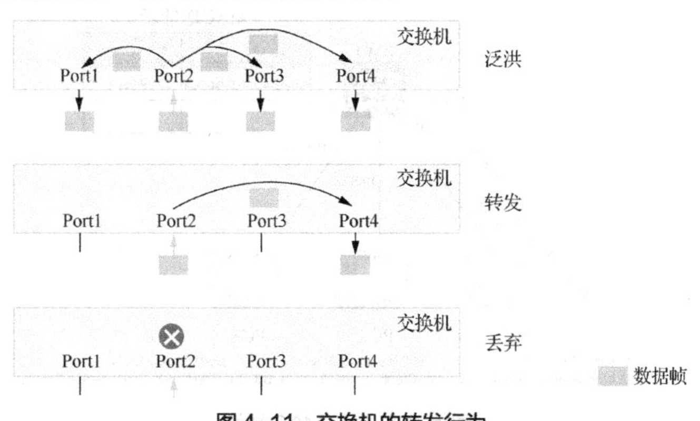

图 4-11 交换机的转发行为

交换机的基本工作原理可以概括如下。

① 如果进入交换机的是一个单播帧，则交换机会去 MAC 地址表中查找这个帧的目的 MAC 地址。

- 如果查不到帧的目的 MAC 地址，则交换机执行泛洪操作。
- 如果查到了帧的目的 MAC 地址，则比较帧的目的 MAC 地址在 MAC 地址表中对应的端口是不是这个帧进入交换机的那个端口。如果不是，则交换机执行转发操作；如果是，则交换机执行丢弃操作。

② 如果进入交换机的是一个广播帧，则交换机不会去查找 MAC 地址表，而是直接执行泛洪操作。

③ 如果进入交换机的是一个组播帧，则交换机的处理行为比较复杂，超出了本书的讲解范围，所以略去不讲。另外，交换机具有学习能力，当一个帧进入交换机后，交换机会检查这个帧的源 MAC 地址，并将该源 MAC 地址与这个帧进入交换机的那个端口进行映射，然后将这个映射关系存放到 MAC 地址表中。

交换机的工作过程如下。

① 初始状态下，交换机并不知道所连接主机的 MAC 地址，所以 MAC 地址表为空。如图 4-12 所示，SW1 为初始状态，在收到 PC1 发送的数据帧之前，MAC 地址表中没有任何条目。

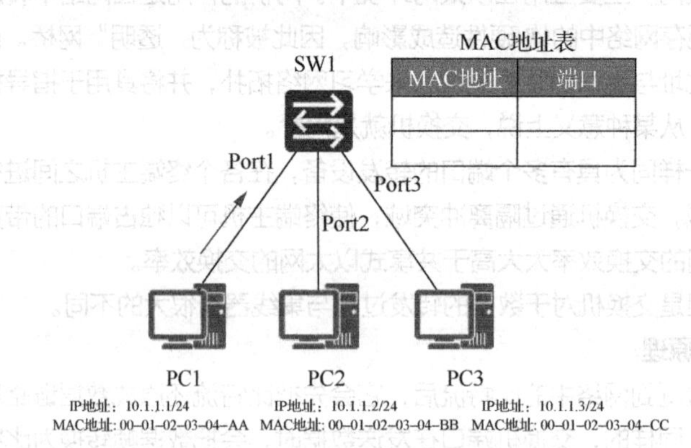

图 4-12　交换机初始状态

② PC1 发送数据给 PC3 时，一般会首先发送 ARP 请求来获取 PC3 的 MAC 地址，此 ARP 请求帧中的目的 MAC 地址是广播地址，源 MAC 地址是 PC1 自己的 MAC 地址。SW1 收到该帧后，会将源 MAC 地址和接收端口的映射关系添加到 MAC 地址表中。默认情况下，SW1 学习到的 MAC 地址表条目的老化时间为 300s。如果在老化时间内再次收到 PC1 发送的数据帧，则 SW1 中保存的 PC1 的 MAC 地址和 Port1 的映射的老化时间会被刷新。此后，当交换机收到目的 MAC 地址为 00-01-02-03-04-AA 的数据帧时，都将通过 Port1 转发，如图 4-13 所示。

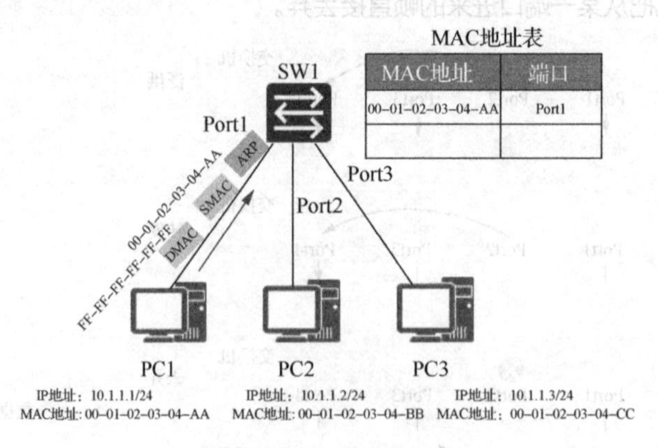

图 4-13　学习 MAC 地址

③ 如图 4-14 所示，PC1 发送的数据帧的目的 MAC 地址为广播地址，所以 SW1 会将此数据帧通过 Port2 和 Port3 端口广播到 PC2 和 PC3。

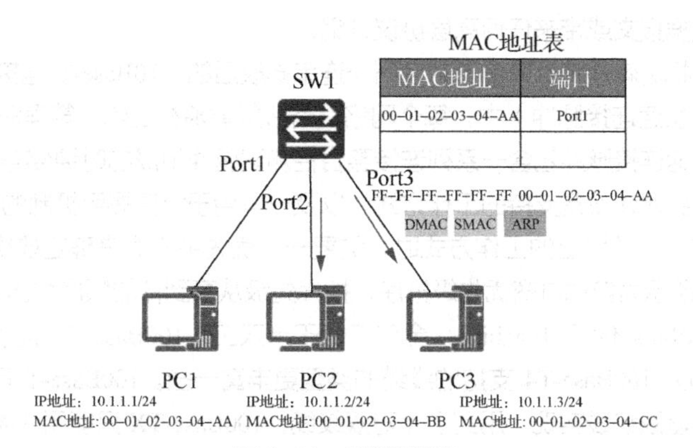

图 4-14 转发数据帧

④ PC2 和 PC3 接收到此数据帧后，都会查看该 ARP 数据帧。但 PC2 不会回复该帧，而 PC3 会处理该帧并发送 ARP 响应，此回复数据帧的目的 MAC 地址为 PC1 的 MAC 地址，源 MAC 地址为 PC3 的 MAC 地址。SW1 收到回复数据帧时，会将该帧的源 MAC 地址和端口的映射关系添加到 MAC 地址表中。如果此映射关系在 MAC 地址表已经存在，则会被刷新。此后 SW1 查询 MAC 地址表，根据帧的目的 MAC 地址找到对应的转发端口后，从 Port1 转发此数据帧。如图 4-15 所示，回复应答，完成 PC1 到 PC3 的完整通信流程。

在收到数据帧后，交换机学习帧的源 MAC 地址，维护自己的 MAC 地址表，然后在 MAC 地址表中查找该帧的目的 MAC 地址，并将帧从对应的端口转发出去。MAC 地址表将继续记录和更新通过交换机通信的其他设备的 MAC 地址与端口的对应关系，保障信息传递。

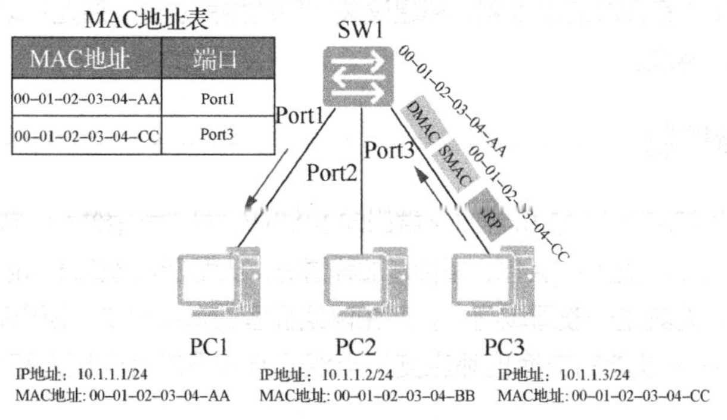

图 4-15 回复应答

4.4 以太网端口技术

本节介绍以太网的端口技术，包括自动协商、流量控制和端口聚合技术。

4.4.1 自动协商

以太网技术发展到 100Mbit/s 以太网以后，出现了一个如何让 100Mbit/s 以太网设备与原来的 10Mbit/s 以太网设备兼容的问题，自动协商技术就是为了解决这个问题而制定的。

自动协商允许一个网络设备将自己所支持的工作方式信息传达给网络上的对方，并接收对方可能传递过来的相应信息。它使用修订过的 10Base-T 来传递信息，自动协商完全由物理层芯片设计实现，因此并不使用专用数据报文或带来任何高层协议开销。

自动协商的基本机制就是将协商信息封装到一连串修改后的“10Base-T 连接测试收发波形”的连接整合性测试脉冲（快速连接脉冲）中。每个网络设备必须能够在上电、管理命令执行，或是用户干预时发出此脉冲。快速连接脉冲包含一系列连接整合性测试脉冲组成的时钟/数字序列，将这些数据从中提取出来就可以得到对端设备支持的工作方式，以及一些用于协商握手机制的其他信息。

当协商双方都支持一种以上的工作方式时，需要一个优先级方案来确定最终的工作方式。表 4-5 所示为自动协商优先级排序，按优先级从高到低的顺序列出。其基本思路是，100Mbit/s 优于 10Mbit/s；全双工优于半双工；100Base-T4 优于 100Base-TX，这是因为 100Base-T4 支持的线缆的类型更丰富一些。100Base-T 可使用 3、4、5 类非屏蔽双绞线实现，用到了 4 对双绞线；100Base-TX 只能用 5 类非屏蔽双绞线或者屏蔽双绞线实现，用到了 4 对双绞线中的 2 对。

V4-5 自动协商与流量控制

表 4-5 自动协商优先级排序

优先级顺序	工作方式
1	100Base-TX 全双工
2	100Base-T4
3	100Base-TX
4	10Base-T 全双工
5	10Base-T

光纤以太网是不支持自动协商的。对光纤而言，链路两端的工作方式（速度、双工模式和流量控制等）必须使用手动配置，如果光纤两端的配置不同，则通信双方是不能正确通信的。事实上，在实际工作与项目中，对于所有介质的以太网，都建议关闭自动协商功能，通过手动配置来确定端口参数，从而避免一些不必要的麻烦。

4.4.2 流量控制

在网络中，由于线速不匹配（如 100Mbit/s 端口向 10Mbit/s 端口发送数据），或者突发的集中传输产生网络拥塞，可能导致出现延时增加、丢包、重传增加等情况，从而令网络资源不能被有效利用。

在实际的网络中，尤其是一般局域网中，产生网络拥塞的情况极少，所以有的厂家的交换机并不支持流量控制。但一般高性能的交换机都应支持半双工方式下的反向压力和全双工方式下的 IEEE 802.3X 流量控制。

桥接式或交换式半双工以太网利用一种内部的方法去处理速度不同的站之间的传输问题，它采用了一种所谓的“反向压力”（Back Pressure）技术。例如，如果一台高速（100Mbit/s）服务器通过交换机将数据发送给一台 10Mbit/s 的客户机，则该交换机将尽可能多地缓冲其帧，一旦交换机的缓冲区即将装满，它就通知服务器暂停发送。

有两种方法可以达到这一目的：交换机可以强行制造一次与服务器的冲突，使服务器退避；或者让交换机通过插入一次载波检测使服务器的端口保持繁忙，这样就能使服务器认为交换机要发送数据。利用这两种方法，服务器都会在一段时间内暂停发送数据，从而允许交换机去处理积聚在其缓冲区中的数据。

在全双工环境中，服务器和交换机之间的连接是无碰撞的发送和接收通道，不能使用反向压力技术，那么服务器将一直发送数据直到交换机的缓冲区溢出。因此，IEEE 制定了一个组合的全双工流量控制标准——IEEE 802.3X。

IEEE 802.3X 规定了一种 64B 的“PAUSE”MAC 控制帧的格式。当端口发生阻塞时，交换机向信息源发送 PAUSE 帧，告诉信息源暂停一段时间再发送信息。

PAUSE 功能可以用来控制下列设备之间的数据流。

- 一对终端（简单的两点网络）。
- 一个交换机和一个终端。
- 一个交换机和另一个交换机。

PAUSE 的功能是防止当瞬时流量过载时导致的缓冲区溢出而造成的以太网帧的丢弃。假设一个设备用来处理网络上稳定状态的数据传输，并允许随时间变化有一定数量的流量过载，PAUSE 功能可以使这样的设备在流量增长暂时超过其设计水平时，不会发生丢帧现象。该设备通过向对端设备发送 PAUSE 帧，来防止自己内部的缓冲区溢出，而对端设备在接收到 PAUSE 帧后，就会暂时停止发送数据。这样使得该设备有时间来减少自己的缓冲拥塞。

4.4.3 端口聚合

1. 端口聚合概述

端口聚合也称为端口捆绑、端口聚集或链路聚合。端口聚合将多个端口聚合在一起形成一个汇聚组，以实现出/入负载在各成员端口中的分担，如图 4-16 所示。从外面看起来，一个汇聚组就好像是一个端口。端口聚合在数据链路层上实现。在没有使用端口聚合前，百兆以太网的双绞线在两台互联的网络设备间的带宽仅为 100Mbit/s。若想达到更高的带宽，则需要更换传输介质，使用吉比特光纤或升级为吉比特以太网。这样的解决方案成本昂贵，不适合中小型企业和学校应用。如果采用端口聚合技术把多个端口捆绑在一起，则可以以较低的成本满足提高端口带宽的需求。例如，把 3 个带宽为 100Mbit/s 的全双工端口捆绑在一起，就可以达到 300Mbit/s 的最大带宽。

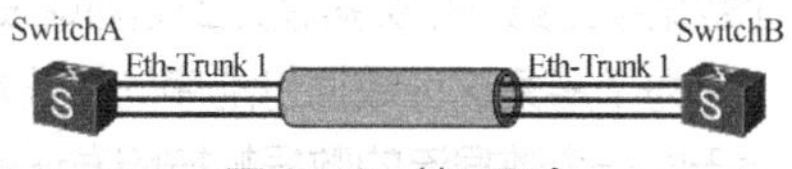

图 4-16 端口聚合

综上所述，端口聚合的优点如下。

（1）增加网络带宽

V4-6 端口聚合

端口聚合可以将多个连接的端口捆绑成为一个逻辑端口，捆绑后的带宽是每个独立端口的带宽总和。当端口上的流量增加而成为限制网络性能的瓶颈时，采用支持端口聚合的交换机可以轻而易举地增加网络的带宽（例如，可以将 2～4 个带宽为 100Mbit/s 的端口连接在一起组成一个带宽为 200～400Mbit/s 的端口）。端口聚合可用于带宽为 10Mbit/s、100Mbit/s 和 1000Mbit/s 的以太网。

（2）提高网络连接的可靠性

当主干网络以很高的速率传输数据时，一旦出现网络连接故障，将会导致大量的数据丢失。高速服务器及主干网络连接必须保证绝对可靠。采用端口聚合的良好设计可以对这种故障进行预防。例如，将一根电缆错误地拔下来不会导致链路中断。也就是说，组成端口聚合的多个端口中，一旦某一端口连接失败，网络数据将自动重定向到那些正常工作的端口上。这个过程非常快，只需要更改一个访问地址即可。此后，交换机将数据转到其他端口，端口聚合可以保证网络无间断地正常工作。

聚合端口两端的参数必须一致才能保证聚合成功，参数包括物理参数和逻辑参数。另外，完成端口的聚合后，还必须提供机制以保证数据流的有序性。

① 物理参数如下。

- 进行聚合的链路的数目。
- 进行聚合的链路的速率。

- 进行聚合的链路的双工方式。

② 逻辑参数如下。

- STP 配置一致，包括端口的 STP 使能/关闭、与端口相连的链路属性（如点到点或非点到点）、STP 优先级、路径开销、报文发送速率限制、是否开启环路保护、是否开启根保护，以及是否为边缘端口等。
- QoS 配置一致，包括流量限速、优先级标记、默认的 IEEE 802.1p 优先级、带宽保证、拥塞避免、流重定向及流量统计等。
- 虚拟局域网（Virtual Local Area Network，VLAN）配置一致，包括端口上允许连接的 VLAN 和端口默认的 VLAN ID。
- 端口配置一致，包括端口的链路类型，如 Trunk、Hybrid 和 Access 属性。

③ 数据流的有序性。数据流就是具有相同源 MAC 地址、目的 MAC 地址、源 IP 地址和目的 IP 地址的一组数据包。

如果要求属于同一个数据流的两个数据帧必须按照顺序到达，则在未使用端口聚合技术时是可以保证的，因为两台设备之间只有一条物理链路。但使用端口聚合技术后，由于两台设备之间有多条物理链路，如果第一个数据帧在第一条链路上传播，第二个数据帧在第二条链路上传播，这样就可能导致第二个数据帧比第一个数据帧先到达对端设备。

为了避免这种数据包乱序的情况发生，在实现端口聚合的时候引入了一种数据包转发机制，确保属于同一个数据流的数据帧按照发送的先后顺序到达目的地。这种机制根据 MAC 地址或 IP 地址等条件来区分数据流，将属于同一数据流的数据帧通过同一条物理链路发送到目的地，具体区分条件如下。

- 根据源 MAC 地址区分数据流。
- 根据目的 MAC 地址区分数据流。
- 根据源 IP 地址区分数据流。
- 根据目的 IP 地址区分数据流。
- 根据源 MAC 地址和目的 MAC 地址区分数据流。
- 根据源 IP 地址和目的 IP 地址区分数据流。

2. 端口聚合实现方法

① 手动负载分担模式：这是应用比较广泛的一种端口聚合方法，大多数运营级网络设备均支持该方法。当需要在两台直连设备间提供较大的链路带宽，而对端设备又不支持链路聚合控制协议（Link Aggregation Control Protocol，LACP）时，可以使用手动负载分担模式。

② 静态 LACP 模式：这是一种利用 LACP 聚合参数协商、确定活动接口和非活动接口的端口聚合方法。静态 LACP 模式可实现 M：N 模式，即 M 条活动链路与 N 条备份链路的模式。实现静态 LACP 模式时，需手动创建 Eth-Trunk，手动加入 Eth-Trunk 成员接口。LACP 除了可以检测物理线路故障外，还可以检测数据链路层故障，从而提高了容错性，保证了成员链路的高可靠性。

和静态 LACP 模式相对应的是动态 LACP 模式。动态 LACP 模式的端口聚合，从 Eth-Trunk 的创建，到加入成员接口都不需要人工干预，由 LACP 自动协商完成。虽然这种方式对用户来说很简单，但由于其过于灵活、不便于管理，因此应用较少，这里不做过多介绍。

4.5 VLAN 技术

目前，VLAN 技术在企业网络中得到了广泛应用，成为当前非常热门的局域网技术之一。本节主要介绍 VLAN 技术的概念、原理及接口类型。

4.5.1 VLAN 技术简介

V4-7 VLAN 技术简介

为了扩展传统局域网，以接入更多计算机，同时避免冲突的恶化，人们选择了交换机，它能有效隔离冲突域。交换机采用交换方式将来自入端口的信息转发到出端口上，解决了共享介质上的访问冲突问题，从而将冲突域缩小到端口级。在采用交换机进行组网时，二层快速交换解决了冲突域问题，但是广播域和信息安全问题依旧存在。

为减少广播，需要在没有互访需求的主机之间进行隔离。路由器是基于三层 IP 地址信息来选择路由的，其连接两个网段时可以有效抑制广播报文的转发，但成本较高。因此人们设想在物理局域网上构建多个逻辑局域网，即 VLAN。

VLAN 将一个物理的局域网在逻辑上划分成多个广播域（多个 VLAN）。VLAN 内的主机间可以直接通信，而 VLAN 间的主机不能直接通信。这样，广播报文被限制在一个 VLAN 内，同时保证了网络安全。

例如，同一栋写字楼的不同企业客户，若建立各自独立的局域网，则企业的网络投资成本将很高，若共用写字楼已有的局域网，则会导致企业信息安全无法保证。VLAN 可以实现各企业客户共享局域网设施，同时保证各自的网络信息安全。

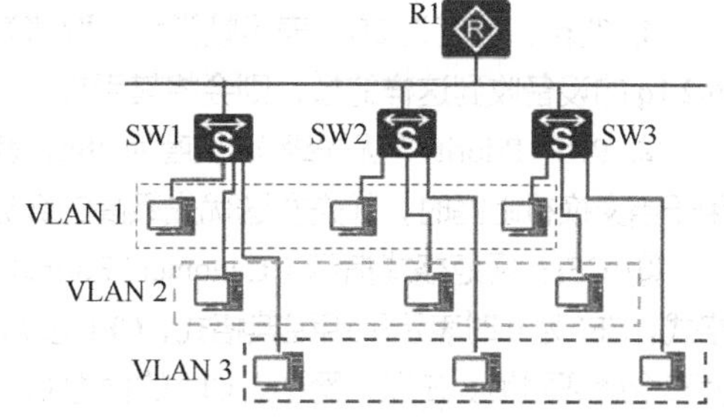

图 4-17 VLAN 的典型应用

图 4-17 所示为 VLAN 的典型应用，图中，一个虚线框内表示一个 VLAN。3 台交换机放置在不同的地点，如写字楼的不同楼层。每台交换机分别连接 3 台计算机，它们属于 3 个不同的 VLAN，如不同的企业客户。

4.5.2 VLAN 技术原理

VLAN 技术为了实现转发控制，在待转发的以太网帧中添加了 VLAN 标签，并设定了交换机端口对该标签和帧的处理方式，具体包括丢弃帧、转发帧、添加标签和移除标签。

转发帧时，交换机通过检查以太网帧中携带的 VLAN 标签是否为该端口允许通过的标签，可判断出该以太网帧是否能够从端口转发。如图 4-18 所示，假设有一种方法可以将 PC1 发出的所有以太网帧都加上标签 5，此后查询二层转发表，根据目的 MAC 地址将该帧转发到 PC2 连接的端口。因为在 SW2 端口配置了仅允许 VLAN 1 通过，所以 PC1 发出的帧将被 SW2 丢弃。这就意味着支持 VLAN 技术的交换机，转发以太网帧时不再仅仅考虑目的 MAC 地址，还要考虑该端口的 VLAN 配置情况，从而实现对二层转发的控制。下面围绕 VLAN 技术展开深入讨论。

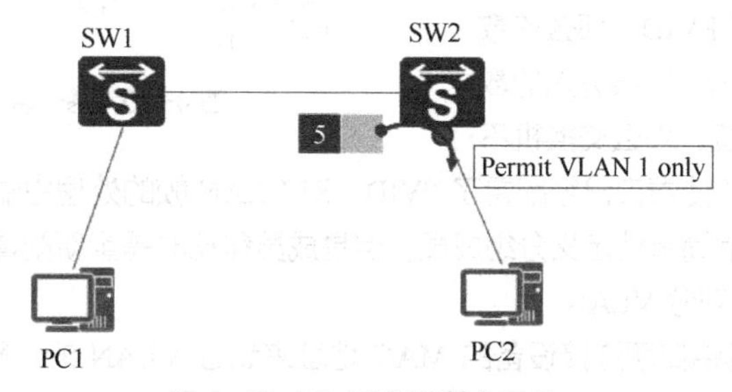

图 4-18 VLAN 通信基本原理

1. VLAN 的帧格式

IEEE 802.1q 标准对 Ethernet_II 帧格式进行了修改，在 DMAC 字段和 Type 字段之间加入了 4B 的 IEEE 802.1q Tag，如图 4-19 所示。

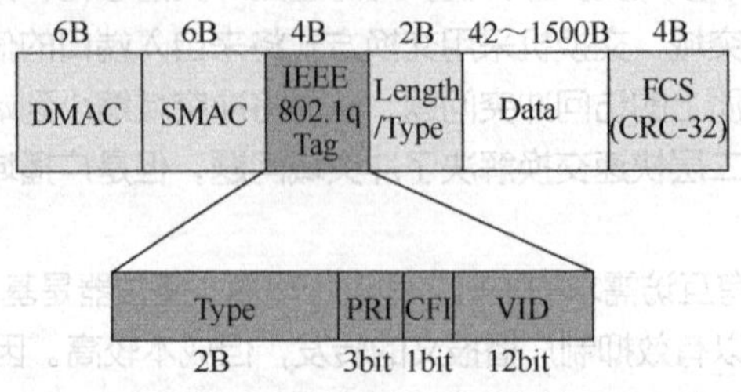

图 4-19　基于 IEEE 802.1q 的 VLAN 帧格式

IEEE 802.1q Tag 包含 4 个字段，其含义如下。

① Type：长度为 2B，表示帧类型。取值为 0x8100 时表示 IEEE 802.1q Tag 帧。如果不支持 IEEE 802.1q 的设备收到这样的帧，则会将其丢弃。

② PRI：Priority（优先级），长度为 3bit，表示帧的优先级，取值为 0～7，值越大表示优先级越高，用于当交换机阻塞时，优先发送优先级高的数据帧。

③ CFI：规范格式指示（Canonical Format Indicator），长度为 1bit，表示 MAC 地址是否采用经典格式。CFI 为 0 时表示采用经典格式，CFI 为 1 时表示采用非经典格式。CFI 用于区分以太网帧、FDDI 帧和令牌环网帧。在以太网中，CFI 的值为 0。

④ VID：VLAN ID，长度为 12bit，表示该帧所属的 VLAN。可配置的 VLAN ID 为 0～4095，但是 0 和 4095 在协议中规定为保留的 VLAN ID，不能给用户使用。

使用 VLAN 标签后，在交换网络环境中，以太网的帧有以下两种格式。

- 没有 4B 长度的 VLAN 标签的，称为标准以太网帧，即 Untagged 数据帧。
- 有 4B 长度的 VLAN 标签的以太网帧，称为带有 VLAN 标签的帧，即 Tagged 数据帧。

2. VLAN 的划分方式

VLAN 的划分方式共有以下 5 种，其中，基于端口划分 VLAN 是常用的方式。

（1）基于端口划分 VLAN

该方式根据交换设备的端口号来划分 VLAN，如图 4-20 所示。网络管理员给交换机的每个端口配置不同的端口默认的 VLAN ID（Port Default VLAN ID，PVID），即一个端口默认属于的 VLAN。当一个数据帧进入交换机端口时，如果没有带 VLAN 标签，且该端口上配置了 PVID，那么该数据帧会被加上端口的 PVID；如果进入的数据帧已经带有 VLAN 标签，那么交换机不会再增加 VLAN 标签，即使端口已经配置了 PVID。对 VLAN 帧的处理由端口类型决定。基于端口划分 VLAN 的方式可以非常简单地定义分组成员，但是成员移动时需重新配置 VLAN。

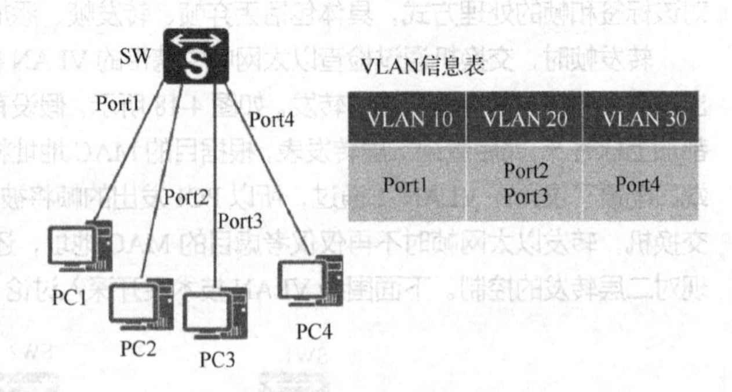

图 4-20　基于端口划分 VLAN

（2）基于 MAC 地址划分 VLAN

该方式是根据交换机端口所连接设备的 MAC 地址来划分 VLAN 的。网络管理员成功配置 MAC

地址和 VLAN ID 映射关系表，如果交换机收到的是 Untagged（不带 VLAN 标签）数据帧，则依据该表添加 VLAN ID。

采用 MAC 地址划分 VLAN 后，当终端用户的物理位置发生改变时，不需要重新配置 VLAN，提高了终端用户的安全性和接入的灵活性。

（3）基于子网划分 VLAN

当交换设备收到 Untagged 数据帧时，该方式根据报文中的 IP 地址信息，确定添加的 VLAN ID。

基于子网划分 VLAN 时，通过将指定网段或 IP 地址发出的报文在指定的 VLAN 中传输，减少了网络管理员的任务量，提高了网络管理的便利性。

（4）基于协议划分 VLAN

该方式根据接口接收到的报文所属的协议（族）类型及封装格式来给报文分配不同的 VLAN ID。基于协议划分 VLAN 时，可将网络中提供的服务类型与 VLAN 绑定，方便管理和维护。

（5）基于匹配策略划分 VLAN

该方式基于 MAC 地址、IP 地址和接口匹配策略划分 VLAN，使用该方式划分 VLAN 时，需要在交换机上配置终端的MAC地址和IP地址，并与VLAN关联。只有符合策略的终端才能加入指定VLAN。符合策略的终端加入指定 VLAN 后，严禁修改 IP 地址或 MAC 地址，否则会导致终端从指定 VLAN 中退出。

基于匹配策略划分 VLAN 的安全性非常高，基于 MAC 地址和 IP 地址成功划分 VLAN 后，禁止用户修改 IP 地址或 MAC 地址。相较于其他 VLAN 划分方式，基于匹配策略划分 VLAN 是优先级最高的 VLAN 划分方式。

当设备同时支持多种 VLAN 划分方式时，一般情况下，优先使用顺序为基于匹配策略（优先级最高）→基于子网→基于协议→基于 MAC 地址→基于端口（优先级最低）。目前常用的是基于端口划分 VLAN 的方式。

3. VLAN 的转发流程

VLAN 技术通过以太网帧中的标签，结合交换机端口的 VLAN 配置，实现对报文转发的控制。假设交换机有两个端口 A 与 B，从端口 A 收到以太网帧，如果转发表显示目的 MAC 地址存在于 B 端口下，引入 VLAN 后，该帧能否从 B 端口转发出去取决于以下两个关键点。

① 该帧携带的 VLAN ID 是否被交换机创建？

② 目的端口是否允许携带该 VLAN ID 的帧通过？

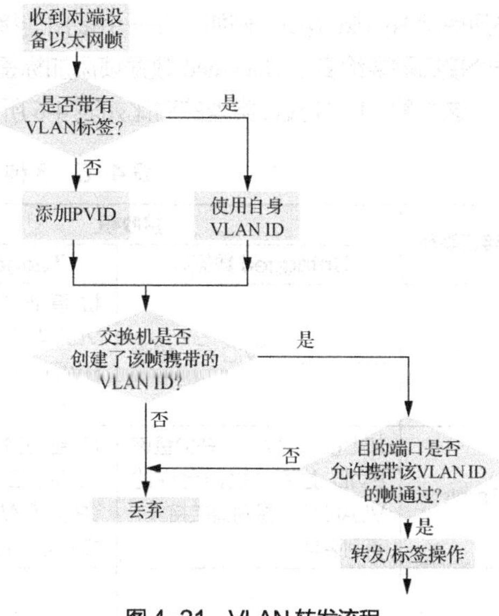

图 4-21　VLAN 转发流程

整个 VLAN 转发流程如图 4-21 所示。在此转发流程中，标签操作类型有以下两种。

① 添加标签：端口收到不带 VLAN 标签的数据帧时，为数据帧添加 VLAN ID 为 PVID 的标签。

② 移除标签：删除帧中的 VLAN 标签信息，以 Untagged 数据帧的形式发送给对端设备。

注意　**正常情况下，交换机不会更改 Tagged 数据帧中的 VLAN ID 的值。某些设备支持的特殊业务可能提供更改 VLAN ID 的功能，此内容不在本书的讲解范围内。**

4.5.3 VLAN接口类型

为了提高处理效率，交换机内部的数据帧一律都是Tagged数据帧，以统一方式处理。当一个数据帧进入交换机端口时，如果是Untagged数据帧，且该端口上配置了PVID，那么该数据帧会被标记上该端口的PVID；如果数据帧已经是Tagged数据帧，那么即使端口配置了PVID，交换机也不会再给数据帧标记VLAN标签。由于接口类型不同，交换机对帧的处理过程也不同。下面对各接口类型分别进行介绍。

① Access接口，一般用于和不能识别VLAN标签的用户终端（如用户主机、服务器等）相连，或者在不需要区分不同VLAN成员时使用。它只能收发Untagged数据帧，且只能为Untagged数据帧添加唯一的VLAN标签。

V4-8 Access接口

② Trunk接口，一般用于连接交换机、路由器、AP，以及可同时收发Tagged数据帧和Untagged数据帧的语音终端。它可以允许多个VLAN的帧带标签通过，但只允许一个VLAN的帧从该类接口上发出时不带帧带标签（即剥离标签）。

③ Hybrid接口，既可以用于连接不能识别标签的用户终端（如用户主机、服务器等）和网络设备，又可以用于连接交换机、路由器，以及可同时收发Tagged数据帧和Untagged数据帧的语音终端和AP。它可以允许多个VLAN的帧带标签通过，且允许从该类接口发出的帧根据需要配置某些VLAN标签（即不剥离标签）、某些VLAN的帧不带标签。

V4-9 Trunk接口及Hybrid接口

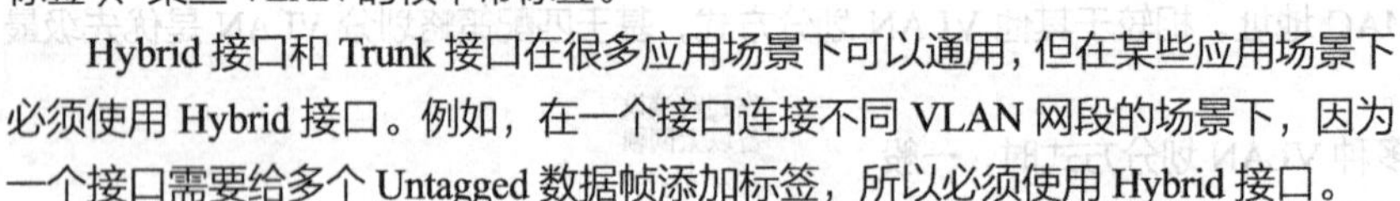

Hybrid接口和Trunk接口在很多应用场景下可以通用，但在某些应用场景下必须使用Hybrid接口。例如，在一个接口连接不同VLAN网段的场景下，因为一个接口需要给多个Untagged数据帧添加标签，所以必须使用Hybrid接口。

这3种VLAN接口类型的对比如表4-6所示。

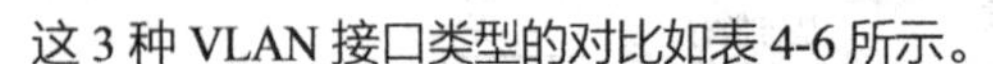

表4-6 3种VLAN接口类型的对比

接口类型	接收帧		发送帧
	Untagged数据帧	Tagged数据帧	
Access	加上本接口PVID后，接收	检查该帧所携带的VLAN ID是否与接口PVID相同。是则接收；否则丢弃	剥离标签后发送帧
Trunk	加上接口PVID，并检查该PVID是否为接口允许的VLAN ID。是则直接接收；否则丢弃	检查该帧所携带的VLAN ID是否为接口允许的VLAN ID。是则直接接收；否则丢弃	检查该帧所携带的VLAN ID是否为接口允许的VLAN ID。若否，则丢弃；若是，则检查该帧所携带的VLAN ID是否与接口PVID相同（若是，则剥离标签后发送；若否，则直接发送）
Hybird	同Trunk	同Trunk	检查该帧所携带的VLAN ID是否为接口允许的VLAN ID。若否，则丢弃；若是，则检查是否配置剥离标签（若是，则剥离标签后进行发送；若否，则直接发送）

4.6 IP路由技术

路由是与交换不同的概念，两者虽然都是对数据进行转发，但是所利用的信息及处理方式都是不同的，本节将讲述路由的工作原理。

4.6.1 什么是路由

路由是极其有趣而又复杂的，那么到底什么是路由呢？路由是指导 IP 数据包从源发送到目的的路径信息，如图 4-22 所示。另外，路由也可理解为将数据包从源发送到目的的过程，而路由器是实现数据包逐跳转发的网络设备。

V4-10 IP 路由原理

如图 4-23 所示，数据包在网络上的传输就好像体育运动中的接力一样，每一台路由器只负责将数据包在本站通过最优的路径进行转发，使多台路由器一站一站地接力将数据包通过最优路径转发到目的地。当然，也有一些例外情况，由于一些路由策略的实施，数据包通过的路径并不一定是最优的。需要补充说明的是，若一台路由器通过一个网络与另一台路由器相连，则这两台路由器相隔一个网段，在互联网中认为这两台路由器相邻。图 4-23 中用箭头表示这些网段，至于每一个网段由哪几条物理链路构成，路由器并不关心。

通过上述简单说明，我们可以了解，路由器对数据包的传递是逐跳的，每台路由器按照一定的规则将自身收到的数据包发送出去，而对数据包的后续发送不过问。可以简单理解为，路由器对数据包的转发是相互独立、互不干涉的。

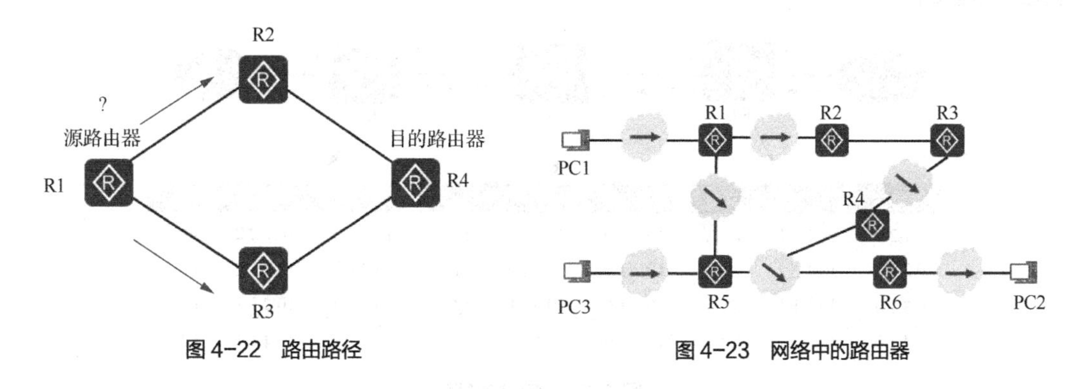

图 4-22 路由路径

图 4-23 网络中的路由器

4.6.2 路由的原理

前面介绍了路由和路由器的概念，下面让我们通过路由表和路由的过程共同研究路由的工作原理。

1. 路由表

路由器工作时依赖于路由表进行数据的转发。路由表犹如一张地图，它包含去往各个目的网络的路径信息（路由条目）。每条信息至少应该包括以下 3 项内容。

① 目的网络：表明路由器可以到达的网络的地址，可以理解为去哪里。

② 下一跳：通常情况下，一般指向去往目的网络的下一台路由器（即下一跳路由器）的接口地址。

③ 出接口：表明数据包从本路由器的哪个接口发送出去。

在路由器中，可以通过执行【display ip routing-table】命令查看路由表，如图 4-24 所示。

```
[Huawei]display ip routing-table
Route Flags: R - relay, D - download to fib
------------------------------------------------------------------------------
Routing Tables: Public
Destinations : 6      Routes : 6
Destination/Mask    Proto  Pre  Cost  Flags NextHop         Interface
1.1.1.1/32          Direct 0    0     D     127.0.0.1       InLoopBack0
192.168.1.0/24      Direct 0    0     D     192.168.1.1     Ethernet1/0/0
192.168.1.1/32      Direct 0    0     D     127.0.0.1       InLoopBack0
192.168.2.0/24      Static 60   0     RD    192.168.1.254   Ethernet1/0/0
192.168.1.255/32    Direct 0    0     D     127.0.0.1       InLoopBack0
......
```

图 4-24 查看路由表

路由表中包含下列关键项。

① Destination：目的地址，用来标识 IP 数据包的目的地址或目的网络。

② Mask：网络掩码，与目的地址一起来标识目的主机或路由器所在的网段的地址。

③ Proto：协议，用来生成、维护路由的协议或者方法。

④ Pre：Preference，本条路由加入 IP 路由表的优先级。针对同一目的地，可能存在不同下一跳、出接口的若干条路由，这些不同的路由可以是由不同的路由协议发现的，也可以是手动配置的静态路由。优先级高（数值小）的路由将成为当前的最优路由。

⑤ Cost：路由开销。当到达同一目的地的多条路由具有相同的优先级时，路由开销最小的将成为当前的最优路由。Pre 用于不同路由协议间路由优先级的比较，Cost 用于同一种路由协议内部不同路由优先级的比较。

⑥ NextHop：下一跳 IP 地址，说明 IP 数据包所经由的下一台设备。

⑦ Interface：出接口，说明 IP 数据包将从该路由器的哪个接口转发。

在后续内容中，我们将围绕路由表的建立、更新、应用和优化等内容进行更深入的讲解。

2. 路由的过程

在介绍完路由表之后，下面通过一个示例来加深对路由过程的了解。如图 4-25 所示，R1 左侧连接网络 10.3.1.0，R3 右侧连接网络 10.4.1.0，当 10.3.1.0 网络有一个数据包要发送到 10.4.1.0 网络时，其路由的过程如下。

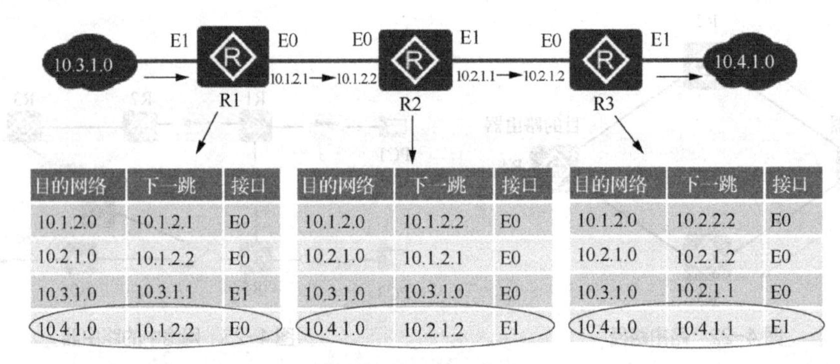

目的网络	下一跳	接口
10.1.2.0	10.1.2.1	E0
10.2.1.0	10.1.2.2	E0
10.3.1.0	10.3.1.1	E1
10.4.1.0	10.1.2.2	E0

目的网络	下一跳	接口
10.1.2.0	10.1.2.2	E0
10.2.1.0	10.1.2.1	E0
10.3.1.0	10.3.1.0	E0
10.4.1.0	10.2.1.2	E1

目的网络	下一跳	接口
10.1.2.0	10.2.2.2	E0
10.2.1.0	10.2.1.2	E0
10.3.1.0	10.2.1.1	E0
10.4.1.0	10.4.1.1	E1

图 4-25 路由的过程

① 10.3.1.0 网络的数据包被发送给与网络直接相连的 R1 的 E1 端口，E1 端口收到数据包后查找自己的路由表，找到去往目的地址的下一跳为 10.1.2.2，出接口为 E0，于是数据包从 E0 接口发出，交给下一跳 10.1.2.2。

② R2 的 10.1.2.2（E0）接口收到数据包后，同样根据数据包的目的地址查找自己的路由表，查找到去往目的地址的下一跳为 10.2.1.2，出接口为 E1，同样，数据包从 E1 接口发出，交给下一跳 10.2.1.2。

③ R3 的 10.2.1.2（E0）接口收到数据包后，依旧根据数据包的目的地址查找自己的路由表，查找到目的地址是自己的直连网络，且去往目的地址的下一跳为 10.4.1.1，出接口为 E1。最后数据包从 E1 接口送出，交给目的地址。

4.6.3 路由的来源

路由的来源主要有 3 种，分别是直连路由、静态路由和动态路由，4.6.5 节将详细介绍静态路由。

1. 直连路由

直连路由是指与路由器直连的网段的路由。直连路由不需要特别配置，只需要在路由器接口上设置 IP 地址，然后由数据链路层发现（如果数据链路层协议 UP，则路由表中可出现相应的路由条目；

如果数据链路层协议 DOWN，则路由表中相应路由条目消失)。

在路由表中，直连路由的 Proto 字段显示为“Direct”，如图 4-26 所示。

当给接口 Ethernet1/0/0 配置 IP 地址后（数据链路层协议 UP），在路由表中会出现相应的路由条目。

2. 静态路由

静态路由是指由网络管理员手动配置的路由。虽然通过配置静态路由同样可以达到网络互通的目的，但这种配置存在问题，当网络发生故障后，静态路由不会自动修正，必须由网络管理员重新修改其配置。静态路由一般应用于小规模网络。

在路由表中，静态路由的 Proto 字段显示为“Static”，如图 4-27 所示。

```
[Huawei-Ethernet1/0/0]ip address 192.168.1.1 24

[Huawei]display ip routing-table
Route Flags: R - relay, D - download to fib
------------------------------------------------------------------------------
Routing Tables: Public
Destinations : 7        Routes : 7
Destination/Mask    Proto   Pre   Cost   Flags NextHop       Interface
127.0.0.0/8         Direct  0     0      D  127.0.0.1        InLoopBack0
127.0.0.1/32        Direct  0     0      D  127.0.0.1        InLoopBack0
127.255.255.255/32  Direct  0     0      D  127.0.0.1        InLoopBack0
192.168.1.0/24      Direct  0     0      D  192.168.1.1      Ethernet1/0/0
192.168.1.1/32      Direct  0     0      D  127.0.0.1        InLoopBack0
192.168.1.255/32    Direct  0     0      D  127.0.0.1        InLoopBack0
255.255.255.255/32  Direct  0     0      D  127.0.0.1        InLoopBack0
```

图 4-26　直连路由

```
[Huawei]display ip routing-table
Route Flags: R - relay, D- download to fib
------------------------------------------------------------------------------
Routing Tables: Public
Destinations : 7     Routes : 7
Destination/Mask    Proto   Pre  Cost  Flags NextHop        Interface
127.0.0.0/8         Direct  0    0     D     127.0.0.1      InLoopBack0
127.0.0.1/32        Direct  0    0     D     127.0.0.1      InLoopBack0
127.255.255.255/32  Direct  0    0     D     127.0.0.1      InLoopBack0
192.168.1.0/24      Direct  0    0     D     192.168.1.1    Ethernet1/0/0
192.168.1.1/32      Direct  0    0     D     127.0.0.1      InLoopBack0
192.168.2.0/24      Static  60   0     RD    192.168.1.254  Ethernet1/0/0
192.168.1.255/32    Direct  0    0     D     127.0.0.1      InLoopBack0
255.255.255.255/32  Direct  0    0     D     127.0.0.1      InLoopBack0
```

图 4-27　静态路由

3. 动态路由

动态路由是指由动态路由协议发现的路由。当网络拓扑结构十分复杂时，手动配置静态路由工作量大且容易出现错误，这时就可用动态路由协议让其自动发现和修改路由，无须人工维护，但使用动态路由开销大、配置复杂。静态路由与动态路由的基本对比如图 4-28 所示。

静态路由	动态路由
◆由网络管理员手动指定的路由。 ◆当网络拓扑发生变化时，网络管理员需要手动更新静态路由。	◆路由器使用动态路由协议从其他路由器那里获取的路由。 ◆当网络拓扑发生变化时，路由器会更新路由信息。

图 4-28　静态路由与动态路由的基本对比

网络中存在多种路由协议，如开放最短通路优先（Open Shortest Path First，OSPF）协议、中间系统到中间系统（Intermediate System to Intermediate System，IS-IS）协议、边界网关协议（Border Gateway Protocol，BGP）等，各路由协议都有其特点和应用环境，路由协议的内容比较复杂，限于篇幅，本书不做详细说明。

在路由表中，动态路由的 Proto 字段显示为具体的某种动态路由协议，如图 4-29 所示。

```
[Huawei]display ip routing-table
Route Flags: R - relay, D - download to fib
------------------------------------------------------------------------------
Routing Tables: Public
Destinations : 10     Routes : 10
Destination/Mask    Proto   Pre  Cost   Flags NextHop      Interface
1.1.1.1/32          RIP     100  1      D     12.12.12.1   Serial1/0/0
11.11.11.11/32      OSPF    10   1562   D     12.12.12.1   Serial1/0/0
12.12.12.0/24       Direct  0    0      D     12.12.12.2   Serial1/0/0
12.12.12.1/32       Direct  0    0      D     12.12.12.1   Serial1/0/0
12.12.12.2/32       Direct  0    0      D     127.0.0.1    InLoopBack0
12.12.12.255/32     Direct  0    0      D     127.0.0.1    InLoopBack0
127.0.0.0/8         Direct  0    0      D     127.0.0.1    InLoopBack0
127.0.0.1/32        Direct  0    0      D     127.0.0.1    InLoopBack0
127.255.255.255/32  Direct  0    0      D     127.0.0.1    InLoopBack0
255.255.255.255/32  Direct  0    0      D     127.0.0.1    InLoopBack0
```

图 4-29　动态路由

4.6.4 直连路由 VLAN 间通信

直连路由是指与设备接口直连的网段的路由。直连路由不需要特别配置。当给设备接口设置好 IP 地址，并且该接口的数据链路层协议 UP 时，设备将根据接口 IP 地址及其子网掩码，通过与运算得到该接口所在的网段，从而将该网段加入路由表。

当直连路由的优先级及度量值都为 0 时，表明该路由为最优。另外，直连路由的优先级及度量值不可更改。

在以太网中划分 VLAN 后，隔离了广播域，增强了安全性。但与此同时，不同 VLAN 的计算机之间的通信也相应地被阻止，如图 4-30 所示，这样就背离了网络互联互通的原则。因此，我们迫切需要一些技术与方法来实现 VLAN 间的通信。

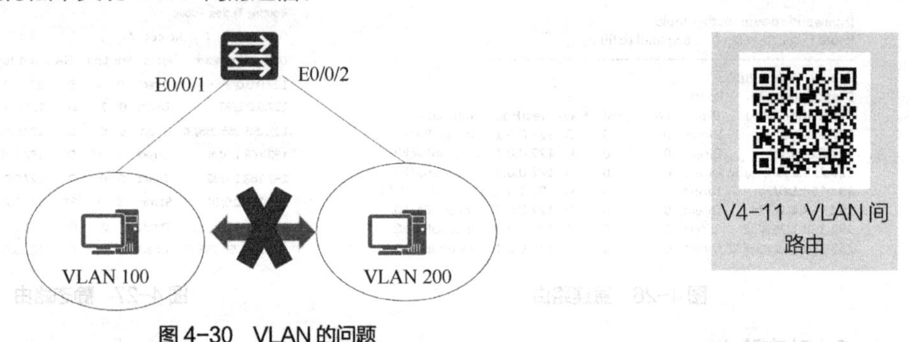

图 4-30 VLAN 的问题

一个 VLAN 就是一个广播域、一个局域网。由此可见，VLAN 间的通信就相当于不同网络之间的通信。所以，为实现 VLAN 间的通信，必须借助于三层设备。VLAN 间的通信问题实质上就是 VLAN 间的路由问题，也是直连路由的典型应用。

VLAN 间路由通常有以下 3 种实现方式。

1. 每个 VLAN 一个物理连接

为每个 VLAN 分配一个单独的路由器接口。每个物理接口就是对应 VLAN 的网关，VLAN 间的数据通过路由器进行三层路由，这样就可以实现 VLAN 之间的相互通信，如图 4-31 所示。

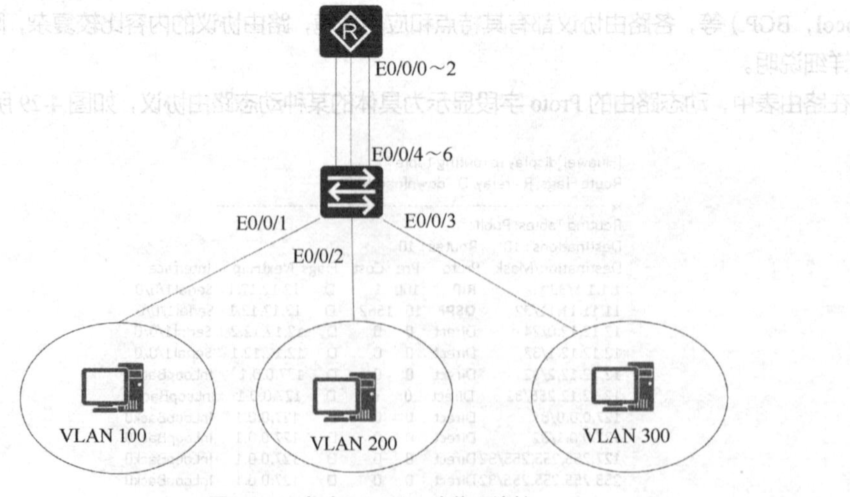

图 4-31 每个 VLAN 一个物理连接

但是，随着交换机上 VLAN 数量的增加，这样做必然需要大量的路由器接口。出于成本的考虑，一般不会用这种方案来解决 VLAN 间路由选路问题。此外，某些 VLAN 之间可能不需要经常进行通信，这样可能会导致路由器的接口没有被充分利用。

2. 单臂路由

为了解决物理接口需求过大的问题，在 VLAN 技术的发展中，出现了一种名为单臂路由的技术，用于实现 VLAN 间的通信。它只需要一个以太网接口，可为其创建子接口作为 VLAN 的网关，从而在不同的 VLAN 间转发数据。

如图 4-32 所示，路由器仅提供一个以太网接口，在该接口下提供 3 个子接口分别作为 3 个 VLAN 的默认网关，当 VLAN 100 的用户需要与其他 VLAN 的用户进行通信时，该用户只需将数据包发送给默认网关，默认网关修改数据帧的 VLAN 标签后再发送至目的主机所在的 VLAN，即可完成 VLAN 间的通信。

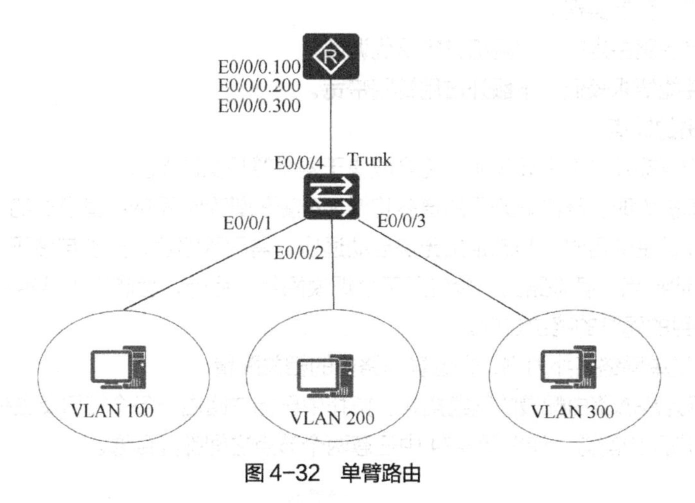

图 4-32　单臂路由

但是，单臂路由也有很大的问题。当 VLAN 间的数据流量过大时，路由器与交换机之间的链路将成为网络的瓶颈。

3. 三层交换

在实际网络搭建中，解决 VLAN 间通信的首选方式是三层交换技术，如图 4-33 所示。三层交换需要使用三层交换机，三层交换机可以理解为二层交换机和路由器在功能上的集成，而不是简单的叠加。三层交换机具备 VLAN 的划分、VLAN 内部的二层交换和 VLAN 间路由的功能。

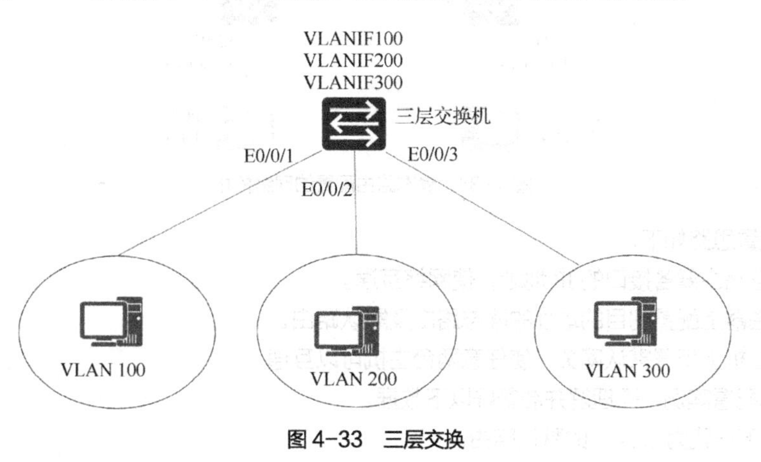

图 4-33　三层交换

三层交换机的基本工作原理如下：三层交换机通过路由表传输第一个数据流后，会产生一个MAC地址与IP地址的映射表。当同样的数据流再次通过时，将根据映射表直接从二层通过而不是从三层通过，从而消除了路由器进行路由选择而造成的网络延迟，提高了数据包转发效率。这种工作原理也被称为"一次路由，多次交换"。另外，为了保证数据流第一次通过路由表时正常转发，路由表中必须有正确的路由表条目。因此必须在三层交换机上部署三层接口并部署路由协议，实现三层路由可达。因此出现了VLANIF接口，该接口为逻辑接口VLAN间通信的基本配置。

4.6.5 静态路由技术

静态路由是由网络管理员手动配置而生成的路由。静态路由的优缺点如下。

V4-12 静态路由

1. 静态路由的优点

① 使用简单，容易实现。

② 可精确控制路由走向，对网络进行最优调整。

③ 对设备性能要求较低，不额外占用链路带宽。

2. 静态路由的缺点

① 网络是否通畅及是否需要优化，完全取决于网络管理员的配置。

② 网络规模扩大时，路由表条目的增多将增加配置的繁杂度及网络管理员的工作量。

③ 网络拓扑发生变更时，静态路由无法自动适应，需要网络管理员参与修正。

正是基于上述特点，静态路由一般应用于小规模网络。另外，静态路由常常应用于路径选择的控制，即控制某些目的网络的路由走向。

本节以一个简单网络拓扑为例，介绍静态路由的相关配置。

图4-34所示为静态路由配置的网络拓扑。拓扑中已标注路由器各个接口及主机的IP地址和掩码。本例需要进行静态路由配置，使得图4-34中任意两个节点之间都能互通。

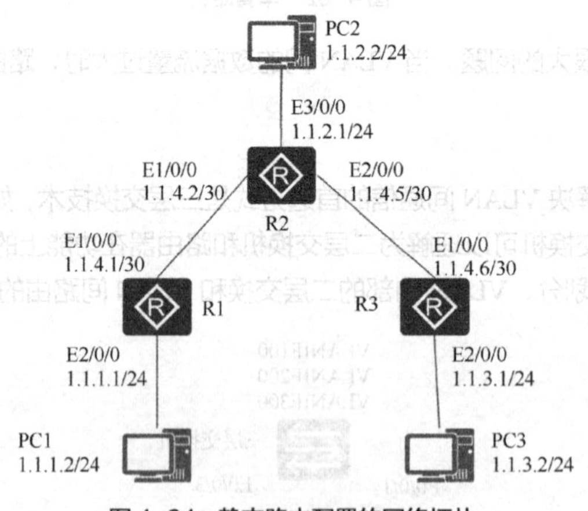

图4-34 静态路由配置的网络拓扑

本例的配置思路如下。

① 配置各路由器各接口的IP地址，使网络互通。

② 在路由器上配置到目的地址的静态路由及默认路由。

③ 在各主机上配置默认网关，使任意两台主机可以互通。

为完成此配置案例，需理解并准备好以下数据。

① R1的下一跳为1.1.4.2的默认路由。

② R2 的目的地址为 1.1.1.0、下一跳为 1.1.4.1 的静态路由。

③ R2 的目的地址为 1.1.3.0、下一跳为 1.1.4.6 的静态路由。

④ R3 的下一跳为 1.1.4.5 的默认路由。

⑤ 主机 PC1 的默认网关为 1.1.1.1，主机 PC2 的默认网关为 1.1.2.1，主机 PC3 的默认网关为 1.1.3.1。

具体的参考配置过程如下。

① 配置各接口的 IP 地址（参考实训 3-2）。

② 配置静态路由。

- 在 R1 上配置默认路由。

```
[R1]ip route-static 0.0.0.0 0.0.0.0 1.1.4.2
```

- 在 R2 上配置两条静态路由。

```
[R2]ip route-static 1.1.1.0 255.255.255.0 1.1.4.1
[R2]ip route-static 1.1.3.0 255.255.255.0 1.1.4.6
```

- 在 R3 上配置默认路由。

```
[R3]ip route-static 0.0.0.0 0.0.0.0 1.1.4.5
```

③ 配置主机。分别配置主机 PC1、PC2 和 PC3 的默认网关为 1.1.1.1、1.1.2.1 和 1.1.3.1。完成配置后，可以执行【display ip routing-table】命令检查静态路由的配置结果。

④ 结果验证。

完成以上配置后，可以在路由器 R1 上执行【display ip routing-table】命令显示 R1 的路由表，检查配置的默认路由是否正确添加到路由表中。

```
[R1]display ip routing-table
Route Flags: R - relay, D - download to fib
------------------------------------------------------------------------------
Routing Tables: Public
         Destinations : 8        Routes : 8
Destination/Mask    Proto  Pre  Cost  Flags     NextHop         Interface
       0.0.0.0/0    Static 60   0      RD      1.1.4.2         Ethernet1/0/0
       1.1.1.0/24   Direct 0    0       D      1.1.1.1         Ethernet2/0/0
       1.1.1.1/32   Direct 0    0       D      127.0.0.1       InLoopBack0
       1.1.4.0/30   Direct 0    0       D      1.1.4.1         Ethernet1/0/0
       1.1.4.1/32   Direct 0    0       D      127.0.0.1       InLoopBack0
       1.1.4.2/32   Direct 0    0       D      1.1.4.2         Ethernet1/0/0
     127.0.0.0/8    Direct 0    0       D      127.0.0.1       InLoopBack0
     127.0.0.1/32   Direct 0    0       D      127.0.0.1       InLoopBack0
```

确认静态路由配置正确后，使用【ping】命令验证路由器 R1 到主机的连通性。

```
[R1]ping 1.1.3.1
  PING 1.1.3.1: 56  data bytes, press CTRL_C to break
    Reply from 1.1.3.1: bytes=56 Sequence=1 ttl=254 time=62 ms
    Reply from 1.1.3.1: bytes=56 Sequence=2 ttl=254 time=63 ms
    Reply from 1.1.3.1: bytes=56 Sequence=3 ttl=254 time=63 ms
    Reply from 1.1.3.1: bytes=56 Sequence=4 ttl=254 time=62 ms
    Reply from 1.1.3.1: bytes=56 Sequence=5 ttl=254 time=62 ms
```

```
--- 1.1.3.1 ping statistics ---
  5 packet(s) transmitted
  5 packet(s) received
  0.00% packet loss
round-trip min/avg/max = 62/62/63 ms
```

在 PC 上也可使用【ping】命令验证到路由器的连通性，其操作方法与路由器上的类同。

【技能实训】

实训 4-1 配置以太网端口

【实训描述】

小白学习了以太网的工作原理和以太网的端口技术后，很想通过实训来验证一下学到的知识，这样不仅可以加深对以太网的理解，还便于后期搭建和配置一些常见的局域网。本实训配置以太网的几种端口技术包括自动协商、流量控制和端口聚合。

【实训准备】

1. 安装了 eNSP 和 Windows 7 以上操作系统的计算机。
2. 完成数据准备。

【实训拓扑】

以太网端口聚合拓扑如图 4-35 所示。

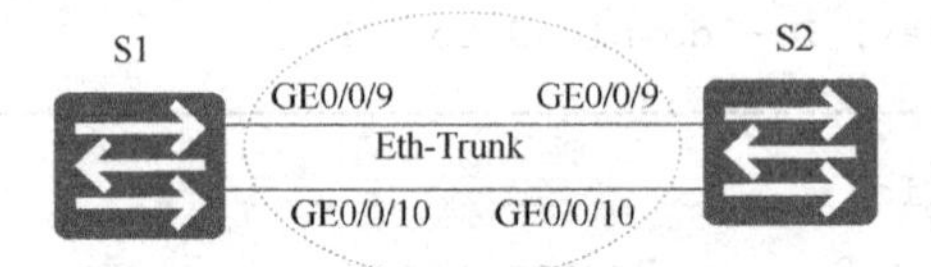

图 4-35 以太网端口聚合拓扑

【实训步骤】

1. 在 eNSP 上按图 4-35 搭建实训拓扑。

（1）双击打开 eNSP 软件，选择“新建拓扑”选项。

（2）选择“交换机”选项，再选择“S5700”选项，连续拖曳两次至操作区，增加两台交换机，如图 4-36 所示。

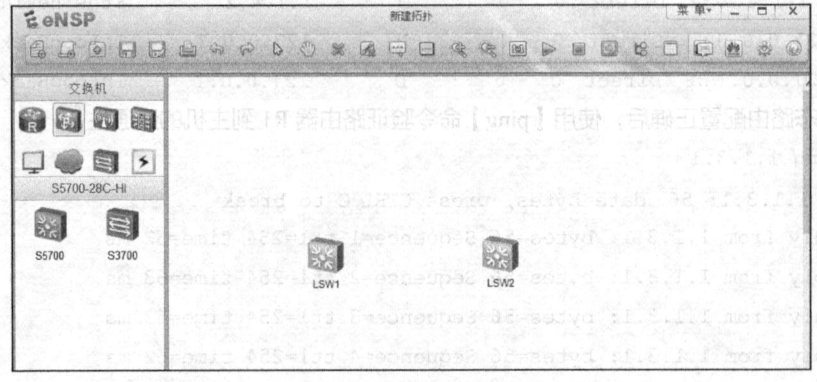

图 4-36 增加两台交换机

（3）选择“设备连线”选项，选择“Copper”选项，完成两台交换机之间的线缆连接，拓扑建立完成，如图 4-37 所示。

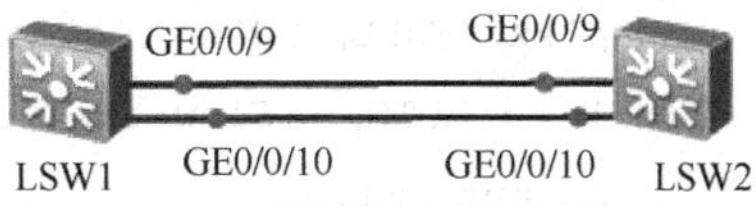

图 4-37　拓扑建立完成

2. 待设备启动完成后，进行以太网交换机的基础配置（华为交换机接口默认启用了自动协商功能。在本实训中，需要手动配置 S1 与 S2 上 GE0/0/9 和 GE0/0/10 接口的速率）。

（1）先修改交换机 LSW1 的设备名称为 S1，再查看 S1 上 GE0/0/9 和 GE0/0/10 接口的详细信息。

```
<Quidway>system-view
[Quidway]sysname S1
[S1]
```

（2）在修改接口的速率之前应先关闭接口的自动协商功能，再将 S1 上的 GE0/0/9 和 GE0/0/10 接口的速率配置为 100 Mbit/s。

```
[S1]interface GigabitEthernet 0/0/9
[S1-GigabitEthernet0/0/9]undo negotiation auto
[S1-GigabitEthernet0/0/9]speed 100
[S1-GigabitEthernet0/0/9]quit
[S1]interface GigabitEthernet 0/0/10
[S1-GigabitEthernet0/0/10]undo negotiation auto
[S1-GigabitEthernet0/0/10]speed 100
```

（3）用同样的方法修改 LSW2 交换机的设备名称为 S2，并将 S2 上的 GE0/0/9 和 GE0/0/10 接口的速率配置为 100 Mbit/s。

```
<Quidway>system-view
[Quidway]sysname S2
[S2]interface GigabitEthernet 0/0/9
[S2-GigabitEthernet0/0/9]undo negotiation auto
[S2-GigabitEthernet0/0/9]speed 100
[S2-GigabitEthernet0/0/9]quit
[S2]interface GigabitEthernet 0/0/10
[S2-GigabitEthernet0/0/10]undo negotiation auto
[S2-GigabitEthernet0/0/10]speed 100
```

（4）验证 S1 上的 GE0/0/9 和 GE0/0/10 接口的速率已配置成功。

```
[S1]display interface GigabitEthernet 0/0/9
GigabitEthernet0/0/9 current state : UP
Line protocol current state : UP
Description:
Switch Port, Link-type : trunk(negotiated),
PVID :    1, TPID : 8100(Hex), The Maximum Frame Length is 9216
IP Sending Frames' Format is PKTFMT_ETHNT_2, Hardware address is d0d0-4ba6-aab0
Current system time: 2016-11-23 14:29:45
Port Mode: COMMON COPPER
Speed : 100,    Loopback: NONE
```

```
Duplex: FULL,   Negotiation: DISABLE
Mdi   : AUTO,   Flow-control: DISABLE
......output omit......

[S1]display interface GigabitEthernet 0/0/10
GigabitEthernet0/0/10 current state : UP
Line protocol current state : UP
Description:
Switch Port, Link-type : trunk(negotiated),
PVID :   1, TPID : 8100(Hex), The Maximum Frame Length is 9216
IP Sending Frames' Format is PKTFMT_ETHNT_2, Hardware address is d0d0-4ba6-aab0
Current system time: 2016-11-23 14:32:53
Port Mode: COMMON COPPER
Speed : 100,    Loopback: NONE
Duplex: FULL,   Negotiation: DISABLE
Mdi   : AUTO,   Flow-control: DISABLE
......output omit......
```

3. 配置手动负载分担模式的端口聚合。

（1）在 S1 和 S2 上创建 Eth-Trunk 1，将 GE0/0/9 和 GE0/0/10 接口加入 Eth-Trunk 1（注意：将接口加入 Eth-Trunk 1 前需确认成员接口下没有任何配置）。

```
[S1]interface eth-trunk 1
[S1-Eth-Trunk1]quit
[S1]interface GigabitEthernet 0/0/9
[S1-GigabitEthernet0/0/9]eth-trunk 1
[S1-GigabitEthernet0/0/9]quit
[S1]interface GigabitEthernet 0/0/10
[S1-GigabitEthernet0/0/10]eth-trunk 1

[S2]interface eth-trunk 1
[S2-Eth-Trunk1]quit
[S2]interface GigabitEthernet 0/0/9
[S2-GigabitEthernet0/0/9]eth-trunk 1
[S2-GigabitEthernet0/0/9]quit
[S2]interface GigabitEthernet 0/0/10
[S2-GigabitEthernet0/0/10]eth-trunk 1
```

（2）查看 Eth-Trunk 1 的配置结果，可以看到 Eth-Trunk 1 工作正常，成员接口都已正确加入。

```
[S1]display eth-trunk 1
Eth-Trunk1's state information is:
WorkingMode: NORMAL         Hash arithmetic: According to SIP-XOR-DIP
Least Active-linknumber: 1  Max Bandwidth-affected-linknumber: 8
```

```
Operate status: up        Number Of Up Port In Trunk: 2
--------------------------------------------------------------------------------
PortName                  Status     Weight
GigabitEthernet0/0/9       Up         1
GigabitEthernet0/0/10      Up         1

[S2]display eth-trunk 1
Eth-Trunk1's state information is:
WorkingMode: NORMAL        Hash arithmetic: According to SIP-XOR-DIP
Least Active-linknumber: 1  Max Bandwidth-affected-linknumber: 8
Operate status: up        Number Of Up Port In Trunk: 2
--------------------------------------------------------------------------------
PortName                  Status     Weight
GigabitEthernet0/0/9       Up         1
GigabitEthernet0/0/10      Up         1
```

4. 配置静态 LACP 模式的端口聚合。

（1）删除 S1 和 S2 上的 GE0/0/9 和 GE0/0/10 接口下的配置。

```
[S1]interface GigabitEthernet 0/0/9
[S1-GigabitEthernet0/0/9]undo eth-trunk
[S1-GigabitEthernet0/0/9]quit
[S1]interface GigabitEthernet 0/0/10
[S1-GigabitEthernet0/0/10]undo eth-trunk

[S2]interface GigabitEthernet 0/0/9
[S2-GigabitEthernet0/0/9]undo eth-trunk
[S2-GigabitEthernet0/0/9]quit
[S2]interface GigabitEthernet 0/0/10
[S2-GigabitEthernet0/0/10]undo eth-trunk
```

（2）创建 Eth-Trunk 1，并配置 Eth-Trunk 1 为静态 LACP 模式。将 GE0/0/9 和 GE0/0/10 接口加入 Eth-Trunk 1。

```
[S1]interface eth-trunk 1
[S1-Eth-Trunk1]mode lacp
[S1-Eth-Trunk1]quit
[S1]interface GigabitEthernet 0/0/9
[S1-GigabitEthernet0/0/9]eth-trunk 1
[S1-GigabitEthernet0/0/9]quit
[S1]interface GigabitEthernet 0/0/10
[S1-GigabitEthernet0/0/10]eth-trunk 1

[S2]interface eth-trunk 1
```

```
[S2-Eth-Trunk1]mode lacp
[S2-Eth-Trunk1]quit
[S2]interface GigabitEthernet 0/0/9
[S2-GigabitEthernet0/0/9]eth-trunk 1
[S2-GigabitEthernet0/0/9]quit
[S2]interface GigabitEthernet 0/0/10
[S2-GigabitEthernet0/0/10]eth-trunk 1
```

（3）查看交换机上 Eth-Trunk 1 的信息，查看链路是否协商成功。

```
[S1]display eth-trunk 1
Eth-Trunk1's state information is:
Local:
LAG ID: 1                  WorkingMode: LACP
Preempt Delay: Disabled     Hash arithmetic: According to SIP-XOR-DIP
System Priority: 32768      System ID: d0d0-4ba6-aab0
Least Active-linknumber: 1  Max Active-linknumber: 8
Operate status: up          Number Of Up Port In Trunk: 2
--------------------------------------------------------------------------------
ActorPortName          Status   PortType PortPri PortNo PortKey PortState Weight
GigabitEthernet0/0/9   Selected 100M     32768    1      289     10111100  1
GigabitEthernet0/0/10  Selected 100M     32768    2      289     10111100  1

Partner:
--------------------------------------------------------------------------------
ActorPortName          SysPri   SystemID        PortPri PortNo PortKey PortState
GigabitEthernet0/0/9   32768    d0d0-4ba6-ac20  32768   1      289     10111100
GigabitEthernet0/0/10  32768    d0d0-4ba6-ac20  32768   2      289     10111100
```

（4）在 S1 上配置 LACP 的系统优先级为 100，使其成为 LACP 主动端。

```
[S1]lacp  priority 100
```

（5）配置接口的优先级，确定活动链路。

```
[S1]interface GigabitEthernet 0/0/9
[S1-GigabitEthernet0/0/9]lacp priority 100
[S1-GigabitEthernet0/0/9]quit
[S1]interface GigabitEthernet 0/0/10
[S1-GigabitEthernet0/0/10]lacp priority 100
```

（6）查看 S1 上 Eth-Trunk 1 的配置结果。

```
[S1]display  eth-trunk 1
Eth-Trunk1's state information is:
Local:
LAG ID: 1                  WorkingMode: LACP
Preempt Delay: Disabled     Hash arithmetic: According to SIP-XOR-DIP
```

```
System Priority: 100        System ID: d0d0-4ba6-aab0
Least Active-linknumber: 1  Max Active-linknumber: 8
Operate status: up          Number Of Up Port In Trunk: 2
------------------------------------------------------------------------------
ActorPortName          Status   PortType PortPri PortNo PortKey PortState Weight
GigabitEthernet0/0/9   Selected 100M     100       1     289     10111100   1
GigabitEthernet0/0/10  Selected 100M     100       2     289     10111100   1

Partner:
------------------------------------------------------------------------------
ActorPortName          SysPri   SystemID        PortPri PortNo PortKey PortState
GigabitEthernet0/0/9   32768    d0d0-4ba6-ac20  32768   1      289     10111100
GigabitEthernet0/0/10  32768    d0d0-4ba6-ac20  32768   2      289     10111100

[S2]display  eth-trunk 1
Eth-Trunk1's state information is:
Local:
LAG ID: 1                 WorkingMode: LACP
Preempt Delay: Disabled     Hash arithmetic: According to SIP-XOR-DIP
System Priority: 32768      System ID: d0d0-4ba6-ac20
Least Active-linknumber: 1  Max Active-linknumber: 8
Operate status: up          Number Of Up Port In Trunk: 2
------------------------------------------------------------------------------
ActorPortName          Status   PortType PortPri PortNo PortKey PortState Weight
GigabitEthernet0/0/9   Selected 100M     32768     1     289     10111100   1
GigabitEthernet0/0/10  Selected 100M     32768     2     289     10111100   1

Partner:
------------------------------------------------------------------------------
ActorPortName          SysPri   SystemID        PortPri PortNo PortKey PortState
GigabitEthernet0/0/9   100      d0d0-4ba6-aab0  100     1      289     10111100
GigabitEthernet0/0/10  100      d0d0-4ba6-aab0  100     2      289     10111100
```

实训 4-2　配置交换机

【实训描述】

小白在学习了交换机知识后，想通过实训更好地了解交换机的工作原理。于是，他打开 eNSP，创建了两台初始化交换机和 4 台初始化 PC，开始学习交换机的基本配置命令。

【实训准备】

1. 安装了 eNSP 和 Windows 7 以上操作系统的计算机。
2. 完成数据准备。

【实训拓扑】

本实训的拓扑如图 4-38 所示。

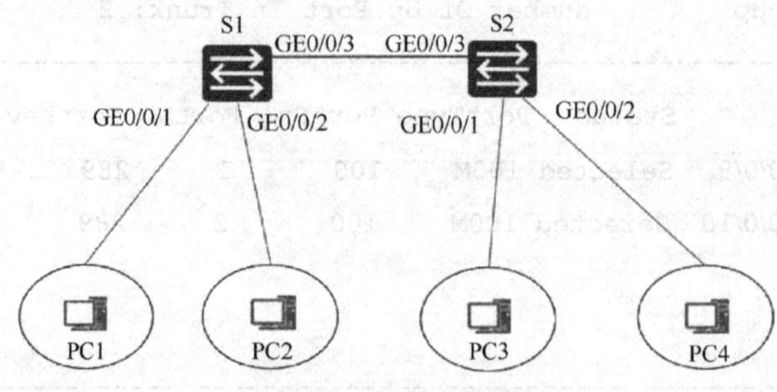

图 4–38　交换机配置拓扑

【实训步骤】

1. 在 eNSP 上按图 4-38 搭建实训拓扑。

（1）双击打开 eNSP 软件，选择“新建拓扑”选项。

（2）选择“交换机”选项，再选择“S5700”选项，连续拖曳两次至操作区；选择“终端”选项，再选择“PC”选项，拖曳 4 台 PC 至操作区，如图 4-39 所示。

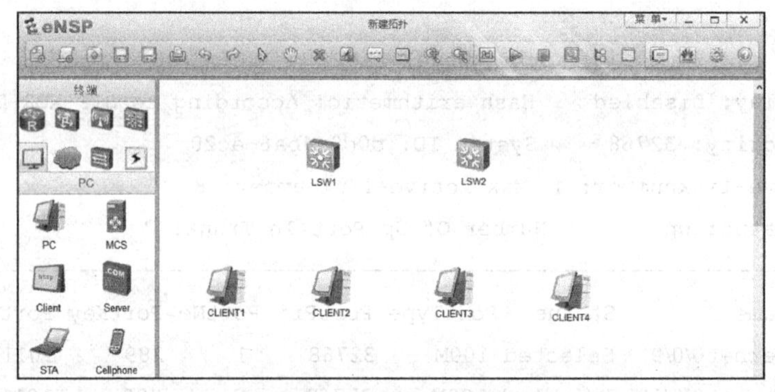

图 4–39　增加交换机和终端

（3）选择“设备连线”选项，再选择“Auto”选项，完成两台交换机以及交换机和 PC 之间的线缆连接并修改各设备的名称，拓扑建立完成，如图 4-40 所示。

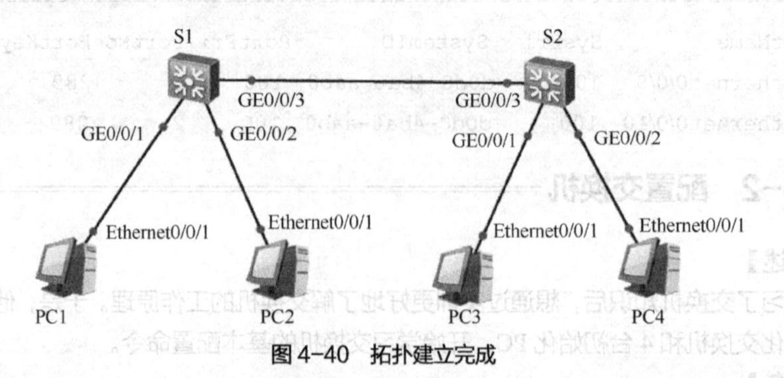

图 4–40　拓扑建立完成

2. 打开所有设备，为 4 台 PC 配置相同网段的 IP 地址。这里配置的是 192.168.10.0/24 网段。4 台 PC 的 IP 地址分别为 192.168.10.10/24、192.168.10.20/24,192.168.10.30/24 和 192.168.10.40/24。其中，PC1 的 IP 地址配置如图 4-41 所示。

图 4-41　PC1 的 IP 地址配置

3. 双击 PC2，在命令行界面中执行【ping 192.168.10.10 -t】命令，使其持续不断地 ping PC1 的 IP 地址，让 PC2 的数据帧能够发送出去，如图 4-42 所示。

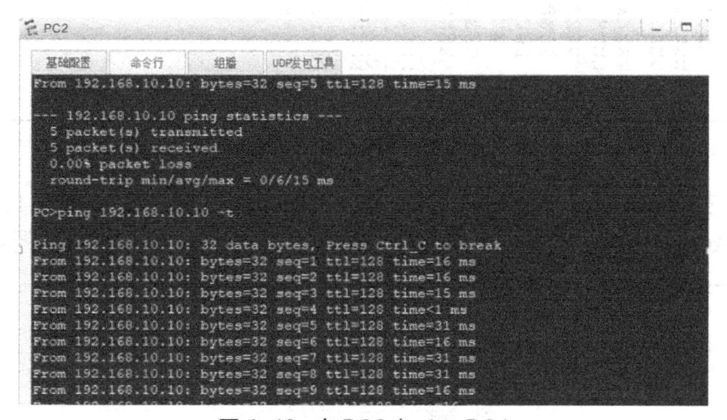

图 4-42　在 PC2 上 ping PC1

4. 右击 S1 的 GE0/0/2 接口，选择“开始抓包”选项，如图 4-43 所示。

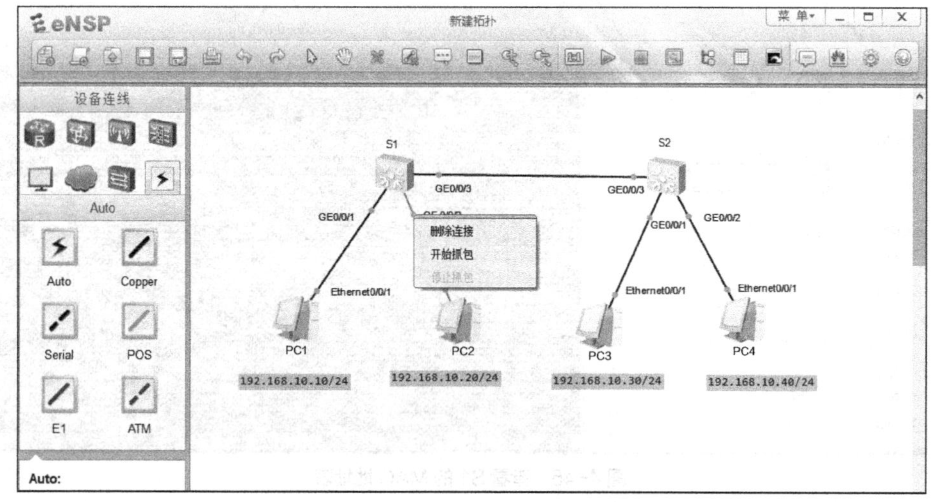

图 4-43　在 S1 的 GE0/0/2 接口上进行抓包

5．抓包软件 Wireshark 自动开始抓包，在抓包软件上查看 ICMP 包，如图 4-44 所示。

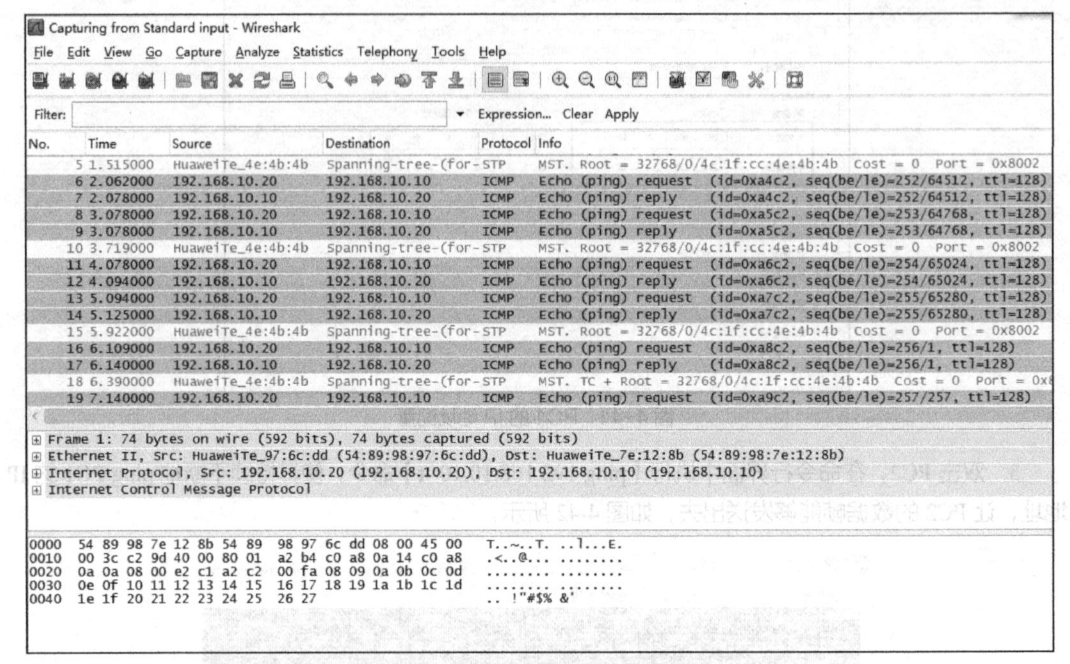

图 4-44　在抓包软件上查看 ICMP 包

6．双击 S1，执行【dis mac-address】命令，按“Backspace”键。可以发现，此时 S1 已经学习到 PC1 和 PC2 的 MAC 地址信息，这些信息和它们连接的交换机端口是相对应的，如图 4-45 所示。

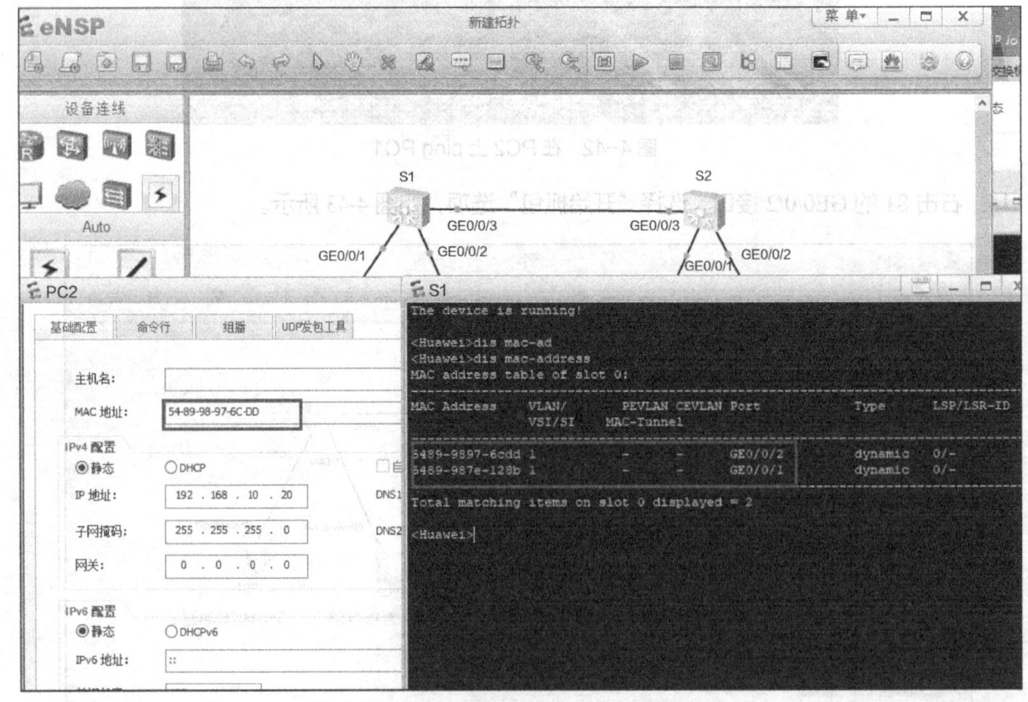

图 4-45　查看 S1 的 MAC 地址表

7. 同理，使 PC3 和 PC4 分别 ping PC1，使它们的数据帧也发送给 PC1。再次查看 S1 的 MAC 地址表时，可以发现 PC3 和 PC4 的 MAC 地址信息也已经被学习到了，如图 4-46 所示。

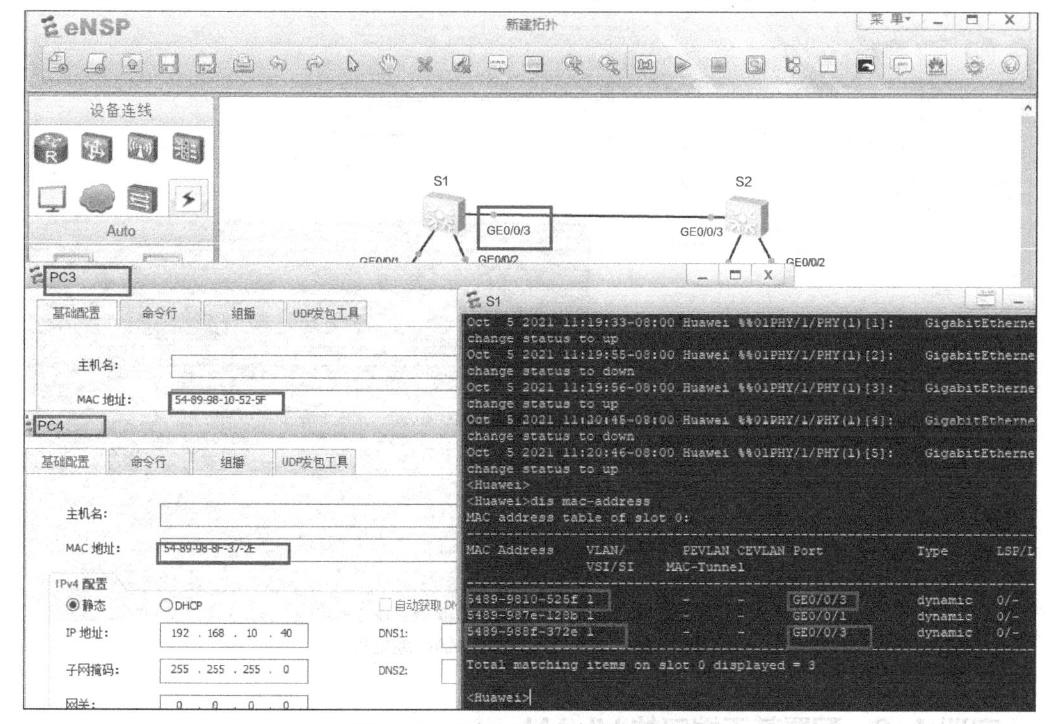

图 4-46　再次查看 S1 的 MAC 地址表

8. 此时，查看 S2 的 MAC 地址表可以发现，PC1、PC3、PC4 的 MAC 地址已经存在，这是因为刚才 PC3 和 PC4 传输数据帧给 PC1 的时候，S2 已经学习到了 PC1、PC3 和 PC4 的 MAC 地址，如图 4-47 所示。

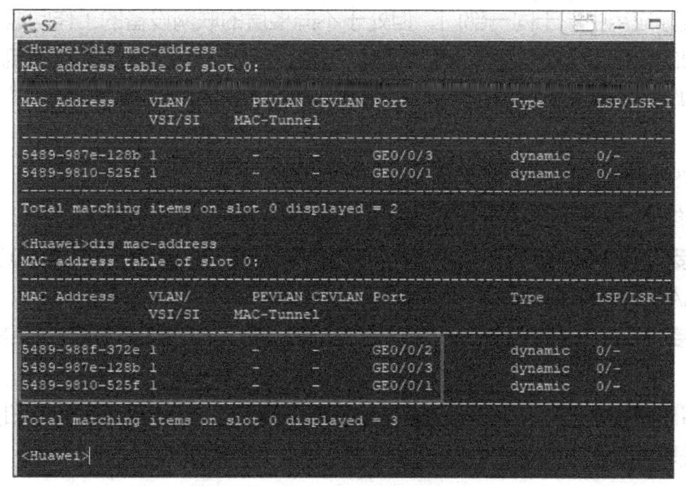

图 4-47　查看 S2 的 MAC 地址表

9. 但是 S2 并没有学习到 PC2 的 MAC 地址，只需要 PC3 或 PC4 ping PC2 的 IP 地址（发送数据帧给 PC2），S2 就能学习到 PC2 的 MAC 地址了，如图 4-48 所示。

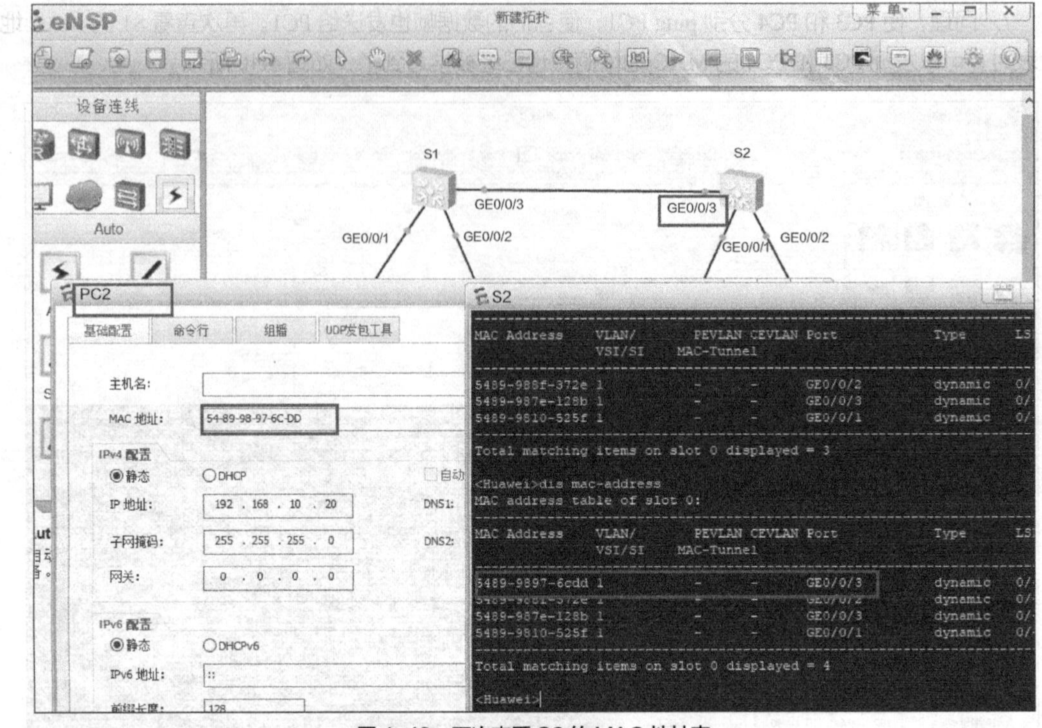

图 4-48　再次查看 S2 的 MAC 地址表

实训 4-3　配置基于端口的 VLAN

【实训描述】

基于端口划分 VLAN 是最简单、最有效、最常见的方式之一。本实训就以该情景介绍 VLAN 的基本配置。

本实训解决实际应用中属于同一部门，但处于不同楼层的联网设备的工作问题。在这一情况下，通过划分基于端口的 VLAN 实现交换机端口隔离，可使在同一个 VLAN 中的计算机能跨交换机进行通信，而不同 VLAN 中的计算机不能相互通信。配置完成后，在 PC 中测试效果。

【实训准备】

1. 安装了 eNSP 和 Windows 7 以上操作系统的计算机。

2. 完成数据准备。为进行本实训，需准备如下数据。

（1）SWA 的接口 GE0/0/1 属于 VLAN 10，GE0/0/2 属于 VLAN 20，GE0/0/20 为 Trunk 接口，允许 VLAN 10、VLAN 20 的流量通过。

（2）SWB 的接口 GE0/0/1 属于 VLAN 10，GE0/0/20 为 Trunk 接口，允许 VLAN 10、VLAN 20 的流量通过。

本实训的配置思路如下：先创建 VLAN，规划员工所属的 VLAN；再配置端口属性，确定设备连接对象；最后，关联端口和 VLAN。

【实训拓扑】

如图 4-49 所示，位于一楼的交换机 SWA 的接口 GE0/0/20 与二楼的交换机 SWB 的接口 GE0/0/20 相连。SWA 的两个下行接口分别加入 VLAN 10 和 VLAN 20。SWB 的一个下行接口加入 VLAN 10。要求 VLAN 10 内的 PC 能够互相访问，VLAN 10 与 VLAN 20 内的 PC 不能够互相访问。

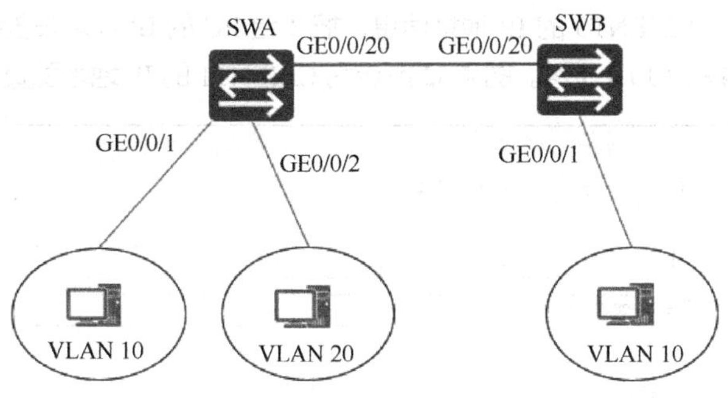

图 4-49　VLAN 配置拓扑

【实训步骤】

1. 在 eNSP 上按图 4-49 搭建实训拓扑。

（1）双击打开 eNSP 软件，选择“新建拓扑”选项。

（2）选择“交换机”选项，再选择“S5700”选项，连续拖曳两次至操作区；选择“终端”选项，再选择“PC”选项，拖曳 3 台 PC 至操作区。其中，CLIENT1 和 CLIENT3 划分入 VLAN 10，CLIENT2 划分入 VLAN 20，如图 4-50 所示。

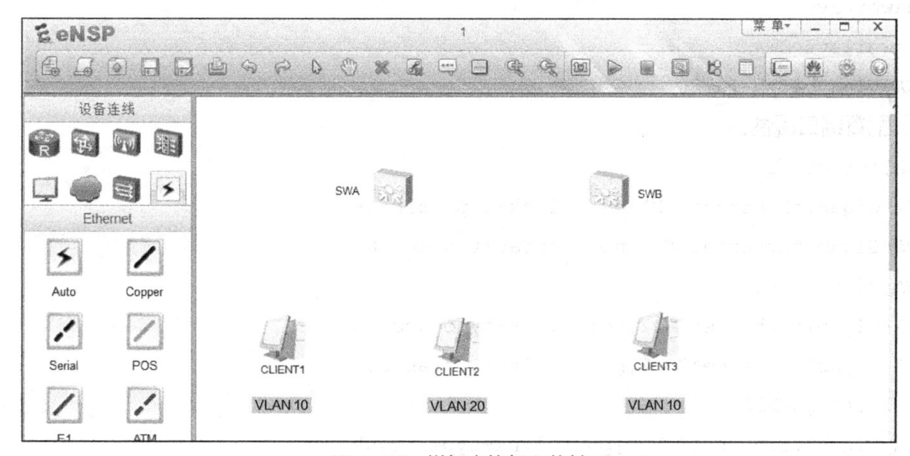

图 4-50　增加交换机和终端

（3）选择“设备连线”选项，选择“Copper”选项，完成两台交换机之间以及交换机和 PC 之间的线缆连接，并启动设备，拓扑建立完成，如图 4-51 所示。

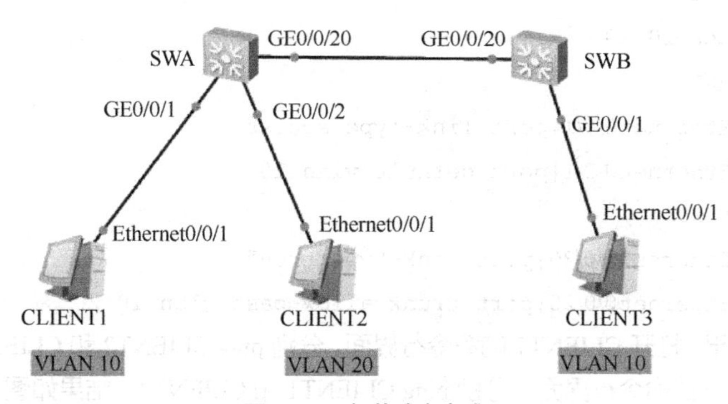

图 4-51　拓扑建立完成

2. 配置 CLIENT1～CLIENT3 的 IP 地址信息，把 3 台 PC 的 IP 地址设置在同一网段中，分别为 10.1.1.1/24、10.1.1.2/24 和 10.1.1.3/24。图 4-52 所示为 CLIENT1 的 IP 地址配置。

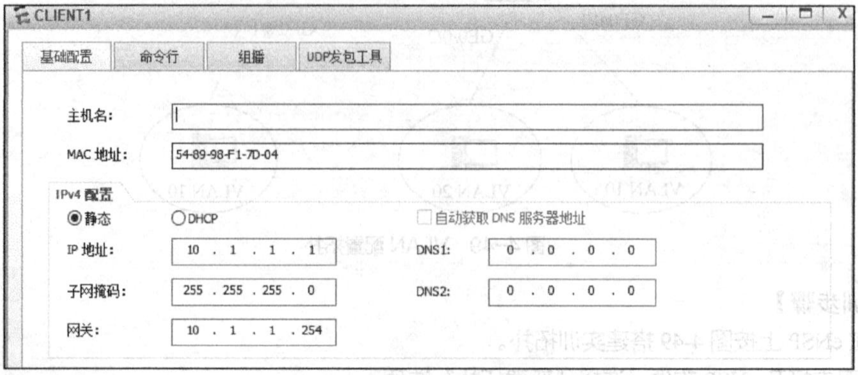

图 4-52　CLIENT1 的 IP 地址配置

3. 配置 SWA。

（1）创建 VLAN 10、VLAN 20。

```
<Huawei>sys
[Huawei]sys SWA
[SWA]vlan batch 10 20
```

（2）配置端口属性。

```
[SWA]int g0/0/1
[SWA-GigabitEthernet0/0/1]port link-type access
[SWA-GigabitEthernet0/0/1]port default vlan 10
[SWA] int g0/0/2
[SWA-GigabitEthernet0/0/2]port link-type access
[SWA-GigabitEthernet0/0/2]port default vlan 20
[SWA] int g0/0/20
[SWA-GigabitEthernet0/0/20]port link-type trunk
[SWA-GigabitEthernet0/0/20]port trunk allow-pass vlan 10 20
```

4. 配置 SWB，配置方法同 SWA。

```
<Huawei>sys
[Huawei]sys SWB
[SWB]vlan batch 10 20
[SWB] int g0/0/1
[SWB-GigabitEthernet0/0/1]port link-type access
[SWB-GigabitEthernet0/0/1]port default vlan 10
[SWB] int g0/0/20
[SWB-GigabitEthernet0/0/20]port link-type trunk
[SWB-GigabitEthernet0/0/20]port trunk allow-pass vlan 10 20
```

5. 验证配置结果。打开 CLIENT1 的命令行界面，分别 ping CLIENT2 和 CLIENT3，结果如图 4-53 所示。打开 CLIENT2 的命令行界面，分别 ping CLIENT1 和 CLIENT3，结果如图 4-54 所示。

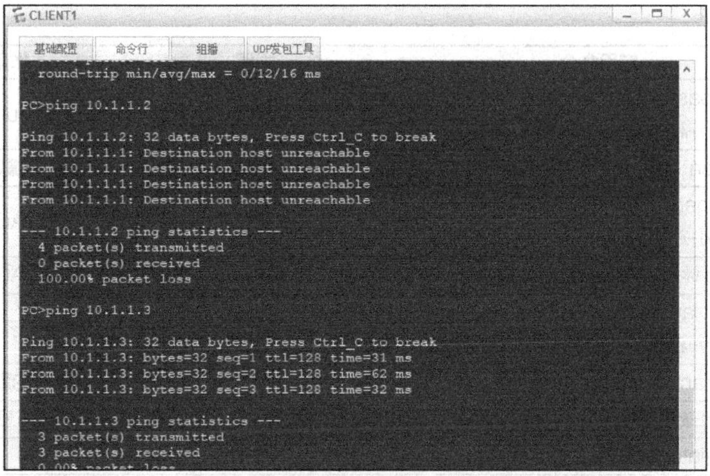

```
CLIENT1
基础配置 命令行 组播 UDP发包工具
  round-trip min/avg/max = 0/12/16 ms

PC>ping 10.1.1.2

Ping 10.1.1.2: 32 data bytes, Press Ctrl_C to break
From 10.1.1.1: Destination host unreachable
From 10.1.1.1: Destination host unreachable
From 10.1.1.1: Destination host unreachable
From 10.1.1.1: Destination host unreachable

--- 10.1.1.2 ping statistics ---
  4 packet(s) transmitted
  0 packet(s) received
  100.00% packet loss

PC>ping 10.1.1.3

Ping 10.1.1.3: 32 data bytes, Press Ctrl_C to break
From 10.1.1.3: bytes=32 seq=1 ttl=128 time=31 ms
From 10.1.1.3: bytes=32 seq=2 ttl=128 time=62 ms
From 10.1.1.3: bytes=32 seq=3 ttl=128 time=32 ms

--- 10.1.1.3 ping statistics ---
  3 packet(s) transmitted
  3 packet(s) received
```

图 4-53　CLIENT1 上 ping CLIENT2 和 CLIENT3 的结果

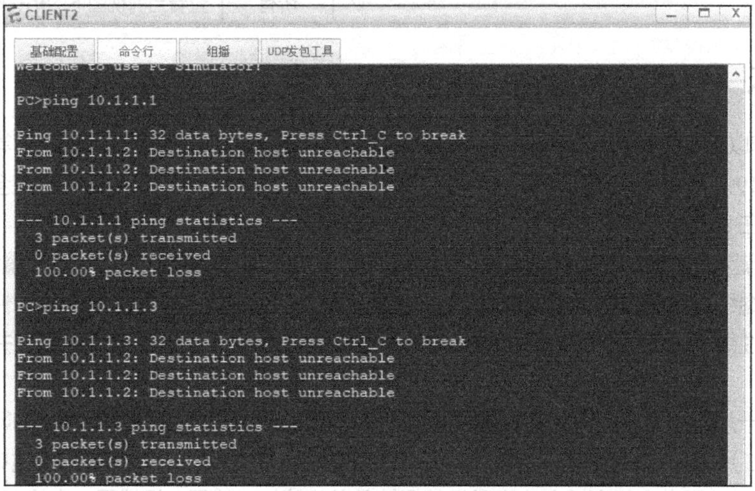

```
CLIENT2
基础配置 命令行 组播 UDP发包工具
Welcome to use PC Simulator!

PC>ping 10.1.1.1

Ping 10.1.1.1: 32 data bytes, Press Ctrl_C to break
From 10.1.1.2: Destination host unreachable
From 10.1.1.2: Destination host unreachable
From 10.1.1.2: Destination host unreachable

--- 10.1.1.1 ping statistics ---
  3 packet(s) transmitted
  0 packet(s) received
  100.00% packet loss

PC>ping 10.1.1.3

Ping 10.1.1.3: 32 data bytes, Press Ctrl_C to break
From 10.1.1.2: Destination host unreachable
From 10.1.1.2: Destination host unreachable
From 10.1.1.2: Destination host unreachable

--- 10.1.1.3 ping statistics ---
  3 packet(s) transmitted
  0 packet(s) received
  100.00% packet loss
```

图 4-54　CLIENT2 上 ping CLIENT1 和 CLIENT3 的结果

可以看到，VLAN 10 内的 PC 可以互相 ping 通，而 VLAN 10 内的 PC 与 VLAN 20 内的 PC 不可 ping 通。

有关 VLAN 配置的常用命令如表 4-7 所示。

表 4-7　有关 VLAN 配置的常用命令

常用命令	视图	作用
vlan *vlan-id*	系统	创建 VLAN，进入 VLAN 视图，vlan-id 的范围为 1～4096
vlan batch {*vlan-id1* [to *vlan-id2*]} <1-10>	系统	批量创建 VLAN
interface interface-type *interface-number*	系统	进入指定接口
port link-type{access | hybrid | trunk | dot1q-tunnel}	系统	配置 VLAN 端口属性
port default vlan *vlan-id*	接口	将 Access 端口加入指定 VLAN 中
port interface-type {*interface-number1* [to *interface-number2*]} <1-10>	VLAN	批量将 Access 端口加入指定 VLAN

续表

<table>
<tr><th>常用命令</th><th>视图</th><th>作用</th></tr>
<tr><td>port trunk allow-pass vlan
{{vlan-id1 [to vlan-id2]}&<1-10>|all}</td><td>接口</td><td>配置允许通过该 Trunk 接口的帧</td></tr>
<tr><td>port trunk pvid vlan vlan-id</td><td>接口</td><td>配置 Trunk 接口的默认 VLAN ID</td></tr>
<tr><td>port hybrid untagged vlan
{{vlan-id1 [to vlan-id2]}&<1-10>|all}</td><td>接口</td><td>指定发送时剥离 TAG 的帧</td></tr>
<tr><td>port hybrid tagged vlan {{vlan-id1 [to vlan-id2]}&<1-10>|all}</td><td>接口</td><td>指定发送时保留 TAG 的帧</td></tr>
<tr><td>undo port hybrid vlan
{{vlan-id1 [to vlan-id2]}&<1-10>|all}</td><td>接口</td><td>移除原先允许通过该 Hybrid 接口的帧</td></tr>
<tr><td>port hybrid pvid vlan vlan-id</td><td>接口</td><td>配置 Hybrid 接口的默认 VLAN ID</td></tr>
<tr><td>display vlan [vlan-id [verbose]]</td><td>所有</td><td>查看 VLAN 相关信息</td></tr>
<tr><td>display interface [interface-type [interface-number]]</td><td>所有</td><td>查看接口信息</td></tr>
<tr><td>display port vlan [interface-type [interface-number]]</td><td>所有</td><td>查看基于端口划分 VLAN 的相关信息</td></tr>
<tr><td>display this</td><td>所有</td><td>查看当前视图下的相关配置</td></tr>
</table>

【学思启示——国产网络设备的替代之路】

在 2000 年以前，计算机网络设备行业基本上被国外厂商垄断，包括思科、Juniper 等。始创于 1984 年的思科，在 1994 年进入我国市场，并一度在我国通信市场占据 70%以上的份额，在全球通信市场占据的份额更是在 80%以上。

自 2002 年起，华为公司在我国通信市场崭露头角，但当时华为和思科还不是同一量级的公司。2003 年以后，华为继续在网络设备行业不断深耕。随着技术的不断成熟，华为网络设备的性能逐渐逼近思科网络设备的性能，凭借明显的价格优势，华为网络设备在我国通信市场迅速扩展，并逐步走向全球市场。

经过最近十几年的自主创新，现在国内很多厂商的网络设备已经可以替代思科的网络设备。国际数据公司（IDC）的统计数据显示，2020 年，在我国的网络设备市场上，华为的市场占有率接近 80%，而思科则只有 2%；而在全球市场上，思科仍然保持着龙头地位。值得一提的是，在全球路由器市场上，思科的市场占有率为 37.2%，而华为紧随其后，市场占有率为 29.8%，给思科带来了持续压力。另外，国际调研机构 Omdia 的调研报告显示，在全球网络设备市场上，华为路由器产品市场占有率于 2018 年成功超越思科，位居第一，并一直保持着领先地位。

【模块小结】

本模块介绍了局域网的基础知识，包括局域网基本概念、以太网技术和工作原理、以太网端口技术、VLAN 技术、IP 路由技术等。通过对本模块的学习，学生可学习局域网和以太网的基础知识及原理，并掌握以太网的组建和配置方法。

本模块最后通过实训使学生加深对理论知识的理解，训练学生的网络配置和排障能力，培养学生分析网络、排除故障的能力，有助于培养学生的动手能力和自主学习的能力。

【练习题】

一、填空题

1. 在共享式以太网 10Base-T 的命名方法中，10 表示______，Base 表示______，T 表示______。

2. CSMA/CD 协议的中文名称是________，其基本工作原理为________。

3. 交换机的数据转发方式有_______、_______和________3 种。

4. VLAN 技术最主要的功能是________。

5. MAC 地址共有____________位，一般由 12 个____________进制数据表示，分为两部分，分别是__________和__________。

二、选择题

1. 下列 IEEE 工作组中，研究以太网访问控制方法和物理层规范的是（　　）。

A. IEEE 802.1　　B. IEEE 802.2　　C. IEEE 802.3　　D. IEEE 802.4

2. 共享式以太网协议 CSMA/CD 工作在（　　）。

A. 物理层　　B. 数据链路层　　C. 网络层　　D. 传输层

3. 交换机一般采用（　　）拓扑结构的以太网技术。

A. 树形　　B. 总线型　　C. 星形　　D. 环形

4. 在交换机的 MAC 地址表中，交换机的以太网接口和（　　）一起作为一个条目。

A. IP 地址　　B. MAC 地址　　C. 端口地址　　D. 网络地址

5. 下列不适合吉比特以太网使用的介质是（　　）。

A. 同轴电缆　　B. 双绞线　　C. 多模光纤　　D. 单模光纤

6. 交换机之间的连接接口设置为汇聚链接（Trunk）后，产生的效果是（　　）。

A. 不同交换机上的不同 VLAN 可以通信

B. 不同交换机上的不同 VLAN 可以通信

C. 同一交换机上的不同 VLAN 可以通信

D. 同一交换机上的相同 VLAN 可以通信

三、简述题

1. 局域网的常见技术有哪些?

2. 请说明 Ethernet-II 标准的帧格式。

3. 请说明 CSMA/CD 算法的应用场景及其工作原理。

4. 请说明配置端口聚合的注意事项。

5. VLAN 划分的方式有哪些?

6. VLAN 的接口类型有哪些?

模块 5

无线局域网组建

【学习目标】

【知识目标】

- 理解 WLAN 的基本概念。
- 理解 IEEE 802.11 系列标准的基本概念。
- 理解 WLAN 拓扑结构。
- 理解 WLAN 组网。

【技能目标】

- 能够掌握 AP、AC 和周边设备之间的二层互通数据配置。
- 能够掌握 AP、AC 和周边设备之间的三层互通数据配置。
- 能够掌握 AP 上线数据配置。
- 能够掌握 WLAN 业务参数配置，实现使用 STA 访问 WLAN。

【素质目标】

- 掌握实际动手解决问题的能力。
- 在实训中理解团结协作的精神。
- 培养爱国精神和工匠精神。

【情景引入】

无线局域网是不使用通信电缆连接的局域网络，它通过无线的方式传输数据，从而使网络的构建和终端的移动更加灵活。随着网络技术的日新月异以及人们生活水平的不断提高，现在的无线网络不再限于覆盖家庭、办公楼等小范围区域，还能覆盖景点、公园等大范围区域。

小白在实际的网络建设中完成了有线局域网的设计、安装和配置，现在需要引入无线局域网来提供无线服务。因此他想了解无线局域网技术，包括其工作原理、相关设备的安装和配置方法。

【相关知识】

5.1 WLAN 技术介绍

V5-1 WLAN 技术介绍

WLAN 就是采用无线媒体或者介质，在局部区域内建立的通信网络，具有可移动、可扩展、灵活和经济实惠等特点，因此得到迅猛发展。

5.1.1 WLAN 技术标准

目前 WLAN 主要的技术标准有两个，一个是 IEEE 802 标准化委员会下的第 11 个标准工作组制定的 IEEE 802.11 系列标准，另一个是由欧洲电信标准组织（European Telecommunications Standards Institute，ETSI）制定的 HiperLAN 系列标准。IEEE 802.11 系列标准的相关产品在亚洲、美洲等得到了广泛的应用，而 HiperLAN 系列标准的相关产品在欧洲得到了广泛的应用。

从 1990 年 IEEE 802 标准化委员会成立了 WLAN 标准工作组以来，已经发布了很多 IEEE 802.11 标准，其中既有正式的版本，又有对现有的标准的修订案。本节主要介绍 IEEE 802.11 a/b/g/n/ac 标准。

IEEE 802.11 是在 1997 年 6 月推出的第一代 WLAN 协议标准，工作在 2.4GHz 频段，支持 1Mbit/s 和 2Mbit/s 的传输速率，主要采用了跳频扩频（Frequency Hopping Spread Spectrum，FHSS）技术和直接序列扩频（Direct Sequence Spread Spectrum，DSSS）技术。该标准不能满足人们对传输速率和距离的要求，因此并没有被大规模商用。

IEEE 802.11b 于 1999 年 9 月推出，是针对 IEEE 802.11 的修改和补充，工作在 2.4GHz 频段，主要特点是增加了 5.5Mbit/s 和 11Mbit/s 两种传输速率。该版本采用补码键控（Complementary Code Keying，CCK）调制技术，并具有自适应调整传输速率功能，可以根据信道实际情况，在 11Mbit/s、5.5Mbit/s、2Mbit/s、1Mbit/s 这 4 种不同的传输速率中自动切换。

IEEE 802.11a 于 1999 年 9 月推出，工作在 5GHz 频段。该版本采用 OFDM 技术，并采用正交振幅调制（Quadrature Amplitude Modulation，QAM）编码技术，可采用编码效率为 3/4 的 64QAM，其最大数据传输速率可达 54Mbit/s。

IEEE 802.11g 于 2003 年推出，工作在 2.4GHz 频段，与 IEEE 802.11b 兼容。该版本保留 IEEE 802.11b 采用的 CCK 技术，并引入另外的 OFDM 技术，其最大数据传输速率可达 54Mbit/s。

IEEE 802.11n 于 2009 年推出，工作在 2.4GHz 和 5GHz 频段。该版本不仅采用 OFDM 技术，还采用多输入多输出（Multiple-Input Multiple-Output，MIMO）多天线技术进行空间复用，并可以通过将相邻的两个 20MHz 的信道捆绑为 40MHz 的信道来提升传输速率，其理论上支持的最大数据传输速率为 600Mbit/s。

IEEE 802.11ac 工作在 5GHz 频段。该标准有 IEEE 802.11ac Wave1 和 IEEE 802.11 ac Wave2 两个版本，分别于 2013 年和 2015 年发布。IEEE 802.11ac Wave1 采用了 OFDM、单用户多入多出（Single-user Multiple-Input Multiple-Output，SU-MIMO）、64QAM 以及更多空间流等技术，可提供 1Gbit/s 以上的传输速率。IEEE 802.11ac Wave2 采用了 OFDM、多用户多入多出（Multi-user Multiple-Input Multiple-Output，MU-MIMO）、256QAM 等技术。

相对于 IEEE 802.11ac Wave1 来说，IEEE 802.11ac Wave2 可以提供更高的传输速率。

5.1.2 WLAN 频段

美国联邦通信委员会（Federal Communications Commission，FCC）定义了工业、科学和医疗频带（Industria Scientific and Medical band，ISM），主要是开放给工业、科学、医学系统使用的频段。ISM 属于无许可（Free License）频段，没有所谓使用授权的限制。其中，工业频段频率为 902MHz～928MHz，欧洲将此频段用于 GSM 系统；科学频段频率为 2.4GHz～2.4835GHz，WLAN、蓝牙网络、ZigBee 网络等无线网络均可工作在该频段上；医疗频段频率为 5.725GHz～5.875GHz。在 IEEE 802.11 系列标准中，有的标准工作在 2.4GHz 频段，有的标准工作在 5GHz 频段。

1. 2.4GHz 频段

IEEE 802.11b/g/n 工作在 2.4GHz 频段（其中，IEEE 802.11n 也可以工作在 5GHz 频段），该频段被划分为 14 个交错的无线载波信道，每个信道的带宽为 22MHz（IEEE 802.11n 中 2.4GHz 频段每个信道的带宽为 20MHz），中心频率间隔为 5MHz，如图 5-1 所示。

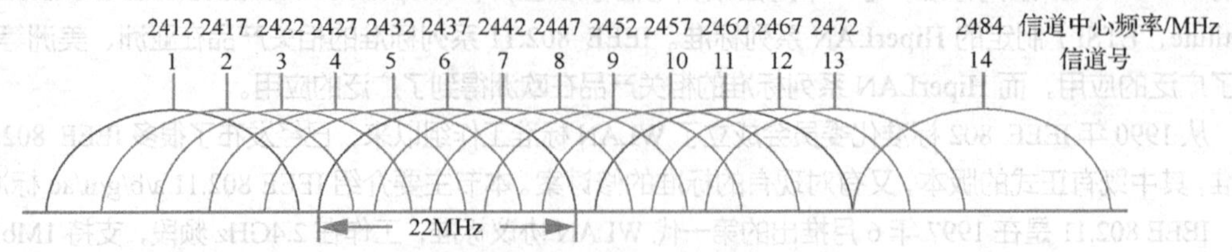

图 5-1　2.4GHz 频段示意

信道中心频率和信道号 n_{ch} 之间的关系如下。

$$信道中心频率=信道起始频率+5\times n_{ch}$$

其中，n_{ch}=1,2,…,13，信道起始频率为 2407MHz。

在不同的国家或地区，2.4GHz 频段可使用的信道号不一定相同。美国和加拿大仅允许使用信道 1～11；中国、欧洲允许使用信道 1～13；日本可以使用全部 14 个信道。

信道 1～14 中相邻信道的载频有重叠，因此，在实际的使用中，为了避免相邻信道的干扰，一般使用不交错的信道 1、6、11 进行频率规划。当然，在实际的组网中，根据要求也可以采用信道 2、7、12，但同时要考虑该信道是否遵守设备使用地的法规。

2. 5GHz 频段

IEEE 802.11a/n/ac 工作在 5GHz 频段，根据 IEEE 802.11a-1999 和 IEEE 802.11h-2003 标准，它们可使用无须许可证的国家信息基础设施（Unlicensed National Information Infrastructure，U-NII）频段和 ISM 中的医疗频段。其中，U-NII 频段又分为 U-NII 低频段（5.15GHz～5.25GHz）、U-NII 中频段（5.25GHz～5.35GHz）、U-NII 中频扩展频段（5.470GHz～5.725GHz）和 U-NII 高频段（5.725GHz～5.825GHz）4 个频段，如图 5-2～图 5-4 所示。

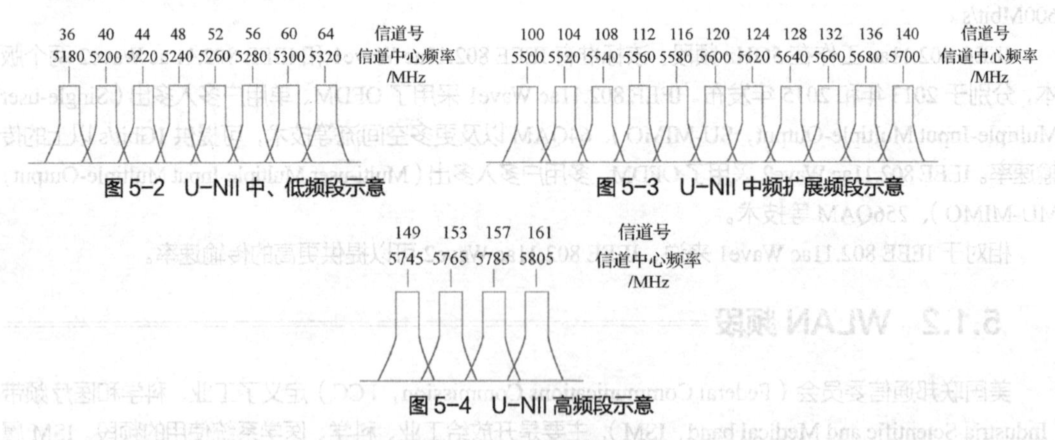

图 5-2　U-NII 中、低频段示意

图 5-3　U-NII 中频扩展频段示意

图 5-4　U-NII 高频段示意

WLAN 5GHz 频段的每个信道的带宽为 5MHz，信道中心频率和信道号之间的关系如下。

$$信道中心频率=信道起始频率+5\times n_{ch}$$

其中，n_{ch}=0,1,2,…,200，共有 201 个信道，信道起始频率为 5000MHz。

WLAN 传输数据的物理信道需要 20MHz 的带宽，其相邻两个物理信道中心频率间隔为 20MHz。对于 U-NII 中低频段来说，共计有 200MHz 带宽，有 8 个 20MHz 带宽可用信道，其信道号分别为 36、

40、44、48、52、56、60、64；对于 U-NII 中频扩展频段来说，共计有 255MHz 带宽，有 11 个 20MHz 带宽可用信道，其信道号分别为 100、104、108、112、116、120、124、128、132、136 和 140；对于 U-NII 高频段来说，共计有 100MHz 带宽，有 4 个 20MHz 带宽可用信道，其信道号分别为 149、153、157、161。WLAN 5GHz 频段信道配置如表 5-1 所示。

表 5-1　WLAN 5GHz 频段信道配置

信道号	中心频率/MHz	频率范围/MHz
36	5180	5170～5190
40	5200	5190～5210
44	5220	5210～5230
48	5240	5230～5250
52	5260	5250～5270
56	5280	5270～5290
60	5300	5290～5310
64	5320	5310～5330
100	5500	5490～5510
104	5520	5510～5530
108	5540	5530～5550
112	5560	5550～5570
116	5580	5570～5590
120	5600	5590～5610
124	5620	5610～5630
128	5640	5630～5650
132	5660	5650～5670
136	5680	5670～5690
140	5700	5690～5710
149	5745	5735～5755
153	5765	5755～5775
157	5785	5775～5795
161	5805	5795～5815
165	5825	5815～5835

我国以往一直使用 5.8GHz 频段，其工作频率范围为 5.725GHz～5.850 GHz，有 5 个信道，其中心频率对应的信道号为 149、153、157、161 和 165。

3. 信道绑定

信道绑定将两个或者多个 20MHz 的信道捆绑成一个传输信道，使得信道的带宽成倍增加，传输速率也成倍增加。例如，可以将两个相邻的 20MHz 的信道捆绑成一个 40MHz 的传输信道，将 4 个相邻的 20MHz 的信道捆绑成一个 80MHz 的传输信道。

对于 WLAN 的 2.4GHz 频段来说，其不重叠的频点少，无法实现两个相互不干扰的 40MHz 信道的划分，因此，在实际应用中，不建议将 2.4GHz 频段的 20MHz 信道捆绑成 40MHz 信道。

对于 WLAN 的 5GHz 频段来说，其不重叠的频点较多，因此可以将 20MHz 的信道捆绑成 40MHz

或者 80MHz 的信道。在我国，WLAN 的 5GHz 频段现在使用的信道只有 5 个，分别为 149、153、157、161、165。对两个连续信道进行信道绑定时，其中一个作为主信道，另一个作为次信道，用于控制和管理的信息都在主信道上传输，而用户数据则在主信道和次信道绑定的 40MHz 信道上传输。

5.2 WLAN 工作原理及组网

WLAN 的主要标准有 IEEE 802.11 系列标准和 HiperLAN 系列标准，本节主要讲解 IEEE 802.11 系列标准对应的 WLAN 工作原理和组网的相关知识。

5.2.1 WLAN 工作原理

1. WLAN 组成结构

WLAN 主要包括 4 个部分，分别为分布式系统（Distributed System，DS）、AP、无线介质（Wireless Medium，WM）和站点（Station，STA），如图 5-5 所示。其中，DS 主要是将多个 AP 相互连起来的有线网络，主要功能是完成 AP 之间的互相通信以及 STA 之间数据帧的交换等。AP 的主要功能是向下为 STA 提供无线网络业务，向上和 DS 连接，为无线网络和 DS 提供连接。WM 的主要功能是为 STA 和 AP 提供传输介质，这里是指使无线电波或红外线传输良好的介质——空气。STA 是 WLAN 的基本组成单元，是指可以接入无线网络的终端设备，包括手机、笔记本电脑等，也包括使用无线网卡连接到无线网络的固定的台式计算机等。

2. WLAN 拓扑结构

基本服务集（Basic Service Set，BSS）是 WLAN 系统中的基本构造模块，如图 5-6 所示。图 5-6 中包含两个 BSS，每个 BSS 包含两个可以互相通信的 STA。

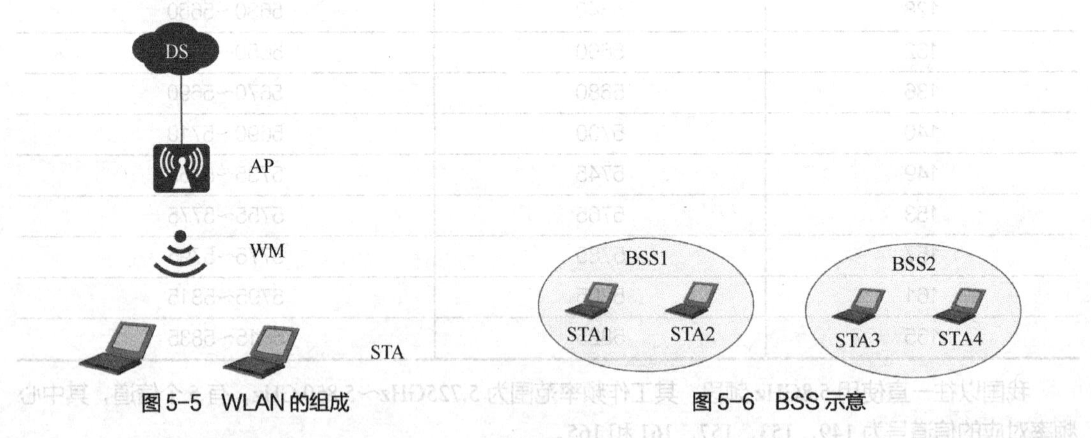

图 5-5 WLAN 的组成　　图 5-6 BSS 示意

每个 BSS 提供的服务有一个覆盖区域，称为基本服务区（Basic Service Area，BSA），在此区域内，STA 之间可以相互通信，如果某个 STA 从这个区域移出，则不能和 BSA 内的 STA 进行通信。

BSS 组网有独立基本服务集（Independent BSS）和基础结构基本服务集（Infrastructure BSS）两种组网模式。

独立基本服务集内不存在有线网络连接，并且所有的 STA 都是移动终端，STA 间通过无线网络相互通信，如图 5-7 所示。一般来说，独立基本服务集主要用于为达到特殊目的而临时组建的网络，该网络通信采用了竞争的方式，因此 STA 规模比较小。

基础结构基本服务集中包含一个 AP 和若干个 STA，如图 5-8 所示。和独立基本服务集不同，基础结构服务集中的 STA 之间不能通过无线网络直接相互通信，一个 STA 要发送数据给另一个 STA，必须先发给连接的 AP，再由 AP 转发给目标 STA。

图 5-7　独立基本服务集

图 5-8　基础结构基本服务集

扩展服务集（Extended Service Set，ESS）包括多个 BSS，如图 5-9 所示。每个 BSS 通过 DS 相互连接，使得 ESS 内的 STA 可以相互通信，但 DS 不属于 ESS 的组成部分。相对于单个 BSS 来说，ESS 能够提供更大的无线覆盖范围和服务区域。

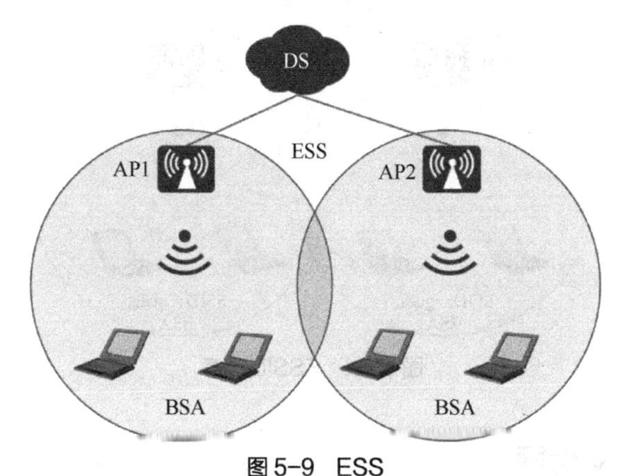

图 5-9　ESS

3. WLAN 基本元素

每个 BSS 都有一个基本服务集标识符（Basic Service Set Identifier，BSSID），用于定义该区域内的 BSS。独立基本服务集的 BSSID 是使用发起业务的 STA 产生一个随机本地管理的地址来生成的。基础结构基本服务集的 BSSID 就是 AP 的 MAC 地址。

服务集标识符（Service Set Identifier，SSID）是 IEEE 802.11 无线网络的逻辑名称，即 Wi-Fi 名称。SSID 用于区分不同的网络，最多可以有 32 个字符。在使用笔记本电脑等无线 STA 搜索可接入网络时，显示出的网络名称就是 SSID，也可以将网络的 SSID 隐藏起来。对于现在的 AP 设备来说，SSID 技术可以将一个 WLAN 分为几个逻辑子网络，每个子网络可以设置不同的身份认证方式供不同的客户使用。如图 5-10 所示，AP 设置了两个 SSID，分别是 Guest（客户）和 Employee（员工），用户可以根据需求为其设置不同的身份认证方式和访问权限。

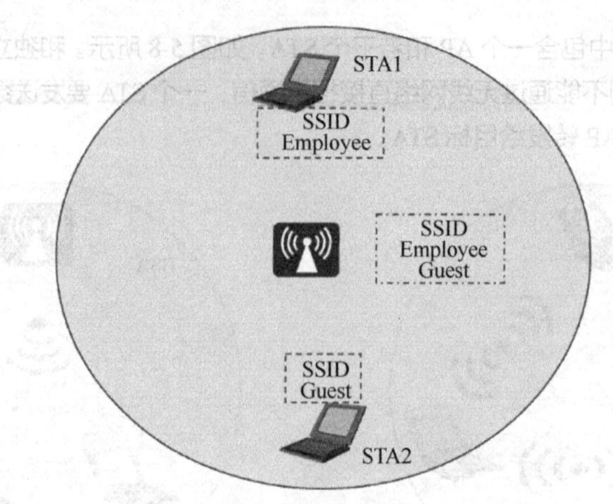

图 5-10 多 SSID

扩展服务集标识符（ESS Identifier，ESSID）是 ESS 的唯一识别码，如图 5-11 所示。位于同一个 ESS 的 AP 将会使用相同的 SSID，这个 SSID 实质上和 ESSID 相同。在同一个 ESS 内的用户可以漫游（Roaming），为了实现用户从一个 BSA 到另一个 BSA 间的无缝漫游，两个 BSA 的覆盖区域需要部分重叠。

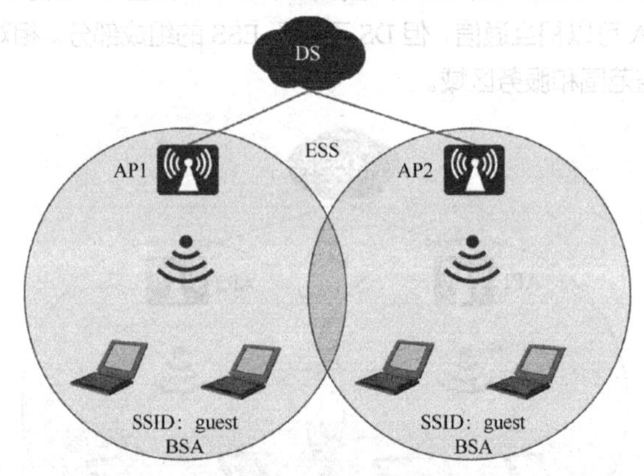

图 5-11 ESSID 示意

5.2.2 WLAN 组网

1. WLAN 组网方式

对目前应用 WLAN 的企业来说，WLAN 组网方式主要有两种，一种是胖 AP（Fat AP）组网，另一种是瘦 AP（Fit AP）+无线 AC 组网。

（1）Fat AP 组网

V5-2 WLAN 组网方式

在使用 Fat AP 组网组建的 WLAN 中，Fat AP 是一个独立的接入点，它包含 WLAN 的物理层，以及业务数据加/解密、用户认证、服务质量、网络管理、漫游技术等功能。Fat AP 组网安装方便，一般家庭或者小型企业会采用这种方式。

图 5-12 所示为家庭 Fat AP 组网，其中无线路由器通过 ADSL Modem 或者光猫连接到 Internet，从而提供无线和有线的网络服务。这里的无线路由器不仅具备 Fat AP 无线服务的相关功能，还可提供有线接口服务的功能。

图 5-13 所示为小型企业 Fat AP 组网。Fat AP 通过交换机连接到企业核心网。如果企业核心网中部

署了对应的网管系统，则可以对所有的 AP 进行远程管理。Fat AP 组网仅适用于 AP 数量不多的情况。但是 Fat AP 组网无法实现三层漫游，用户从一个 Fat AP 的覆盖区域走到另一个 Fat AP 的覆盖区域时，会重新连接信号强的 Fat AP，因此，在新建企业 WLAN 时，一般采用 Fit AP+AC 的组网方式。

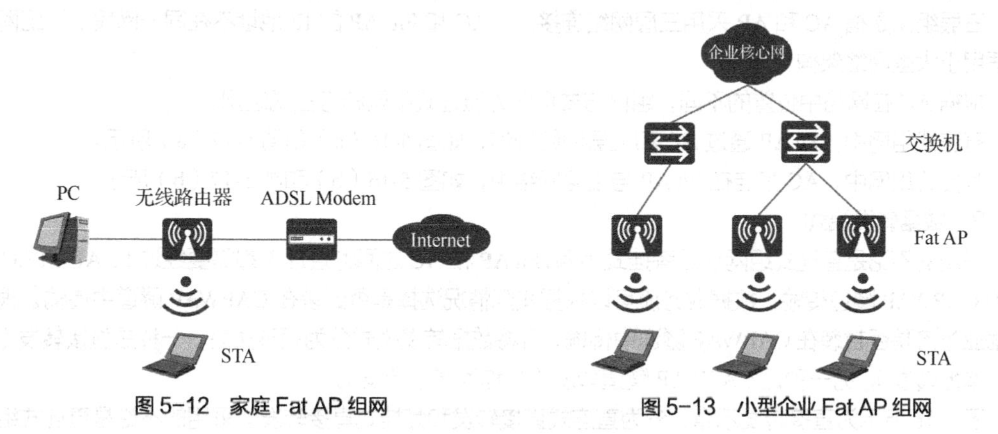

图 5-12 家庭 Fat AP 组网　　图 5-13 小型企业 Fat AP 组网

（2）Fit AP+AC 组网

相对于 Fat AP 组网来说，Fit AP+AC 组网是一种新兴的方式。它将 Fat AP 的功能分成两个功能网元，一个是 Fit AP，一个是 AC。Fat AP 只保留了物理层的射频接入，以及数据加/解密和转发等功能，而 Fat AP 中的其他功能，如用户认证、QoS、漫游技术等都转移到 AC 上，如图 5-14 所示。Fit AP 和 AC 之间采用无线接入点控制与配置（Control And Provisioning of Wireless Access Points，CAPWAP）协议进行通信。数据配置主要在 AC 上进行，Fit AP 上可以不进行任何数据配置，这样进行大规模组网时，可以减少大量的工作。

在一些企业中，还会使用敏捷分布方案进行组网。图 5-15 所示为敏捷分布方案组网。其中，AC 对多个中心 AP 进行集中管理，每个中心 AP 对多个拉远单元（Remote Unit，RU）进行集中管理和控制。和 Fit AP+AC 组网中 AP 的功能不同，中心 AP 不具备无线接入的功能，该功能由 RU 来完成。中心 AP 主要负责 RU 的集中管理和协同工作，包括 STA 上线、配置下发、RU 之间的 STA 漫游等。在敏捷分布方案组网中，RU 和中心 AP 之间采用二层组网，中心 AP 和 AC 之间可以采用二层或者三层组网。

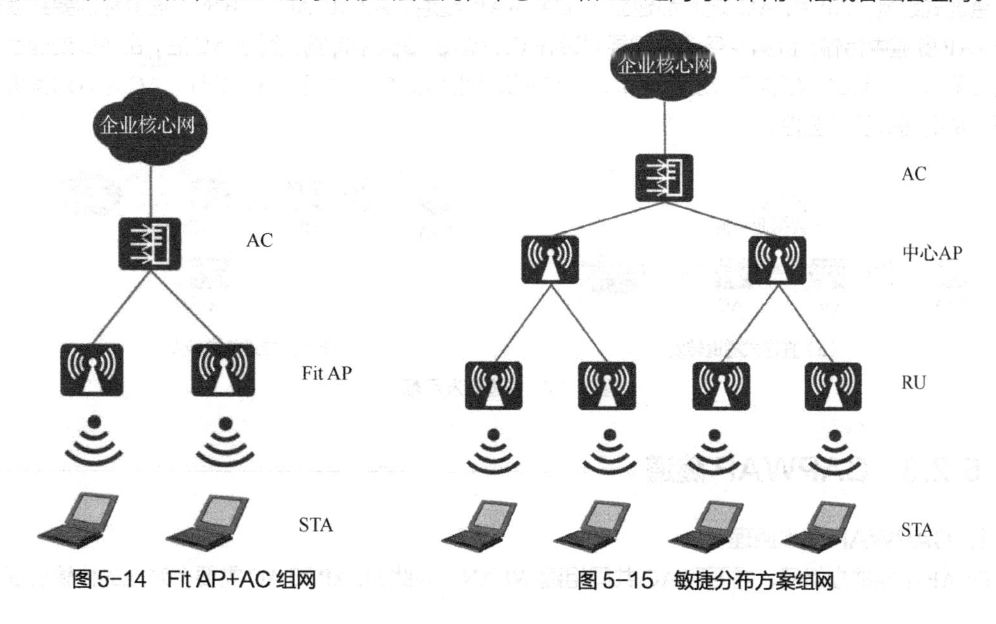

图 5-14 Fit AP+AC 组网　　图 5-15 敏捷分布方案组网

根据AC和AP连接网络的不同，组网方式可分为二层组网和三层组网。

二层组网是指AC和AP之间直接连接或者采用二层网络连接时，AC和AP在同一个二层网络。该组网方式适用于简单的网络架构，不适用于大型网络架构。

三层组网是指AC和AP采用三层网络连接时，AC和Fit AP的IP地址不在同一网段。该组网方式适用于大型网络架构。

根据AC在网络中位置的不同，组网方式可分为直连式组网和旁挂式组网。

直连式组网中，Fit AP通过AC和上层网络相连，如图5-16（a）和图5-17（a）所示。

旁挂式组网中，AC旁挂在Fit AP与上层网络中，如图5-16（b）和图5-17（b）所示。

2. 数据转发模式

采用的不论是直连式组网还是旁挂式组网，Fit AP和AC之间的管理流都需要经过Fit AP和AC之间的CAPWAP隧道传输，数据业务流可以根据实际情况选择是否封装在CAPWAP隧道中传输。根据数据业务流是否封装在CAPWAP隧道中传输，可将数据转发模式分为两种类型，一种是直接转发（又称为本地转发），另一种是CAPWAP隧道转发（又称为集中转发）。

图5-16所示为直接转发示意，分为直连式直接转发和旁挂式直接转发。采用的不论是直连式组网还是旁挂式组网，AP和AC之间都建立了CAPWAP隧道。AP和AC之间的管理流都需要封装在CAPWAP隧道中传输；而数据业务流不需要封装在CAPWAP隧道中传输，可直接转发到上层网络。对于直接转发模式，在直连式组网中，AC不需要对数据业务流进行CAPWAP封装，采用直接转发；在旁挂式组网中，所有的数据业务流不经过AC转发，从而提高了转发效率。

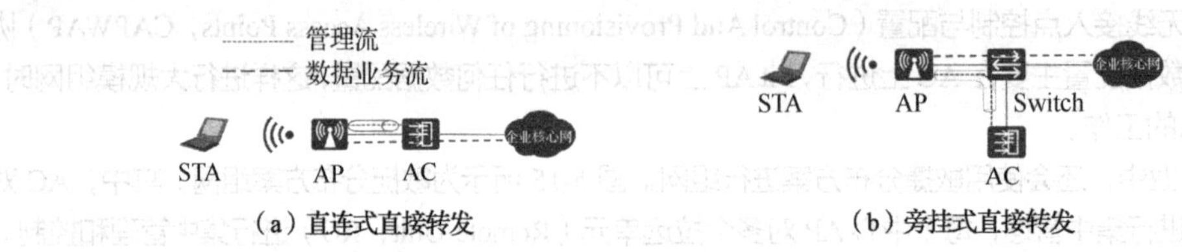

（a）直连式直接转发　　（b）旁挂式直接转发

图5-16　直接转发示意

图5-17所示为隧道转发示意，分为直连式隧道转发和旁挂式隧道转发。采用的不论是旁挂式组网还是直连式组网，AP和AC之间都建立了CAPWAP隧道。AP和AC之间的管理流都需要封装在CAPWAP隧道中传输；数据业务流也需要封装在CAPWAP隧道中传输，到达AC后，由AC处理后转发到上层网络。因此，在隧道转发模式中，所有的数据业务流都需要经过AC处理，AC可以对其进行管理，从而提高了安全性。

（a）直连式隧道转发　　（b）旁挂式隧道转发

图5-17　隧道转发示意

5.2.3 CAPWAP隧道

1. CAPWAP基本原理

Fit AP不能独立组网，需要和AC共同组建WLAN，因此Fit AP和AC需要有对应的传输协议。

为了解决各厂商 AP 和 AC 产品之间的兼容问题，IETF 成立了无线接入点控制与配置协议工作组，以研究 AP 和 AC 的隧道协议。CAPWAP 实现的主要功能有：AP 自动发现 AC 并加入对应的 AC、控制信道的管理、AP 配置管理、数据封装和转发等。

V5-3 CAPWAP 隧道

CAPWAP 隧道有数据隧道和控制隧道两种，分别承载数据业务流和管理流。这两个隧道使用不同的 UDP 端口，数据隧道使用 5247 端口，控制隧道使用 5246 端口。对通过 CAPWAP 传输的控制报文来说，除了“发现请求”和“发现响应”进行明文（报文格式如图 5-18 所示）传输，不需要采用数据包传输层安全性（Datagram Transport Layer Security，DTLS）协议进行加密外，其他的控制报文都需要进行 DTLS 协议进行加密（报文格式如图 5-19 所示）传输。对于数据报文，可以根据要求选择 DTLS 明文（报文格式如图 5-20 所示）传输或者加密（报文格式如图 5-21 所示）传输。

IP头部	UDP头部	CAPWAP头部	控制头部	信息元素

图 5-18 控制报文明文格式

IP 头部	UDP 头部	CAPWAP DTLS头部	DTLS 头部	CAPWAP 头部	控制头部	信息元素	DTLS 尾部

图 5-19 控制报文加密格式

IP头部	UDP头部	CAPWAP头部	数据包

图 5-20 数据报文明文格式

IP 头部	UDP 头部	CAPWAP DTLS头部	DTLS 头部	CAPWAP 头部	数据包	DTLS 尾部

图 5-21 数据报文加密格式

2. CAPWAP 隧道的建立

CAPWAP 隧道包括数据隧道和控制隧道。

数据隧道：当采用隧道转发时，业务数据需要通过 AP 和 AC 之间的 CAPWAP 隧道集中到 AC 上转发。

控制隧道：AP 和 AC 之间的控制报文需要通过 CAPWAP 隧道传输，并使用 DTLS 协议进行加密。

AC 需要通过 CAPWAP 隧道才能实现对 AP 的集中管理和控制，而 CAPWAP 隧道建立前，AP 首先要获得 IP 地址。采用 Fit AP+AC 的组网方式时，对 Fit AP 不进行任何数据配置，因此 Fit AP 必须通过 DHCP 服务器来获得 IP 地址。图 5-22 所示为无 DHCP 中继的情况下，AP 首次获取 IP 地址的过程，主要分为发现阶段（DHCP Discovery）、提供阶段（DHCP Offer）、选择阶段（DHCP Request）和确认阶段（DHCP ACK），详细过程可以参考本书 8.5 节介绍的相关知识，其中 DHCP 客户端就是需要获取 IP 地址的 AP。

如果 AP 和 AC 不在同一网段，则可以在 DHCP 服务器上配置 Option 43 字段，在该字段内填入 AC 的 IP 地址，使 AP 可通过 DHCP 服务器获得 AC 的 IP 地址。

当 AP 获得 IP 地址后，CAPWAP 隧道的建立过程如图 5-23 所示。

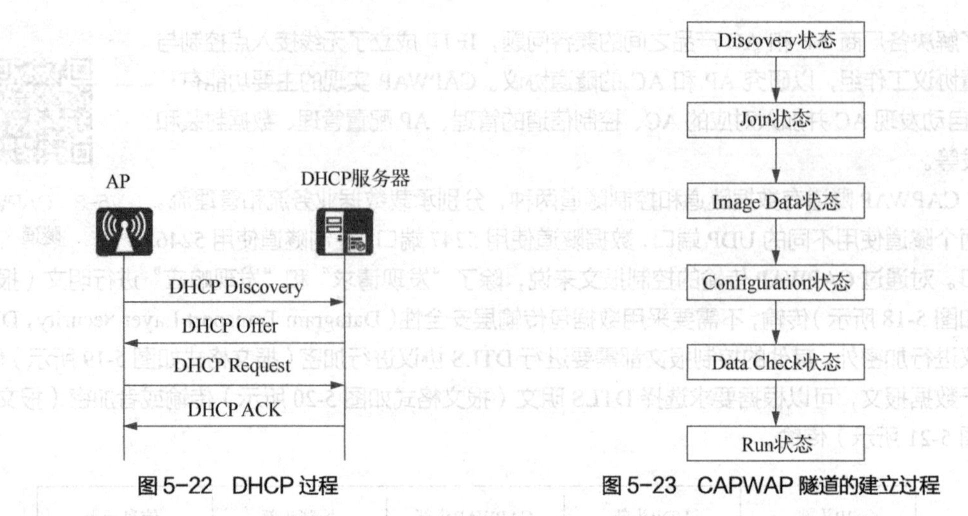

图 5-22　DHCP 过程

图 5-23　CAPWAP 隧道的建立过程

① Discovery 状态，主要是指 AP 发现可关联 AC 的过程，如图 5-24 所示。AP 发现 AC 有静态和动态两种方式。

静态方式：AP 预先配置静态文件中 AC 的 IP 地址列表，AP 上线时，向 IP 地址列表发送 Discovery Request 单播报文，该报文携带 AP 的主要特征信息，包括 AP 的发现类型、主板信息及射频信息等。AC 收到该报文后，向 AP 返回 Discovery Response 报文，该报文包含 AC 的描述、名称、支持的射频信息等，AP 根据该返回报文选择对应的 AC 开始创建 CAPWAP 隧道。

动态方式又分为 DHCP 方式、DNS 方式和广播方式。

DHCP 方式：AP 通过 Option 43 字段从 DHCP 服务器获取 AC 的 IP 地址列表，然后根据 IP 地址向 AC 发送 Discovery Request 单播报文，收到该报文的 AC 返回 Discovery Response 报文给对应的 AP。

DNS 方式：AP 通过 DHCP 服务器获得 AC 的域名和 DNS 服务器的 IP 地址，然后根据域名通过 DNS 服务器获得 AC 对应的 IP 地址，最后向对应的 AC 发送 Discovery Response 单播报文，收到该报文的 AC 返回 Discovery Response 报文给对应的 AP。

广播方式：当 AP 没有配置静态 AC 的 IP 地址列表，或者给对应的 AC 发送多次 Discovery Request 单播报文，但收不到 Discovery Response 报文时，AP 会发送 Discovery Request 广播报文，去寻找位于同一网段的 AC，收到 Discovery Request 报文的 AC 会返回 Discovery Response 报文给对应的 AP。

AP 根据 Discovery Response 报文选择最佳的 AC 来建立 CAPWAP 隧道。首先进行 DTLS 会话来确定 CAPWAP 隧道是否采用 DTLS 协议传输 UDP 报文，该过程可选，如图 5-25 所示。

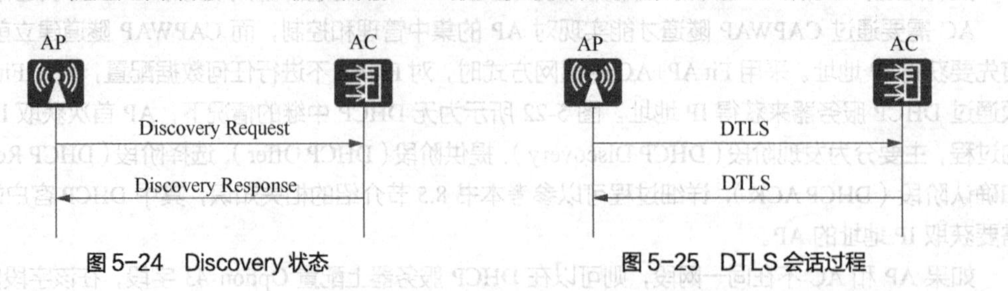

图 5-24　Discovery 状态

图 5-25　DTLS 会话过程

② Join 状态，指 AP 与 AC 建立控制隧道的交互过程，如图 5-26 所示。在此交互过程中，AP 会向 AC 发送 Join Request 报文，该报文包括 AP 的描述、名称、主板数据、射频信息及 IP 地址等。AC 收到该报文，完成黑白名单校验等处理后，会返回 Join Response 报文，该报文包含结果代码、AC 支

持的 AP 的射频信息、CAPWAP 本地 IP 地址以及将在 AP 上激活的版本信息等。如果 AP 当前的版本和 AC 要求的版本不匹配，则进入 Image Data 状态进行版本升级；如果 AP 的版本符合要求，则进入 Configuration 状态。

③ Image Data 状态，用于更新 AP 上的固件，如图 5-27 所示。AP 根据 AC 返回的 Join Response 报文中的版本信息来判断是否需要升级，如果版本信息不符合 AC 的要求，则发送携带映像 ID 信息的 Image Data Request 报文给 AC，AC 收到该报文后发送 Image Data Response 报文进行响应，该报文包括结果代码等信息，用以指出先前发送的 Image Data Request 报文是否有效。AP 固件更新完成，重新启动 AP，重新进入 Discovery 状态。如果版本信息符合 AC 要求，则跳过该状态，进入 Configuration 状态。

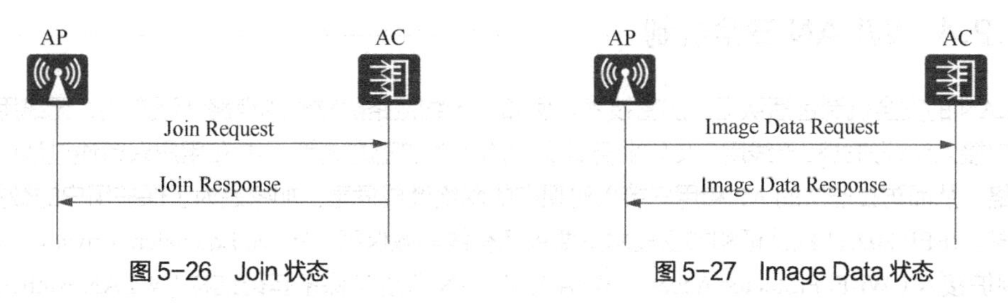

图 5-26　Join 状态　　图 5-27　Image Data 状态

④ Configuration 状态，用于 AC 和 AP 之间交换配置信息，如图 5-28 所示。AP 发送的 Configuration Status Request 报文中包括 AP 当前的配置，主要参数有无线电设备管理状态及基本配置信息等。当 AC 收到该报文后，会发送 Configuration Status Response 报文，该报文包含 AC 给 AP 的配置信息，以便 AP 进行配置更新。

⑤ Data Check 状态，用于 AP 在收到 AC 发送配置状态消息后，紧接着给 AC 发送消息，该消息用以证实 AC 提供的配置在 AP 上得到成功应用，如图 5-29 所示。AP 发送 Change State Event Request 报文，该报文包含结果代码等信息。当 AC 接收到 Change State Event Request 报文后，给 AP 发送 Change State Event Response 报文进行响应。

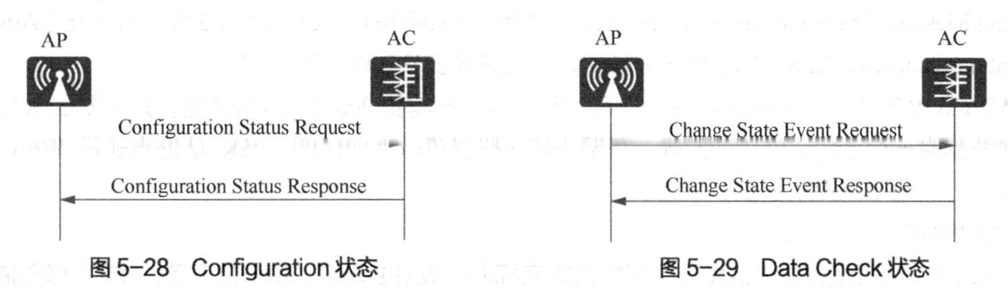

图 5-28　Configuration 状态　　图 5-29　Data Check 状态

⑥ Run 状态，用于检查 CAPWAP 隧道是否正常工作。AP 进入 Run 状态后，AP 与 AC 开始转发用户数据，同时需要定期检查 CAPWAP 隧道是否正常工作。

为了检测 AP 和 AC 之间的控制隧道是否处于连通状态，AP 会定期发送 Echo Request 报文给 AC，以便确认 AP 和 AC 间的控制隧道的连接状态，AC 会发送 Echo Response 报文进行响应，如图 5-30（a）所示。

为了检测 AP 和 AC 之间的数据隧道是否处于连通状态，AP 会定期发送 Keep-Alive 报文给 AC，以便确认 AP 和 AC 间的数据隧道的连接状态，AC 会发送 Keep-Alive 报文进行响应，如图 5-30（b）所示。

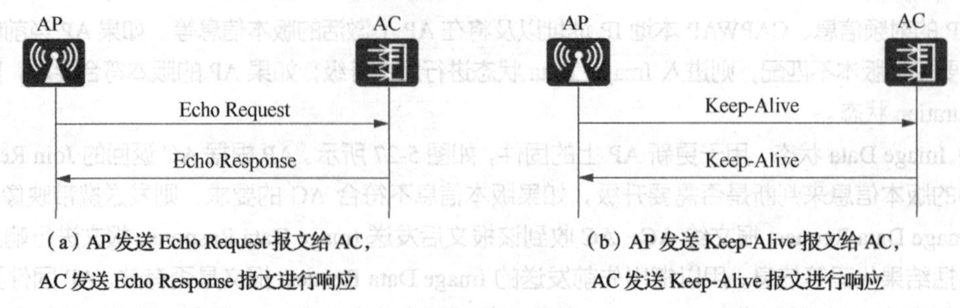

（a）AP 发送 Echo Request 报文给 AC，AC 发送 Echo Response 报文进行响应　（b）AP 发送 Keep-Alive 报文给 AC，AC 发送 Keep-Alive 报文进行响应

图 5-30　Run 状态

5.2.4　WLAN 安全机制

WLAN 的安全机制包括认证和加密技术，例如，无线链路建立时的链路认证方式、无线用户上线时的用户接入认证方式和无线用户传输业务数据时的数据加密方式等。AP 和用户只有通过认证后才能接入网络，从而防止非法的 AP 和用户接入对现有的网络造成危害。加密是为了保护用户的数据安全，防止泄密。IEEE 802.11 的认证和加密技术主要包括有线等效保密（Wired Equivalent Privacy，WEP）、Wi-Fi 保护接入（Wi-Fi Protected Access，WPA）、WLAN 鉴别与保密基础结构（WLAN Authentication and Privacy Infrastructure，WAPI）、Portal 认证、MAC 认证等。

（1）WEP

WEP 是 IEEE 802.11b 标准定义的安全协议，采用比较简单的 RC4 算法对数据进行加密，支持 40～64 位的密钥长度，但 RC4 算法存在缺陷，容易被破解，没有达到预期的加密效果。

（2）WPA

WPA 采用的核心加密算法和 WEP 采用的一样，都是 RC4，只是在 WEP 基础上采用了时限密钥完整性协议（Temporal Key Integrity Protocol，TKIP）加密算法，并采用了 IEEE 802.1x 的身份验证框架。WPA2 采用 TKIP 和安全性更高的计数器模式密码块链消息认证码协议（Counter Mode with Cipher-Block Chaining Message Authentication Code Protocol，CCMP）加密算法，CCMP 以高级加密标准（Advanced Encryption Standard，AES）加密算法为基础，大大提升了 WLAN 的安全性。

WPA/WPA2-PSK（Pre-Shared Key，预共享密钥）不需要 Portal 认证服务器，只需要在 WLAN 节点中预先保存一个密钥，使用的时候，只要密钥正确就可以完成认证。PSK 认证方式是 WPA/WPA2 的简易版，适用于普通家庭和小型企业。

（3）WAPI

WAPI 是中国提出的 WLAN 安全强制性国家标准。WAPI 采用了基于公钥密码体制的椭圆曲线密码算法和基于对称密码体制的分组密码算法，因此比 WEP 和 WPA 更安全。WAPI 由 WLAN 鉴别基础结构（WLAN Authentication Infrastructure，WAI）和 WLAN 保密基础结构（WLAN Privacy Infrastructure，WPI）两部分组成，WAI 主要用于 WLAN 中的身份鉴别和密钥管理，WPI 用于 WLAN 中传输数据的加密、鉴别等。

（4）Portal 认证

Portal 认证通常也称为 Web 认证，用户上网时，需要在 Portal 认证网站（门户网站）输入用户名和密码，认证通过后才可以使用网络资源。

（5）MAC 认证

MAC 认证是一种基于接口 MAC 地址的认证方法，当启用 MAC 认证的接口首次检测到用户的 MAC 地址后，就会启动认证操作，该认证过程不需要用户手动输入用户名或者密码。

5.3 华为 WLAN 设备

华为生产的 WLAN 设备主要包括华为无线 AC 和华为无线 AP。

1. 华为无线 AC

华为无线 AC 和瘦 AP（Fit AP）二者结合起来，可以灵活地构建 WLAN，并能提供全面的业务支持，包括为企业级用户提供安全、可靠及高效的无线接入等服务。

根据 WLAN 用户规模的不同，华为无线 AC 可分为两种不同类型的产品。一种是无线接入控制单板，如 ACU2，如图 5-31 所示，该单板可以直接安插在 S12700（见图 5-32）等交换机中，提供无线控制器的功能；另一种是无线控制器设备，如 AC6605，如图 5-33 所示。

图 5-31 ACU2

图 5-32 S12700

图 5-33 AC6605

2. 华为无线 AP

华为无线 AP 根据网络架构的不同可分为两种，一种是基于华为无线 AC 的 AP，也就是瘦 AP（Fit AP）；另一种是传统独立组网的 AP，也就是胖 AP（Fat AP）。

根据应用场景的不同，华为无线 AP 分为室内放装型、室内分布型及室外型这 3 种类型。

室内放装型 AP 一般应用于会议室、办公区等中小型覆盖场景。AP 一般采用全向天线，下行通过无线信号提供 WLAN，上行接入交换机或者 AC。其中，AP6010DN 采用内置天线，既可以工作在 Fat AP 模式，又可以工作在 Fit AP 模式，如图 5-34 所示；而 AP7710DN 只能工作在 Fit AP 模式，如图 5-35 所示。

图 5-34 AP6010DN

图 5-35 AP7110DN

室内分布型 AP 主要应用于室内已有 2G/3G 无线覆盖等无线分布系统的场景。AP 通过合路器将 WLAN 的射频信号接入现有的 2G/3G 等无线系统的天馈系统，进行无线覆盖。室内分布型 AP 主要用于宾馆、机场、会议室等容量不高的场所，或者中等面积盲区覆盖的场景。AP6310SN 是室内分布型 AP，如图 5-36 所示。

V5-4 华为 WLAN 设备

室外型 AP 主要应用于园区、居民小区、公共广场等人口较为密集、场地空旷的室外覆盖场景。针对室外覆盖场景范围大的应用特点，室外型 AP 一般和高增益的定向板状天线配合使用，并且安装在较高的抱杆、建筑物等上。AP6510DN 和 AP6610DN 都是室外型 AP，分别如图 5-37、图 5-38 所示。

图 5-36　AP6310SN

图 5-37　AP6510DN

图 5-38　AP6610DN

【技能实训】

实训 5-1　二层小型 WLAN 配置

【实训描述】

小白学习了 WLAN 的基本原理后，很想通过配置一个小型的 WLAN 来验证一下自己所学习的知识，这样不仅可以加深对 WLAN 的理解，还可以为后期搭建和配置一些常见的 WLAN 打下良好的基础。本实训主要完成二层小型 WLAN 的组建和数据配置。

【实训准备】

1. 安装了 eNSP 和 Windows 7 以上操作系统的计算机。
2. 完成数据准备。

【实训拓扑】

本实训以一个二层网络为例，其拓扑如图 5-39 所示，AC 数据规划如表 5-2 所示。

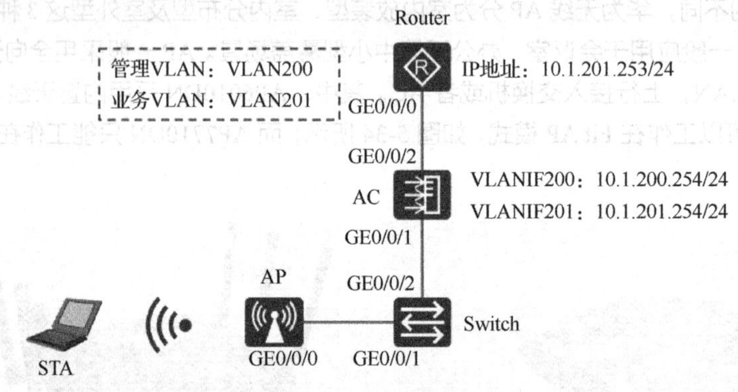

图 5-39　二层网络拓扑

表 5-2　AC 数据规划

配置项	数据
DHCP 服务器	AC 作为 DHCP 服务器，为 STA 和 AP 分配 IP 地址
AP 的 IP 地址池	10.1.200.1～10.1.200.253/24
STA 的 IP 地址池	10.1.201.1～10.1.201.252/24
AC 的源接口 IP 地址	VLANIF200：10.1.200.254/24
AP 组	• 名称：ap-group1。 • 引用模板：VAP 模板、域管理模板
域管理模板	• 名称：wlan-domain。 • 国家码：CN
SSID 模板	• 名称：wlan-net。 • SSID 名称：wlan-net

续表

配置项	数据
安全模板	• 名称：wlan-security。 • 安全策略：WPA/WPA2+PSK+AES。 • 密码：a1234567
VAP 模板	• 名称：wlan-vap。 • 数据转发模式：隧道转发。 • 业务 VLAN：VLAN201。 • 引用模板：SSID 模板、安全模板

【实训步骤】

先在 eNSP 上按照图 5-39 搭建实训拓扑，再按照以下步骤进行数据配置。

（1）配置接入交换机 Switch 的接口 GE0/0/1 和 GE0/0/2 加入 VLAN200。

```
<HUAWEI> system-view
[HUAWEI] sysname Switch
[Switch] vlan batch 200
[Switch] interface Gigabitethernet 0/0/1
[Switch-GigabitEthernet0/0/1] port hybrid pvid vlan 200
[Switch-GigabitEthernet0/0/1] port hybrid untagged vlan 200
[Switch-GigabitEthernet0/0/1] quit
[Switch] interface Gigabitethernet 0/0/2
[Switch-GigabitEthernet0/0/2] port hybrid tagged vlan 200
[Switch-GigabitEthernet0/0/2] quit
```

（2）配置路由器 Router 的接口 GE0/0/0 的 IP 地址为 10.1.201.253/24。

```
<AR> system-view
[AR] interface Gigabitethernet 0/0/0
[AR-GigabitEthernet0/0/0] ip address 10.1.201.253 24
[AR] quit
```

（3）配置 AC 与其他网络设备互通。

```
<AC6605> system-view
[AC6605] sysname AC
[AC] vlan batch 200 201
[AC] interface Gigabitethernet 0/0/1
[AC-GigabitEthernet0/0/1] port hybrid tagged vlan 200
[AC-GigabitEthernet0/0/1] quit
[AC] interface Gigabitethernet 0/0/2
[AC-GigabitEthernet0/0/2] port hybrid pvid vlan 201
[AC-GigabitEthernet0/0/2] port hybrid untagged vlan 201
[AC-GigabitEthernet0/0/2] quit
```

（4）配置 DHCP 服务器，为 STA 和 AP 分配 IP 地址。

```
[AC] dhcp enable
[AC] interface vlanif 200
[AC-Vlanif200] ip address 10.1.200.254 24
```

```
[AC-Vlanif200] dhcp select interface
[AC-Vlanif200] quit
[AC] interface vlanif 201
[AC-Vlanif201] ip address 10.1.201.254 24
[AC-Vlanif201] dhcp select interface
[AC-Vlanif201] dhcp server excluded-ip-address 10.1.201.253
[AC-Vlanif201] quit
[AC] ip route-static 0.0.0.0 0.0.0.0 10.1.201.253
```

（5）配置 AP 上线。

```
# 创建AP组，将相同配置的AP都加入同一AP组中
[AC] wlan
[AC-wlan-view] ap-group name ap-group1
[AC-wlan-ap-group-ap-group1] quit
# 创建域管理模板，在域管理模板下配置AC的国家码并在AP组下引用域管理模板
[AC-wlan-view] regulatory-domain-profile name wlan-domain
[AC-wlan-regulate-domain-wlan-domain] country-code cn
[AC-wlan-regulate-domain-wlan-domain] quit
[AC-wlan-view] ap-group name ap-group1
[AC-wlan-ap-group-ap-group1] regulatory-domain-profile wlan-domain
Warning: Modifying the country code will clear channel, power and antenna gain configurations of the radio and reset the AP. Continue?[Y/N]:y
[AC-wlan-ap-group-ap-group1] quit
[AC-wlan-view] quit
# 配置AC的源接口
[AC] capwap source interface vlanif 200
# 在AC上离线导入AP，AP的MAC地址为00E0-FCAD-2210
[AC] wlan
[AC-wlan-view] ap auth-mode mac-auth
[AC-wlan-view] ap-id 0 ap-mac 00E0-FCAD-2210
[AC-wlan-ap-0] ap-name area_1
[AC-wlan-ap-0] ap-group ap-group1
Warning: This operation may cause AP reset. If the country code changes, it will clear channel, power and antenna gain configurations of the radio, Whether to continue?[Y/N]:y
[AC-wlan-ap-0] quit
/* 将AP上电后，当执行【display ap all】命令，查看到AP的“State”字段为“nor”时，表示AP正常上线 */
[AC-wlan-view]dis ap all
Info: This operation may take a few seconds. Please wait for a moment.done.
Total AP information:
nor  : normal          [1]
--------------------------------------------------------------------------------
```

```
ID  MAC            Name   Group      IP          Type          State STA Uptime
---------------------------------------------------------------------------------
0   00e0-fcad-2210 area_1 ap-group1 10.1.200.6 AP2050DN         nor   0   10S
---------------------------------------------------------------------------------
Total: 1
```

（6）配置 WLAN 业务参数。

```
# 创建名为“wlan-security”的安全模板，并配置安全策略和密码
[AC-wlan-view] security-profile name wlan-security
[AC-wlan-sec-prof-wlan-security] security wpa-wpa2 psk pass-phrase a1234567 aes
[AC-wlan-sec-prof-wlan-security] quit
# 创建名为“wlan-net”的 SSID 模板，并配置 SSID 名称为“wlan-net”
[AC-wlan-view] ssid-profile name wlan-net
[AC-wlan-ssid-prof-wlan-net] ssid wlan-net
[AC-wlan-ssid-prof-wlan-net] quit
# 创建名为“wlan-vap”的 VAP 模板，配置数据转发模式、业务 VLAN，并引用安全模板和 SSID 模板
[AC-wlan-view] vap-profile name wlan-vap
[AC-wlan-vap-prof-wlan-vap] forward-mode tunnel
[AC-wlan-vap-prof-wlan-vap] service-vlan vlan-id 201
[AC-wlan-vap-prof-wlan-vap] security-profile wlan-security
[AC-wlan-vap-prof-wlan-vap] ssid-profile wlan-net
[AC-wlan-vap-prof-wlan-vap] quit
# 配置 AP 组引用 VAP 模板，AP 上射频 0 和射频 1 都使用 VAP 模板“wlan-vap”的配置
[AC-wlan-view] ap-group name ap-group1
[AC-wlan-ap-group-ap-group1] vap-profile wlan-vap wlan 1 radio 0
[AC-wlan-ap-group-ap-group1] vap-profile wlan-vap wlan 1 radio 1
[AC-wlan-ap-group-ap-group1] quit
```

（7）使用 STA 搜索到名为“wlan-net”的无线网络，输入密码正常关联后，在 AC 上执行【display station ssid wlan-net】命令，可以查看到用户已经接入无线网络“wlan-net”中。

```
[AC-wlan-view]display station ssid wlan-net
Rf/WLAN: Radio ID/WLAN ID
Rx/Tx: link receive rate/link transmit rate(Mbit/s)
---------------------------------------------------------------------------------
STA MAC         AP ID Ap name  Rf/WLAN  Band  Type  Rx/Tx  RSSI  VLAN  IP address
---------------------------------------------------------------------------------
5489-9879-4e80  0     area_1   0/1      2.4G  -     -/-    -     201   10.1.201.25
---------------------------------------------------------------------------------
Total: 1 2.4G: 1 5G: 0
```

实训 5-2　三层中小型 WLAN 配置

【实训描述】

小白在完成小型 WLAN 的组建后，想更加深入地了解略复杂的 WLAN 的组建，这次他选择了三

层组网。

【实训准备】

1．安装了 eNSP 和 Windows 7 以上操作系统的计算机。

2．完成数据准备。

【实训拓扑】

本实训以三层旁挂式组网为例，其拓扑如图 5-40 所示，其 AC 数据规划如表 5-3 所示。

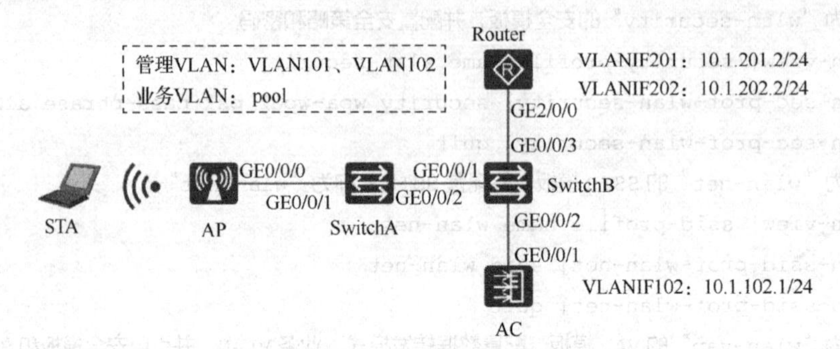

图 5-40　三层网络拓扑

表 5-3　AC 数据规划

项目	数据
AP 管理 VLAN	VLAN101、VLAN102
STA 业务 VLAN	VLAN pool。 • 名称：sta-pool。 • VLAN pool 中加入的 VLAN：201、202
DHCP 服务器	AC 作为 AP 的 DHCP 服务器，汇聚交换机 SwitchB 作为 STA 的 DHCP 服务器，STA 的默认网关为 10.1.201.2 和 10.1.202.2
AP 地址池	10.1.102.2～10.1.102.254/24
STA 地址池	10.1.201.3～10.1.201.254/24，10.1.202.3～10.1.202.254/24
AC 源接口	VLANIF102：10.1.102.1/24
AP 组	• 名称：ap-group1。 • 引用模板：VAP 模板、域管理模板
域管理模板	• 名称：wlan-domain。 • 国家码：CN
SSID 模板	• 名称：wlan-ssid。 • SSID 名称：wlan-net
安全模板	• 名称：wlan-security。 • 安全策略：WPA/WPA2+PSK+AES。 • 密码：a1234567
VAP 模板	• 名称：wlan-vap。 • 数据转发模式：直接转发。 • 业务 VLAN：VLAN pool。 • 引用模板：SSID 模板、安全模板

【实训步骤】

先在 eNSP 上按照图 5-40 搭建实训拓扑，再按照以下步骤进行数据配置。

（1）配置周围设备。

```
# 配置接入交换机 SwitchA 的接口 GE0/0/1 和 GE0/0/2 加入 VLAN101、VLAN201 和 VLAN202
< Huawei > system-view
[Huawei] sysname SwitchA
[SwitchA] vlan batch 101 201 202
[SwitchA] interface Gigabitethernet 0/0/1
[SwitchA-GigabitEthernet0/0/1] port hybrid pvid vlan 101
[SwitchA-GigabitEthernet0/0/1] port hybrid untagged vlan 101
[SwitchA-GigabitEthernet0/0/1] port hybrid tagged vlan 201 202
[SwitchA-GigabitEthernet0/0/1] quit
[SwitchA] interface Gigabitethernet 0/0/2
[SwitchA-GigabitEthernet0/0/2] port hybrid tagged vlan 101 201 202
[SwitchA-GigabitEthernet0/0/2] quit
/* 配置汇聚交换机 SwitchB 的接口 GE0/0/1 加入 VLAN101、VLAN201 和 VLAN202，接口 GE0/0/2 加入 VLAN102，接口 GE0/0/3 加入 VLAN201 和 VLAN202，创建接口 VLANIF102 并配置其 IP 地址为 10.1.102.2/24 */
< Huawei > system-view
[Huawei] sysname SwitchB
[SwitchB] vlan batch 101 102 201 202
[SwitchB] interface Gigabitethernet 0/0/1
[SwitchB-GigabitEthernet0/0/1] port hybrid tagged vlan 101 201 202
[SwitchB-GigabitEthernet0/0/1] quit
[SwitchB] interface Gigabitethernet 0/0/2
[SwitchB-GigabitEthernet0/0/2] port hybrid tagged vlan 102
[SwitchB-GigabitEthernet0/0/2] quit
[SwitchB] interface Gigabitethernet 0/0/3
[SwitchB-GigabitEthernet0/0/3] port hybrid tagged vlan 201 202
[SwitchB-GigabitEthernet0/0/3] quit
[SwitchB] interface vlanif 102
[SwitchB-Vlanif102] ip address 10.1.102.2 24
[SwitchB-Vlanif102] quit
/* 配置 Router 的接口 GE2/0/0 加入 VLAN201 和 VLAN202，创建接口 VLANIF201 并配置其 IP 地址为 10.1.201.2/24，创建接口 VLANIF202 并配置其 IP 地址为 10.1.202.2/24 */
<Huawei> system-view
[Huawei] sysname Router
[Router] vlan batch 201 202
[Router] interface Gigabitethernet 2/0/0
[Router-GigabitEthernet2/0/0] port hybrid tagged vlan 201 202
[Router-GigabitEthernet2/0/0] quit
[Router] interface vlanif 201
[Router-Vlanif201] ip address 10.1.201.2 24
[Router-Vlanif201] quit
```

```
[Router] interface vlanif 202
[Router-Vlanif202] ip address 10.1.202.2 24
[Router-Vlanif202] quit
```

（2）配置 AC 与其他网络设备互通。

```
# 配置 AC 的接口 GE0/0/1 加入 VLAN102，创建接口 VLANIF102 并配置其 IP 地址为 10.1.102.1/24
<AC6605> system-view
[AC6605] sysname AC
[AC] vlan 102
[AC-vlan102] quit
[AC] interface vlanif 102
[AC-Vlanif102] ip address 10.1.102.1 24
[AC-Vlanif102] quit
[AC] interface Gigabitethernet 0/0/1
[AC-GigabitEthernet0/0/1] port hybrid tagged vlan 102
[AC-GigabitEthernet0/0/1] quit
# 配置 AC 到 AP 的路由，下一跳为 SwitchB 的 VLANIF102
[AC] ip route-static 10.1.101.0 24 10.1.102.2
```

（3）配置 DHCP 服务器，为 AP 和 STA 分配 IP 地址。

```
# 在 SwitchB 上配置 DHCP 中继，代理 AC 分配 IP 地址
[SwitchB] dhcp enable
[SwitchB] interface vlanif 101
[SwitchB-Vlanif101] ip address 10.1.101.1 24
[SwitchB-Vlanif101] dhcp select relay
[SwitchB-Vlanif101] dhcp relay server-ip 10.1.102.1
[SwitchB-Vlanif101] quit
# 在 SwitchB 上创建 VLANIF201 和 VLANIF202 接口，为 STA 提供地址，并指定默认网关
[SwitchB]ip pool sta-pool-201
[SwitchB-ip-pool-sta-pool-201]network 10.1.201.0 mask 24
[SwitchB-ip-pool-sta-pool-201]gateway-list 10.1.201.2
[SwitchB-ip-pool-sta-pool-201] quit
[SwitchB] interface vlanif 201
[SwitchB-Vlanif201] ip address 10.1.202.1 24
[SwitchB-Vlanif201] dhcp select global
[SwitchB-Vlanif201] quit
[SwitchB]ip pool sta-pool-202
[SwitchB-ip-pool-sta-pool-202]network 10.1.202.0 mask 24
[SwitchB-ip-pool-sta-pool-202]gateway-list 10.1.202.2
[SwitchB-ip-pool-sta-pool-202] quit
[SwitchB] interface vlanif 202
[SwitchB-Vlanif202] ip address 10.1.202.1 24
[SwitchB-Vlanif202] dhcp select global
```

```
[SwitchB-Vlanif202] quit
# 在 AC 上创建全局地址池，为 AP 提供 IP 地址
[AC] dhcp enable
[AC] ip pool huawei
[AC-ip-pool-huawei] network 10.1.101.0 mask 24
[AC-ip-pool-huawei] gateway-list 10.1.101.1
[AC-ip-pool-huawei] option 43 sub-option 3 ascii 10.1.102.1
[AC-ip-pool-huawei] quit
[AC] interface vlanif 102
[AC-Vlanif102] dhcp select global
[AC-Vlanif102] quit
```

（4）配置 VLAN pool，作为业务 VLAN。

```
/* 在 AC 上新建 VLAN pool，并将 VLAN201 和 VLAN202 加入其中，配置 VLAN pool 中的 VLAN 分配算法为"hash" */
[AC] vlan batch 201 202
[AC] vlan pool sta-pool
[AC-vlan-pool-sta-pool] vlan 201 202
[AC-vlan-pool-sta-pool] assignment hash
[AC-vlan-pool-sta-pool] quit
```

（5）配置 AP 上线。

```
# 创建 AP 组，将相同配置的 AP 都加入同一 AP 组中
[AC] wlan
[AC-wlan-view] ap-group name ap-group1
[AC-wlan-ap-group-ap-group1] quit
# 创建域管理模板，在域管理模板下配置 AC 的国家码并在 AP 组下引用域管理模板
[AC-wlan-view] regulatory-domain-profile name wlan-domain
[AC-wlan-regulate- domain-wlan-domain] country-code cn
[AC-wlan-regulate-domain- wlan-domain] quit
[AC-wlan-view] ap-group name ap-group1
[AC-wlan-ap-group-ap-group1] regulatory-domain-profile wlan-domain
Warning: Modifying the country code will clear channel, power and antenna gain configurations of the radio and reset the AP. Continue?[Y/N]:y
[AC-wlan-ap-group-ap-group1] quit
[AC-wlan-view] quit
# 配置 AC 的源接口
[AC] capwap source interface vlanif 102
/* 在 AC 上离线导入 AP，并将 AP 加入 AP 组"ap-group1"中。假设 AP 的 MAC 地址为 00E0-FC41-08E0，AP 的名称为"area_1" */
[AC] wlan
[AC-wlan-view] ap auth-mode mac-auth
[AC-wlan-view] ap-id 0 ap-mac 00E0-FC41-08E0
```

```
[AC-wlan-ap-0] ap-name area_1
[AC-wlan-ap-0] ap-group ap-group1
Warning: This operation may cause AP reset. If the country code changes, it will clear channel, power and antenna gain configurations of the radio, Whether to continue? [Y/N]:y
[AC-wlan-ap-0] quit
/* 将AP上电后，当执行【display ap all】命令，查看到AP的“State”字段为“nor”时，表示AP正常上线 */
[AC-wlan-view]display ap all
Info: This operation may take a few seconds. Please wait for a moment.done.
Total AP information:
nor  : normal          [1]
--------------------------------------------------------------------------------
ID   MAC            Name   Group      IP             Type        State STA Uptime
--------------------------------------------------------------------------------
0    00e0-fc41-08e0 area_1 ap-group1 10.1.101.128 AP5030DN    nor   0   1M:13S
--------------------------------------------------------------------------------
Total: 1
```

（6）配置 WLAN 业务参数。

```
# 创建名为“wlan-security”的安全模板，并配置其安全策略与密码
[AC-wlan-view] security-profile name wlan-security
[AC-wlan-sec-prof-wlan-security] security wpa-wpa2 psk pass-phrase a1234567 aes
[AC-wlan-sec-prof-wlan-security] quit
# 创建名为“wlan-ssid”的SSID模板，并配置SSID名称为“wlan-net”
[AC-wlan-view] ssid-profile name wlan-ssid
[AC-wlan-ssid-prof-wlan-ssid] ssid wlan-net
[AC-wlan-ssid-prof-wlan-ssid] quit
# 创建名为“wlan-vap”的VAP模板，配置数据转发模式、业务VLAN，并引用安全模板和SSID模板
[AC-wlan-view] vap-profile name wlan-vap
[AC-wlan-vap-prof-wlan-vap] forward-mode direct-forward
[AC-wlan-vap-prof-wlan-vap] service-vlan vlan-pool sta-pool
[AC-wlan-vap-prof-wlan-vap] security-profile wlan-security
[AC-wlan-vap-prof-wlan-net] ssid-profile wlan-ssid
[AC-wlan-vap-prof-wlan-net] quit
# 配置AP组引用VAP模板，AP上的射频0和射频1都使用VAP模板“wlan-vap”的配置
[AC-wlan-view] ap-group name ap-group1
[AC-wlan-ap-group-ap-group1] vap-profile wlan-vap wlan 1 radio 0
[AC-wlan-ap-group-ap-group1] vap-profile wlan-vap wlan 1 radio 1
[AC-wlan-ap-group-ap-group1] quit
```

（7）验证配置结果。

```
/* STA搜索到名为“wlan-net”的无线网络，输入密码“a1234567”并正常关联后，在AC上执行【display
```

```
station ssid wlan-net】命令，可以查看到用户已经接入无线网络“wlan-net”中 */
    [AC-wlan-view]display station ssid wlan-net
    Rf/WLAN: Radio ID/WLAN ID
    Rx/Tx: link receive rate/link transmit rate(Mbit/s)
    ----------------------------------------------------------------------------
    STA MAC         AP ID Ap name  Rf/WLAN  Band  Type  Rx/Tx    RSSI  VLAN  IP address
    ----------------------------------------------------------------------------
    5489-9822-71a0 0    area_1    0/1     2.4G   -     -/-      -    201   10.1.201.254
    ----------------------------------------------------------------------------
    Total: 1 2.4G: 1 5G: 0
```

【学思启示——WLAN 的发展】

WLAN 技术发展至今已经有 20 多年的历史，从 IEEE 802.11b、IEEE802.11g、IEEE 802.11a、IEEE 802.11n 和 IEEE 802.11ac 得到广泛应用，到 IEEE 802.11ax 标准的推出，WLAN 在更多的场合中得到使用。

Wi-Fi 联盟宣布 Wi-Fi 6 使用 IEEE 802.11ax 标准，相对于之前的协议标准来说，IEEE 802.11ax 采用了 OFDMA、DL/UL MU-MIMO、更高阶的调制（1024QAM）以及空分复用等新兴技术，提高了传输速率、用户带宽，扩大了覆盖面积，满足了高密度无线接入和高容量无线业务的需求。

现在，移动业务对 WLAN 的要求越来越高，从刚开始仅仅能够提供无线接入，到现在的语音电话、4K 电视、多方视频会议等应用，对低时延、高速率、高带宽的要求越来越高。Wi-Fi 6 采用的新技术可以满足这些要求，可以提供比以前更可靠的服务、更多的连接，使 WLAN 可以广泛地应用到体育馆、写字楼、虚拟现实、工业视频控制等建筑物或场景中。

近年来，WLAN 在中国的发展极其迅速，具体表现如下。

1. 无线覆盖

WLAN 初期在企业、政府机关、学校、机场等有限的场所实现了覆盖，如今在一些大型公共场合（如图书馆、景区等）也实现了 WLAN 覆盖，提供了免费的 Wi-Fi 网络服务。

2. 标准制定

中国的企业越来越意识到技术研发的重要性，积极参与相关标准的制定，推动新技术的发展和应用。例如，华为公司成立了一个由多名无线专家组成的 IEEE 802.11ax 标准制定团队，累计提交了许多种标准。

3. 企业发展

Wi-Fi 6 的推出为中国的无线通信市场提供了高速发展的机遇，加上中国广大的市场和激烈的竞争环境，促进了中国相关的芯片企业和设备企业等的发展壮大，提升了国际竞争力。因此，涌现了一批相关知名企业，如华为、中兴、新华三、锐捷及小米等。

【模块小结】

本模块介绍了 WLAN 的基础知识，包括 WLAN 技术标准、工作原理、网络组建，并重点介绍了 CAPWAP 隧道技术、WLAN 安全机制以及华为 WLAN 设备等。通过对本模块的学习，学生可学习 WLAN 的基础知识和工作原理，并掌握 WLAN 的组建和配置方法。

本模块最后通过两个实训加深学生对 WLAN 理论知识的理解，并培养学生对 WLAN 的搭建、数据配置以及故障排除等能力。

【练习题】

一、填空题

1. WLAN 主要分为________、________、________和________4 部分。

2. CAPWAP 协议是由________制定出来的。

3. 中国 WLAN 安全强制性标准是________。

4. 在 IEEE 802.11n 5GHz U-NII 高频段中，中国有 5 个不重叠的信道可以使用，信道号分别是________、________、________、________和________。

5. 在 IEEE 802.11n 的 2.4GHz 频段中，中国可以使用的信道有________个。

二、填空题

1. 802.11a 可以支持的速率（单位为 Mbit/s）有（　　）。

A. 6、12、24、54　　B. 6、9、12、18、24、36、48、54

C. 6、12、18、24、36、48、54　　D. 6、9、12、18、24、30、36、48、54

2. WEP 加密采用的数据算法为（　　）。

A. RC4　　B. AES　　C. CCMP　　D. 非对称加密

3. 下列几种加密方式中，安全性最好的是（　　）。

A. 明文加密　　B. WEP 加密　　C. TKIP 加密　　D. CCMP 加密

4. 对于 AC6605，命令（　　）可以用来查看 AP 是否上线。

A.【display ap on line all】　　B.【display ap all】

C.【display ap-type all】　　D.【dispay ap-run-info all】

5. CAPWAP 数据隧道使用的 UDP 端口是（　　）。

A. 5146　　B. 5147　　C. 5246　　D. 5247

模块 6

广域网技术及接入互联网

06

【学习目标】

【知识目标】

- 理解广域网的基本概念。
- 理解 PPP 的基本概念和 PPP 链路的建立过程。
- 理解 PPPoE 的基本概念和工作过程。
- 了解 5G、SDN、NFV 等技术。

【技能目标】

- 能够完成 PPP 的基本配置。
- 能够完成 PPPoE 的客户端配置。
- 能够抓包分析 PPP 的工作过程。
- 能够抓包分析 PPPoE 的工作过程。
- 能够掌握 PPP 及 PPPoE 的排障技能。

【素质目标】

- 掌握实际动手解决问题的能力。
- 在实训中理解团结协作的精神。
- 培养爱国精神和工匠精神。

【情景引入】

广域网是一种跨地区的数据通信网络，一般使用电信运营商提供的设备作为信息传输平台，是一项渗透到现代社会方方面面的基础设施，目前的互联网可以理解为一个最大的广域网。伴随着云计算和软件定义网络（Software Defined Network，SDN）等技术的蓬勃发展，传统的广域网正在经历着云时代的变革。较之传统的广域网技术，新一代的广域网技术不是只关注网络的连通，而是更关注网络业务的丰富程度和多业务处理能力。

小白在完成局域网的搭建任务之后，想要将自己搭建的网络接入互联网，因此他想了解有哪些广域网技术，以及相关的原理和配置方法。此外，对于其他技术，如 5G、SDN、网络功能虚拟化（Network Function Virtualization，NFV）等，他也有浓厚的兴趣。

【相关知识】

6.1 广域网概述

广域网（Wide Area Network，WAN）是一种覆盖范围比局域网的覆盖范围大的数据通信网络。一个广域网可以由多个局域网组成，企业通常需要通过广域网来将分散在各地的分支机构的局域网联系起来，实现局域网之间的通信。

6.1.1 广域网的基本概念

1. 接口和线缆

在路由器的广域网连接中，会用到许多区别于局域网的接口，下面将简单介绍几种常见的广域网接口。

（1）同异步串口

同异步串口模块通常应用于数字数据网（Digital Data Network，DDN）、帧中继网络等，在企业网之间实现专线连接。在同步方式下，该接口可作为数据电路端接设备（Data Circuit-terminating Equipment，DCE）或者数据终端设备（Data Terminal Equipment，DTE），支持 V.24、V.35、X.21 等多种物理层协议，最大传输速率为 2.048Mbit/s；在异步方式下，该接口支持 RS-232 协议，最大传输速率为 115.2kbit/s。

一般的同异步串口模块如图 6-1 所示，图中接口卡的接口为 28 芯的连接器，故连接线缆为带 DB28 连接器的同异步串口电缆，用于连接 DCE 或 DTE，如图 6-2 和图 6-3 所示。

图 6-1 同异步串口模块

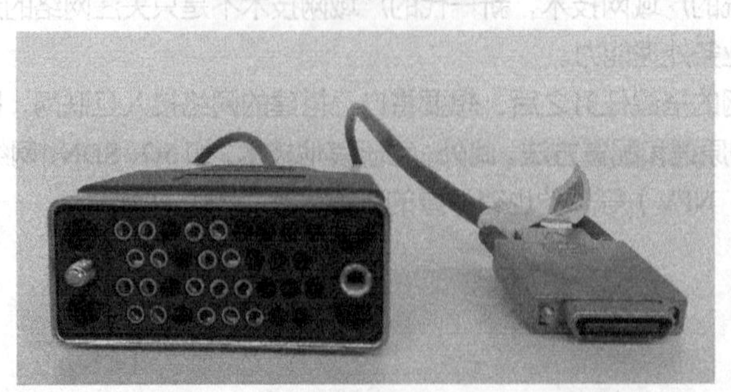

图 6-2 V.35 转 DB28 串口连接线缆（母头，用于连接 DCE）

图 6-3　V.35 转 DB28 串口连接线缆（公头，用于连接 DTE）

（2）光纤接口

光纤接口指的是设备上光模块的接口，所谓光模块指的是在网络中完成光/电转换的部件。

光纤作为光信号的传输载体，应用于光信号的近距离传输场合，光纤的一端连接光模块的光接口，另一端连接光纤配线架、上行设备光接口或其他设备光接口。光模块可能使用单模光纤或多模光纤，使用光模块时应注意区分。

单模光纤是指只有一种传输模式的光纤，纤芯直径为 8.3μm～10μm，传输的光信号波长为 1310nm 或 1550nm。单模光纤理论上的带宽比多模光纤高，传输距离也更远，但是对光源的谱宽和稳定性有较高的要求。单模光纤的接口如图 6-4 和图 6-5 所示，室内使用的单模光纤护套的颜色一般是黄色。

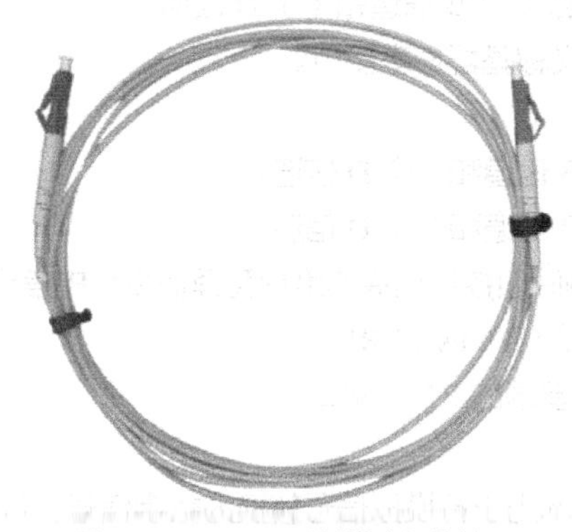

图 6-4　LC/PC 型单模光纤的接口

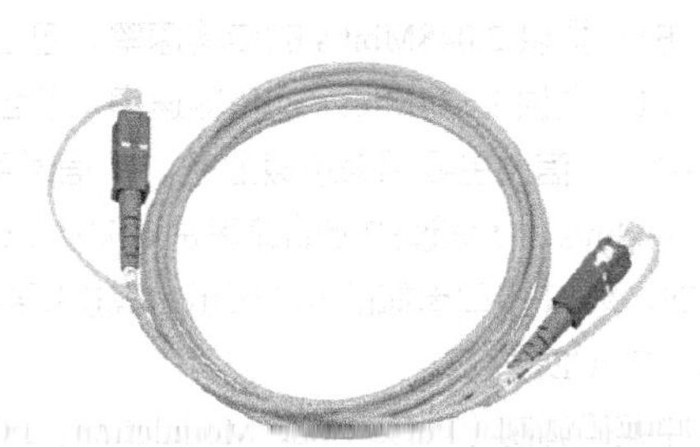

图 6-5　SC/PC 型单模光纤的接口

多模光纤是另一种常见的光纤，纤芯直径为 50μm～100μm，它可以在给定的波长范围内传输多种模式的光信号。多模光纤中传输的模式多达数百个，各个模式的传输常数和群速率不同，因此多模光纤的带宽较低，色散度和损耗较大，只适用于中短距离和小容量的光纤通信系统。多模光纤的接口如图 6-6 所示，室内使用的多模光纤护套的颜色一般是橙色。

此外，常见的光纤接口有 SC/PC、LC/PC、FC/PC、ST/PC、MTRJ/PC 等类型，如表 6-1 所示。其中，“/”前面部分为光纤连接器型号，如 SC 表示卡接式方形接头，LC 接头与 SC 接头形状相似，个头略小，FC 表示圆形带螺纹接头，ST 表示卡接式圆形接头，MTRJ 表示方形接头；“/”后面部分表明接头的截面工艺，PC 表示微球面研磨抛光工艺，电信运营商使用的光纤一般采用 PC 工艺。

图 6-6　LC/PC 型多模光纤的接口

表 6-1 常见的光纤接口

光纤接口类型	示意图
SC/PC 型	
LC/PC 型	
FC/PC 型	
ST/PC 型	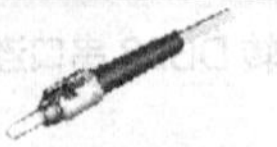
MTRJ/PC 型	

（3）ISDN 接口

综合业务数字网（Integrated Service Digital Network，ISDN）由综合数字网（Integrated Digital Network，IDN）演变而来，可提供端到端的数字连接。ISDN 为语音、视频等数据提供综合传输业务，能够使语音、视频等数据信息分别在不同的数据通道上实现同时传输。

ISDN 支持以下两种接口。

① 基本速率接口（Basic Rate Interface，BRI）：包含 2 个 B 信道和 1 个 D 信道。

② 主群速率接口（Primary Rate Interface，PRI）：又称基群速率接口。

PRI 根据传输制式的不同又分为以下两种。

- E1：提供 2.048Mbit/s 的传输速率，包含 30 个 B 信道和 1 个 D 信道。
- T1：提供 1.544Mbit/s 的传输速率，包含 23 个 B 信道和 1 个 D 信道。

其中，B 信道主要用来承载业务，D 信道用来传输呼叫控制信令和维护管理信令；B 信道的传输速率是 64kbit/s，D 信道的传输速率是 64kbit/s（PRI）或 16kbit/s（BRI）。

ISDN WAN 接口卡如图 6-7 所示，其接口类型就是普通的 RJ-11 接口。

（4）E1/CE1 接口

脉冲编码调制（Pulse Code Modulation，PCM）技术用于将模拟信号转换为数字信号，PCM 编码有两个标准：欧洲的 E1 标准和北美的 T1 标准。我国采用的是欧洲的 E1 标准。在 E1 标准中，采用 30/32 路复用技术，将 32 个时隙组成一个 PCM 复用帧，包含 30 个信号时隙和 2 个信令时隙，每个时隙的传输速率为 64kbit/s，复用帧的传输速率为 2.048Mbit/s。当 E1 形成的物理接口只能工作在净通道模式或通道化模式时，称这样的接口为 CE1 接口。AR G3 路由器上常见的 2E1T1 接口卡如图 6-8 所示，该接口卡使用 75Ω 非平衡同轴电缆或 120Ω 平衡双绞线进行连接，分别如图 6-9 和图 6-10 所示。

图 6-7 ISDN WAN 接口卡

图 6-8 AR G3 路由器上常见的 2E1T1 接口卡

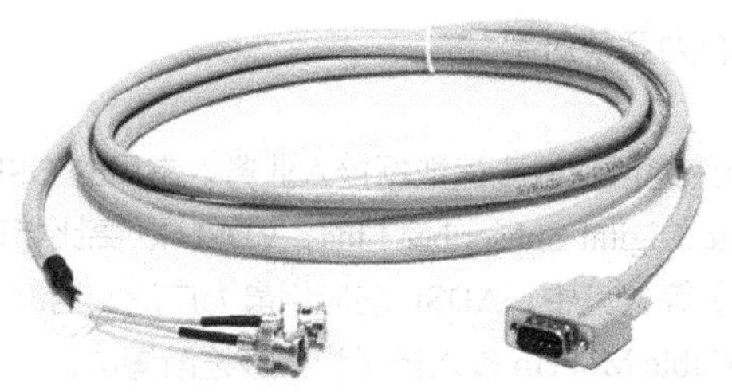

图 6-9　75Ω 非平衡同轴电缆

图 6-10　120Ω 平衡双绞线

（5）ADSL 接口

非对称数字用户线（Asymmetric Digital Subscriber Line，ADSL）是一种非对称的传输技术，利用普通电话线中未使用的高频段，在电话线上实现高速数据传输。图 6-11 所示是路由器上使用的 ADSL-A/M WAN 接口卡，该接口卡使用 RJ-11 电话线连接 ADSL Modem。

（6）以太网接口

一些较为低端的路由器上可能会安装以太网模块，用于中小企业或企业分支机构的以太网接入。图 6-12 所示为 8FE1GE 接口卡，由图可知，该接口卡提供 8 个二层 FE（快速以太网）接口和一个 GE（吉比特以太网）接口，可用于连接办公终端、PC、IP 电话和交换机。

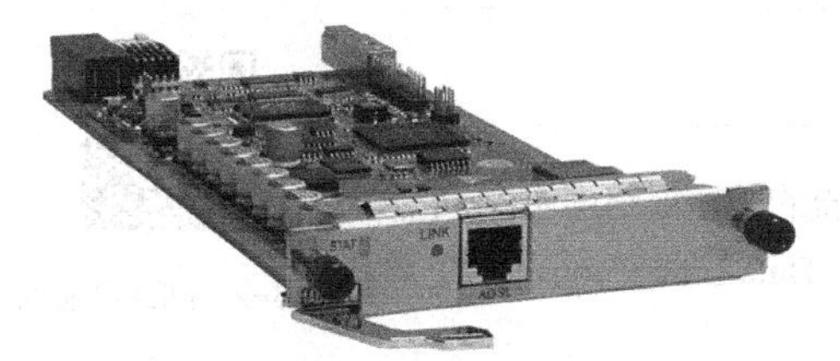

图 6-11　ADSL-A/M WAN 接口卡

图 6-12　8FE1GE 接口卡

2. 广域网的协议

广域网的协议工作在 OSI/RM 的底层中，定义了在不同的广域网介质上通信的数据链路层协议。传统的广域网协议包括 HDLC 协议、PPP、分组交换网（X.25）协议、FR 协议、ISDN 协议、ATM 协议等，其中 X.25、ISDN 协议已经被完全淘汰，而 FR、ATM 协议也在逐渐被淘汰。

当然，随着互联网的高速发展，各种移动终端都需要接入万维网。因此，从某种意义上来说，广域网还包括 5G、软件定义广域网（Software Defined Wide Area Network，SD-WAN）等新技术。

6.1.2　广域网的接入技术

广域网用于将分布在不同位置的局域网进行互联，一般使用电信运营商提供的设备和链路作为信息传输平台。目前来说，常见的广域网接入技术包括以下几种。

V6-1　广域网的接入技术

1. DDN 专线接入

数字数据网（Digital Data Network，DDN）由光纤、数字微波或卫星等数字传输介质和复用设备组成，可面向企业网用户提供高质量、透明的数据专线接入，实现企业网内部的保密性通信，特别适用于金融行业。

2. Cable Modem 接入

电缆调制解调器（Cable Modem）接入是在有线电视的混合光纤同轴电缆（Hybrid Fiber/Coax，HFC）网络上提供的接入技术。HFC 把铜缆和光缆搭配起来，同时提供两种物理介质所具有的优秀特性。HFC 可以提供比传统电话线接入更高的传输速率，其成本比无源光网络（Passive Optical Network， xPON)、光纤专线接入的成本更低，是DSL接入的有力竞争对手。

3. DSL接入

DSL接入技术是指通过DSL调制解调器实现传统电话网的高速数据接入业务。常见的DSL类型有ADSL、甚高比特率数字用户线（Very High-bit-rate Digital Subscriber Line，VDSL）、高比特率数字用户线（High-bitrate Digital Subscriber Line，HDSL）等，其中，ADSL的应用最为广泛。当然，随着运营商“光进铜退”工程的推进，DSL接入技术和Cable Modem接入技术也在被逐渐淘汰。

4. PON接入

PON接入是新一代光纤接入技术，一般包括运营商局端的光线路终端（Optical Line Terminal，OLT）、光分配网（Optical Distribution Network，ODN）和用户端的光网络单元（Optical Network Unit，ONU）。目前使用较多的PON接入技术有以太网无源光网络（Ethernet Passive Optical Network，EPON）和吉比特无源光网络（Gigabit Passive Optical Network，GPON）技术，而xPON同时支持这两种PON接入技术。PON接入技术是目前非常流行的广域网接入技术。

5. 光纤专线接入

光纤专线接入是指用户端通过光纤直接接入运营商城域网接入层或汇聚层。该技术一般面向政府机构和企业用户。

6.2 HDLC协议

V6-2 HDLC协议

HDLC协议是一种在同步网上传输数据、面向比特流的数据链路层协议，它是由ISO根据IBM公司的同步数据链路控制（Synchronous Data Link Control，SDLC）协议扩展开发而成的。

6.2.1 HDLC协议概述

HDLC协议最大的特点是不需要数据必须是规定字符集，对任何一种比特流，均可以实现透明的传输。标准HDLC协议族中的协议都是运行于同步串行网络之上的，如DDN。

与其他数据链路层协议相比，HDLC协议具有以下几个特点。

① 采用全双工通信方式，不必等待确认即可连续发送数据，有较高的数据链路传输效率。

② 采用CRC码对信息帧进行顺序编号，可防止漏收或重收，传输可靠性高。

③ 传输控制功能与处理功能分离，具有较高的灵活性和较完善的控制功能。

④ 不依赖于任何一种字符编码集，数据报文可透明传输。

⑤ 用于实现透明传输的“0比特插入法”，易于硬件实现。

6.2.2 HDLC帧格式

在HDLC协议中，数据和控制报文均以帧的标准格式传送。完整的HDLC帧由标志（Flag）字段、地址（Address）字段、控制（Control）字段、信息（Information）字段、帧检验序列字段等组成，如图6-13所示。

标志（Flag）	地址（Address）	控制（Control）	信息（Information）	帧检验序列（FCS）	标志（Flag）

图6-13 HDLC帧格式

① 标志字段：标志字段固定为 01111110，可以用于标识帧的开始与结束，也可以作为帧与帧之间的填充字符。

② 地址字段：地址字段携带的是地址信息。

③ 控制字段：控制字段用于构成各种命令及响应，以便对链路进行监视与控制。发送方主节点或组合节点利用控制字段来通知被寻址的从节点或组合节点执行约定的操作；相反，从节点利用该字段作为对命令的响应，报告已经完成的操作或状态的变化。

④ 信息字段：信息字段可以是任意的二进制比特串，长度未作限定，其上限由帧检验序列字段或通信节点的缓冲容量来决定，目前国际上用得较多的是 1000～2000bit，而下限可以是 0，即无信息字段。需要注意的是监控帧中不可有信息字段。

⑤ 帧检验序列字段：帧检验序列字段使用 16bit 的 CRC 码，对两个标志字段之间的整个帧的内容进行校验。

在 HDLC 帧格式中，HDLC 帧的类型由控制字段的帧格式决定，如图 6-14 所示。根据控制字段的不同，HDLC 帧分为信息帧、监控帧和无编号帧 3 种不同类型。

① 信息帧：信息帧用于传送有效信息或数据，通常简称为 I 帧。

② 监控帧：监控帧用于差错控制和流量控制，通常简称为 S 帧。S 帧以控制字段第一位和第二位分别为“1”和“0”来标志。S 帧不带信息字段，只有 6 字节，即 48bit。

③ 无编号帧：无编号帧用于提供对链路的建立、拆除及多种控制功能，通常简称为 U 帧。

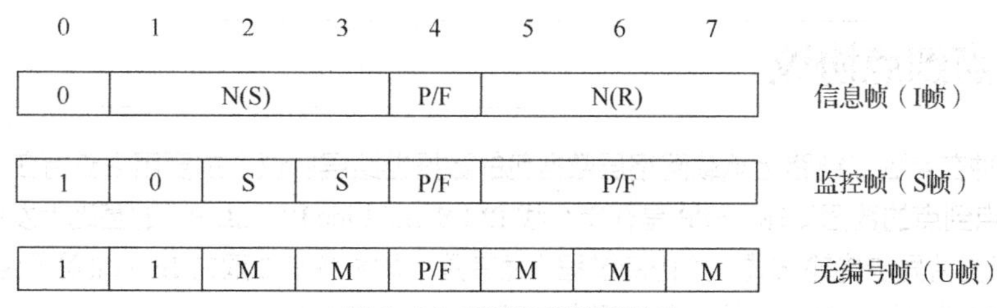

图 6-14 控制字段的帧格式

控制字段中各字段的含义如下。

- N(S)：Send Sequence Number，发送序列号。
- N(R)：Receive Sequence Number，接收序列号。
- P/F：Poll Bit Command Frame/Final Bit Response Frame，轮询位命令帧/终止位响应帧。
- M：修改功能。
- S：监控功能。

控制字段中的第一位或第一位和第二位表示发送帧的类型，即信息帧、监控帧或无编号帧。控制字段的第 5 位是 P/F 位，即轮询/终止位。

控制字段中的 N(S)用于存放发送帧序列，以便发送方不必等待确认而连续发送多帧；N(R)用于存放接收方下一个要接收的帧的序号。N(S)与 N(R)均为 3 位二进制编码，取值范围是 0～7。

6.2.3 HDLC 协议的操作模式

HDLC 协议采用主节点和从节点的操作方式。在链路上起控制作用的节点称为主节点，其他受主节点控制的节点称为从节点。主节点负责对数据流进行组织，由主节点发往从节点的帧称为命令帧，而由从节点返回主节点的帧称为响应帧。根据通信双方的链路结构和传输响应类型，HDLC 协议提供了以下 3 种操作模式。

1. 正常响应模式

正常响应模式（Normal Response Mode，NRM）是一种非平衡数据链路操作模式，有时也称为非平衡正常响应模式。NRM 使用面向终端的点到点或点到多点的链路。在 NRM 下，传输过程由主节点启动，从节点只有收到主节点发送的某个命令帧后，才能向主节点传输信息作为响应帧。响应帧可以由一个或多个帧组成，若响应帧由多个帧组成，则应指出哪一帧是最后一帧。主节点负责管理整个链路，且具有轮询、选择从节点及向从节点发送命令帧的权利，同时负责对超时、重发及各种恢复操作的控制。

2. 异步响应模式

异步响应模式（Asynchronous Response Mode，ARM）也是一种非平衡数据链路操作模式。与 NRM 不同的是，ARM 的传输过程由从节点启动，从节点主动给主节点发送一个或一组帧。在 ARM 下，由从节点来控制超时和重发。ARM 对采用轮询方式的多节点链路来说是必不可少的。

3. 异步平衡模式

异步平衡模式（Asynchronous Balance Mode，ABM）是一种允许任何节点来启动传输过程的操作模式。为了提高链路传输效率，节点之间在两个方向上都需要有较高的信息传输量。在 ABM 下，任何时候、任何节点都能启动传输过程，每个节点既可以作为主节点又可作为从节点。各个节点都有相同的一组协议，任何节点都可以发送或接收命令，也可以给出应答，并且各节点对差错恢复过程都负有相同的责任。

6.3 点到点协议

PPP 是一种在点到点链路上承载网络层数据包的数据链路层协议，主要用来支持在全双工的同异步链路上进行点到点的数据传输。PPP 是在串行线 IP（Serial Line IP，SLIP）的基础上发展起来的。由于 SLIP 具有只支持异步传输方式、无协商过程（尤其是不能协商诸如双方 IP 地址等网络层属性）、网络层只能承载 IP 等缺陷，在后来的发展过程中，逐步被 PPP 所替代。

6.3.1 PPP 的协议架构

PPP 处于 TCP/IP 的数据链路层，主要由 3 类协议族组成，说明如下。

① 链路控制协议（Link Control Protocol，LCP）族：主要用来建立、拆除和监控 PPP 数据链路。

② 网络控制协议（Network Control Protocol，NCP）族：主要用来协商在 PPP 数据链路上所传输的数据包的格式与类型。

③ PPP 扩展协议族：主要用来提供对 PPP 功能的进一步支持。例如，PPP 提供的用于网络安全方面的验证协议族。

6.3.2 PPP 的帧格式

PPP 的帧格式也遵循 HDLC 帧格式，具体如图 6-15 所示，各字段的含义如下。

① Flag 字段：Flag 字段标识一个物理帧的起始和结束，该字段的值为 0x7E。

② Address 字段：Address 字段可以唯一标识对端。PPP 被运用在点到点的链路上，使用 PPP 互联的两台通信设备无须知道对方的数据链路层地址，因此按照协议的规定将该字段填充为全 1。

③ Control 字段：Control 字段的默认值为 0x03，在 PPP 中没有采用序列号和确认号来实现可靠传输。Address 和 Control 字段一起标识当前报文为 PPP 报文，即 PPP 报文头为 FF03。

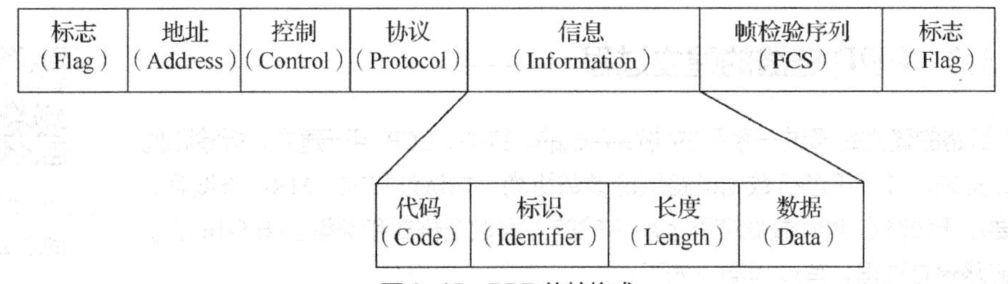

图 6-15　PPP 的帧格式

④ Protocol 字段：Protocol 字段可用来区分 PPP 数据帧中 Information 字段所承载的报文类型。譬如 Protocol 字段为 0xC021 代表该数据帧为 LCP 协商报文；Protocol 字段为 0x8021 代表该数据帧为互联网协议控制协议（Internet Protocol Control Protocol，IPCP）协商报文；Protocol 字段为 0xC023 代表该数据帧为密码认证协议（Password Authentication Protocol，PAP）认证报文；Protocol 字段为 0xC223 代表该数据帧为挑战握手身份认证协议（Challenge Handshake Authentication Protocol，CHAP）认证报文。

Protocol 字段的内容必须依据 ISO 3309 的地址扩展机制所给出的规定。该机制规定 Protocol 字段所填充的内容必须为奇数，也就是要求最低有效字节的最低有效位为“1”，最高有效字节的最低有效位为“0”。如果发送端发送的 PPP 数据帧的 Protocol 字段不符合上述规定，则接收端会认为此数据帧是不可识别的。此时，接收端向发送端发送一个 Protocol-Reject 报文，在该报文尾部将填充被拒绝报文的协议号。

⑤ Information 字段：Information 字段的最大长度是 1500 字节，其中包括填充的内容。Information 字段的最大长度称为最大接收单元（Maximum Receive Unit，MRU）。MRU 的默认值为 1500 字节，在实际应用中可根据实际需要进行 MRU 长度的协商。如果 Information 字段长度不足，则其可被填充，但不是必需的。如果进行填充，则需通信双方的两端能辨认出填充信息和真正需要传送的信息，方可正常通信。

⑥ FCS 字段：FCS 字段的功能主要是对 PPP 数据帧传输的正确性进行检测。在数据帧中引入一些传输的保证机制时会引入更多的开销，这样可能会增加应用层交互的延迟。

在 PPP 链路建立过程中，链路两端需使用 LCP 报文、NCP 报文进行参数协商，协商过程中的参数会作为 PPP 的净载荷封装在 PPP 数据帧的 Information 字段中，整个协商过程中会使用不同类型的报文，即 Information 字段的内容是变化的，这些内容也需要通过相应的字段来区分，如图 6-15 所示。

① Code 字段：Code 字段的长度为 1 字节，主要用来标识 LCP 数据报文的类型。在链路建立阶段，接收方接收到 LCP 数据报文，当其 Code 字段的值无效时，就会向对端发送一个 LCP 的代码拒绝报文（Code-Reject 报文）。

② Identifier 字段：Identifier 字段的长度为 1 字节，用来匹配请求和响应报文，当 Identifier 字段值为非法值时，当前报文将被丢弃。通常一个配置请求报文的 Identifier 字段值是从 0x01 开始逐步加 1 的。当对端接收到该配置请求报文后，无论使用何种报文回应对方，都要求回应报文中的 Identifier 字段值与接收报文中的 Identifier 字段值一致。

③ Length 字段：Length 字段的值就是该 LCP 报文的总字节数，是 Code 字段、Identifier 字段、Length 字段和 Data 字段长度的总和。Length 字段所指示字节数之外的字节将被当作填充部分忽略掉，且该字段的值不能超过 MRU 的值。

④ Data 字段：Data 字段所包含的是协商报文的内容。

6.3.3 PPP 链路的建立过程

V6-3 PPP 链路的建立过程

PPP 链路的建立是通过一系列的协商完成的。其中，LCP 用于建立、拆除和监控 PPP 数据帧，并用于进行数据链路层的参数协商，如认证方式、MRU 长度等；NCP 主要用于协商在 PPP 数据链路上所传输的上层数据格式和类型。图 6-16 所示为 PPP 链路建立过程，其过程描述如下。

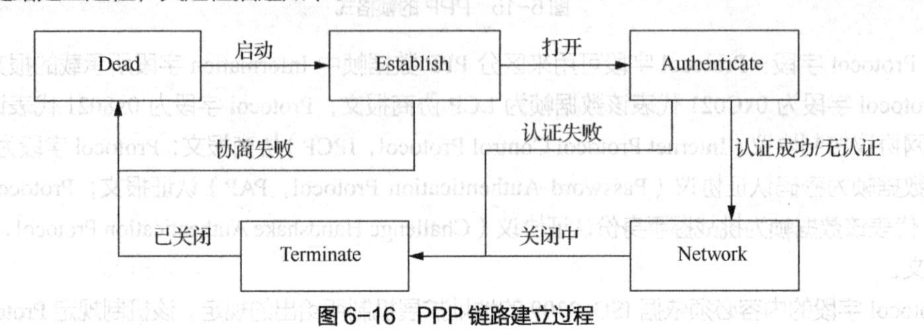

图 6-16 PPP 链路建立过程

① Dead（不可用）阶段：PPP 链路都需从这个阶段开始并在这个阶段结束。当通信双方检测到物理线路激活（通常是检测到链路上有载波信号）时，就会从当前阶段跃迁至下一个阶段，即链路建立阶段。当处于不可用阶段时，LCP 的状态机处于 Initial（初始化）状态或 Starting（准备启动）状态，一旦检测到物理线路可用，LCP 的状态机就需要发生改变。当然，链路被断开后同样会返回到不可用阶段。在实际过程中，这个阶段持续的时间是很短的。

② Establish（链路建立）阶段：链路建立阶段是 PPP 链路极关键和极复杂的阶段。在此阶段中，PPP 链路进行 LCP 协商。协商内容包括工作方式[单链路 PPP（Single-link PPP，SP）或多链路 PPP（Multilink PPP，MP）]、MRU 长度、验证方式、魔术字（Magic Number）和异步字符映射等。LCP 协商成功后进入打开状态，表示底层链路已经建立。

③ Authenticate（验证）阶段：在默认情况下，PPP 链路两端不需要进行验证即可建立连接，进入网络层协议阶段。如果链路要求对端进行验证，则在 LCP 协商成功后会进入验证阶段，PPP 支持 PAP 和 CHAP 两种验证方式，只有验证通过时才可以进入网络层协议阶段。如果验证失败，则进入终止阶段，拆除链路，LCP 状态转为关闭中。

④ Network（网络层协议）阶段：在此阶段，PPP 链路进行 NCP 协商，NCP 协商包括 IPCP 协商、多协议标记交换控制协议（Multi-Protocol Label Switching Control Protocol，MPLSCP）协商等。IPCP 协商主要包括双方的 IP 地址协商，并通过 NCP 协商来选择和配置一种网络层协议。只有相应的网络层协议协商成功（相应协议的 NCP 协商状态为 Opened）后，该网络层协议才可以通过这条 PPP 链路发送报文。例如，只有 IPCP 协商通过后，这条 PPP 链路才可以承载 IP 报文。

⑤ Terminate（终止）阶段：NCP 协商成功后，PPP 链路将一直保持通信。PPP 运行过程中，可以随时中断连接，物理链路断开、认证失败、超时定时器时间到、网络管理员通过配置关闭连接等都可能导致链路进入终止阶段。进入终止阶段且资源释放完毕后，即可进入不可用阶段。

V6-4 PPP 的认证机制

6.3.4 PPP 的认证机制

在 PPP 链路建立过程中，支持对链路对端进行身份认证，PPP 的认证机制有两种：PAP 和 CHAP。

1. PAP

PAP 是两次握手认证协议，它通过用户名和密码的明文传送来进行身份认证，其认证过程如图 6-17 所示。

PAP 认证包含以下两个过程。

① 被认证方把用户名和密码通过认证请求报文发送到认证方。

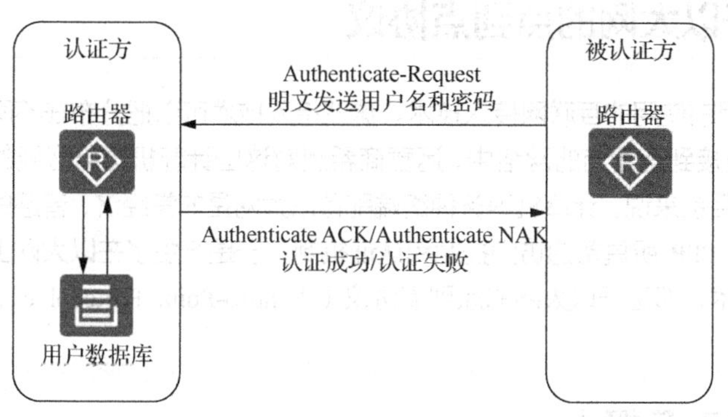

图 6-17　PAP 认证过程

② 认证方根据用户数据库或远程认证服务器 Radius 查看是否有被认证方的用户名，以及密码是否正确，并返回不同的响应报文。如果有用户名且密码正确，则返回 Authenticate ACK 报文，认证通过；否则返回 Authenticate NAK 报文，认证失败。

PAP 不是一种安全的验证协议。当验证时，密码以明文方式在链路上发送，并且因为完成 PPP 链路的建立后，被认证方会不停地在链路上反复发送用户名和密码，直到身份验证过程结束，所以不能防止攻击。

2. CHAP

CHAP 为三次握手协议，它在网络中只通过明文传送用户名，而密码通过密文进行传送，因而安全性比 PAP 高。CHAP 认证过程如图 6-18 所示。

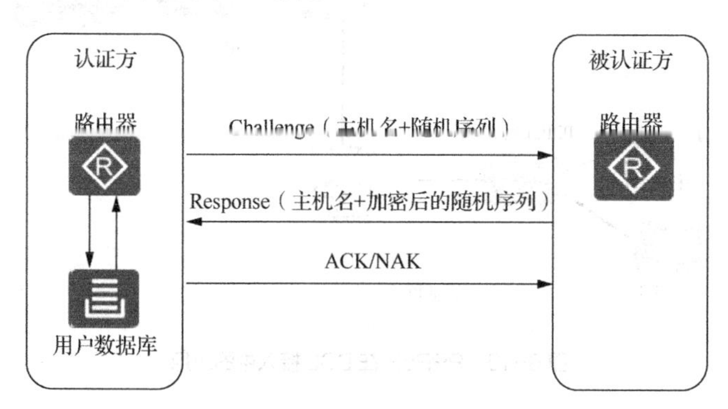

图 6-18　CHAP 认证过程

CHAP 认证包含以下 3 个过程。

① 认证方主动发起认证请求，认证方向被认证方发送 Challenge 报文，并附带自己的主机名，Challenge 报文中包含报文 ID 及一个随机序列。

② 被认证方接到认证方的验证请求后，将接口上配置的密码、Challenge 报文中的随机序列和报文 ID 用 MD5 算法进行加密，将生成的密文和接口上配置的用户名通过 Response 报文发回认证方。

③ 认证方收到 Response 报文后，分别利用 Response 报文中的用户名和 ID 在用户数据库中查找对

应的密码和随机报文，并将查找到的密码、随机报文及ID用MD5算法进行加密，将之与收到的Response报文进行比较，相同则返回ACK报文，认证成功；否则返回NAK报文，认证失败。

CHAP认证不仅可以在PPP链路建立阶段进行，在之后的数据传输过程中也可以按随机间隔继续进行，且每次认证使用的随机报文都是不同的，这样可以避免被第三方猜出密钥。

6.4 基于以太网的点到点协议

V6-5 基于以太网的点到点协议

6.1.2节介绍了目前使用的互联网接入技术，这些接入技术可以把分布在不同位置的多台计算机连接到运营商的网络中，运营商希望对这些计算机进行必要的认证、授权和计费。目前来说，计算机等各种终端配置以太网是非常经济、普遍的方案，但以太网缺乏PPP所具备的访问控制和认证机制，于是产生了在以太网上传输PPP报文的技术，即基于以太网的点到点协议（Point-to-Point Protocol over Ethernet，PPPoE）。

6.4.1 PPPoE概述

PPPoE是将PPP封装在以太网框架中的一种网络隧道协议，因为协议中集成了PPP，所以实现了传统以太网不能提供的身份验证、加密及压缩等功能，可用于Cable Modem、DSL、EPON/GPON等以以太网协议向用户提供接入服务的广域网接入。

图6-19所示为PPPoE在DSL接入中的应用，在其他接入技术中的应用与此类似。在图6-19中，PPPoE客户端通过以太网接入PPPoE服务器，利用PPP的机制建立安全的传输链路，ISP可通过PPPoE服务器对PPPoE客户端进行必要的认证、授权和计费等功能。

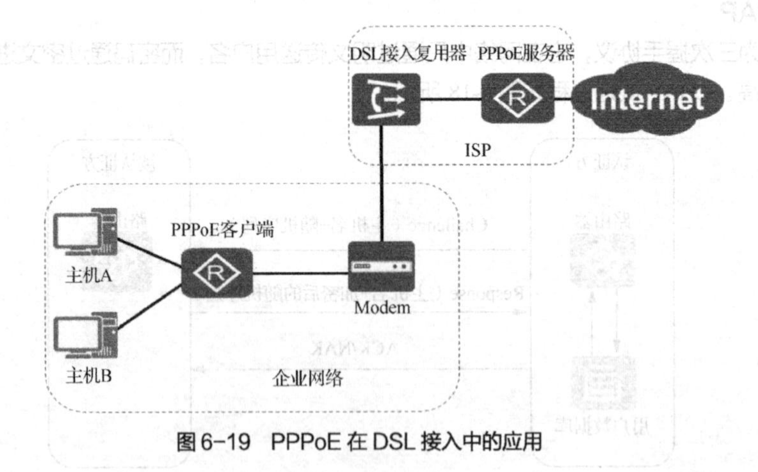

图6-19 PPPoE在DSL接入中的应用

6.4.2 PPPoE的帧格式

PPPoE的帧格式如图6-20所示，其中各字段的含义如下。

① DMAC：目的MAC地址，不同工作阶段的不同报文可能使用单播MAC地址，也可能使用组播MAC地址。

② SMAC：源MAC地址，也就是发送此数据帧的端口的MAC地址。

③ Type：帧类型，发现阶段使用类型值为0x8863，会话阶段使用类型值为0x8864。

④ PPPoE：该字段内部各字段的含义说明如下。

- Ver：表示 PPPoE 版本号，固定为 0x01。
- Type：表示 PPPoE 类型，固定为 0x01。

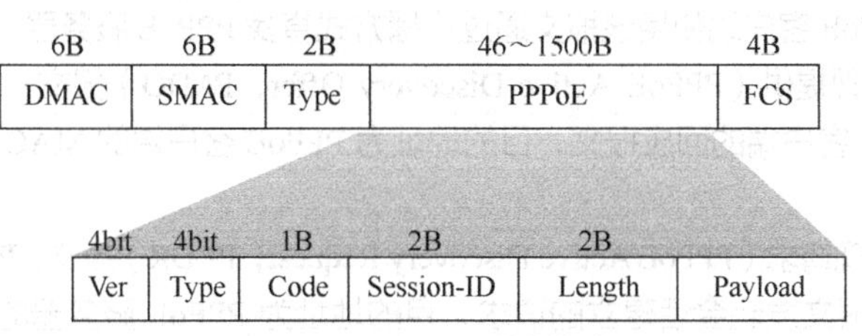

图 6-20 PPPoE 的帧格式

- Code：标识报文类型，不同取值标识不同的 PPPoE 报文类型。
- Session-ID：PPPoE 的会话 ID。
- Length：以字节为单位，标识净载荷域的长度。
- Payload：长度可变的净载荷域。在 PPPoE 的不同阶段，该域内的内容不同，如在会话阶段，该域携带的是 PPP 的报文；而在发现阶段，该域会填充一些标记。

⑤ FCS：校验信息，用于确保数据帧正确传输。

6.4.3 PPPoE 的工作过程

PPPoE 的工作过程可分为 3 个不同的阶段，如表 6-2 所示，即发现（Discovery）阶段、会话（Session）阶段和会话终结（Session Terminate）阶段。

表 6-2 PPPoE 的工作阶段

阶段	描述
发现阶段	获取对方以太网地址，以及确定唯一的 PPPoE 会话
会话阶段	包含 PPP 协商阶段和 PPP 报文传输阶段
会话终结阶段	在会话建立以后的任意时刻，发送报文结束 PPPoE 会话

在 PPPoE 的工作过程中，PPPoE 客户端和 PPPoE 服务器会使用不同的报文来完成会话的建立与结束，如图 6-21 所示。

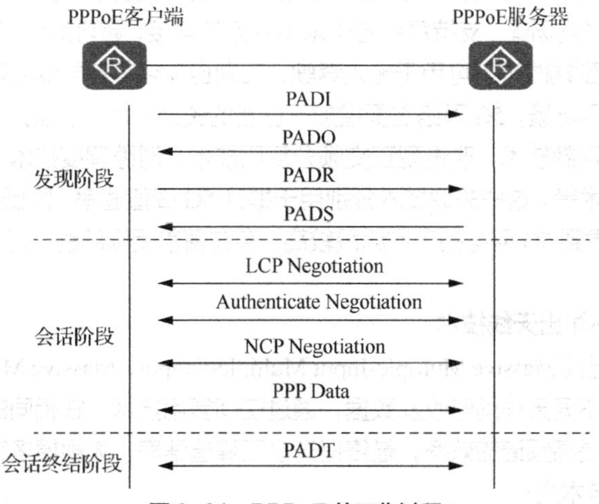

图 6-21 PPPoE 的工作过程

1. 发现阶段

在发现阶段，PPPoE 客户端和 PPPoE 服务器之间依次使用以下 4 个报文建立连接。

① PPPoE 活动发现初始化（PPPoE Active Discovery Initiation，PADI）报文：该报文的目的 MAC 地址为广播地址，PPPoE 客户端使用该报文通过广播方式查找 PPPoE 服务器。

② PPPoE 活动发现提供（PPPoE Active Discovery Offer，PADO）报文：它是 PPPoE 服务器收到 PADI 报文后给 PPPoE 客户端的回应报文，目的地址为 PPPoE 客户端的 MAC 地址，源地址为 PPPoE 服务器的 MAC 地址。

③ PPPoE 活动发现请求（PPPoE Active Discovery Request，PADR）报文：PPPoE 客户端收到 PADO 报文后，使用 PADR 报文发起会话建立的请求，目的地址为 PPPoE 服务器的 MAC 地址，源地址为 PPPoE 客户端的 MAC 地址。

④ PPPoE 活动发现会话确认（PPPoE Active Discovery Session-configuration，PADS）报文：PPPoE 服务器收到客户端的 PADR 报文后，如果该客户端满足会话建立条件，则使用 PADS 报文为该会话分配一个唯一的会话 ID，并确认连接建立，否则将使用 PPPoE 活动发现终止（PPPoE Active Discovery Termination，PADT）报文终止连接。

2. 会话阶段

进入会话阶段后，PPP 的数据报文将被填充在 PPPoE 的净载荷中被传送。此时 PPPoE 客户端和 PPPoE 服务器之间会进行 PPP 的协商和 PPP 的数据传输，其中 PPP 的协商过程包括 LCP 协商（LCP Negotiation）、认证协商（Authenticate Negotiation）和 NCP 协商（NCP Negotiation），该过程详见 6.3.3 节和 6.3.4 节。

3. 会话终结阶段

会话终结阶段使用 PADT 报文来结束会话，PPPoE 客户端或 PPPoE 服务器可以在会话建立后的任意时刻通过 PADT 报文来结束会话。

6.5 5G 技术简介

V6-6 5G 技术简介

5G 网络相比于传统的 2G/3G/4G 网络，能够提供更高的数据传输速率、更低的时延及更多的连接数。那么它是如何实现的呢？第三代合作伙伴计划（The 3rd Generation Partnership Project，3GPP）组织为 5G 定义了三大应用场景：增强型移动宽带场景，支持 3D 超高清视频等大流量数据的增强移动宽带业务，提供 10Gbit/s 的峰值速率；大连接物联网场景，支持每平方千米 100 万的连接；超可靠低时延通信场景，支持 1ms 的端到端时延，可用于无人驾驶、工业自动化等需要低时延、高可靠连接的业务。

为了支持这三大应用场景，5G 网络需要增加一些新的关键技术。这些关键技术包括大规模多输入多输出天线技术、高阶调制技术、改进型正交频分复用技术、时隙调度技术、灵活帧结构技术、双连接技术和设备到设备技术等。这些关键技术分别用于提升 5G 峰值速率、降低系统时延、增大系统连接数量等。除此之外，考虑到 5G 网络的工作频段较高，存在覆盖受限问题，还需要采用一些关键技术来扩大 5G 的覆盖范围。

1. 大规模多输入多输出天线技术

大规模多输入多输出（Massive Multiple-Input Multiple-Output，Massive MIMO）天线技术通过在基站安装大量天线，实现不同天线同时收发数据，通过空间复用技术，在相同的时频资源上，同时复用更多用户，可以大幅度提高频谱的效率，最终提升小区峰值速率。大规模多输入多输出天线技术已经成为 5G 中的必选关键技术之一。

2. 高阶调制技术

3GPP 在 Release 12 中提出了 256 QAM 技术，相比于之前 4G 中的 64QAM 技术，256QAM 可将 8 个信息比特调制成一个符号，单位时间内发送的信息量比 64QAM 提高了三分之一，从而达到了提高空口速率的目的。

3. 毫米波技术

5G 的总体频谱资源可以分为以下两个频率范围（Frequency Range，FR）：FR1 和 FR2。FR1 指的是 6GHz 以下频段，是 5G 的主用频段；FR2 指的是 6GHz 以上的毫米波频段，为 5G 的扩展频段，频谱资源丰富。5G 的 FR1 频段中最大小区带宽是 100MHz，FR2 的毫米波频段中最大小区带宽是 400MHz，而 4G LTE 最大小区带宽是 20MHZ。由此可见毫米波技术提供了超宽的频带，配合各种多址复用技术可以极大地提升信道容量。

4. 改进型正交频分复用技术

基于子带滤波的正交频分复用（Filtered Orthogonal Frequency Division Multiplexing，F-OFDM）技术通过优化滤波器、数字预失真（Digital Pre-Distortion，DPD）、射频等通道处理，让基站在保证一定的邻道泄漏比（Adjacent Channel Leakage Ratio，ACLR）、阻塞等射频协议指标时，能更有效地提高系统带宽的频谱利用率及峰值速率。

5. 设备到设备技术

设备到设备（Device-to-Device，D2D）通信是一种在系统的控制下，允许终端之间通过复用小区资源直接进行通信的新型技术，它能够增加蜂窝通信系统频谱效率，降低终端发射功率，在一定程度上解决无线通信系统频谱资源匮乏的问题。此外，它还有减轻蜂窝网络的负担、减少移动终端的电池功耗、降低终端之间的通信时延和提高网络基础设施故障的鲁棒性等优势。

6. 时隙调度技术

4G LTE 系统中采用的是子帧级调度，每个调度周期为 1ms。在 5G 系统中，每个子帧的周期与 LTE 的相同，也是 1ms，每个子帧又根据参数设定分为若干个时隙。为了降低调度时延，5G 系统的空口采用了时隙级调度，每个调度周期为单个时隙，从而达到了降低空口时延的目的。时隙是最小的调度周期单位，4G LTE 系统中（包括时隙）由 14 个符号组成，但是在 5G 新空口（New Radio，NR）中支持迷你时隙，迷你时隙可以支持 2 符号、3 符号和 4 符号长度，更短的时隙可以降低反馈时延。

7. 灵活帧结构技术

5G NR 支持 4G LTE 系统 15kHz 的载波间隔，还支持更多的间隔方案（包括 30kHz、60kHz、120kHz、240kHz），越高的载波间隔带来越低的延迟性能；同时 5G NR 支持调整帧的结构，相较于 LTE 系统固定的一个子帧包括 2 个时隙，5G NR 可以灵活地在 1、2、4 个时隙中切换，也可以灵活配置上下行配比，使得延迟大幅降低。

8. 双连接技术

双连接（Dual-Connectivity，DC）是 3GPP Release 12 中引入的重要技术。通过双连接技术，LTE 宏站和小站可以利用现有的非理想回传（Non-ideal Backhaul）X2 接口来实现载波聚合，从而为用户提供更高的传输速率，也可以利用宏/微组网提高频谱效率和负载均衡。支持双连接的终端可以同时连接两个 LTE 基站，增加单用户的吞吐量。在 5G 网络的部署过程中，5G 小区既可以作为宏覆盖独立组网，也可以作为小站对现有的 LTE 网络进行覆盖和容量增强。无论采用哪种组网方式，双连接技术都可以用来实现 4G LTE 和 5G 系统的互联，从而提高整个移动网络系统的无线资源利用率，降低系统切换的时延，提高用户和系统性能。

9. 网络切片技术

网络切片是 5G 应用的热门技术，该技术的应用能够更好地利用 5G 网络的带宽。网络切片，就是指把5G网络分成“很多片”，每一片满足不同用户需求。目前4G并没有对用户需求进行细分，只要用户购买了任一套餐，无论是何需求，网络能力都已经固定了。事实上不同用户对于网络的需求是不同的，例如，直播用户对上传速度要求更高，游戏用户则要求延时低。网络切片技术可以针对性地为不同用户提供不同的网络能力，从而满足不同业务场景对于网络的需求。

6.6 SDN 技术简介

近年来，云计算和虚拟化技术等新型信息技术（Information Technology，IT）的发展，引发了网络产业对网络架构的思考，SDN技术因而兴起，俨然成为新一代的网络技术，其对传统网络的转发和控制分离理念深入人心，SDN为数据中心描绘了一幅未来网络的美好蓝图。

V6-7 SDN技术简介

SDN最早源于斯坦福大学的Clean Slate项目组在2006年启动的关于网络安全与管理的项目Ethane，Ethane将传统网络设备的数据转发和路由控制两个功能模块分离，利用控制器以标准化的接口对各种网络设备进行管理和配置，这正是SDN技术的核心内容。后来，全球多个研究机构都在研究和推广SDN技术，包括开放网络基金会、IETF、开源组织OpenDaylight、ITU、ETSI等。

SDN的核心理念就是试图摆脱硬件对网络架构的限制，强调网络设备硬件和软件解耦、网络系统的控制层面和转发层面解耦，以及整体的可编程性。这样，便可以像升级、安装软件一样对网络进行修改，便于更多的应用程序（Application Program，App）能够快速部署到网络上。

1. 传统网络架构及局限性

互联网发展至今主要依赖于采用分布式架构的传统网络。完整的传统网络可分为管理平面、控制平面和转发平面。其中，管理平面主要包括设备管理系统和业务管理系统，设备管理系统负责网络拓扑、设备接口、设备特性的管理，同时可以给设备下发配置脚本；业务管理系统用于对业务进行管理，如业务性能监控、告警管理等。控制平面负责网络控制，主要功能为协议处理与计算，例如，路由协议用于路由信息的计算、路由表的生成。转发平面是指设备根据控制平面生成的指令完成用户业务的转发和处理，例如，路由器根据路由协议生成的路由表将接收的数据包从相应的出接口转发出去。

在传统网络中，管理平面通常需要部署网管系统来完成，而控制平面和转发平面则分布在每台设备上运行，这样的部署方式具有以下3个局限性。

① 流量路径调整烦琐，灵活性不足。

② 网络协议实现复杂，运维难度大。

③ 网络新业务支持能力不足，升级慢。

2. SDN 网络架构

SDN对传统网络架构进行了重构，由原来的分布式控制的网络架构重构为集中控制的网络架构。SDN网络架构采用三层模型，如图6-22所示，各层功能说明如下。

① 协同应用层：这一层主要是体现用户意图的各种上层应用程序，此类应用程序称为协同层应用程序，典型的应用包括运行支撑系统（Operational Support System，OSS）、OpenStack等。与传统的IP网络架构类似，SDN网络架构也同样包含协同应用层、控制层和转发层，只是传统的IP网络架构是分布式控制的，而SDN网络架构是集中控制的。

② 控制层：控制层是系统的控制中心，负责网络的内部交换路径和边界业务路由的生成，并负责处理网络状态变化事件。

③ 转发层：转发层主要由转发器和连接线路构成基础转发网络，这一层负责执行用户数据的转发，转发过程中所需要的转发表项是由控制层生成的。

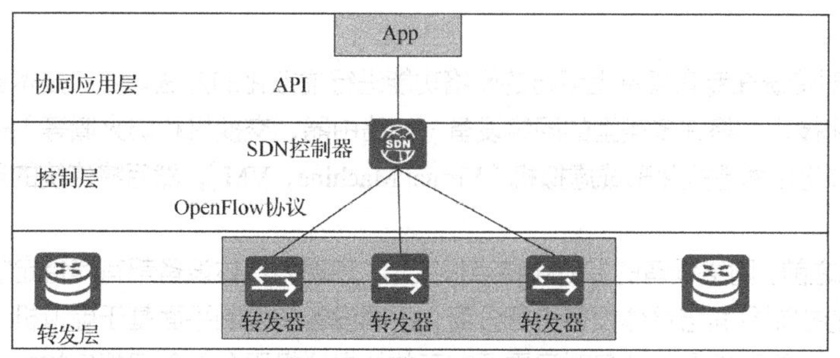

图 6-22　SDN 的三层模型

在 SDN 中，协同应用层通过北向接口与控制平面进行通信，协同应用层控制开放的应用程序接口（Application Program Interface，API）来控制设备转发，典型的北向接口协议包括 Restful、Netconf 等；SDN 控制器通过南向接口与转发层的转发器进行通信，下发流表，典型的南向接口协议包括 OpenFlow 协议、路径计算单元通信协议（Path Computation Element communication Protocol，PCEP）等。

此外，由于运营商已经大规模部署了传统分布式网络，不能在较短时间内升级到 SDN，因此 SDN 必须与传统网络互通，即 SDN 控制器必须支持各种传统的跨域路由协议（如 BGP），以便解决和传统网络的互通问题。

3. SDN 的优势

SDN 的关键是在网络架构中增加了一个 SDN 控制器，把原来的分布式控制平面集中到一个 SDN 控制器上，由这个集中的控制器来实现网络集中控制。SDN 网络架构具备 3 个基本特征：转控分离、集中控制、开放接口。与传统的 IP 网络相比，SDN 具有以下 5 个突出的优势。

① 网络业务快速创新：SDN 的可编程性和开放性使人们可以快速开发新的网络业务和加速业务创新。如果希望在网络上部署新业务，则可以通过针对 SDN 软件的修改实现网络快速编程，使业务快速上线。

② 简化网络：SDN 的网络架构简化了网络，消除了很多 IETF 的协议。协议的消除，意味着学习成本的下降、运行维护成本的下降、业务部署速度的提升。这个优势主要得益于 SDN 网络架构下的网络集中控制和转控分离。

③ 网络设备白牌化：基于 SDN 网络架构，如果标准化了控制器和转发器之间的接口，例如，如果 OpenFlow 协议逐渐成熟，那么网络设备的白牌化将成为可能，随之可能会出现专门的 OpenFlow 转发芯片供应商、控制器厂商等，这也正是所谓的系统从垂直集成开发走向水平集成开发。

④ 业务自动化：在 SDN 网络架构下，由于整个网络由控制器控制，网络业务自动化就是理所当然的，不需要另外的系统进行配置分解。在 SDN 网络架构下，SDN 控制器自己可以完成网络业务的部署，提供各种网络服务（如各种二层和三层的 VPN 业务等），屏蔽网络内部细节，提供网络业务自动化功能。

⑤ 网络路径流量优化：通常传统网络的路径选择依据是通过路由协议计算出的“最优”路径，但结果可能会导致“最优”路径上流量拥塞，其他非“最优”路径空闲。当采用 SDN 网络架构时，SDN 控制器可以根据网络流量状态智能调整流量路径，提升网络路径利用率。

6.7 NFV 技术简介

V6-8　NFV 技术简介

与 SDN 技术类似，NFV 技术的产生也是来自 IT 界的启示，在此启示下，网络产业对于网络架构的思考产生了 SDN 技术，对于设备架构的思考则产生了 NFV

技术。

NFV 是一种对传统在专有硬件上运行的网络功能进行虚拟化的方法。NFV 技术通过使用 x86 等通用性硬件及虚拟化技术，将许多类型的网络设备（如路由器、交换机和防火墙等）构建为一个数据中心网络，通过虚拟化技术虚拟化形成虚拟机（Virtual Machine，VM），然后将传统的通信技术业务部署到虚拟机上。

在 NFV 出现之前，网络设备的专业化特点很突出，表现为具体设备都有其特定的功能。而在 NFV 出现之后，设备的控制平面与具体设备进行分离，不同设备的控制平面基于虚拟机，虚拟机基于云操作系统，这样当企业需要部署新业务时只需要在开放的虚拟机平台上创建相应的虚拟机，然后在虚拟机上安装相应功能的软件包。这种方式叫作网络功能虚拟化，虚拟化之后的网络功能则称为虚拟化网络功能（Virtualized Network Function，VNF）。

1. NFV 的起源

NFV 源于 2012 年 10 月，当时 13 家顶级运营商（AT&T、Verizon、VDF、DT、T-Mobile、BT、Telefonica 等）在 SDN 和 OpenFlow 世界大会上发布了 NFV 第一版白皮书，同时成立了行业规范组织（Industry Specification Group，ISG）来推动网络虚拟化的需求定义和系统架构制定。

2013 年，ETSI 下的 NFV ISG 进行了第一阶段研究，并完成了相关标准的制定。该标准主要定义了网络功能虚拟化的需求和架构，并梳理了不同接口的标准化进程。

2015 年，NFV 研究进入第二阶段。其主要研究目标是建设一个可互操作的 NFV 生态，推动更广泛的行业参与，并且确保满足第一阶段中定义的需求。同时，第二阶段明确了 NFV 与 SDN 等相关标准、开源项目的协作关系等。

此外，ETSI 下的 NFV ISG 还与 Linux 基金会合作，启动了 NFV 开源平台（Opened Platform for Network Functions Virtualization，OPNFV）项目，该项目主旨为提供一个集成、开放的参考平台，汇聚业界的优势资源，积极打造 NFV 产业生态。2015 年，OPNFV 发布了首个版本，进一步促进了 NFV 商用部署。

2. NFV 的架构

一个 NFV 的标准架构分为网络功能基础设施（Network Functions Virtualization Infrastructure，NFVI）层、VNF 层和管理编排（Management and Orchestration，MANO）域，同时要支持现有的业务支持系统（Business Support System，BSS）和运维支持系统（Operation Support System，OSS），如图 6-23 所示。

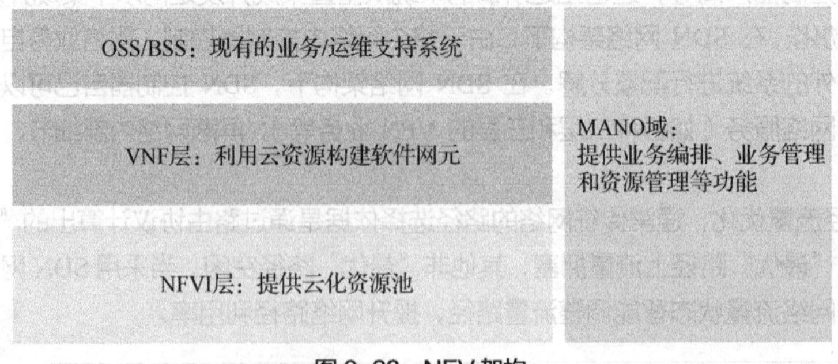

图 6-23　NFV 架构

在 NFV 架构中，NFVI 层包含硬件层和虚拟化层，业界也称作商用现成品或技术（Commercial-Off-The-Shelf，COTS）和云化操作系统（Cloud Operating Systems，CloudOS）。其中，COTS 是通用硬件，强调通用性和易获得性，如华为的 FusionServer 系列硬件服务器；CloudOS 可以理解为电信业的操作系统，提供了硬件设备的虚拟化能力，将物理的计算、存储、网络资源变成虚拟资源供上层的软件使用，如华为的云操作系统 FusionSphere。

VNF 层可以理解为具有各种不同网络功能的 App，是运营商传统网元（如 IMS、EPC、BRAS、CPE 等）的软件实现。

MANO 域用于解决 NFV 多厂家环境下的网络业务的发放问题，包括分配资源、垂直打通管理各层、快速适配对接新厂家的新网元等。MANO 域包括负责网络服务的生命周期管理的网络功能虚拟化编排器（Network Functions Virtualization Orchestrator，NFVO）、负责 VNF 的生命周期管理的虚拟化网络功能管理器（Virtualized Network Function Manager，VNFM）、负责 NFV 的资源管理的虚拟化架构管理器（Virtualized Infrastructure Manager，VIM）3 部分。

OSS/BSS 是服务提供商的管理系统，不属于 NFV 框架内的功能组件，但 MANO 域和 VNF 层需要提供对 OSS/BSS 的接口支持。NFV 在重构电信网络的同时，还能给运营商带来以下价值。

① 缩短业务上线时间。

② 降低建网成本。

③ 提升网络运维效率。

④ 构建开放的生态系统。

3. NFV 的关键技术

（1）虚拟化

在传统电信网络中，各个网元都是由专用硬件实现的，成本高、运维难。虚拟化技术可以将网元软件化，使之运行在通用的基础设施上，虚拟化技术具有以下四大特征。

① 可分区：单一物理服务器上可以同时运行多个虚拟机。

② 可隔离：同一服务器上的虚拟机之间相互隔离。

③ 易封装、可复制：整个虚拟机都封装、保存在文件中，可通过移动或复制这些文件来移动或复制虚拟机。

④ 独立性：虚拟机对硬件相对独立，无须修改可直接在任何服务器上运行。

（2）云计算

根据美国国家标准与技术研究院的定义，云计算是一种模型，它可以实现随时随地便捷地、随需应变地从可配置计算资源共享池中获取所需的资源（如网络、服务器、存储、应用及服务），资源能够快速供应并释放，使管理资源的工作量和与服务提供商的交互减小到最低限度。

一般来说，云计算应该具备以下几个特征。

① 按需自助服务（On-demand Self-service）：云计算实现了 IT 资源的按需自助服务，不需要 IT 管理员的介入即可申请和释放资源。

② 广泛网络接入（Broad Network Access）：有网络即可随时随地使用。

③ 资源池化（Resource Pooling）：资源池中的资源（包括网络、服务器、存储等）可提供给用户使用。

④ 快速弹性伸缩（Rapid Elasticity）：资源能够快速地供应和释放。申请即可使用，释放立即回收资源。

⑤ 可计量服务（Measured Service）：计费功能。计费依据就是所使用的资源可计量。例如，按使用小时为时间单位，以服务器 CPU 个数、占用存储的空间、网络的带宽等综合计费。

4. NFV 与 SDN 的关系

NFV 与 SDN 技术的产生都源于 IT 界的启示，且 NFV 概念在 SDN 和 OpenFlow 世界大会上提出，但是原则上两者彼此独立，没有必然联系。SDN 主要影响网络架构，NFV 主要影响网元的部署形态。

但在实际的解决方案中，NFV 与 SDN 又可以相互结合，共存互补。NFV 的解决方案可分为 SDN 解决方案和非 SDN 解决方案，SDN 技术的转控分离可以提高 NFV 的网络性能。SDN 的解决方案中也可以使用通用硬件，通过虚拟化的形式实现 SDN 控制器和转发器。

【技能实训】

实训 6-1 配置 PPP 并实施身份认证

【实训描述】

在完成以太网组建后，小白和他的同学各自搭建了自己的局域网，现在老师要求学生两人一组，把各自组建的以太网通过广域网 PPP 链路进行互联，并实施不同的身份认证保障数据传输的安全。

【实训准备】

1. 计算机启用虚拟化技术。
2. 下载并安装 eNSP。

【实训拓扑】

本实训拓扑如图 6-24 所示，拓扑中 LAN1 和 LAN2 分别为两位学生（小白和大雄）配置完成的局域网，该部分配置不在本实训中赘述，本实训侧重广域网 PPP 部分的配置和验证。

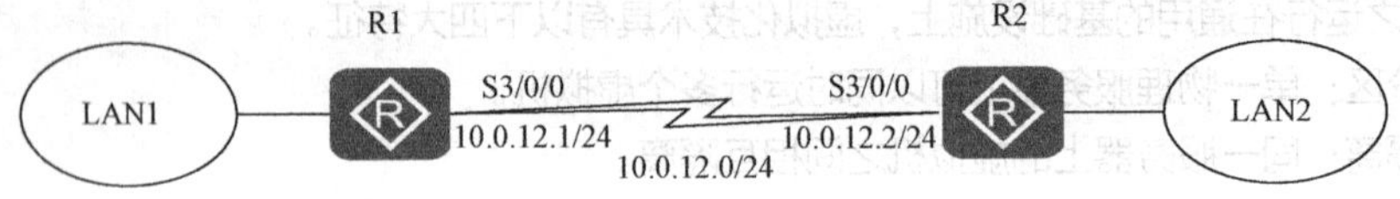

图 6-24 PPP 配置拓扑

【实训步骤】

1. 在 eNSP 上按图 6-24 搭建实训拓扑。

（1）双击打开 eNSP 软件，选择“新建拓扑”选项。

（2）选择“路由器”选项，再选择 AR 系列路由器，如“AR2220”，连续拖曳两次至操作区，增加两台路由器，如图 6-25 所示。

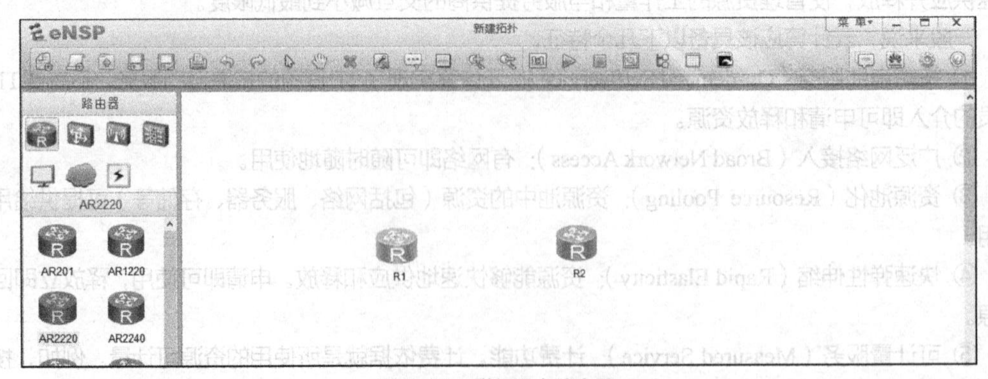

图 6-25 增加两台路由器

（3）选择 R1，单击鼠标右键，在弹出的快捷菜单中选择“设置”选项，打开图 6-26 所示的 eNSP 上的设置界面。

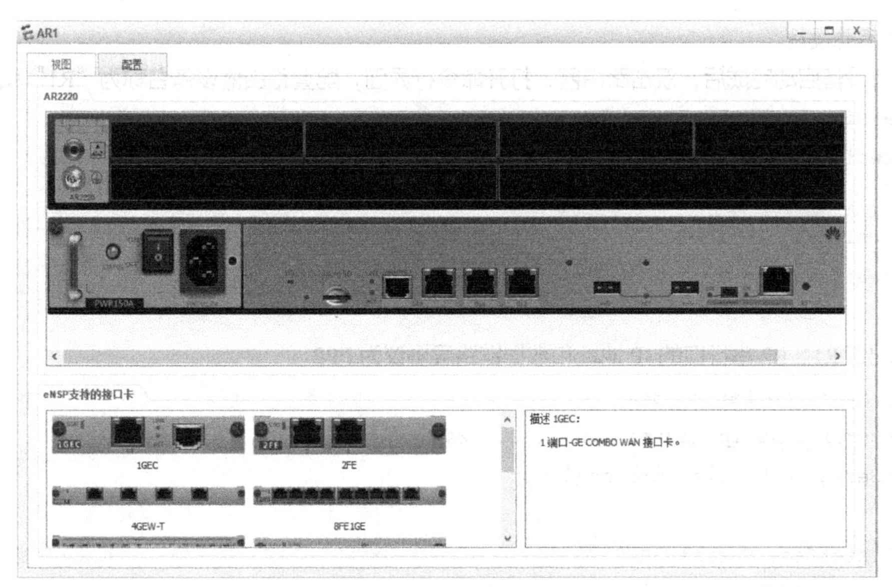

图 6-26　eNSP 上的设置界面

（4）在该界面中下拉“eNSP 支持的接口卡”选项卡的滚动条，选择“2SA”模块，将其拖曳至路由器对应槽位，如图 6-27 所示，图中同异步串口模块“2SA”安装在槽位“3”上。

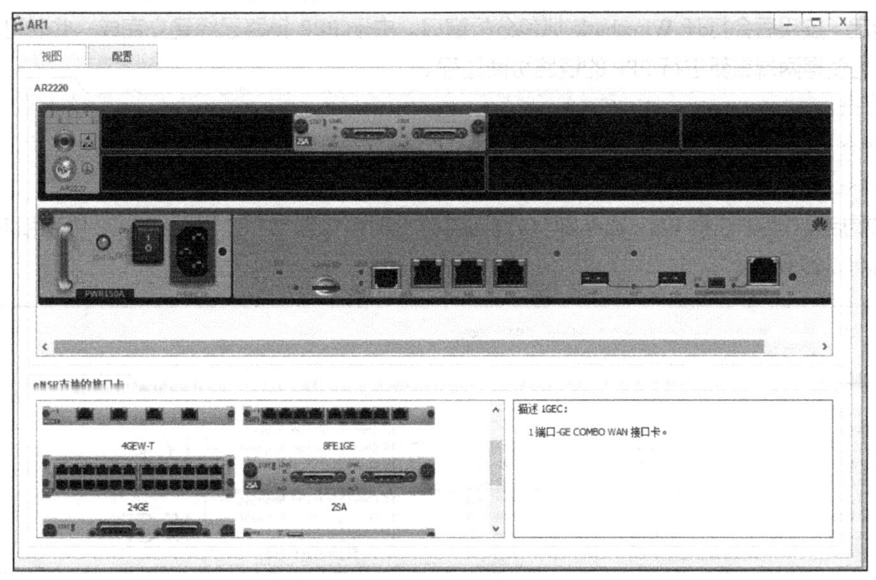

图 6-27　eNSP 上路由器安装同异步串口模块示意

（5）选择 R2，重复步骤（3）、步骤（4），安装同异步串口模块。

（6）选择“设备连线”选项，选择“Serial”选项，完成两台路由器之间的线缆连接，拓扑建立完成，如图 6-28 所示。

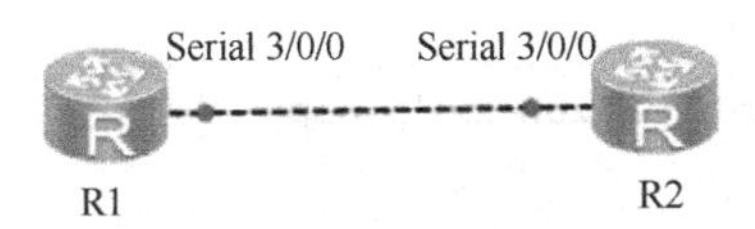

图 6-28　拓扑建立完成

（7）启动设备。

2．待设备启动完成后，双击路由器，打开命令行界面，配置路由器设备名称为“R1”和“R2”。

```
<Huawei>system-view
[Huawei]sysname R1
[R1]
<Huawei>system-view
[Huawei]sysname R2
[R2]
```

3．配置R1、R2串行口的IP地址和数据链路层协议为PPP。

```
[R1]interface Serial 3/0/0
[R1-Serial3/0/0]ip address 10.0.12.1 24
[R1-Serial3/0/0] link-protocol ppp

[R2]interface Serial 3/0/0
[R2-Serial3/0/0]ip address 10.0.12.2 24
[R1-Serial3/0/0] link-protocol ppp
```

4．完成步骤3之后，路由器之间已完成不认证方式的PPP链路建立。此时，选择R1，单击鼠标右键，选择“数据抓包”选项，并选择串口“Serial 3/0/0”，在打开的窗口中选择链路类型为“PPP”，单击“确定”按钮后会打开Wireshark抓包分析窗口。由于PPP链路已经建立完成，此时可通过重启接口，人为使得两端重新进行PPP的链路协商过程。

```
[R1]interface Serial 3/0/0
[R1-Serial3/0/0]shutdown
[R1-Serial3/0/0]undo shutdown
```

完成重启操作后，观察Wireshark抓包分析窗口，此时可以看到PPP链路的LCP协商和IPCP协商过程，如图6-29所示。

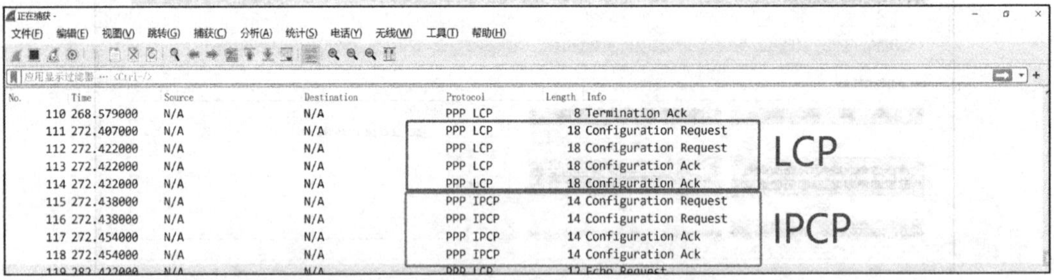

图6-29　PPP链路的LCP协商和IPCP协商过程

5．在R1和R2间的PPP链路上启用PAP认证功能，认证方为小白侧路由器R1，认证用户名为“xiaobai”，密码为“xiaobai@123”。

（1）配置认证方R1。

```
[R1]interface Serial 3/0/0
[R1-Serial3/0/0]ppp authentication-mode pap
[R1-Serial3/0/0]quit
[R1]aaa
```

```
[R1-aaa]local-user xiaobai password cipher xiaobai@123
 info: A new user added
[R1-aaa]local-user xiaobai service-type ppp
```

（2）配置被认证方 R2。

```
[R2]interface Serial 3/0/0
[R2-Serial3/0/0]ppp pap local-user xiaobai password cipher xiaobai@123
```

配置完成后，再次重启接口，方法与步骤 4 相同，再次检测 R1 和 R2 间的连通性，可以通过抓包软件 Wireshark 观察 PAP 认证报文的交互，此时可以看到两端的 PAP 认证过程，如图 6-30 所示。

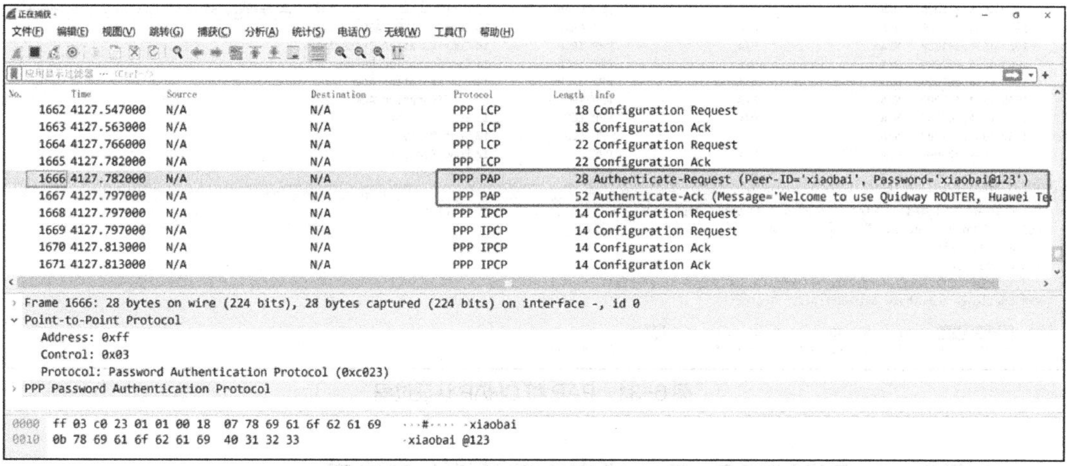

正在捕获 -
文件(F) 编辑(E) 视图(V) 跳转(G) 捕获(C) 分析(A) 统计(S) 电话(Y) 无线(W) 工具(T) 帮助(H)

No.	Time	Source	Destination	Protocol	Length	Info
1662	4127.547000	N/A	N/A	PPP LCP	18	Configuration Request
1663	4127.563000	N/A	N/A	PPP LCP	18	Configuration Ack
1664	4127.766000	N/A	N/A	PPP LCP	22	Configuration Request
1665	4127.782000	N/A	N/A	PPP LCP	22	Configuration Ack
1666	4127.782000	N/A	N/A	PPP PAP	28	Authenticate-Request (Peer-ID='xiaobai', Password='xiaobai@123')
1667	4127.797000	N/A	N/A	PPP PAP	52	Authenticate-Ack (Message='Welcome to use Quidway ROUTER, Huawei Te
1668	4127.797000	N/A	N/A	PPP IPCP	14	Configuration Request
1669	4127.797000	N/A	N/A	PPP IPCP	14	Configuration Request
1670	4127.813000	N/A	N/A	PPP IPCP	14	Configuration Ack
1671	4127.813000	N/A	N/A	PPP IPCP	14	Configuration Ack

```
> Frame 1666: 28 bytes on wire (224 bits), 28 bytes captured (224 bits) on interface -, id 0
v Point-to-Point Protocol
    Address: 0xff
    Control: 0x03
    Protocol: Password Authentication Protocol (0xc023)
> PPP Password Authentication Protocol

0000  ff 03 c0 23 01 01 00 18  07 78 69 61 6f 62 61 69   ···#····  ·xiaobai
0010  0b 78 69 61 6f 62 61 69  40 31 32 33               ·xiaobai @123
```

图 6-30　PAP 认证过程

6. 在 R1 和 R2 间的 PPP 链路上启用 CHAP 认证功能，认证方为大雄侧路由器 R2，认证用户名为“daxiong”，密码为“daxiong@123”。

（1）配置认证方 R2。

```
[R2]interface Serial 3/0/0
[R2-Serial3/0/0]ppp authentication-mode pap
[R2-Serial3/0/0]quit
[R2]aaa
[R2-aaa]local-user daxiong password cipher daxiong@123
 info: A new user added
[R2-aaa]local-user daxiong service-type ppp
```

（2）配置被认证方 R1。

```
[R1]interface Serial 3/0/0
[R1-Serial3/0/0]ppp chap user daxiong
[R1-Serial3/0/0]ppp chap password cipher daxiong@123
```

配置完成后，再次重启接口，方法与步骤 4 相同，再次检测 R1 和 R2 间的连通性，同样可以通过抓包软件 Wireshark 观察 PAP 认证报文的交互，此时可以看到两端的 PAP 和 CHAP 认证过程，如图 6-31 所示。

【实训实施记录】

1. 整理 PPP 链路建立过程中的 LCP 协商过程。

2. 整理 PPP 链路建立过程中的 IPCP 协商过程。
3. 整理 PPP 链路建立过程中的 PAP 认证过程。
4. 整理 PPP 链路建立过程中的 CHAP 认证过程。
5. 分析比较 PAP 认证和 CHAP 认证的安全性能。

```
正在捕获 -
文件(F) 编辑(E) 视图(V) 跳转(G) 捕获(C) 分析(A) 统计(S) 电话(Y) 无线(W) 工具(T) 帮助(H)
应用显示过滤器 … <Ctrl-/>
No.   Time          Source  Destination  Protocol  Length  Info
1957 4834.375000    N/A     N/A          PPP PAP   28 Authenticate-Request (Peer-ID='xiaobai', Password='xiaobai@123')
1958 4834.375000    N/A     N/A          PPP PAP   52 Authenticate-Ack (Message='Welcome to use Quidway ROUTER, Huawei Tec
1959 4834.375000    N/A     N/A          PPP CHAP  25 Challenge (NAME='', VALUE=0x978daf01b614d73346550e051dba843e)
1960 4834.391000    N/A     N/A          PPP CHAP  32 Response (NAME='daxiong', VALUE=0xca754ad43d8d21f301ebd82eb40064ec)
1961 4834.391000    N/A     N/A          PPP CHAP  20 Success (MESSAGE='Welcome to .')
1962 4834.391000    N/A     N/A          PPP IPCP  14 Configuration Request
1963 4834.407000    N/A     N/A          PPP IPCP  14 Configuration Request
1964 4834.407000    N/A     N/A          PPP IPCP  14 Configuration Ack
1965 4834.407000    N/A     N/A          PPP IPCP  14 Configuration Ack
1966 4844.360000    N/A     N/A          PPP LCP   12 Echo Request
1967 4844.375000    N/A     N/A          PPP LCP   12 Echo Reply
1968 4844.375000    N/A     N/A          PPP LCP   12 Echo Request
1969 4844.375000    N/A     N/A          PPP LCP   12 Echo Reply

> Frame 1960: 32 bytes on wire (256 bits), 32 bytes captured (256 bits) on interface -, id 0
v Point-to-Point Protocol
    Address: 0xff
    Control: 0x03
    Protocol: Challenge Handshake Authentication Protocol (0xc223)
> PPP Challenge Handshake Authentication Protocol

0000  ff 03 c2 23 02 01 00 1c  10 ca 75 4a d4 3d 8d 21   ···#···· ··uJ·=·!
0010  f3 01 eb d8 2e b4 00 64  ec 64 61 78 69 6f 6e 67   ·····..d ·daxiong
```

图 6-31 PAP 和 CHAP 认证过程

实训 6-2 配置 PPPoE 拨号客户端并接入互联网

【实训描述】

小白和大雄的局域网实现了互联之后，他们还想模拟接入运营商的互联网。他们假定自己在运营商开通了高速 DSL 或 EPON 用于支持广域网业务。R1 和 R2 分别是他们各自企业的边缘路由器，通过 PPPoE 服务器（R3）连接到运营商网络。因此，小白需要在企业的边缘路由器上进行 PPPoE 客户端的配置，让局域网中的主机可以通过 PPPoE 拨号访问外部资源，PPPoE 服务器上的配置可以由老师预先完成。

【实训准备】

1. 计算机启用虚拟化技术。
2. 下载并安装 eNSP。
3. 计算机上至少有两块以上的虚拟网卡。

【实训拓扑】

PPPoE 实训拓扑如图 6-32 所示，R1 和 R2 通过 PPPoE 拨号接入 ISP 网络，使用虚拟模板中的地址池为 119.20.21.0/24，网关为 119.20.21.1，绑定于 R3 的接口 G0/0/0 上。为了更有真实感，本实训将 eNSP 中的网络拓扑接入真实网络并完成连通性测试。

【实训步骤】

1. 在 eNSP 上按图 6-32 搭建实训拓扑。

（1）打开 eNSP，新建拓扑。

（2）增加 3 台 AR 系列路由器，如“AR2220”。

（3）选择“其他设备”选项，选择“Cloud”选项，在操作区增加两朵“云”，如图 6-33 所示。

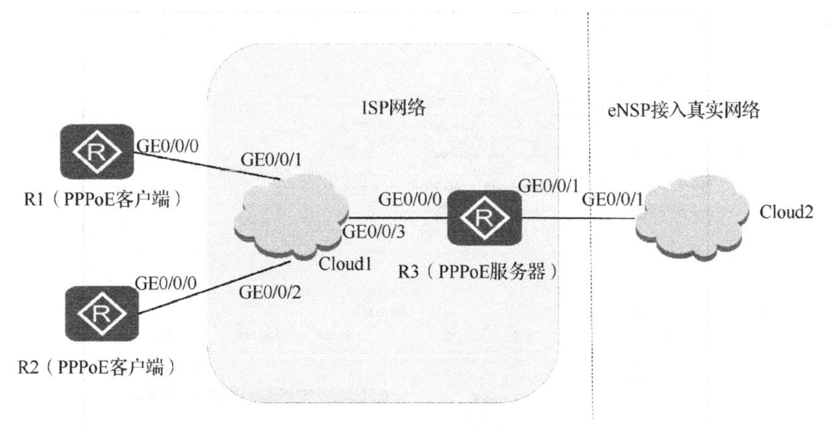

图 6-32　PPPoE 实训拓扑

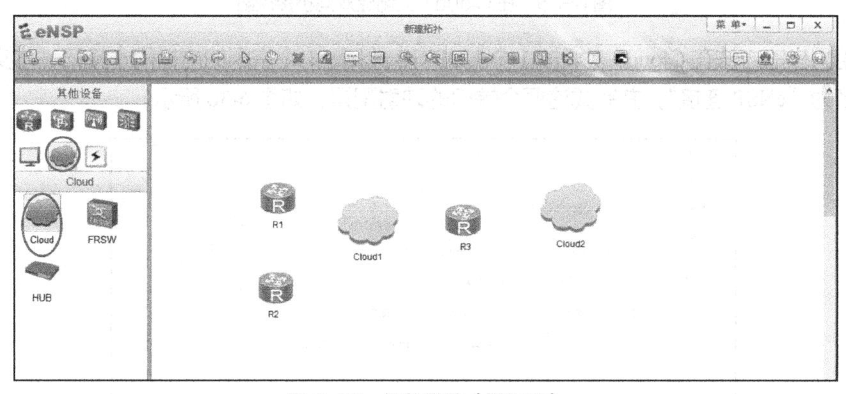

图 6-33　拓扑搭建（增加云）

（4）双击 Cloud1 打开配置界面，绑定信息选择“UDP”，端口类型选择“GE”，连续单击“增加”按钮 3 次，增加 3 个 UDP GE 端口，如图 6-34 所示。此处预定端口 1 连接 R1，端口 2 连接 R2，端口 3 连接 R3。

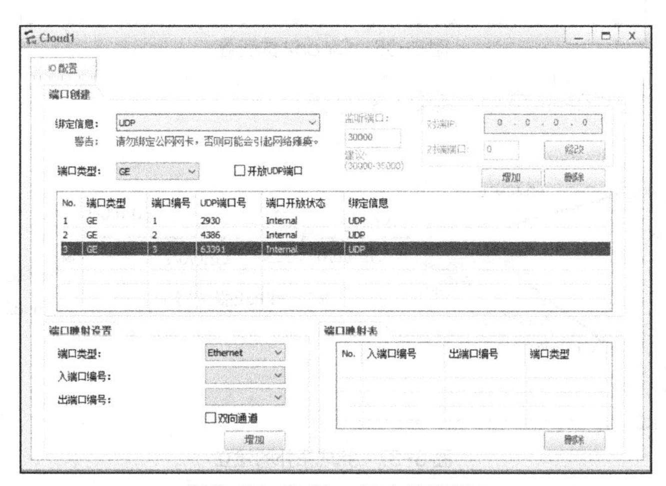

图 6-34　在 Cloud1 上创建端口

（5）在“Cloud1”配置界面中完成端口映射设置，为使 R1、R2 可以与 PPPoE 服务器 R3 完成拨号连接，此处应创建端口 1 与端口 3、端口 2 与端口 3 的双向桥接映射，如图 6-35 所示。

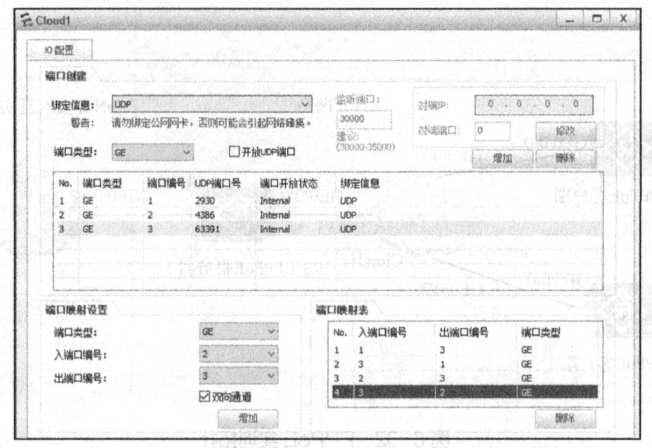

图 6-35　在 Cloud1 上创建双向桥接映射

（6）用同样的方法在 Cloud2 上增加 1 个 UDP GE 端口、1 个空闲的虚拟网卡接口，本实训中设置虚拟网卡名为“eNSP 连接”，并完成这两个端口的映射配置，如图 6-36 所示。

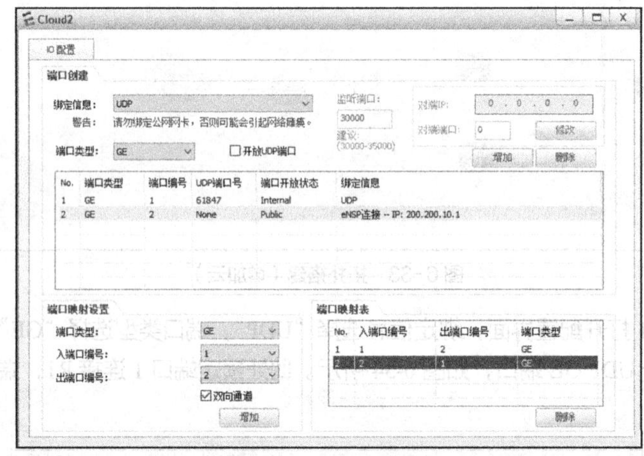

图 6-36　Cloud2 的配置

（7）连接线缆，完成拓扑的建立，如图 6-37 所示。

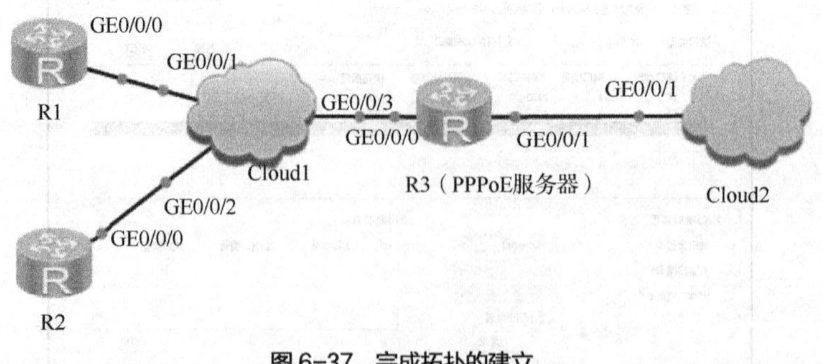

图 6-37　完成拓扑的建立

2. 按拓扑配置设备名称。

```
<Huawei>system-view
Enter system view, return user view with Ctrl+Z.
```

```
[Huawei]sysname R1
[R1]
<Huawei>sys
Enter system view, return user view with Ctrl+Z.
[Huawei]sysname R2
[R2]

<Huawei>sys
Enter system view, return user view with Ctrl+Z.
[Huawei]sysname R3-Server
[R3-Server]
```

3. 配置 PPPoE 服务器 R3。

（1）PPPoE 服务器一般不在企业网络中，但是本实训中仍需配置 PPPoE 服务器，以用于认证企业网络的边缘路由器 R1 和 R2。

```
[R3-Server]ip pool pool1
Info: It's successful to create an IP address pool.
[R3-Server-ip-pool-pool1]network 119.20.21.0 mask 24
[R3-Server-ip-pool-pool1]gateway-list 119.20.21.1
[R3-Server-ip-pool-pool1]quit
[R3]interface Virtual-Template 1
[R3-Server-Virtual-Template1]ppp authentication-mode chap
[R3-Server-Virtual-Template1]ip address 119.20.21.1 255.255.255.0
[R3-Server-Virtual-Template1]remote address pool pool1
[R3-Server-Virtual-Template1]quit
```

（2）在 R3 的 GE0/0/0 接口上绑定虚拟模板。

```
[R3-Server]interface GigabitEthernet 0/0/0
[R3-Server-GigabitEthernet0/0/0]pppoe-server bind virtual-template 1
[R3-Server-GigabitEthernet0/0/0]quit
```

（3）为 PPPoE 客户端创建合法的用户名和密码，用户名分别是“xiaobai”“daxiong”，密码分别是“xiaobai@123”“daxiong@123”。

```
[R3-Server]aaa
[R3-aaa]local-user xiaobai password cipher xiaobai@123
Info: Add a new user.
[R3-Server -aaa]local-user xiaobai service-type ppp
[R3-Server -aaa]local-user daxiong password cipher daxiong@123
Info: Add a new user.
[R3-Server -aaa]local-user daxiong service-type ppp
[R3-Server -aaa]quit
```

4. 配置小白侧路由器 R1 作为 PPPoE 客户端，拨号用户名、密码分别为“xiaobai”“xiaobai@123”。

（1）配置拨号接口。

```
[R1]dialer-rule                          //进入 dialer-rule 视图
[R1-dialer-rule]dialer-rule 1 ip permit    //配置拨号控制列表，编号为 1，允许 IP 数据包通过
```

```
[R1-dialer-rule]quit
[R1]interface Dialer 1
[R1-Dialer1]dialer user user1             //使能共享 DCC 功能，指定对端用户名
[R1-Dialer1]dialer-group 1
                    //配置接口所属的拨号访问组，编号与前面 dialer-rule 的一致，此处为 1
[R1-Dialer1]dialer bundle 1               //指定拨号接口编号
[R1-Dialer1]ppp chap user xiaobai         //配置 PPP、CHAP 认证用户名
[R1-Dialer1]ppp chap password cipher xiaobai@123  //配置 PPP、CHAP 认证密码
[R1-Dialer1]ip address ppp-negotiate      //配置客户端自动获取 IP 地址
[R1-Dialer1]quit
```

（2）将拨号接口绑定到出接口。

```
[R1]interface GigabitEthernet 0/0/0
[R1-GigabitEthernet0/0/0]pppoe-client dial-bundle-number 1 //绑定拨号接口
[R1-GigabitEthernet0/0/0]quit
```

（3）配置到 PPPoE 的默认路由。

```
[R1]ip route-static 0.0.0.0 0.0.0.0 Dialer 1
```

5. 配置大雄侧路由器 R2 作为 PPPoE 客户端，拨号用户名、密码分别为“daxiong”“daxiong@123”，配置步骤与 R1 的配置步骤一样。

```
[R2]dialer-rule
[R2-dialer-rule]dialer-rule 1 ip permit
[R2-dialer-rule]quit
[R2]interface Dialer 1
[R2-Dialer1]dialer user user2
[R2-Dialer1]dialer-group 1
[R2-Dialer1]dialer bundle 1
[R2-Dialer1]ppp chap user daxiong
[R2-Dialer1]ppp chap password cipher daxiong@123
[R2-Dialer1]ip address ppp-negotiate
[R2-Dialer1]quit
[R2]interface GigabitEthernet 0/0/0
[R2-GigabitEthernet0/0/0]pppoe-client dial-bundle-number 1
[R2-GigabitEthernet0/0/0]quit
[R2]ip route-static 0.0.0.0 0.0.0.0 Dialer 1
```

6. 验证 PPPoE 拨号结果。

（1）在 PPPoE 服务器上执行【display pppoe-server session all】命令，查看 PPPoE 服务器会话的状态和配置信息。

```
[R3-Server]display  pppoe-server  session  all
SID Intf                 State OIntf        RemMAC          LocMAC
1   Virtual-Template1:0   UP    GE0/0/0      00e0.fc05.106c  00e0.fcf2.07ec
2   Virtual-Template1:1   UP    GE0/0/0      00e0.fc1c.3795  00e0.fcf2.07ec
```

（2）在 PPPoE 客户端上执行【display pppoe-client session summary】命令，查看 PPPoE 客户端会话的状态和配置信息。

```
[R1]display pppoe-client session summary
PPPoE Client Session:
ID  Bundle  Dialer  Intf          Client-MAC    Server-MAC    State
2   1       1       GE0/0/0       00e0fc1c3795  00e0fcf207ec  UP
[R2]display pppoe-client session summary
PPPoE Client Session:
ID  Bundle  Dialer  Intf          Client-MAC    Server-MAC    State
1   1       1       GE0/0/0       00e0fc05106c  00e0fcf207ec  UP
```

7. 利用 Cloud2 将 eNSP 中的网络接入真实网络。

（1）配置 R3 的接口与计算机虚拟网卡“eNSP 连接”在同一网段中。本实训中，“eNSP 连接”使用 IP 地址 200.200.10.1/28，R3 的接口 GE0/0/1 的 IP 地址为 200.200.10.2/28。

```
[R3-Server]interface GigabitEthernet0/0/1
[R3-Server-GigabitEthernet0/0/1]ip address 200.200.10.2 255.255.255.240
```

（2）验证 R3 与虚拟网卡“eNSP 连接”的连通性。

```
[R3-Server]ping 200.200.10.1
  PING 200.200.10.1: 56  data bytes, press CTRL_C to break
    Reply from 200.200.10.1: bytes=56 Sequence=1 ttl=128 time=30 ms
    Reply from 200.200.10.1: bytes=56 Sequence=2 ttl=128 time=10 ms
    Reply from 200.200.10.1: bytes=56 Sequence=3 ttl=128 time=10 ms
    Reply from 200.200.10.1: bytes=56 Sequence=4 ttl=128 time=10 ms
    Reply from 200.200.10.1: bytes=56 Sequence=5 ttl=128 time=10 ms
```

（3）使用 Windows 的 Internet 连接共享将 eNSP 中的网络接入互联网。

① 在 Windows 中选择计算机上网使用接口，本实训中使用 Wi-Fi 接口“WLAN”，打开“WLAN 属性”对话框后，选择“共享”选项卡，选中“允许其他网络用户通过此计算机的 Internet 连接来连接”复选框，设置“家庭网络连接”为“eNSP 连接”，如图 6-38 所示。

② 单击“确定”按钮后，系统提示会自动修改 eNSP 的接口 IP 地址，单击“是”按钮，如图 6-39 所示。

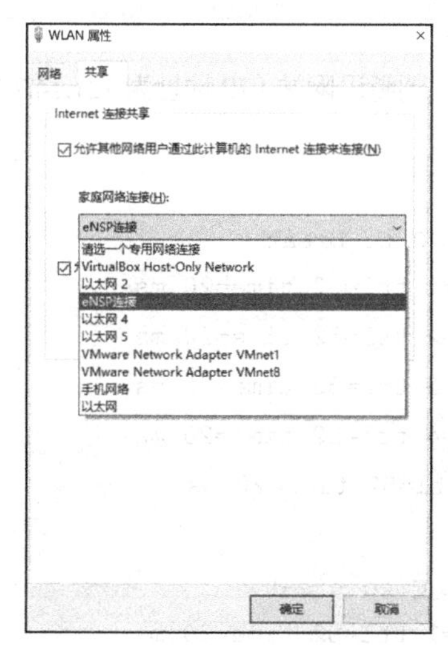

图 6-38　Internet 连接共享设置

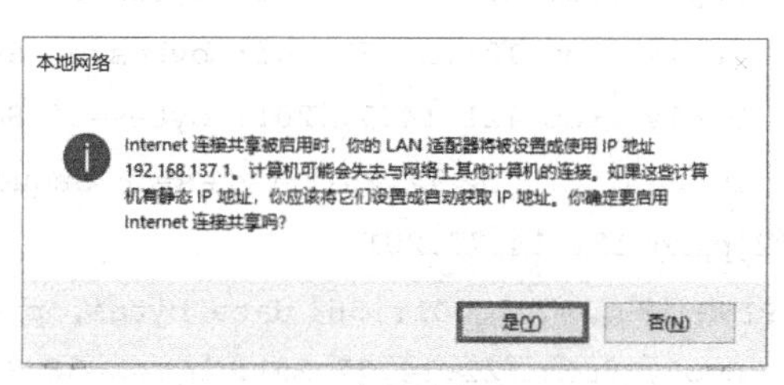

图 6-39　连接共享重置 IP 地址

③ 在 Windows 中选择虚拟网卡“eNSP 连接”，将“IP 地址”重新设置为 200.200.10.1/28，如图 6-40 所示。

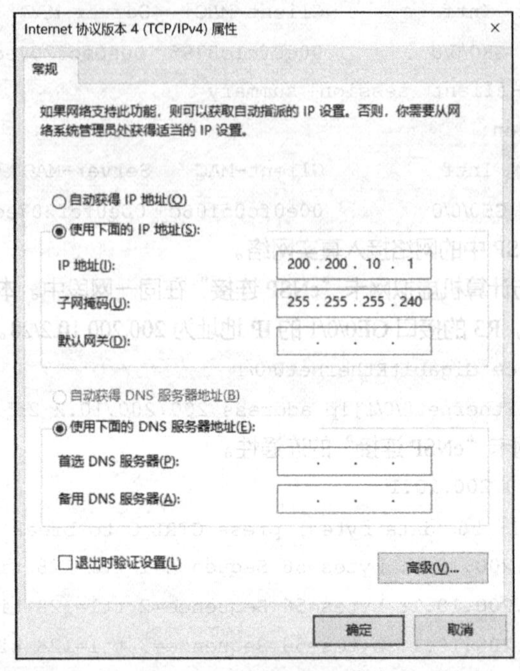

图 6-40 重新设置 IP 地址

（4）在 R3 上部署 NAT 并配置静态路由指向虚拟网卡“eNSP 连接”（该部分配置可由老师预先完成）。

```
[R3-Server]acl  2000
[R3-Server-acl-basic-2000]rule permit  source  any
[R3-Server-acl-basic-2000]quit
[R3-Server]interface GigabitEthernet 0/0/1
[R3-Server-GigabitEthernet0/0/1]nat  outbound  2000
[R3-Server]ip route-static  0.0.0.0 0 200.200.10.1
```

8. 在 PPPoE 客户端上测试到外网的连通性，本实训中测试到腾讯网站（IP 地址为 121.14.77.201）的连通性。

```
[R1]ping 121.14.77.201
  PING 121.14.77.201: 56  data bytes, press CTRL_C to break
    Reply from 121.14.77.201: bytes=56 Sequence=1 ttl=52 time=20 ms
    Reply from 121.14.77.201: bytes=56 Sequence=2 ttl=52 time=20 ms
    Reply from 121.14.77.201: bytes=56 Sequence=3 ttl=52 time=20 ms
    Reply from 121.14.77.201: bytes=56 Sequence=4 ttl=52 time=20 ms
Reply from 121.14.77.201: bytes=56 Sequence=5 ttl=52 time=20 ms
[R2]ping 121.14.77.201
  PING 121.14.77.201: 56  data bytes, press CTRL_C to break
    Reply from 121.14.77.201: bytes=56 Sequence=1 ttl=52 time=30 ms
```

```
Reply from 121.14.77.201: bytes=56 Sequence=2 ttl=52 time=20 ms
Reply from 121.14.77.201: bytes=56 Sequence=3 ttl=52 time=20 ms
Reply from 121.14.77.201: bytes=56 Sequence=4 ttl=52 time=20 ms
Reply from 121.14.77.201: bytes=56 Sequence=5 ttl=52 time=20 ms
```

【实训实施记录】

1. 记录 PPPoE 客户端的会话状态和配置信息。
2. 记录 PPPoE 服务器的会话状态和配置信息。
3. 记录 PPPoE 拨号过程中发现阶段的报文交互。
4. 记录 PPPoE 拨号过程中会话阶段的报文交互。
5. 测试并记录 PPPoE 客户端到外网的连通性。

【学思启示——我国 5G 标准的突破】

5G 在全球只有一个标准，全球各个厂商均向 5G 标准贡献技术。在 5G 国际标准中，我国华为公司的 5G 专利最多，占比为 15.4%；中兴通信公司的 5G 专利的占比为 5.6%。我国 5G 专利的总体占比超过 20%，高于韩国、美国、瑞典等国的专利占比，因此可以说，我国 5G 技术全球领先。

5G 标准信道编码采用了华为的技术。什么是信道编码？在移动通信中，由于存在干扰和衰落，信号在传输过程中会出现差错，所以需要对数字信号采用纠、检错编码技术，以增强数据在信道中传输时抗干扰的能力，提高系统的可靠性。对要在信道中传送的数字信号进行的纠、检错编码就是信道编码。信道编码是为了降低误码率和提高数字通信的可靠性而采取的编码。

信道编码是如何检出和校正接收比特流中的差错的呢？通常是加入一些冗余比特，把几个比特上携带的信息扩散到更多的比特上。但这样就必须传送比该信息所需要的更多的比特。传统的信道编码有汉明码、BCH 码、RS 码和卷积码。目前应用较广的信道编码有 Turbo 码，5G 即将使用的 LDPC 码，以及具有应用潜力的 Polar 码等。不同的信道编码，其编/译码方法有所不同，性能也有所差异。

2016 年 10 月 10 日—2016 年 10 月 14 日，3GPP 举办了关于 5G 编码的表决会议。经过世界各大公司的角逐，最终全票通过了长码用 LDPC 码作为唯一的数据信道编码，但是短码选择 LDPC 码还是 Polar 码还没有达成共识。

5G 通信中候选的信道编码技术主要有 LDPC 码、Turbo 码、Polar 码，下面介绍一下各方阵营。

① LDPC 码阵营：代表公司有高通、诺基亚、Intel 和三星。

② Turbo 码阵营：代表公司有 Orange 和爱立信。

③ Polar 码阵营：代表公司有华为。

美国以高通领队，法国派出了最强团队（由 Turbo 码创始人 Claude Berrou 领衔），我国则以华为为首。这其实就是一场美、欧、中三方的通信标准之争。

在这场 5G 信道编码之争中，LDPC 码阵营认为，Turbo 码译码时延大，不适用于 5G 高速率、低时延应用场景；Turbo 码阵营反驳，Turbo 码已使用于 3G、4G，在应用中不断改进的 Turbo 码是能够满足 5G 极端应用场景需求的；Polar 码的弱势在于目前还没有得到大规模的应用与采纳。经过世界各大公司（高通、Intel、三星、苹果、华为、阿里巴巴、中兴、联想等）的不断切磋，和几百份提案的提交与无数次讨论之后，2016 年 11 月 14 日—11 月 18 日在美国举行的 Reno 会议成了关键，这次会议最终决定使用 LDPC 码作为数据信道编码（即长码编码），使用 Polar 码作为控制信道编码（即短码编码）。

【模块小结】

本模块介绍了广域网技术及互联网接入方式，重点介绍了 HDLC、PPP 和 PPPoE 的原理及配置方法。此外，本模块对 5G、SDN、NFV 等技术做了一些简单介绍。通过对本模块的学习，学生应了解目前常用的广域网技术，理解互联网的接入方式，掌握 PPP 及 PPPoE 的配置方法。

本模块最后通过实训使学生加深对理论知识的理解，训练学生的配置能力，培养学生使用抓包软件等工具分析网络的能力，且有助于培养学生团结协作的精神。

【练习题】

一、填空题

1. HDLC 的中文全称是________，HDLC 帧根据________字段的不同，可以分为________、________和________。

2. PPP 的中文全称是______，PPP 支持身份认证，包括______和______。

3. PPPoE 的中文全称是______，PPPoE 可以分为______、______和______3 个阶段。

4. PPPoE 在发现阶段使用______、______、______和______4 种报文。

5. PPP 链路建立阶段会进行________协商，协商的主要参数包括________、________和________。

二、选择题

1. 在 PPP 中，对 PAP 和 CHAP 验证描述正确的是（　　）。

A. PAP 认证需要三次握手　　B. CHAP 认证需要两次握手

C. PAP 认证使用明文发送验证信息　　D. CHAP 使用明文发送验证信息

2. PPP 帧中的协议域用于指示信息域使用的协议类型，下面（　　）用于表示信息域是一个 LCP 数据报文。

A. 0xC021　　B. 0x8021　　C. 0x0021　　D. 0xC023

3. PPP 验证失败后，将由 Authenticating 阶段转入（　　）阶段。

A. Dead　　B. Establish　　C. Network　　D. Terminate

4.【多选】PPP 主要由 3 类协议组成，分别是（　　）。

A. PPPoE　　B. LCP　　C. NCP　　D. PPP 的扩展协议

5. 在 PPPoE 会话终结阶段，服务器或客户端可通过（　　）报文结束会话连接。

A. PADI　　B. PADO　　C. PADS　　D. PADT

模块 7 网络安全技术及部署

07

【学习目标】

【知识目标】

- 理解网络安全的概念及重要性。
- 掌握 ACL 的概念和配置方法。
- 掌握防火墙的安全区域和安全策略。
- 理解局域网安全技术。

【技能目标】

- 能够使用 ACL 实现网络安全。
- 能够搭建防火墙网络。
- 能够在局域网中使用网络安全技术保障内部网络安全。

【素质目标】

- 掌握实际动手解决问题的能力。
- 在实训中理解团结协作的精神。
- 培养爱国主义精神和工匠精神。

【情景引入】

临近毕业，小白进入一家科技公司实习，他的职责是协同主管做好公司网络的维护。实习期间，公司的服务器多次遭到不明攻击，小白建议主管部署防火墙来保护公司内部网络的安全。防火墙部署好以后，小白通过配置防火墙安全策略等方法，很好地应对了公司网络安全面临的威胁。

【相关知识】

7.1 网络安全概述

网络安全是指网络信息系统的硬件、软件及其中的数据受到保护，不因偶然的或者恶意的原因而被破坏、更改或泄露，保证系统能连续、可靠、正常地运行，且网络服务不中断。

网络安全的基本特性如下。

① 机密性：保证信息不泄露给未经授权的进程或实体，只供授权者使用。

② 完整性：信息只能被得到允许的人修改，并且网络能够判别该信息是否已被篡改过。同时一个

系统也应该按其原来规定的功能运行，不被非授权者操作。

③ 可用性：只有授权者才可以在需要时访问数据，而非授权者应被拒绝访问数据。

④ 可鉴别性：网络应对用户、进程、系统和信息等实体进行身份鉴别。

⑤ 不可抵赖性：数据的发送方与接收方都无法对数据传输的事实进行抵赖。

V7-1 网络安全概述

7.1.1 网络安全的重要性

随着网络的快速普及，网络以其开放、共享的特性对社会产生越来越大的影响。各种新兴业务如电子商务、电子政务、网络银行，以及各种专业用网的建设，使得保护各种机密信息的安全越来越重要。计算机犯罪事件数量逐年攀升，已成为普遍的国际问题。随着我国信息化进程的加速推进，利用计算机及网络发起的信息安全事件频繁发生，我们必须采取有力的措施来保护计算机网络的安全。

近年来，计算机病毒、木马、蠕虫和入侵攻击等网络安全威胁增加，对政治、经济和社会造成危害，并对互联网及国家关键信息系统构成严重威胁。绝大多数的安全威胁利用系统或软件中存在的安全漏洞来达到破坏系统、窃取机密信息等目的，由此引发的安全事件层出不穷。例如，2017 年“WannaCry”勒索病毒令全球许多计算机遭受攻击，进行不正当牟利，2020 年“蔓灵花”组织对我国进行大规模“钓鱼”攻击等。

这些陆陆续续爆发的安全事件表明，现在的网络安全问题越来越复杂，网络攻击者需要的技术水平逐渐降低、手段更加灵活、联合攻击急剧增多。新一代的网络蠕虫具有隐蔽性、传染性、破坏性、自主攻击性，与计算机病毒之间的界限越来越模糊。此外，网络攻击趋利性、顽固性增强，病毒传播的趋利性日益突出、病毒的反杀能力不断增强。因此，近年来我国对网络安全问题越来越重视，并且已经着手网络安全问题的整治。

7.1.2 网络安全的主要影响因素

影响计算机网络安全的因素有很多，包括人为的无意失误、人为的恶意攻击和网络系统本身的漏洞等。其中，人为的无意失误是造成网络不安全的重要因素，这就意味着网络工程师要高度重视网络安全，充分考虑影响网络系统安全的各种因素，规范用户操作，以尽可能地减少网络系统中的安全漏洞，提升系统整体安全性。

一般来说，影响信息系统安全的因素包括以下 3 个方面。

1. 信息系统自身安全的脆弱性

信息系统自身安全的脆弱性是指，信息系统的硬件资源、通信资源、软件及信息资源等可能因可预见或不可预见甚至恶意的原因而受到破坏、更改、泄露或功能失效，从而使系统处于异常状态，甚至崩溃、瘫痪等。

可以从硬件组件、软件组件、网络和通信协议 3 个方面分别进行分析。

① 硬件组件：硬件组件的安全隐患多源于设计，主要表现为物理安全方面的问题。在设计、选购硬件时，应尽可能减少或消除硬件组件的安全隐患。

② 软件组件：软件组件的安全隐患来源于设计和软件工程实施中的遗留问题，如软件设计中的疏忽、软件设计中不必要的功能冗余、软件设计不按信息系统安全等级要求进行模块化设计，以及软件工程实现中造成的软件系统内部逻辑混乱等。

③ 网络和通信协议：TCP/IP 协议族是目前使用非常广泛的协议，但其已经暴露出许多安全问题。因为 TCP/IP 最初的应用环境是相互信任的，其设计原则是简单、可扩展、尽力而为，只考虑互联互通和资源共享问题，并未考虑也无法兼顾解决网络中的安全问题。

2. 操作系统和应用程序漏洞

操作系统是位于用户和硬件设备之间的中间层，操作系统一般会自带一些应用程序或者安装一些其他厂商的软件工具。应用程序在实现时的错误，往往会给系统带来漏洞。漏洞是指计算机系统在硬件、软件、协议的具体实现或系统安全策略上存在的缺陷和不足。漏洞一旦被发现，就可能被攻击者用来在未授权的情况下访问或破坏系统，从而危害计算机系统安全。

3. 信息系统面临的安全威胁

网络安全的基本目标是实现信息的机密性、完整性、可用性、可鉴别性和不可抵赖性，对信息系统的基本目标造成的伤害称为网络威胁，威胁的具体体现称为网络攻击。网络威胁包括以下 4 个方面。

① 信息泄露：指敏感数据有意或无意被泄露、丢失给某个未授权的实体。信息在传输中被丢失或泄露后，攻击者可通过对信息流向、流量、通信频度和长度等参数的分析，推测出有用信息。

② 完整性破坏：以非法手段取得对信息的管理权，通过未授权的创建、修改、删除和重放等操作使信息的完整性受到破坏。

③ 拒绝服务：信息或信息系统资源等被利用，导致信息价值或系统服务能力下降或丧失。具体原因包括：受到攻击，攻击者通过对系统进行非法的、根本无法成功的访问尝试而产生过量的系统负载；信息系统或组件在物理上或逻辑上受到破坏而中断服务。

④ 未授权访问：未授权实体非法访问信息系统资源，或授权实体超越权限访问信息系统资源。未授权访问主要有假冒和盗用合法用户身份攻击、非法进入网络系统进行违法操作，以及合法用户以未授权的方式进行操作等形式。

7.2 ACL 技术

随着网络的飞速发展，网络安全和网络服务质量问题日益突出，主要体现在以下 3 个方面。

① 园区重要服务器资源被随意访问，园区机密信息容易泄露，造成安全隐患。

② Internet 病毒肆意侵略园区内网，内网环境的安全性堪忧。

③ 网络带宽被各类业务随意挤占，服务质量要求极高的语音、视频业务的带宽得不到保障，导致用户体验差。

V7-2 ACL 技术

这些网络安全和网络服务质量问题会对正常的网络通信造成很大的影响。因此，提高网络安全性和服务质量迫在眉睫，我们需要对网络进行控制。例如，借助工具[如访问控制列表（Access Control List，ACL）技术]实现流量的过滤。

7.2.1 ACL 技术概述

ACL 是由一系列 permit 或 deny 语句组成的有序、规则的列表。ACL 技术本质上是用于匹配报文的技术手段，能够对报文进行匹配和区分。通过 ACL 可以实现对网络中报文流的精确识别和控制，达到控制网络访问行为、防止网络攻击和提高网络带宽利用率的目的，从而切实保障网络环境的安全和网络服务质量的可靠。

ACL 可以用在以下几种场景中。

① 在包过滤时调用。

② 在路由策略中调用。

③ 在网络地址转换时调用。

④ 在防火墙的策略部署中调用。

⑤ 在 QoS 应用中调用。

7.2.2 ACL 原理

ACL 通常由若干条 permit 或 deny 语句组成。每条语句就是该 ACL 的一条规则，每条语句中的 permit 或 deny 就是与这条规则相对应的处理动作。

1. ACL 的组成

ACL 的组成如图 7-1 所示，一个 ACL 中可以包含一条或多条 ACL 语句，每条 ACL 语句由 ACL 编号、规则、规则编号、动作和匹配项组成。具体说明如下。

① ACL 编号：在网络设备上配置 ACL 时，每个 ACL 都需要分配一个编号，称为 ACL 编号，用来标识 ACL。不同分类的 ACL 的编号范围不同。

② 规则：前面提到，一个 ACL 通常由若干条 permit 或 deny 语句组成，每条语句就是该 ACL 的一条规则。

③ 规则编号：每条规则都有一个相应的编号，称为规则编号，用来标识 ACL 规则。规则编号可以由用户自定义，也可以由系统自动分配。ACL 规则编号范围是 0～4294967294，所有规则均按照规则编号从小到大进行排序。

④ 动作：每条规则中的 permit 或 deny 就是与这条规则相对应的动作。permit 指允许，deny 指拒绝，但是 ACL 一般是结合其他技术使用的，在不同的场景中，动作的含义也有所不同。例如，当 ACL 与流量过滤技术结合使用时（即在流量过滤中调用 ACL），则 permit 表示允许通行，deny 表示拒绝通行。

⑤ 匹配项：ACL 定义了极其丰富的匹配项。图 7-1 中的匹配项是源 IP 地址，ACL 还支持很多其他规则的匹配项，如二层以太网帧头信息（如源 MAC 地址、目的 MAC 地址和以太网帧协议类型）、三层报文信息（如目的地址、协议类型），以及四层报文信息（如 TCP/UDP 端口号）等。

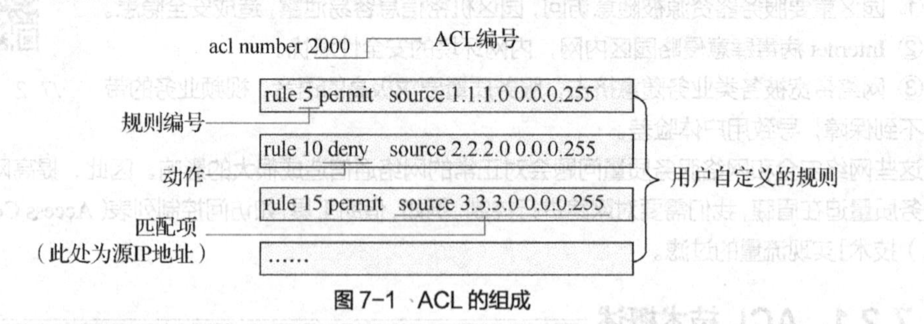

图 7-1 ACL 的组成

2. ACL 的通配符

当进行 IP 地址匹配时，后面会接 32 位掩码，这 32 位掩码称为通配符，如图 7-2 所示。通配符与 IP 地址一样，也采用点分十进制表示，换算成二进制数后，“0”表示“匹配”，“1”表示“不关心”。

```
acl number 2000                                         通配符

rule    5     deny      source 10.1.1.1 0
rule    10    deny      source 10.1.1.2 0
rule    15    permit    source 10.1.1.2 0.0.255
```

图 7-2　通配符示例

接下来具体说明图 7-2 中的 3 条规则。

① rule 5：拒绝源 IP 地址为 10.1.1.1 的报文通过。因为通配符为全 0，所以接收报文中的源 IP 地址每一位都要严格匹配，因此匹配的是主机 IP 地址 10.1.1.1。

② rule 10：拒绝源 IP 地址为 10.1.1.2 的报文通过。因为通配符为全 0，所以每一位都要严格匹配，因此匹配的是主机 IP 地址 10.1.1.2。

③ rule 15：允许源 IP 地址为 10.1.1.0/24 网段地址的报文通过。因为通配符写为二进制为 0.0.0.11111111，后 8 位为 1，表示“不关心”，即 10.1.1.××××××××的后 8 位可以为任意值，所以匹配的是 10.1.1.0/24 网段。

那么如果要精确匹配 192.168.1.1/24 这个 IP 地址，通配符是多少呢？对于这样的一个地址，需要严格匹配网络号部分，即前 3 字节必须为“192.168.1”，因此相应的通配符为“0”，而主机号部分可以为任意值，即第 4 字节可以为任意值，相应的通配符为“1”，因此通配符写为十进制为“0.0.0.255”，如图 7-3 所示。

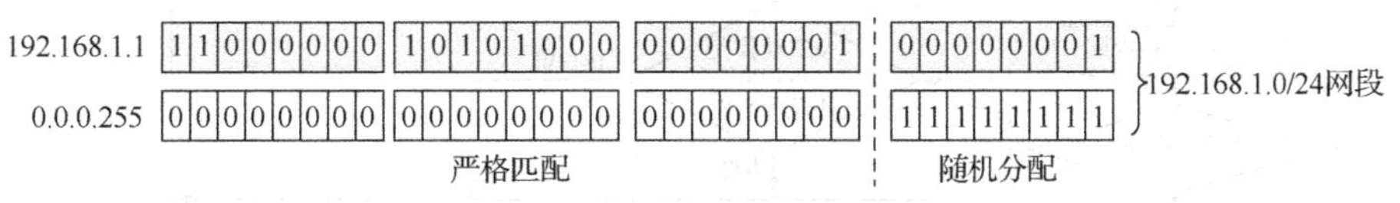

图 7-3　匹配指定地址的通配符

如果想匹配 192.168.1.0/24 网段中第 4 字节为奇数的 IP 地址，通配符是多少呢？我们先来看一看，奇数 IP 地址都有哪些：192.168.1.1、192.168.1.5、192.168.1.11……将后 8 位写为二进制形式：192.168.1.00000001、192.168.1.00000101、192.168.1.00001011……从中可以看出共同点：最后 8 位的高 7 位是任意值，最低位固定为 1，根据规则，通配符为“11111110”，即十进制的“254”，因此完整的通配符是“0.0.0.254”。如果要允许来自这些 IP 地址的流量通过，则 ACL 中的规则如下。

```
rule permit source 192.168.1.1 0.0.0.254
```

同理不难得出，如果想匹配 192.168.1.0/24 网段中第 4 字节为偶数的 IP 地址，对应的通配符应该也是 0.0.0.254，如果要允许来自这些 IP 地址的流量通过，则 ACL 中的规则如下。

```
rule permit source 192.168.1.0 0.0.0.254
```

通过以上介绍可以发现通配符区别于网络掩码的一个特点，即通配符中的 1 或 0 是可以不连续的。

存在以下两个特殊的通配符。

① 当通配符全为 0 来匹配某一主机的 IP 地址时，表示精确匹配该主机。

② 当通配符全为 1 来匹配主机的 IP 地址时，表示匹配所有 IP 地址。

3. ACL 的分类

基于 ACL 规则定义方式划分，ACL 可分为基本 ACL、高级 ACL、二层 ACL 和用户自定义 ACL，这些不同的 ACL 在华为设备上通过不同的 ACL 编号来进行区分，具体如表 7-1 所示。

表 7-1　基于 ACL 规则定义方式划分的 ACL 类型

类型	ACL 编号范围	规则定义
基本 ACL	2000～2999	使用报文的源 IP 地址、分片信息和生效时间段信息来定义规则
高级 ACL	3000～3999	使用 IPv4 报文的源 IP 地址、目的 IP 地址、IP 类型、ICMP 类型、TCP 源/目的端口号、UDP 源/目的端口号、生效时间段等来定义规则
二层 ACL	4000～4999	使用报文的以太网帧头信息（如源 MAC 地址、目的 MAC 地址、二层协议类型等）来定义规则
用户自定义 ACL	5000～5999	使用报文头、偏移位置、字符串掩码和用户自定义字符串来定义规则

4. ACL 的匹配机制

概括来说，ACL 的匹配机制是指，配置 ACL 的设备接收报文后，会将该报文与 ACL 中的规则逐条进行匹配。如果不能匹配，则会继续尝试匹配下一条规则；如果能匹配，则设备会对该报文执行匹配规则中定义的动作，并且不再继续尝试与后续规则进行匹配。

ACL 的匹配机制如图 7-4 所示，具体说明如下。

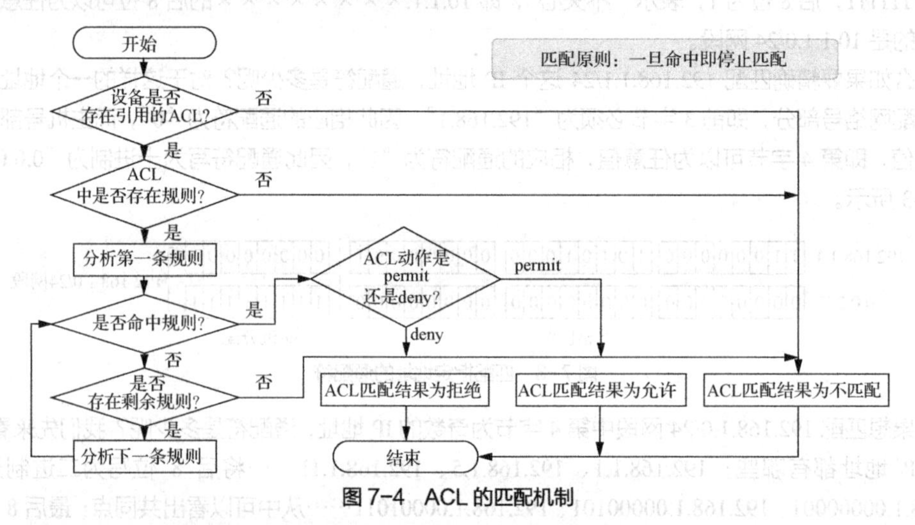

图 7-4　ACL 的匹配机制

① 系统查找设备上是否存在引用的 ACL。

- 如果 ACL 不存在，则返回 ACL 匹配结果为不匹配。
- 如果 ACL 存在，则查找 ACL 中是否存在规则。如果规则不存在，则返回 ACL 匹配结果为不匹配；如果规则存在，则系统会从 ACL 中编号最小的规则开始查找。

② 如果命中 permit 规则，则停止查找规则，并返回 ACL 匹配结果为允许。

③ 如果命中 deny 规则，则停止查找规则，并返回 ACL 匹配结果为拒绝。

④ 如果未命中规则，则继续查找下一条规则，以此循环。如果一直查到最后一条规则，报文仍未匹配上，则返回 ACL 匹配结果为不匹配。

从 ACL 的匹配机制可以看出，报文与 ACL 规则匹配后，会产生两种结果：匹配和不匹配。

- 匹配（命中规则）：指存在 ACL，且在 ACL 中查找到了符合匹配条件的规则。不管匹配的动作是 permit 还是 deny，都称为匹配，而不是只有匹配上 permit 规则才算匹配。
- 不匹配（未命中规则）：指不存在 ACL、ACL 中无规则或在 ACL 中遍历了所有规则都没有找到符合匹配条件的规则。

在华为设备中，对于不匹配的报文，ACL 的处理方式与具体的应用场景有关，包括默认允许（如包过滤）和默认拒绝（如网络地址转换、路由策略和远程登录等）。

5. ACL 的匹配顺序

一个 ACL 可以由多条 deny 或 permit 语句组成，每一条语句描述的规则是不相同的，这些规则可能存在重复或矛盾的地方（一条规则可以包含另一条规则，但两条规则不可能完全相同），当对一个报文和 ACL 的规则进行匹配的时候，由规则的匹配顺序决定规则的优先级。

华为设备支持两种匹配顺序，即配置（config）顺序和自动（auto）排序。华为设备中默认的匹配顺序是配置顺序。

配置顺序按照用户配置 ACL 规则的先后顺序进行匹配，先配置的规则先匹配。

自动排序使用“深度优先”的原则进行匹配。“深度优先”根据 ACL 规则的精确度排序，匹配条件（如协议类型、源 IP 地址范围和目的 IP 地址范围等）限制越严格，规则越优先匹配。深度优先的匹配顺序比较复杂，本书不具体讨论，感兴趣的读者可自行查阅资料。

下面通过一个示例说明匹配顺序为配置顺序的 ACL 匹配过程。

【例 7-1】基本 ACL 2000 定义如下，设备中配置了包过滤并引用了这个 ACL。如果收到来自 192.168.1.3/24 的报文，则 ACL 将执行什么动作？

```
ACl 2000
 rule 5 permit source 192.168.1.1 0
 rule 10 permit source 192.168.1.2 0
 rule 15 deny source 192.168.1.3 0
 rule 20  0.0.0.0 255.255.255.255
```

首先需要理解 ACL 2000 中各条规则的含义。第一条规则允许源 IP 地址为 192.168.1.1 的报文通过；第二条规则允许源 IP 地址为 192.168.1.2 的报文通过；第三条规则拒绝源 IP 地址为 192.168.1.3 的报文通过；第四条规则允许所有 IP 地址的报文通过。

当源 IP 地址为 192.168.1.3 的报文通过配置了 ACL 的设备时，按顺序依次查看规则，发现 rule 5、rule 10 都不匹配，继续查看 rule 15，发现匹配，且是拒绝动作，因此设备会拒绝该报文通过。

6. ACL 的匹配方向

在 ACL 应用中，需要配置 ACL 的匹配方向，即 inbound（入向）和 outbound（出向）。这里的方向是针对设备而言的，如果数据报文经接口流入设备，则称为 inbound 方向，反之则是 outbound 方向。

图 7-5 所示为路由器配置了 ACL 之后的匹配方向，图 7-5（a）所示为在 inbound 方向调用 ACL，图 7-5（b）所示为在 outbound 方向调用 ACL。

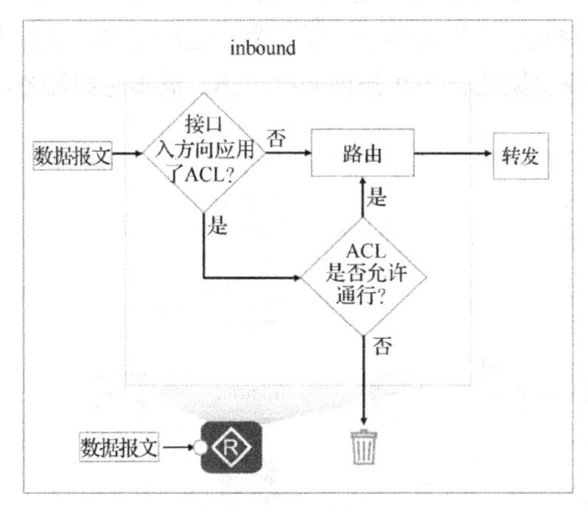

（a）在 inbound 方向调用 ACL

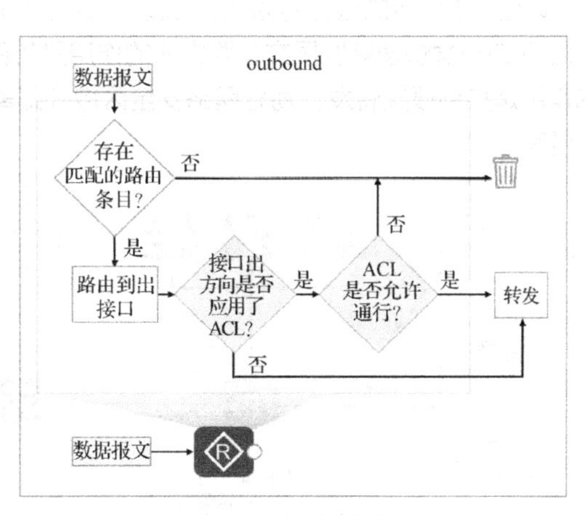

（b）在 outbound 方向调用 ACL

图 7-5　ACL 的匹配方向

① 如果路由器在 inbound 方向调用 ACL，那么在收到数据报文后，路由器会首先检查 ACL 规则。如果 ACL 允许通行，则路由器进行正常的路由查找与转发，否则直接丢弃该报文。

② 如果路由器在 outbound 方向调用 ACL，那么路由器先进行路由查找。如果不存在匹配的路由条目，则直接丢弃该报文；如果存在匹配的路由条目，则路由器会将报文路由到出接口，并进行 ACL 规则检查。如果 ACL 允许通行，则从接口转发，否则丢弃该报文。

7.3 防火墙技术

"防火墙"起源于建筑领域，它用来阻止火势从一个区域蔓延到另一个区域。引入通信领域后，防火墙这一具体设备通常用于对两个网络进行有针对性的、逻辑意义上的隔离。这种隔离是选择性的，可以隔离"火"的蔓延，而又保证"人"可以穿墙而过。这里的"火"是指网络中的各种攻击，而"人"是指正常的通信报文。

V7-3 防火墙技术

7.3.1 防火墙概述

通过路由器和交换机可构建互联互通的网络，在带来便利的同时也带来了安全隐患。对于企业网来说，来自互联网的攻击与安全隐患较为严重，因此，在网络边界，企业网一般会有以下安全诉求。

① 外部网络安全隔离。

② 内部网络安全管控。

③ 内容安全过滤。

④ 入侵防御。

⑤ 防病毒。

为了满足上述诉求，可以在企业网中部署防火墙来保证企业内部网络的安全。那么什么是防火墙呢？

防火墙是一种安全设备，它用于保护一个网络区域免受来自另一个网络区域的攻击和入侵，通常被应用于网络边界，如企业互联网出口、企业内部业务边界、数据中心边界等。

大家比较熟悉的设备有路由器、交换机，那么防火墙与路由器、交换机有什么区别呢？

以图 7-6 所示的园区网为例，在园区网中，交换机的作用是接入终端和汇聚内部流量，完成局域网内部二/三层快速转发报文；路由器的作用是负责报文的寻址和转发，保证网络互联互通；防火墙的作用是控制报文转发，划分网络安全区域并部署安全策略，防止各种网络攻击、病毒感染和木马入侵等。

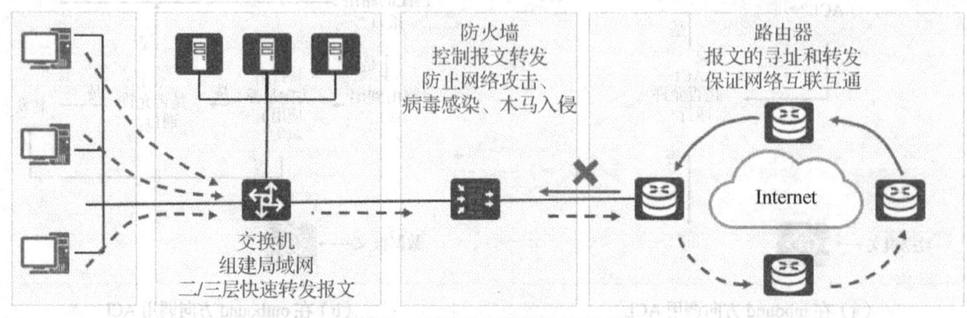

图 7-6 园区网中各种设备的功能

1. 防火墙的应用场景

一般来说，防火墙会有以下4种应用场景，如图7-7所示。

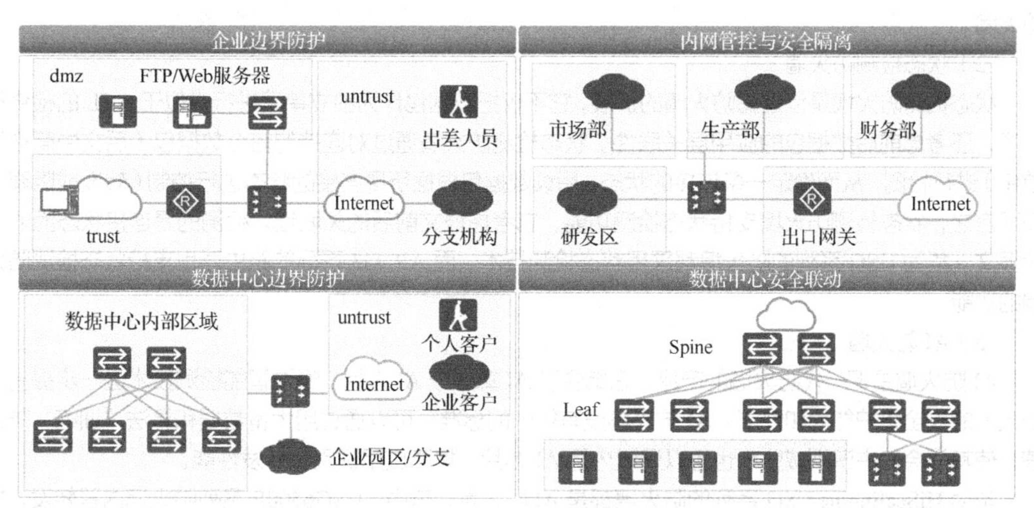

图7-7 防火墙应用场景

（1）企业边界防护

防火墙作为边界设备，可以有效隔离来自外网的不信任流量，防止非法流量入侵。

（2）数据中心边界防护

防火墙作为数据中心边界，主要为数据中心内的业务服务器提供应对分布式拒绝服务（Distributed Denial of Service，DDoS）等攻击的防护，保证业务持续运行。

（3）内网管控与安全隔离

数据中心通常采用叶脊（Spine-Leaf）架构。防火墙作为内网组网设备，对不同职能部门分区、分域管理，同时可以通过防火墙对内网流量进行上网行为控制与带宽控制，有助于用户上网行为的控制与规范。

（4）数据中心安全联动

防火墙作为数据中心安全设备，可以根据业务需求，动态启用安全功能，使提供的业务更具有灵活性。

2. 防火墙的类型

广义上的防火墙，一般包括个人防火墙和网络防火墙。个人防火墙一般用于PC的安全防护，其部署过程类似于软件产品的安装过程，因此也称为软件防火墙；网络防火墙则用于加强网络之间的访问控制与安全防护，是一种特殊的网络硬件设备。本节侧重于网络防火墙的介绍，后文中的防火墙如无说明都指网络防火墙。根据实现技术的不同，防火墙可以分为包过滤防火墙、状态检测防火墙和人工智能（Artificial Intelligence，AI）防火墙3种类型。

（1）包过滤防火墙

包过滤防火墙主要基于数据包中的源/目的IP地址、源/目的端口号、IP标识和报文传递的方向等信息，对流经网络的报文进行过滤。华为AR G3系列的路由器和交换机支持包过滤防火墙。

包过滤防火墙设计简单，一般基于ACL，容易实现且价格便宜。但是，包过滤防火墙也有明显的缺点，主要表现为以下几点。

① 随着ACL复杂度和长度的增加，其过滤性能呈指数级下降。

② 静态的ACL规则难以适应动态的安全要求。

③ 包过滤防火墙不检查会话状态也不分析数据，很容易让攻击者蒙混过关。例如，攻击者可以使用假冒地址进行欺骗，通过把自己主机的 IP 地址设置为合法主机的 IP 地址，就能轻易地通过包过滤防火墙。

（2）状态检测防火墙

状态检测防火墙是包过滤防火墙的扩展，它不仅把数据包作为独立单元进行类似于 ACL 的检查和过滤，还考虑前后数据包的应用层关联性。状态检测防火墙通过对连接的首个数据包（后文中简称为首包）进行检测，从而确定一条连接的状态。后续数据包根据所属连接的状态进行控制（转发或阻塞）。简而言之，状态检测防火墙支持状态检测功能，它考虑报文前后的关联性，检测的是连接状态而非单个报文。华为 USG 系列的防火墙都采用状态检测技术，而 AR G3 系列的路由器也支持状态检测防火墙的功能。

（3）AI 防火墙

AI 防火墙是下一代防火墙的产品，它结合了 AI 算法或 AI 芯片，通过智能检测技术进一步提高了防火墙的安全防护能力和性能。AI 防火墙没有统一的标准，可以通过用大量数据和算法“训练”防火墙，使其学会自主识别威胁；也可以通过内置 AI 芯片，提高应用识别和转发性能。

华为 HiSecEngine USG 系列的防火墙都是 AI 防火墙，其中，USG6500E 系列防火墙内置转发、加密、模式匹配三大协处理引擎，具有优秀的转发性能和安全性能。此外，USG6500E 系列防火墙还内置了基于内容的病毒检测引擎（Content-based Detection Engine，CDE）、高级持续性威胁（Advanced Persistent Theater，APT）检测引擎和探针，支持与沙箱和网络安全智能系统（Cybersecurity Intelligence System，CIS）联动检测，共同打造智能防御体系。

7.3.2 安全区域

安全区域（Security Zone）简称为区域（Zone），是防火墙的重要概念。防火墙大部分的安全策略基于安全区域实施。一个安全区域是防火墙若干接口所连网络的集合，一个区域内的用户具有相同的安全属性，如图 7-8 所示。

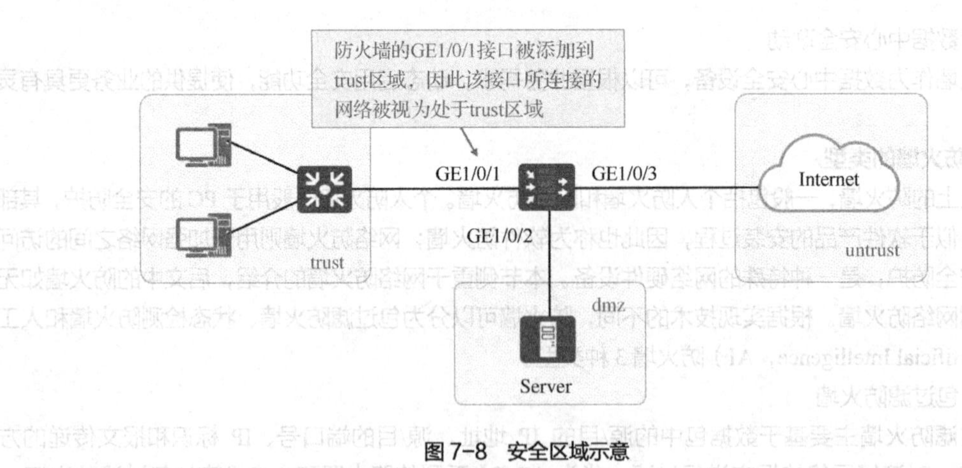

图 7-8 安全区域示意

对于华为的防火墙产品，系统内部已创建 4 个区域：untrust（非受信）区域、dmz（非军事区）、trust（受信）区域和 local（本地）区域，如表 7-2 所示。需要注意的是，设备所有的接口本身都属于 local 区域。

表 7-2 华为防火墙自带的安全区域

区域名称	区域描述
untrust	低安全级别区域，优先级为 5
dmz	中等安全级别区域，优先级为 50
trust	较高安全级别区域，优先级为 85
local	最高安全级别区域，优先级为 100

一般来说，设备自带的安全区域不能删除，其优先级也不允许修改，用户可以根据需要创建自定义的安全区域，并配置安全优先级，但自定义安全区域的名称和优先级不能与默认安全区域的名称和优先级产生冲突。

防火墙默认安全区域的名称均为小写字母，且大小写敏感，默认安全区域的具体说明如下。

① untrust 区域：该区域通常用于定义 Internet 等不安全的网络。

② dmz 区域：该区域通常用于定义内网服务器所在区域。尽管内网服务器部署在内网，但是经常需要被外网访问，存在较大安全隐患，同时一般不允许主动访问外网，所以将其部署在一个优先级比 trust 区域低，但是比 untrust 区域高的安全区域中。

dmz 区域的概念起源于军方，是介于严格的军事管制区和松散的公共区域之间的一种有着部分管制的区域。防火墙设备引用了这一术语，用来指代一个在逻辑上和物理上都与内部网络和外部网络分离的安全区域。dmz 区域很好地解决了服务器的放置问题，可以用于放置需要对外提供网络服务的设备，如 WWW 服务器、FTP 服务器等。上述服务器如果放置于内部网络，则外部恶意用户有可能利用某些服务的安全漏洞攻击内部网络；如果放置于外部网络，则无法保障它们的安全。

③ trust 区域：该区域通常用于定义内网终端用户所在的区域。

④ local 区域：该区域定义的是设备本身，包括设备的各接口。

凡是由设备构造并主动发出的报文均可认为是从 local 区域中发出的，凡是需要设备响应并处理（而不仅是检测或直接转发）的报文均可认为是由 local 区域接收的。用户不能改变 local 区域本身的任何配置，包括向其中添加接口。由于 local 区域的特殊性，在很多需要设备本身进行报文收发的应用中，需要配置对端所在安全区域与 local 区域之间的安全策略。

7.3.3 安全策略

安全策略是控制防火墙对流量进行转发以及对流量进行内容安全一体化检测的策略。当防火墙收到流量后，对流量的属性（五元组、用户、时间段等）进行识别，并与安全策略的条件进行匹配。如果条件匹配，则此流量被执行对应的动作。

图 7-9 所示为典型的安全策略应用，防火墙上配置了安全策略，办公区的计算机仅允许在办公时间（9:00—17:00）访问互联网，研发区的计算机禁止在任何时间访问互联网。

安全策略通常由匹配条件、动作和安全配置文件 3 部分组成，其中安全配置文件是可选的组成部分，用于实现内容安全检测。如果安全策略动作为“允许”，则可配置安全配置文件；如果为“禁止”，则可配置反馈报文。

配置了安全策略的防火墙收到报文后，会先根据安全策略的匹配条件进行检测，根据匹配结果执行“允许”或“禁止”的动作，其处理流程如图 7-10 所示。

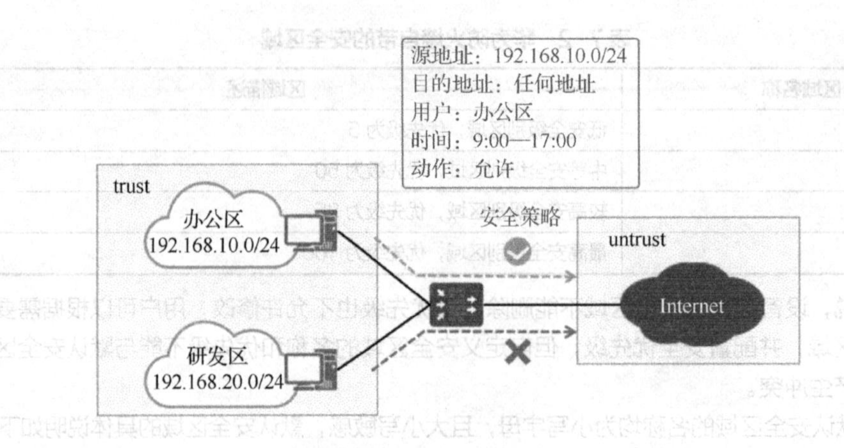

图 7-9 典型的安全策略应用

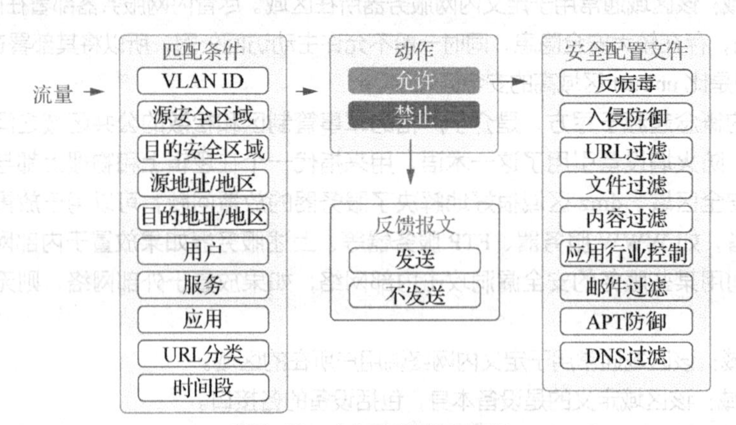

图 7-10 安全策略的处理流程

如果执行的动作为“允许”，则防火墙对流量进行如下处理。

① 如果没有配置安全配置文件，即无须进行内容安全检测，则直接允许流量通过。

② 如果配置了安全配置文件，则防火墙需根据安全配置文件中针对内容安全检测的结论来判断是否对流量进行放行。内容安全检测通常包括反病毒、入侵防御等，它是通过在安全策略中引用安全配置文件来实现的。如果其中一个安全配置文件阻断该流量，则防火墙阻断该流量；如果所有的安全配置文件都允许该流量转发，则防火墙允许该流量转发。

如果执行的动作为“禁止”，则表示拒绝符合条件的流量通过。此时，防火墙不仅可以将报文丢弃，还可以针对不同的报文类型选择发送对应的反馈报文。发起连接请求的客户端/服务器收到防火墙发送的反馈报文后，可以快速结束会话并让用户感知到请求被阻断。

当防火墙上配置了多条安全策略时，安全策略的匹配按照策略列表顺序执行，即从策略列表顶端开始逐条向下匹配，如图 7-11 所示。如果流量匹配了某条安全策略，则不再进行下一条安全策略的匹配。安全策略的配置顺序很重要，在实际配置时需要先配置条件精确的策略，再配置条件宽泛的策略。在华为的防火墙产品中，系统存在一条默认安全策略 default。默认安全策略位于策略列表的最底部，优先级最低，所有匹配条件均为 any，动作默认为禁止。如果所有配置的安全策略都未匹配，则将匹配默认安全策略 default。

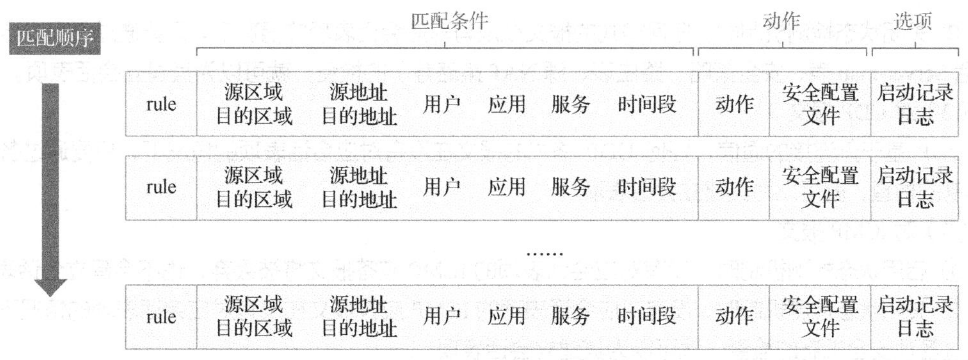

图 7-11　安全策略的匹配顺序

7.3.4　会话表

防火墙动态地维护一个会话表，会话表用来记录 TCP、UDP、ICMP 等协议连接状态的表项，是防火墙转发报文的重要依据。会话表中记录的信息很多，一般包括以下几个关键元素，即源 IP 地址、源端口、目的 IP 地址、目的端口、协议号、应用和用户，通常将它们称为“七元组”。防火墙采用了基于状态检测的报文转发机制，该机制对首包或少量报文进行检测后，就记录下这条连接的七元组信息并产生会话表项，后续的大量报文则直接对报文信息和会话表项进行匹配，并根据匹配结果进行后续操作。与包过滤技术的逐包检测机制相比，状态检测机制可迅速提高防火墙的检测和转发效率。

防火墙基于会话表的转发流程如图 7-12 所示，可以看出，已经存在会话表的报文的检测过程比没有会话表的报文要短很多。而通常情况下，通过对一条连接的首包进行检测并建立会话表后，该条连接的绝大部分报文不再需要重新检测，这就是状态检测防火墙的“状态检测机制”相对于包过滤防火墙的“逐包检测机制”的改进之处。这种改进使状态检测防火墙在检测和转发效率上有大幅提升。

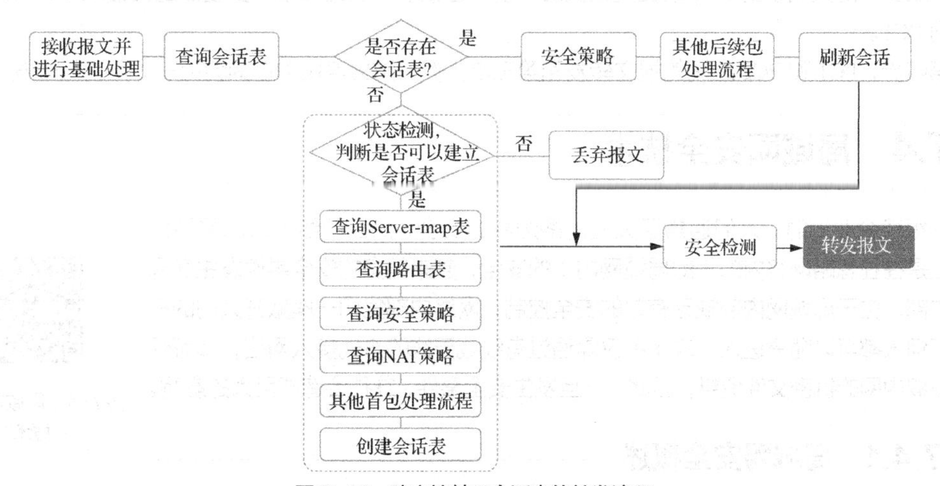

图 7-12　防火墙基于会话表的转发流程

在检查是否可以创建会话表的过程中，状态检测机制起到了关键作用。会话表项的生成与协议首包、状态检测机制之间的关系可以总结如下。

（1）对 TCP 报文

① 启用状态检测机制时，首包（SYN 报文）建立会话表项。对除 SYN 报文外的其他报文，如果没有对应会话表项（设备没有收到 SYN 报文或会话表项已老化），则予以丢弃，不会建立会话表项。

② 关闭状态检测机制时，任何格式的报文在没有对应会话表项的情况下，只要通过各项安全机制（包括 Server-map 表、安全策略、路由表、源 NAT 策略等）的检查，就可以为其建立会话表项。

（2）对 UDP 报文

UDP 基于无连接的通信，任何 UDP 格式的报文在没有对应会话表项的情况下，只要通过各项安全机制的检查，就可以为其建立会话表项。

（3）对 ICMP 报文

① 启用状态检测机制时，没有对应会话表项的 ICMP 应答报文将被丢弃，也不会建立会话表项。

② 关闭状态检测机制时，没有对应会话表项的 ICMP 应答报文在没有对应会话表项的情况下，只要通过各项安全机制的检查，就可以为其建立会话表项。

下面以图 7-13 所示的示例为例，说明防火墙基于会话表的转发机制。图 7-13 中，全网实现了互通，防火墙上配置了安全策略，允许 trust 区域访问 untrust 区域。此时，位于 trust 区域的主机 PC1 主动访问 untrust 区域的主机 PC2 的转发流程如下。

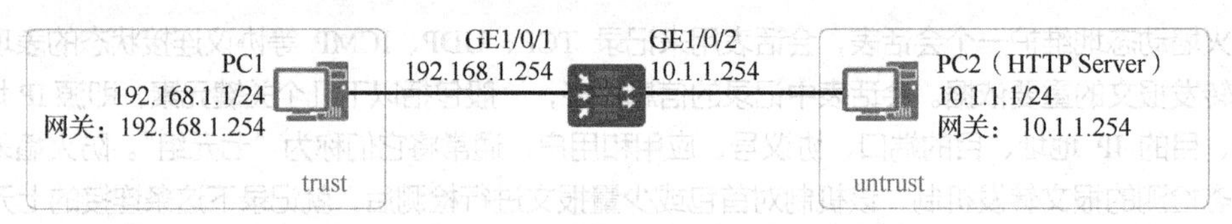

图 7-13　防火墙基于会话表的转发示例

第一步，PC1 开始发送报文，首包到达防火墙后，防火墙会查询会话表，发现没有匹配的会话表项，此时防火墙会按图 7-12 所示的流程依次处理，根据安全策略创建一条会话表项——http VPN:public→public 192.168.1.1:52754→10.1.1.1:80，再放行首包，并转发给 PC2。

第二步，PC2 收到 PC1 的首包后，发送回复报文。

第三步，防火墙收到 PC2 的回复报文后，查询会话表，匹配在第一步创建的会话表项，转发回复报文到 PC1。

第四步，PC1 和 PC2 之间的报文转发和第三步类似，防火墙仅需查询会话表即可进行转发。

7.4 局域网安全技术

在组建企业网时，人们通常更关注网络边界的安全，如在网络出口部署防火墙；但是往往忽略网络内部（即局域网内）的安全，越来越多的安全事件发生在局域网内部。由于局域网内部缺乏有效的安全控制，网络内部犹如一座敞开大门的房子，任何人都可以随意进入。攻击者仅需通过有线或无线的方式接入网络，即可轻易地获取内网的机密文件资料，因此，一旦发生安全事件，往往会造成巨大的影响。

V7-4　局域网安全技术

7.4.1 局域网安全概述

对于网络管理员来说，较之于互联网，局域网更可控，但因为局域网内终端和用户都比较复杂，所以局域网的安全威胁也不容小视。造成局域网安全威胁的因素一般有以下几种。

（1）病毒泛滥造成资源浪费

尽管大多数网络部署了边界安全设备（如防火墙），可以阻挡大部分来自局域网外部的威胁，但是移动存储设备（如 U 盘）的广泛使用给病毒的传播带来了极大“便利”，因此局域网的安全边界并不能保证其内部没有安全威胁。局域网内的病毒往往利用局域网高带宽、低控制的特点，在局域网内疯狂传播，很快便占据网络内的大量主机。有很多病毒更是不断地向网络发送无用信息，占用网络带宽，让正常用户无法使用网络资源。

（2）用户接入缺乏管控

如今，移动办公已经是一件平常的事情。如果局域网对其接入的用户不加以控制，外部人员的便携终端只需要连接该局域网就可以访问局域网的资源，企业的信息资产将暴露无遗。企业的信息是分级的，有一些企业机密不应该让普通员工获取，但在缺乏管控的局域网内，获取这些信息非常容易。

（3）IP 地址冲突

IP 地址冲突是常见的不经意的错误。如果某用户和其他用户产生 IP 地址冲突，则会导致两个用户无法正常使用网络；如果某用户的 IP 地址和网关等关键设备的 IP 地址产生冲突，则可能导致整个局域网的用户都无法正常使用网络资源。

（4）客户端难以控制

很多局域网安全威胁的根源在局域网内的终端，一般是普通的 PC。局域网内的终端种类繁多，终端使用者的安全意识、技术水平也参差不齐，这对局域网的管理者提出了极大挑战。

7.4.2 DHCP 窥探

动态主机配置协议（Dynamic Host Configuration Protocol，DHCP）是一种用于集中对用户 IP 地址进行动态管理和配置的技术。DHCP 窥探技术即 DHCP Snooping 技术，是 DHCP 的安全特性，用于防范利用 DHCP 报文进行的攻击行为，包括 DHCP DoS 攻击、DHCP 服务器仿冒攻击、ARP 中间人攻击等。DHCP Snooping 会对 DHCP 客户端和 DHCP 服务器之间的 DHCP 交互报文进行窥探，通过建立和维护 DHCP Snooping 绑定表过滤不可信任的 DHCP 信息。DHCP Snooping 绑定表包含不信任区域的用户 MAC 地址、IP 地址、租用期、VLAN ID 接口等信息。

当交换机启用了 DHCP Snooping 功能后，会对 DHCP 报文进行侦听，并可以从接收到的 DHCP 请求或 DHCP 确认报文中提取并记录 IP 地址和 MAC 地址信息。另外，DHCP Snooping 允许将某个物理端口设置为信任端口或不信任端口。信任端口可以正常接收并转发 DHCP 中继报文，而不信任端口会将接收到的 DHCP 中继报文丢弃。这样，可以完成交换机对假冒 DHCP 服务器的屏蔽功能，确保客户端从合法的 DHCP 服务器获取 IP 地址。

7.4.3 网络接入控制

传统的网络安全技术只考虑了外部设备对网络的威胁，而没有考虑到内部设备对网络的威胁，而且现有的网络设备难以有效防止内部设备对网络的威胁。网络接入控制（Network Access Control，NAC）是一种安全接入的框架，其理念是安全“端到端”。NAC 从用户终端层面考虑内部网络安全，而不是从网络设备层面考虑内部网络安全。

1. 基本架构

如图 7-14 所示，NAC 作为解决网络安全接入控制的一种方案，主要包括以下几个部件。

① NAC 终端：包括需要接入网络的各种终端设备，与网络准入设备交互完成用户的接入认证功能。如果采用 IEEE 802.1X 认证，则用户需要安装客户端软件。

② 网络准入设备：包括交换机、无线 AC 等，对接入用户进行认证和授权。网络准入设备是终端访问网络的网络控制点，是企业安全策略的实施者，负责按照客户网络制定的安全策略，实施相应的准入控制。

③ 网络准入服务器：包括准入控制服务器、管理服务器、病毒库服务器和补丁服务器等，主要进行用户身份认证、终端安全检查、系统修复升级、终端行为监控/审计等工作。

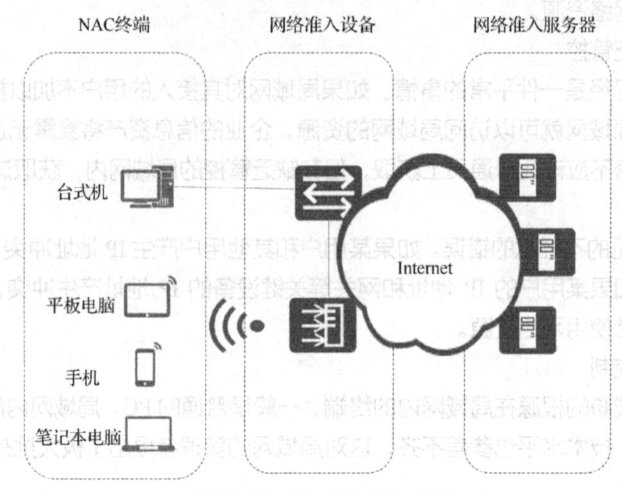

图 7-14 NAC 的基本架构

2. NAC 的认证方式

（1）IEEE 802.1X 认证

IEEE 802.1X 认证又称基于以太网的可扩展认证协议（Extensible Authentication Protocol over Ethernet，EAPoE）认证，主要目的是解决局域网用户的接入认证问题。

EAPoE 是可扩展认证协议（Extensible Authentication Protocol，EAP）在以太网链路上的应用，EAP 本身不是一种认证机制，而是一种通用架构，用来传输实际的认证协议。EAP 的优势是当一种新的认证协议发展出来时，基础的 EAP 机制不需要随着协议的改变而改变。EAP 框架如图 7-15 所示。

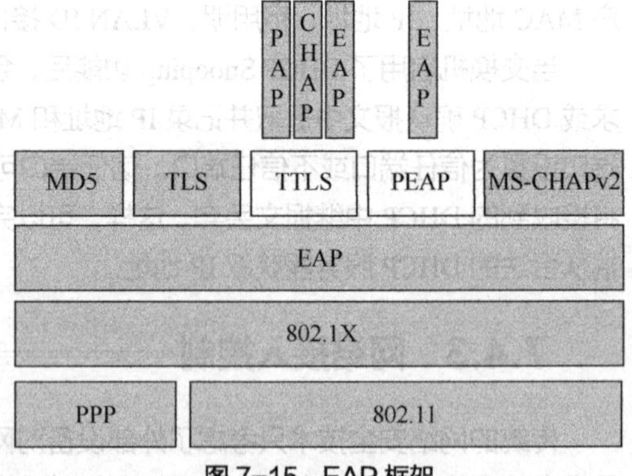

图 7-15 EAP 框架

IEEE 802.1X 标准的主要内容是基于端口的网络接入控制（Port Based Network Access Control）协议。“基于端口的网络接入控制”是指在局域网接入控制设备的端口这一级对所接入的设备进行认证和控制。连接在端口上的用户设备如果能通过认证，则可以访问局域网中的资源；如果不能通过认证，则无法访问局域网中的资源。

IEEE 802.1X 标准会关注接入端口的状态。当合法用户（通过账号和密码进行验证）接入时，该端口打开；当非法用户接入或没有用户接入时，该端口关闭。认证的结果在于端口状态的改变，而不涉及通常认证技术必须考虑的 IP 地址协商和分配问题，IEEE 802.1X 是各种认证技术中极简化的实现方案。在 IEEE 802.1X 认证过程中，如果局域网接入控制设备发起的 IEEE 802.1X 认证长时间没有得到响应，则接入控制设备会以用户的 MAC 地址为认证信息，把 MAC 地址作为用户名和密码上送身份认证、授权和记账（Authentication Authorization and Accounting，AAA）协议服务器进行认证，这种特殊的 IEEE 802.1X 认证方式也称为 MAC 旁路认证。

（2）MAC 地址认证

MAC 地址认证是一种基于端口和 MAC 地址对用户的网络访问权限进行控制的认证方式，它不需要用户安装任何客户端软件，用户名和密码都是用户设备的 MAC 地址。网络准入设备在首次检测到用户的 MAC 地址以后，即启动对该用户的认证。

（3）Guest VLAN

在 IEEE 802.1X 认证、MAC 地址认证中，可配置 Guest VLAN，当终端不响应认证请求或用户认证失败时，用户可受限接入。属于该 Guest VLAN 中的用户访问该 Guest VLAN 中的资源时，不需要进行认证，但访问外部的资源时仍需要进行认证。Guest VLAN 满足了允许未认证用户访问某些资源的需求。

（4）Web 认证

Web 认证也称 Portal 认证，其基本原理如下：用户首次打开浏览器后，访问任何网址都被强制重定向到 Web 服务器的认证页面，只有在认证通过后，用户才能访问网络资源。未认证用户只能访问特定的站点服务器。Web 认证通过使用户在 Web 页面中输入用户名和密码，使用 Portal 协议完成认证过程。

【技能实训】

实训 7-1　配置基本 ACL

【实训描述】

小白在使用网络时，在设备上发现有一些来自不明主机的流量，小白希望通过在路由器上部署基本 ACL，拒绝来自不明主机的网络流量，对于网络中其他主机的流量则正常放行，即禁止特定黑名单中的用户访问网络，从而实现限制网络流量的效果。

【实训准备】

1. 计算机启用虚拟化技术。
2. 下载并安装 eNSP。

【实训拓扑】

本实训的拓扑如图 7-16 所示，假定图中的 Host2 是一台来历不明的非法主机。本实训通过在路由器 R1 上配置基本 ACL，过滤来自 Host2 的流量，来自网络中其他主机的流量则正常放行。

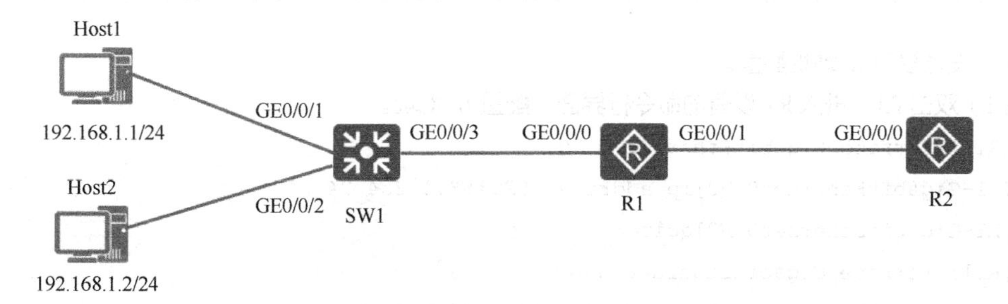

图 7-16　基本 ACL 拓扑

【实训步骤】

1. 在 eNSP 上按图 7-16 所示搭建实训拓扑。

（1）双击打开 eNSP 软件，选择“新建拓扑”选项。

（2）选择“路由器”选项，选择 AR 系列路由器，如“AR2220”，将其拖曳至操作区，重复操作，增加两台路由器。

（3）选择“交换机”选项，再选择交换机，如“S5700”，将其拖曳至操作区。

（4）选择“终端”选项，再选择“PC”选项，将其拖曳至操作区。

（5）选择“设备连线”选项，选择“Copper”选项，连接设备，完成拓扑搭建，如图7-17所示。

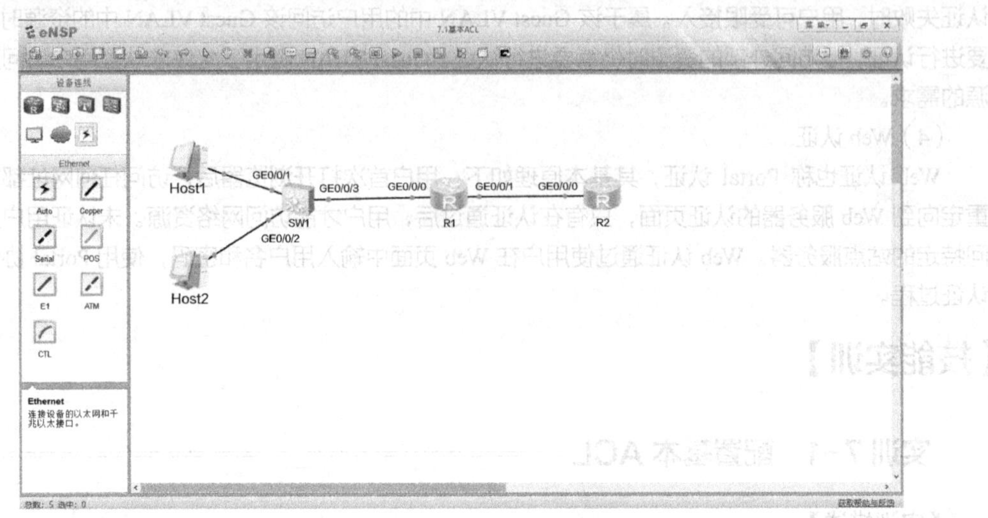

图7-17　完成基本ACL拓扑搭建

（6）分别选择设备，单击鼠标右键，选择“启动”选项启动设备。

2. 配置PC的IP地址，将Host1的IP地址设置为192.168.1.1/24，将Host2的IP地址设置为192.168.1.2/24，将网关都设置为192.168.1.254。

3. 配置设备名称。

```
<Huawei>System-view
[Huawei]Sysname R1
[R1]
<Huawei>System-view
[Huawei]Sysname R2
[R2]
```

4. 设备接口IP地址配置。

（1）双击R1，进入R1设备的命令行界面，配置IP地址。

```
[R1]interface GigabitEthernet 0/0/0
[R1-GigabitEthernet0/0/0]ip address 192.168.1.254 24
[R1-GigabitEthernet0/0/0]quit
[R1]interface GigabitEthernet 0/0/1
[R1-GigabitEthernet0/0/1]ip address 10.1.12.1 24
[R1-GigabitEthernet0/0/1]quit
```

（2）双击R2，进入R2设备的命令行界面，配置IP地址。

```
[R2]interface GigabitEthernet 0/0/0
[R2-GigabitEthernet0/0/0]ip address 10.1.12.2 24
[R2-GigabitEthernet0/0/0]quit
```

5. 配置 R2 到 192.168.1.0/24 网段的静态路由。

```
[R2]ip route-static 192.168.1.0 24 10.1.12.1
```

6. 在 R1 上配置基本 ACL，禁止 192.168.1.2 访问 R2。

```
[R1]acl 2000
[R1-acl-basic-2000]rule deny source 192.168.1.2 0.0.0.0
[R1-acl-basic-2000]rule permit source any
[R1-acl-basic-2000]quit
```

7. 在 R1 的 GE0/0/0 接口上配置流量过滤并调用 ACL。

```
[R1]interface GigabitEthernet 0/0/0
[R1-GigabitEthernet0/0/0]traffic-filter inbound acl 2000
```

也可以在 R1 的 GE0/0/1 接口上配置流量过滤并调用 ACL。

```
[R1]interface GigabitEthernet 0/0/1
[R1-GigabitEthernet0/0/0]traffic-filter outbound acl 2000
```

8. 在 Host1 和 Host2 上分别测试到 R2 的连通性。

（1）Host1 ping R2 设备，此时应该能正常连通。

（2）Host2 ping R2 设备，此时报文应该被拒绝，连通失败。

【实训实施记录】

1. 进行连通性测试，并按表 7-3 所示进行记录。

表 7-3　连通性测试记录

主机名称	测试到 R2 路由器的连通性	是否成功
Host1	ping 10.1.12.2	
Host2	ping 10.1.12.2	

2. 在 R1 上执行【display acl 2000】命令，查看 ACL 匹配报文情况。

3. 假设 Host2 上配置了 Loopback0，其 IP 地址为 2.2.2.2/32。

（1）此时 Host1 和 Host2 能 ping 通 2.2.2.2 吗?

（2）如果不能，请分析原因并完成配置，使得 Host1 能够 ping 通 R2 的 Loopback0，而 Host2 不能 ping 通 R2 的 Loopback0。

实训 7-2　部署防火墙安全区域及安全策略

【实训描述】

小白在公司部署防火墙前，准备先在 eNSP 上完成防火墙基本配置实训，包括划分安全区域、配置基于 IP 地址和端口的安全策略，允许内网主机访问防火墙和外网，拒绝特定 IP 地址的主机访问防火墙及外网等。

【实训准备】

1. 计算机启用虚拟化技术。

2. 下载并安装 eNSP。

【实训拓扑】

防火墙基本配置实训拓扑如图 7-18 所示，图中各接口及 PC 的 IP 地址规划如表 7-4 所示。

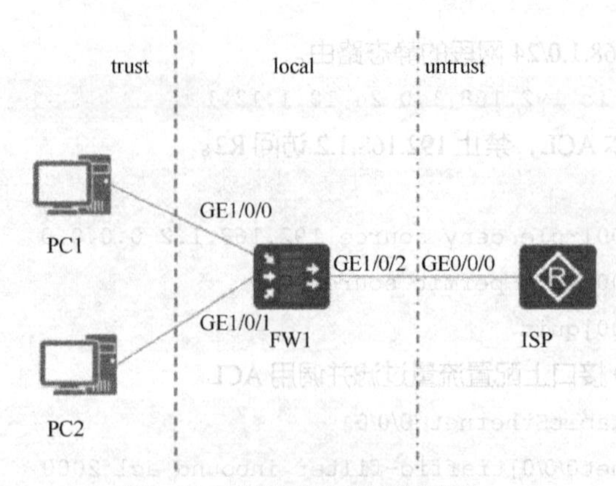

图 7-18　防火墙基本配置实训拓扑

表 7-4　各接口及 PC 的 IP 地址规划

设备	接口	IP 地址/网络掩码
FW1	GE1/0/0	192.168.1.1/24
	GE1/0/1	192.168.2.1/24
	GE1/0/2	12.0.0.1/24
ISP	GE0/0/0	12.0.0.2/24
PC1		192.168.1.22/24
PC2		192.168.2.22/24

【实训步骤】

1. 按图 7-18 所示的拓扑在 eNSP 上完成拓扑搭建。

（1）增加一台防火墙，型号为“USG6000V”。

（2）增加一台路由器，型号为“AR2220”。

（3）增加两台 PC。

（4）选择双绞线进行线缆连接，启动设备后完成网络拓扑搭建，如图 7-19 所示。

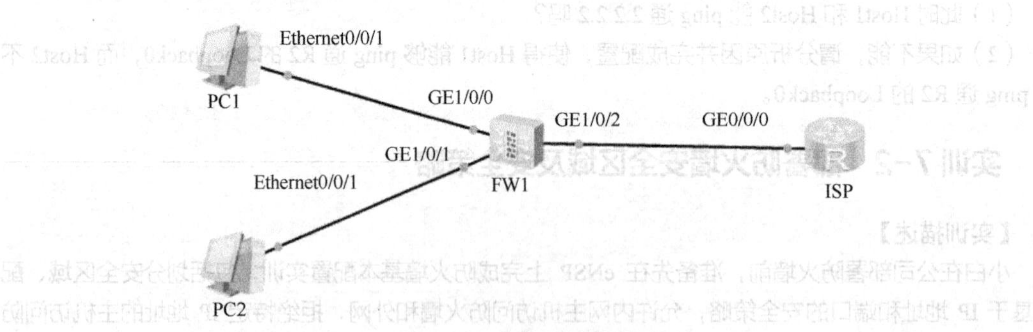

图 7-19　完成网络拓扑搭建

2. 配置设备名称。

（1）配置防火墙设备名称。

```
<USG6000V1>system-view
Enter system view, return user view with Ctrl+Z.
[USG6000V1]sysname FW1
[FW1]
```

（2）配置路由器设备名称。

```
<Huawei>system-view
Enter system view, return user view with Ctrl+Z.
[Huawei]sysname ISP
[ISP]
```

3. 按要求完成 IP 地址配置。

（1）配置防火墙接口 IP 地址。

```
[FW1]interface GigabitEthernet 1/0/0
[FW1-GigabitEthernet1/0/0]ip address 192.168.1.1 24
[FW1]interface GigabitEthernet 1/0/1
[FW1-GigabitEthernet1/0/1]ip address 192.168.2.1 24
[FW1]interface GigabitEthernet 1/0/2
[FW1-GigabitEthernet1/0/2]ip address 12.0.1.1 24
```

（2）配置路由器接口 IP 地址。

```
[ISP]interface GigabitEthernet 0/0/0
[ISP-GigabitEthernet0/0/0]ip address 12.0.1.2 24
```

（3）PC1 和 PC2 的 IP 地址配置分别如图 7-20 和图 7-21 所示。

图 7-20　PC1 的 IP 地址配置

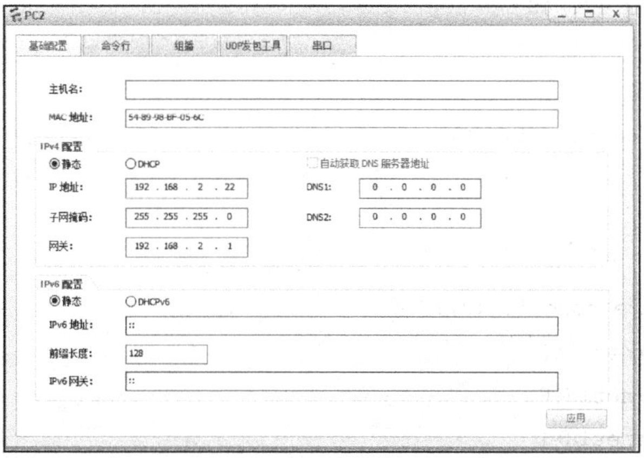

图 7-21　PC2 的 IP 地址配置

4. 在防火墙上划分安全区域。

```
[FW1]firewall zone trust
[FW1-zone-trust]add interface  GigabitEthernet 1/0/0
[FW1-zone-trust]add interface  GigabitEthernet 1/0/1
[FW1]firewall zone untrust
[FW1-zone-untrust]add interface  GigabitEthernet 1/0/2
```

5. 在路由器上配置回程路由指向防火墙。

```
[ISP]ip route-static 0.0.0.0 0.0.0.0 12.0.0.1
```

6. 在防火墙上配置安全策略。

（1）配置安全策略，拒绝主机 192.168.2.22 访问防火墙及内网。

```
[FW1]security-policy
[FW1-policy-security] rule name trust-deny
[FW1-policy-security-rule-trust-deny] source-zone trust
[FW1-policy-security-rule-trust-deny] destination-zone local
[FW1-policy-security-rule-trust-deny] destination-zone untrust
[FW1-policy-security-rule-trust-deny] source-address 192.168.2.22 mask 
255.255.255.255
[FW1-policy-security-rule-trust-deny] action deny
```

（2）配置安全策略，放行内网其他主机访问防火墙及外网。

```
[FW1]security-policy
[FW1-policy-security] rule name trust-permit
[FW1-policy-security-rule-ping-test] source-zone trust
[FW1-policy-security-rule-ping-test]destination-zone untrust
[FW1-policy-security-rule-ping-test]destination-zone local
[FW1-policy-security-rule-ping-test]service icmp
[FW1-policy-security-rule-ping-test]action  permit
```

7. 结果验证。

（1）在防火墙上执行【display zone】命令，查看区域划分情况。

```
[FW1]display  zone
2021-10-14 06:53:43.640
local
 priority is 100
 interface of the zone is (0):
#
trust
 priority is 85
 interface of the zone is (3):
    GigabitEthernet0/0/0
    GigabitEthernet1/0/0
    GigabitEthernet1/0/1
#
```

```
untrust
 priority is 5
 interface of the zone is (1):
    GigabitEthernet1/0/2
#
dmz
 priority is 50
 interface of the zone is (0):
```

（2）内网主机访问防火墙。

① 内网主机 192.168.2.22 访问防火墙（192.168.2.1）及外网（12.0.0.2）。

```
PC>ping 192.168.2.1

Ping 192.168.2.1: 32 data bytes, Press Ctrl_C to break
Request timeout!
Request timeout!
Request timeout!
Request timeout!
Request timeout!

--- 192.168.2.1 ping statistics ---
  5 packet(s) transmitted
  0 packet(s) received
  100.00% packet loss

PC>ping 12.0.0.2

Ping 12.0.0.2: 32 data bytes, Press Ctrl_C to break
Request timeout!
Request timeout!
Request timeout!
Request timeout!
Request timeout!

--- 12.0.0.2 ping statistics ---
  5 packet(s) transmitted
  0 packet(s) received
  100.00% packet loss
```

② 内网其他主机访问防火墙（192.168.2.1）及外网（12.0.0.2）。

```
PC>ipconfig

Link local IPv6 address...........: fe80::5689:98ff:fece:3808
```

```
IPv6 address......................: :: / 128
IPv6 gateway......................: ::
IPv4 address......................: 192.168.1.22
Subnet mask.......................: 255.255.255.0
Gateway...........................: 192.168.1.1
Physical address..................: 54-89-98-CE-38-08
DNS server........................:

PC>ping 192.168.2.1

Ping 192.168.2.1: 32 data bytes, Press Ctrl_C to break
From 192.168.2.1: bytes=32 seq=1 ttl=255 time=16 ms
From 192.168.2.1: bytes=32 seq=2 ttl=255 time<1 ms
From 192.168.2.1: bytes=32 seq=3 ttl=255 time<1 ms
From 192.168.2.1: bytes=32 seq=4 ttl=255 time=15 ms
From 192.168.2.1: bytes=32 seq=5 ttl=255 time<1 ms

--- 192.168.2.1 ping statistics ---
  5 packet(s) transmitted
  5 packet(s) received
  0.00% packet loss
  round-trip min/avg/max = 0/6/16 ms

PC>ping 12.0.0.2

Ping 12.0.0.2: 32 data bytes, Press Ctrl_C to break
From 12.0.0.2: bytes=32 seq=1 ttl=254 time=16 ms
From 12.0.0.2: bytes=32 seq=2 ttl=254 time=15 ms
From 12.0.0.2: bytes=32 seq=3 ttl=254 time=16 ms
From 12.0.0.2: bytes=32 seq=4 ttl=254 time=16 ms
From 12.0.0.2: bytes=32 seq=5 ttl=254 time=15 ms

--- 12.0.0.2 ping statistics ---
  5 packet(s) transmitted
  5 packet(s) received
  0.00% packet loss
  round-trip min/avg/max = 15/15/16 ms
  5 packet(s) transmitted
  0 packet(s) received
  100.00% packet loss
```

（3）在防火墙上执行【display security-policy rule all】命令，查看安全策略配置及匹配情况。

```
[FW1-policy-security]display security-policy rule all
2021-10-14 06:51:09.650
Total:3
RULE ID  RULE NAME                       STATE     ACTION     HITS
-------------------------------------------------------------------------------
1        trust-deny                      enable    deny       17
2        trust-permit                    enable    permit     37
0        default                         enable    deny       5
```

【实训实施记录】

1. 进行连通性测试，并按表 7-5 所示进行记录。

表 7-5　连通性测试记录

内网主机	访问防火墙的结果（通或者不通）	访问外网路由器 ISP 的结果（通或者不通）
PC1		
PC2		

2. 在 R1 上执行【display security-policy rule all】命令。
3. 查看安全策略配置及匹配情况，截图记录。

【学思启示——我国网络安全发展状况】

2017 年，伴随《中华人民共和国网络安全法》的颁布实施，我国网络安全市场进入全面发展期，网络安全产品与服务都迎来了更好的市场环境。经过这些年的发展，我国的网络安全发展状况可概括如下。

1. 网络安全市场进入快速增长期

我国网络安全市场起步晚，产业整体规模及增长幅度有限。近年来，在国家政策法规支持下，政府部门和机构加大了在网络安全上的投入，数字经济蓬勃发展带动市场需求逐渐增加，为网络安全产业规模提升注入了新的驱动力。

2. 行业集中度低，我国厂商难以与全球巨头竞争

虽然我国网络安全产业近年来快速发展，但是产业总体规模仍然较小，在全球市场份额中占比不到 10%。在市场规模有限的情况下，我国有两千余家网络安全从业公司，产业竞争十分激烈。激烈的竞争并没有造就强大的头部企业，我国启明星辰、天融信、绿盟科技等前五名网络安全厂商的市场占有率合计为 25%左右，低于全球市场的平均值 44%，行业集中度低。

3. 网络安全投入比及服务水平有待提升

我国网络安全产业发展阶段略为滞后，在整体网络安全支出中，产品支出占比较大。2019 年数据显示，安全硬件支出在我国整体网络安全支出中占比高达 62.8%，安全软件支出占比为 16.7%，安全服务支出占比为 20.5%，软硬件产品支出占比约 80%，而全球市场安全产品支出与安全服务支出占比几乎对等。另外，我国网络安全支出虽然一直在提升，但是网络安全与信息化发展还存在一定的不平衡，网络安全投入占信息化投入的比例依然偏低，不仅低于美国，也低于世界平均水平。IDC 2017 年统计数据显示，我国安全市场占信息市场的比例为 1.87%，美国为 4.78%，全球平均占比为 3.74%。而工业和信息化部数据显示，2016～2019 年，我国信息安全收入占信息市场比例整体呈波动下降趋势，2019 年我国安全市场占信息市场的比例为 1.82%，依然低于全球平均值 3.64%。

总体来看，我国网络安全市场发展迅速，需求不断增长，应用领域不断扩大，产品结构也日益丰富。但也需认识到我国网络安全行业依然存在着很多不足，主要体现在信息安全支出占IT支出比例过低，产品结构过于偏硬件，与全球网络安全龙头企业相比，我国网络安全企业还有较大的差距。

【模块小结】

本模块介绍了网络安全概况、ACL技术、防火墙技术，以及局域网安全技术等。

本模块最后通过两个实训帮助学生进一步了解ACL技术在eNSP上的配置，让学生了解ACL配置后所实现的效果，并让学生了解防火墙安全区域的规划方法、如何进行策略的放行和拒绝，增加学生的实战知识，培养学生以现有工具认识网络安全，理解网络安全技术，以及实际动手解决问题的能力和团结协作的精神。

【练习题】

一、填空题

1. ACL是由一系列________或________语句组成的有序、规则的列表。
2. ACL由________、________、________、________和________ 5部分组成。
3. 高级ACL的编号范围是________。
4. 二层ACL的编号范围是________。

二、选择题

1. 默认情况下，防火墙有（　　）个安全区域。
   A. 1　　B. 2　　C. 3　　D. 4
2. 防火墙trust区域的优先级是（　　）。
   A. 15　　B. 20　　C. 45　　D. 85
3. 防火墙dmz区域的优先级是（　　）。
   A. 35　　B. 50　　C. 45　　D. 85
4.【多选】防火墙的作用是（　　）。
   A. 流量控制　　B. 安全防护
   C. 区分和隔离不同安全区域　　D. 路由寻址
5. 华为设备中ACL默认的匹配顺序是（　　）。
   A. 配置顺序　　B. 自动排序　　C. 精确排序　　D. 复杂度排序

模块 8 互联网服务及部署

【学习目标】

【知识目标】

- 了解互联网常见应用。
- 理解电子邮件的收发过程。
- 理解 DNS 的工作原理。
- 理解 DHCP 的工作原理。
- 理解 FTP、TFTP 的工作原理。

【技能目标】

- 能够完成 DHCP 服务器的配置。
- 能够完成 Telnet 登录环境的配置。
- 能够使用 IIS 部署 FTP 服务器。

【素质目标】

- 掌握实际动手解决问题的能力。
- 在实训中理解团结协作的精神。
- 培养爱国主义精神和工匠精神。

【情景引入】

将自己搭建的网络接入互联网之后，小白开始思考更多关于互联网的服务与应用，譬如网站浏览、域名解析、邮件收发、文件传输等，这些服务是如何实现的呢？小白还想在自己的网络中搭建 FTP 服务器、DHCP 服务器等，又该怎么部署呢？

【相关知识】

8.1 互联网应用概述

V8-1 互联网应用概述

互联网又称国际网络，指的是全球的网络所连接而成的庞大网络，这些网络以一组通用的协议相连，形成逻辑上的单一巨大国际网络。

我国互联网发展起步于 20 世纪 80 年代后期，发展历程大致可分为 4 个阶段：初期探索阶段、基础网络建设阶段、内容活跃网络普及阶段和当今的网络繁荣阶段。随着互联网的普及和技术的进步，各种不同形式的网络应用不断涌现，互联网应用的领域不断拓宽。互联网的应用由早期的信息浏览、电子邮件发展到网络娱乐、信息获取、交流沟通、商务交易、政务服务等多元化应用。

互联网之所以发展如此迅速，其内在原因是互联网能以非常直观的方式，不受时间和空间限制地进行信息传递与交流。在众多的互联网应用与服务中，普通用户经常接触到的有 Web 服务、电子邮件服务、域名解析服务、动态 IP 地址分配服务、文件传输服务、远程登录服务等。

① Web 服务：使用超文本传送协议（HyperText Transfer Protocol，HTTP）实现。用户在访问一个万维网网站时，客户机和服务器之间通过 HTTP 交互请求和传输数据。

② 电子邮件服务：使用简单邮件传送协议/邮局协议第 3 版（Simple Mail Transfer Protocol/Post Office Protocol version3，SMTP/POPv3）实现。发送电子邮件时使用 SMTP，接收电子邮件时使用 POPv3。

③ 域名解析服务：使用域名服务（Domain Name Service，DNS）实现。用户使用域名访问互联网时，DNS 负责对域名进行解析，得到该域名对应主机的 IP 地址。

④ 动态 IP 地址分配服务：使用 DHCP 实现。DHCP 的主要作用是集中管理网络中的 IP 地址，使网络中的主机可以通过动态的方式获得 IP 地址、网关、DNS 等配置信息。

⑤ 文件传输服务：使用文件传送协议/简易文件传送协议（File Transfer Protocol/Trivial File Transfer Protocol，FTP/TFTP）实现，用于在两台计算机之间传递文件。

⑥ 远程登录服务：使用远程登录（Telnet）协议实现，用于为网络中的其他计算机提供远程登录功能。

8.2 Web 服务

万维网是一个全球连接的、分布的、动态的、多平台的交互式图形平台，是一个综合了信息发布技术和超文本技术的信息系统。万维网为用户提供了一个基于浏览器/服务器模型和多媒体技术的图形化信息查询界面。

在万维网的工作过程中，用户使用本地计算机的浏览器，通过互联网访问分布在世界各地的网页服务器，进而从服务器获得文本、图片、视频、音频等各种各样的服务资源。

V8-2 Web 服务

网页服务器上的页面一般采用超文本标记语言（HyperText Markup Language，HTML）编写。用户计算机和网页服务器之间通过 HTTP 交互信息，交互完成后，本地网页浏览器对页面进行编译，并将页面内容在本地网页浏览器中显示出来。

8.2.1 Web 服务的基本概念

1. 超文本与超媒体

超文本（Hypertext）和超媒体（Hypermedia）是万维网信息的组织形式，也是万维网的关键技术。

超文本是一种文本，它和传统文本是类似的，它们之间的主要差别如下：传统文本是以线性方式组织的，而超文本是以非线性方式组织的。这里的“非线性”是指文本中的一些相关内容通过链接组织在一起，用户可以很方便地浏览这些相关内容，这种文本的组织方式与人们的思维方式和工作方式比较接近。

超媒体与超文本之间的不同之处如下：超文本主要以文本的形式表示信息，建立的是文句之间的链接关系；超媒体除了使用文本外，还使用图形、图像、声音、动画或影视片段等多种媒体来表示信息，建立的是文本、图形、图像、声音、动画和影视片段等媒体之间的链接关系。

HTML 描述了超文本或超媒体内部各种信息内容的链接关系，用以搭建网页的基本框架，HTML 搭建的网页称为静态页面，而动态页面的搭建需要使用一些脚本编译语言实现，如 PHP、ASP、JSP 等。

万维网系统采用客户端/服务器的架构，将编写好的网页页面存储在 Web 服务器上。用户需要访问网页页面时，先通过客户端向服务器发出请求，服务器收到请求后根据请求内容将相应的页面发送给客户端。客户端的浏览器在接收到页面后对其进行编译解释，最终将图、文、声并茂的页面呈现给用户。页面中还包含其他页面的链接，用户可通过这些链接快捷地访问感兴趣的页面。

2. URL

用户在访问众多的互联网资源时，通常使用统一资源定位符（Uniform Resource Locator，URL）。标准的 URL 由 3 部分组成：服务器类型、主机完整域名和路径，以及文件名。通过使用 URL，用户可以指定访问什么服务器，哪台服务器，甚至服务器中的哪个文件。

8.2.2 HTTP/HTTPS

HTTP 是一种互联网上应用非常为广泛的网络协议。设计 HTTP 最初的目的是提供一种发布和接收 HTML 页面的方法，它可以使浏览器更加高效。HTTP 的工作过程包括以下两部分。

① 客户端的浏览器首先要通过网络与服务器建立连接，该连接是通过 TCP 来完成的，一般 TCP 连接的端口号是 80。建立连接后，客户端发送一个请求给服务器，请求的格式如下：URL、协议版本号，后边是多用途互联网邮件扩展（Multipurpose Internet Mail Extensions，MIME）信息，包括请求修饰符、客户机信息和许可内容。

② 服务器接收到请求后，给予相应的响应信息，其格式为一个状态行，包括信息的协议版本号、一个成功或错误的代码，后边是 MIME 信息，包括服务器信息、实体信息和可能的内容。

HTTP 是以明文方式发送信息的，如果攻击者截取了 Web 浏览器和服务器之间的传输报文，则可以直接获得其中的信息。鉴于 HTTP 在安全方面的风险，以安全为目标的 HTTPS 就应运而生了，HTTPS 在 HTTP 的基础上通过传输加密和身份认证保证了传输过程的安全性。HTTPS 在 HTTP 的基础上加入了安全套接字层（Secure Socket Layer，SSL）对内容进行加密。HTTPS 存在不同于 HTTP 的默认端口（默认端口号为 443）及一个加密/身份验证层（在 HTTP 与 TCP 之间）。HTTPS 提供了身份验证与加密通信方法，它被广泛用于万维网上安全、敏感的通信，如交易支付等。

HTTPS 在安全设计上注重以下 3 点。

① 数据保密性：保证数据内容在传输的过程中不会被第三方查看。就像快递员传递包裹一样，对内容进行了封装，别人无法获知其中装了什么。

② 数据完整性：及时发现通信数据有无被第三方篡改过。就像快递寄送包裹时，快递点虽然无法获知包裹内容，但有可能会丢失部分包裹，从而造成包裹不完整。

③ 身份校验安全性：保证数据到达用户期望的目的地。就像快递寄送包裹时，虽然是一个封装好的未丢失的包裹，但必须确保这个包裹不会送错地方，身份校验能够确保数据送达目的地。

与 HTTP 相比，HTTPS 有以下 3 个优点。

① 使用 HTTPS 可认证用户和服务器，确保数据发送到正确的客户端和服务器。

② HTTPS 是由 SSL 和 HTTP 构建的可进行加密传输、身份认证的网络协议，要比 HTTP 安全，可防止数据在传输过程中被窃取、篡改，确保数据的完整性。

③ HTTPS 是现行架构下极安全的解决方案，虽然不是绝对安全的，但它大幅增加了中间人攻击的成本。

当然，在提高了安全性的同时，HTTPS也有一些缺点。在相同的网络环境下，HTTPS会使页面的加载时间延长近50%，增加了10%～20%的功耗。HTTPS还会影响缓存，增加了数据开销和功耗。此外，部署HTTPS后，因为HTTPS的工作要增加额外的计算资源消耗，例如，SSL协议加密算法和SSL交互次数将占用一定的计算资源和服务器成本。在大规模用户访问应用的场景下，服务器需要频繁地进行加密和解密操作，几乎每一字节都需要进行加密和解密，增加了服务器成本。

8.3 电子邮件服务

电子邮件（Electronic Mail，E-mail）是一种利用电子手段提供信息交换的通信方式，是互联网中应用非常广泛的服务。通过电子邮件，用户可以用非常低廉的价格以非常快速的方式，与世界上其他的一个或者多个网络用户联系。电子邮件可支持各种格式的文件，包括文字、图像、声音等。

V8-3　电子邮件服务

电子邮件地址的格式是“user@server.com”，由3部分组成。第一部分“user”代表用户的邮箱账号，对于同一个邮件服务器来说，这个账号必须是唯一的；第二部分“@”是分隔符；第三部分“server.com”是用户邮箱的邮件服务器的域名，用于标识用户邮箱所在的位置。

电子邮件的工作过程是基于客户端/服务器模式的。用户在电子邮件客户端上进行创建、编辑等工作，并将编辑好的电子邮件通过SMTP向本方邮件服务器发送。本方邮件服务器识别接收方的地址，并通过SMTP将邮件向接收方邮件服务器发送。接收方通过电子邮件客户端连接到邮件服务器后，使用POPv3或因特网消息访问协议（Internet Message Access Protocol，IMAP）将此邮件下载到本地，或者在线查看、编辑等。

1. SMTP

SMTP是一种用于在邮件服务器之间交换邮件的协议。SMTP是基于TCP连接的，端口号是25。

在电子邮件的发送过程中，用户在电子邮件客户端上通过SMTP将邮件传送到本地邮件服务器。如果发送方与接收方使用同一个邮件服务器，则邮件直接转到接收方的电子邮箱；如果发送方与接收方使用的邮件服务器不同，则由发送方的邮件服务器通过SMTP向接收方的邮件服务器进行电子邮件的中转。

2. POPv3

电子邮件是存储在网络中的邮件服务器上的。在早期，用户只能远程连接到邮件服务器进行邮件的在线查看和编辑，网络连接费用高且不方便。

POPv3即邮局协议（Post Office Protocol，POP）的第3个版本。通过POPv3，用户能够从本地主机连接到邮件服务器，通过命令将邮件从邮件服务器的邮箱中下载到本地主机进行查看和编辑。另外，用户可以通过POPv3将保存在邮件服务器中的邮件删除，以释放邮件服务器所在主机的存储空间。POPv3是基于TCP连接的，端口号是110。

8.4 域名解析服务

在TCP/IP网络中，IP地址是网络节点的标识。但是，IP地址是点分十进制数，比较难记忆，现实的网络访问中通常使用域名来标记某个网络节点，如何实现域名与IP地址之间的转换成为一个新的问题。DNS就是一种利用TCP/IP应用程序的分布式数据库，能够提供域名与IP地址之间的相互转换的功能。

V8-4　域名解析服务

8.4.1 DNS 简介

在 TCP/IP 网络发展初期，人们直接使用 IP 地址来访问网络上的资源。随着网络规模的扩大和网络中所提供服务的增加，人们需要记住的 IP 地址越来越多。但使用点分十进制数表示的 IP 地址是难以记忆的。所以需要一种能够把 IP 地址与便于记忆的名称关联起来的方法，人们只要记住这些名称，就可以访问网络资源。

在互联网发展初期，网络中仅有几百台主机，那时的计算机使用一个名称为 Hosts 的文件来实现主机名与 IP 地址之间的映射。Hosts 文件包括主机名和 IP 地址的对应信息。当一台主机需要通过主机名访问网络上的另外一台主机时，它就会查看本地的 Hosts 文件，从文件中找到对应的 IP 地址，然后进行报文发送。如果在 Hosts 文件中没有关于要访问主机的主机名的相关信息，则主机访问将失败。

Hosts 文件是主机的本地文件，它的优点是查找响应速度快。它主要存储了一些本地网络上的主机名与 IP 地址的对应信息。这样，主机在以主机名访问本地网络主机时，通过本地 Hosts 文件可以迅速获得相应的 IP 地址。

每台主机的 Hosts 文件都需要手动单独更新，且几乎没有自动配置。随着互联网规模的快速扩大，维护包含一个大量映射条目的文件的难度越来越大，而且经常在每台主机间进行同步更新几乎是一个不可能完成的任务。

为了解决 Hosts 文件维护困难的问题，20 世纪 80 年代，IETF 发布了 DNS。

DNS 主要解决了互联网上主机名与 IP 地址之间的相互转换的问题，为用户实现多种网络资源的访问提供了必要条件。

DNS 基于 UDP，默认使用的端口号为 53，其架构采用客户端/服务器模式。通常由客户端提出域名查询请求，服务器负责响应请求。DNS 客户端通过查询 DNS 服务器获得所需访问主机的 IP 地址信息，进而完成后续的 TCP/IP 通信过程。

DNS 是一个具有树状层次结构的联机分布式数据库系统。1983 年，互联网开始使用层次结构的命名树作为主机的名称，树状层次结构的主机名在管理、维护、扩展等方面具有更大的优势。DNS 也采用树状层次结构与之对应。

从理论上讲，DNS 可以采用集中式设计，整个互联网只使用一台 DNS 服务器，这台 DNS 服务器包含互联网所有主机名与 IP 地址的映射关系。客户端简单地把所有咨询信息发送给这台唯一的 DNS 服务器，该 DNS 服务器则把相应消息返回给查询的主机，尽管这种设计在理论上很简单，但是面对互联网上大量的且数量仍然在不断增长的主机，这种设计并不可取。因此，互联网的 DNS 被设计为一个联机分布式数据库系统，主机名到 IP 地址的解析任务可以由若干台域名服务器共同完成。大部分的主机名解析任务可以在本地的域名服务器上完成，效率很高。由于 DNS 使用分布式技术，即使单台服务器出现故障，也不会导致整个系统失效，消除了单点故障。

8.4.2 DNS 域名结构

DNS 域名结构如图 8-1 所示，其本质是互联网中管理范围的划分，最大的域是根域，向下可以划分为顶级域、二级域、三级域、四级域等。其对应的域名分别是根域名、顶级域名、二级域名、三级域名、四级域名等。不同等级的域名之间使用点号分割，级别最低的域名写在最左边，而级别最高的域名则写在最右边。例如，在域名 www.abc.com 中，com 为顶级域名，abc 为二级域名，而 www 则表示二级域名中的主机。

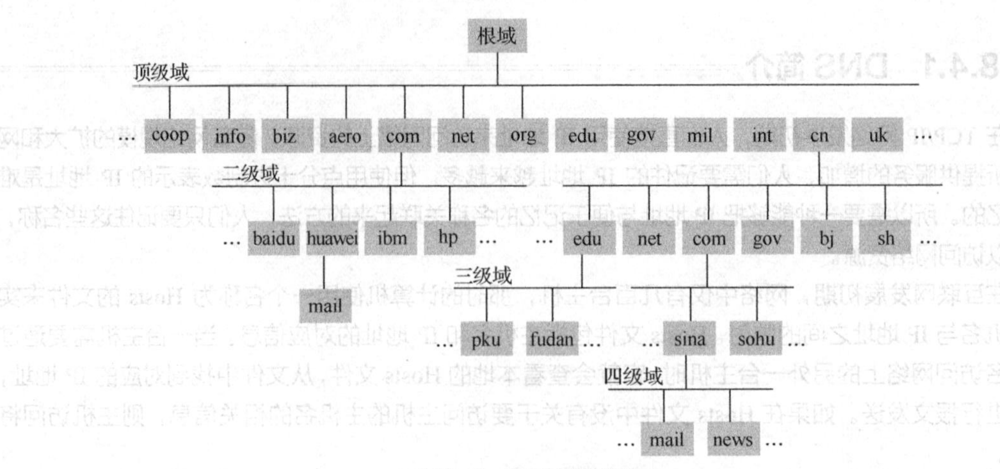

图 8-1 DNS 域名结构

每一级域名都由英文字母和数字组成，域名不区分字母大小写，但是长度不能超过 63 字节，一个完整的域名不能超过 255 字节。根域名用“.”（点）表示。如果一个域名以点结尾，则称为全限定域名（Fully Qualified Domain Name，FQDN）。接入互联网的主机、服务器或其他网络设备都可以拥有一个唯一的 FQDN。

8.4.3 DNS 域名解析过程

DNS 域名解析的查询流程如图 8-2 所示。现在假定客户端指定 DNS 是深圳电信域名服务器，那么该客户端查询域名 www.sina.com.cn 的解析过程如下。

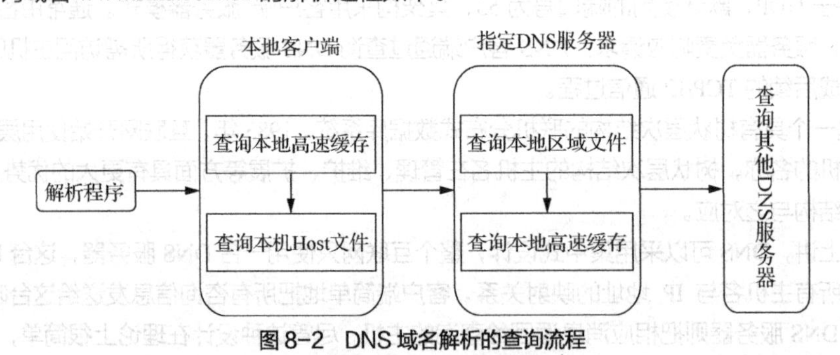

图 8-2 DNS 域名解析的查询流程

（1）客户端先查询本地高速缓存，如果有记录，则直接完成解析，否则进入步骤（2）。

（2）客户端查询本机 Host 文件，如果 Host 文件中有记录，则完成解析，否则将解析请求发送给指定的深圳电信域名服务器。

（3）深圳电信域名服务器查询本地区域文件，如果有记录，则完成解析，否则进行下一步查询。

（4）深圳电信域名服务器查询本地高速缓存，如果有记录，则完成解析，否则进行下一步查询。

（5）深圳电信域名服务器查询其他 DNS 服务器。

① 深圳电信域名服务器将解析请求发送给根域名服务器。根域名服务器查询其本地数据库，发现没有该主机记录，但是根域名服务器知道能够解析该域名的 cn 域名服务器的地址，于是将 cn 域名服务器的地址返回给深圳电信域名服务器。

② 深圳电信域名服务器向 cn 域名服务器查询 www.sina.com.cn 主机的 IP 地址。cn 域名服务器查询其数据库，发现没有该主机记录，但是 cn 域名服务器知道能够解析该域名的 com.cn 域名服务器的

地址，于是将 com.cn 的域名服务器的地址返回给深圳电信域名服务器。

③ 深圳电信域名服务器向 com.cn 域名服务器查询 www.sina.com.cn 主机的 IP 地址。com.cn 域名服务器查询其数据库，发现没有该主机记录，但是 com.cn 域名服务器知道能够解析该域名的 sina.com.cn 域名服务器的 IP 地址，于是将 sina.com.cn 域名服务器的 IP 地址返回给深圳电信域名服务器。

④ 深圳电信域名服务器向 sina.com.cn 域名服务器查询 www.sina.com.cn 主机的 IP 地址。sina.com.cn 域名服务器查询其数据库，发现有该主机记录，于是给深圳电信域名服务器返回 www.sina.com.cn 所对应的 IP 地址。

（6）深圳电信域名服务器将 www.sina.com.cn 的 IP 地址返回给客户端。至此，整个解析过程完成。

8.5 动态 IP 地址分配服务

随着网络规模的扩大和网络复杂度的提高，计算机的数量经常超过可供分配的 IP 地址的数量，同时随着便携终端及无线网络的广泛应用，计算机的位置经常变化，相应的 IP 地址必须经常更新，从而导致网络配置越来越复杂。DHCP 就是为满足这些需求而发展起来的。

V8-5 动态 IP 地址分配服务

8.5.1 DHCP 简介

DHCP 是从引导协议（Boot Strap Protocol，BOOTP）发展起来的。在计算机网络发展初期，由于硬盘昂贵，无盘工作站被大量应用。这些没有硬盘的主机通过 BOOTROM 启动并初始化系统，再通过 BOOTP 由服务器为这些主机设定 TCP/IP 环境，从而使主机能够连接到网络并工作。不过，在早期的 BOOTP 中，设定 BOOTP 服务器前必须先获得客户端的硬件地址，而且硬件地址与 IP 地址是静态绑定的，即使无盘工作站并没有连接到网络上，IP 地址也不能够被其他主机使用。因为具有以上缺陷，BOOTP 逐渐被 DHCP 所取代。

与 BOOTP 相比，DHCP 采用了客户端/服务器模式，由客户端向服务器提出配置（包括分配的 IP 地址、子网掩码、默认网关等参数）申请，服务器根据策略返回相应配置信息。BOOTP 和 DHCP 报文都采用 UDP 进行封装，并使用基本相同的报文结构。

BOOTP 运行在相对静态（每台主机都有固定的网络连接）的环境中，网络管理员为每台主机配置专门的 BOOTP 参数文件，该文件会在相当长的时间内保持不变。

DHCP 从以下两方面对 BOOTP 进行了扩展。

① DHCP 可使计算机仅用一个消息就获取它所需要的所有配置信息。

② DHCP 允许计算机快速、动态地获取 IP 地址，而不是静态地为每台主机指定地址。

8.5.2 DHCP 服务器的地址分配方式

DHCP 服务器支持 3 种类型的地址分配方式。

1. 手动分配方式

由网络管理员为少数特定 DHCP 客户端（如 DNS、WWW 服务器、打印机等）静态绑定固定的 IP 地址。通过 DHCP 服务器将绑定的固定 IP 地址分配给 DHCP 客户端，此地址永久被该客户端使用，其他主机无法使用。

2. 自动分配方式

DHCP 服务器为 DHCP 客户端动态分配租期为无限长时间的 IP 地址。只有客户端释放该地址后，该地址才能被分配给其他客户端使用。

3. 动态分配方式

DHCP 服务器为 DHCP 客户端分配具有一定有效期的 IP 地址。如果客户端没有及时续约，则到达使用期限后，此地址可能会被其他客户端使用。绝大多数客户端得到的是这种动态分配的 IP 地址。

在这 3 种方式中，只有动态分配方式可以对已经分配给主机但现在主机已经不用的 IP 地址重新加以利用。在给一台临时连入网络的主机分配地址或者在一组不需要永久的 IP 地址的主机中共享有限的 IP 地址时，动态分配方式特别有用。当一台新主机要接入一个网络时，由于网络的 IP 地址非常有限，若想将来在这台主机被淘汰时回收 IP 地址，则动态分配方式是很好的选择。

在 DHCP 环境中，DHCP 服务器为 DHCP 客户端分配 IP 地址时采用的一个基本原则就是尽可能地为客户端分配原来使用的 IP 地址。在实际使用过程中会发现，当 DHCP 客户端重新启动后，它也能够获得与原来的相同的 IP 地址。DHCP 服务器为 DHCP 客户端分配 IP 地址时采用以下顺序。

① DHCP 服务器数据库中与 DHCP 客户端的 MAC 地址静态绑定的 IP 地址。

② DHCP 客户端曾经使用过的地址。

③ 最先找到的可用 IP 地址。

如果未找到可用的 IP 地址，则依次查询超过租期、发生冲突的 IP 地址，找到则进行分配，否则报告错误。

8.5.3 DHCP 报文

DHCP 的主要报文有 8 种。其中，DHCP Discover、DHCP Offer、DHCP Request、DHCP Release 和 DHCP ACK 这 5 种报文在 DHCP 交互过程中比较常用，而 DHCP NAK、DHCP Decline 和 DHCP Inform 这 3 种报文较少使用。

下面简要介绍这 8 种报文的作用。

① DHCP Discover 报文：DHCP 客户端系统初始化完毕后第一次向 DHCP 服务器发送的请求报文，该报文通常以广播的方式发送。

② DHCP Offer 报文：DHCP 服务器对 DHCP Discover 报文的回应报文，采用广播或单播方式发送。DHCP Offer 报文中包含 DHCP 服务器要分配给 DHCP 客户端的 IP 地址、掩码、网关等网络参数。

③ DHCP Request 报文：DHCP 客户端发送给 DHCP 服务器的请求报文，根据 DHCP 客户端当前所处的不同状态采用单播或广播的方式发送。DHCP Request 报文完成的功能包括 DHCP 服务器选择及租期更新等。

④ DHCP Release 报文：当 DHCP 客户端想要释放已经获得的 IP 地址资源或取消租期时，将向 DHCP 服务器发送 DHCP Release 报文，采用单播方式发送。

⑤ DHCP ACK/NAK 报文：这两种报文都是 DHCP 服务器对所收到的 DHCP 客户端请求报文的最终的确认。当收到的请求报文中各项参数均正确时，DHCP 服务器会回应一个 DHCP ACK 报文，否则将回应一个 DHCP NAK 报文。

⑥ DHCP Decline 报文：当 DHCP 客户端收到 DHCP ACK 报文后，它将对所获得的 IP 地址进行进一步确认，通常利用免费 ARP 进行确认。如果发现该 IP 地址已经在网络上使用，那么它将通过广播方式向 DHCP 服务器发送 DHCP Decline 报文，拒绝所获得的这个 IP 地址。

⑦ DHCP Inform 报文：当 DHCP 客户端已经通过其他方式（如手动分配方式）获得可用的 IP 地址时，如果它还需要向 DHCP 服务器索要其他的配置参数，则它将向 DHCP 服务器发送 DHCP Inform 报文进行申请。如果 DHCP 服务器能够对所请求的参数进行分配，则将会通过单播方式回应 DHCP

ACK 报文，否则不进行任何操作。

8.5.4 DHCP 工作过程

1. DHCP 地址获取过程

当 DHCP 客户端接入网络后第一次进行 IP 地址申请时，DHCP 客户端和 DHCP 服务器需要进行多次报文交互，如图 8-3 所示。DHCP 地址获取过程说明如下。

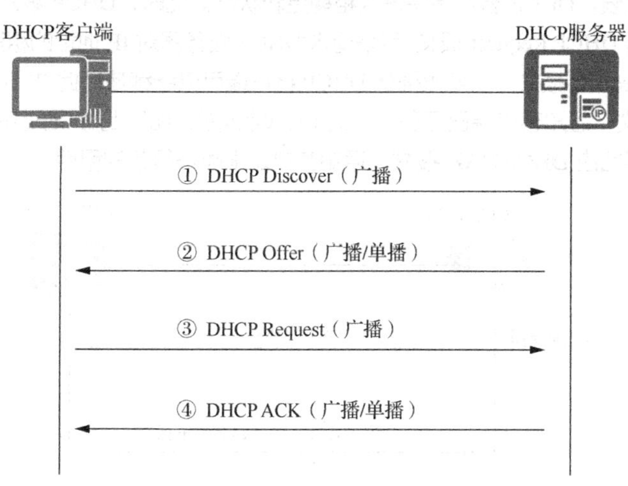

图 8-3 DHCP 地址获取过程

① DHCP 客户端在它所在的本地网络中广播一个 DHCP Discover 报文，目的是寻找能够分配 IP 地址的 DHCP 服务器。DHCP Discover 报文可以包含 IP 地址和对 IP 地址租期的建议。

② 本地网络中的所有 DHCP 服务器都将通过 DHCP Offer 报文回应 DHCP Discover 报文。DHCP Offer 报文包含可用网络地址和其他 DHCP 配置参数。DHCP 服务器分配新的网络地址时，应该先确认提供的网络地址没有被其他 DHCP 客户端使用，再使用 DHCP Offer 报文将相关配置信息发送给 DHCP 客户端。

③ DHCP 客户端收到一个或多个 DHCP 服务器发送的 DHCP Offer 报文后，将从多个 DHCP 服务器中选择一个，并广播 DHCP Request 报文来表明哪个 DHCP 服务器被选择，同时在 DHCP Request 报文中包含其他配置参数的期望值。如果 DHCP 客户端在一定时间后依然没有收到 DHCP Offer 报文，那么它会重新发送 DHCP Discover 报文。

④ DHCP 服务器收到 DHCP 客户端发送的 DHCP Request 报文后，发送 DHCP ACK 报文作出回应，其中包含 DHCP 客户端的配置参数。DHCP ACK 报文中的配置参数不能和早前相应 DHCP 客户端的 DHCP Offer 报文中的配置参数有冲突。如果因请求的地址已经被分配等情况导致被选择的 DHCP 服务器不能满足需求，则 DHCP 服务器应该回应一个 DHCP NAK 报文。

当 DHCP 客户端收到包含配置参数的 DHCP ACK 报文后，会发送免费 ARP 报文进行确认，目的地址为 DHCP 服务器指定分配的 IP 地址，如果确认此地址没有被使用，那么 DHCP 客户端会使用此地址并且完成配置。

如果 DHCP 客户端确认地址已经被分配使用，则它会发送 DHCP Decline 报文给 DHCP 服务器，并且重新开始 DHCP 地址获取。另外，如果 DHCP 客户端收到 DHCP NAK 报文，则 DHCP 客户端将重新开始 DHCP 地址获取。

2. DHCP 的租期更新和重绑定

DHCP 客户端在从 DHCP 服务器获得 IP 地址的同时，也获得了这个 IP 地址的租期。所谓租期就是 DHCP 客户端可以使用相应 IP 地址的有效期，租期到期后 DHCP 客户端必须放弃该 IP 地址的使用权并重新进行申请。为了避免出现上述情况，DHCP 客户端在租期到期之前可重新对租期进行更新，以延长该 IP 地址的使用期限。

在 DHCP 中，租期的更新同下面两个状态密切相关。

（1）租期更新状态

DHCP 的租期更新（Renewing）工作过程如图 8-4 所示。当 DHCP 客户端使用 IP 地址的时间到达有效租期的 50%的时候，DHCP 客户端将进入租期更新状态。此时，DHCP 客户端将通过单播的方式向 DHCP 服务器发送 DHCP Request 报文，用来请求 DHCP 服务器对 IP 地址的租期进行更新。当 DHCP 服务器收到 DHCP Request 报文后，如果确认 DHCP 客户端可以继续使用此 IP 地址，则 DHCP 服务器回应 DHCP ACK 报文，通知客户端已经获得新的 IP 地址租期；如果此 IP 地址不可以再分配给该客户端，则 DHCP 服务器回应 DHCP NAK 报文，通知客户端未能获得新的租期。

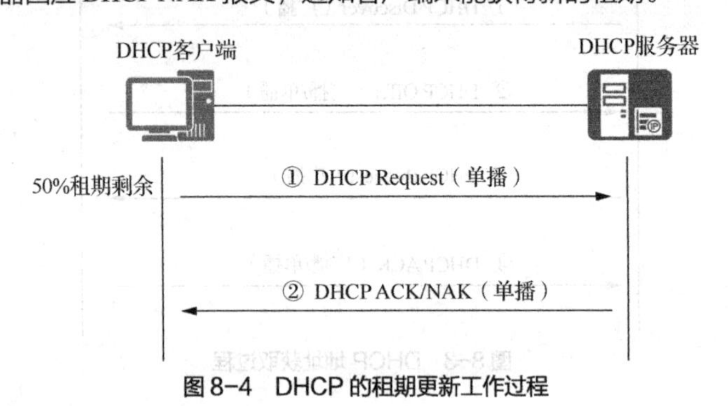

图 8-4　DHCP 的租期更新工作过程

（2）重绑定状态

DHCP 的重绑定（Rebinding）工作过程如图 8-5 所示。当 DHCP 客户端使用 IP 地址的时间到达有效租期的 87.5%的时候，DHCP 客户端将进入重绑定状态。到达这个状态的原因很有可能是 DHCP 客户端在租期更新状态时没有收到 DHCP 服务器回应的 DHCP ACK/NAK 报文导致租期更新失败。这时 DHCP 客户端将通过广播的方式向 DHCP 服务器发送 DHCP Request 报文，用来继续请求 DHCP 服务器对它的有效租期进行更新，DHCP 服务器的处理方式与租期更新状态时相同。

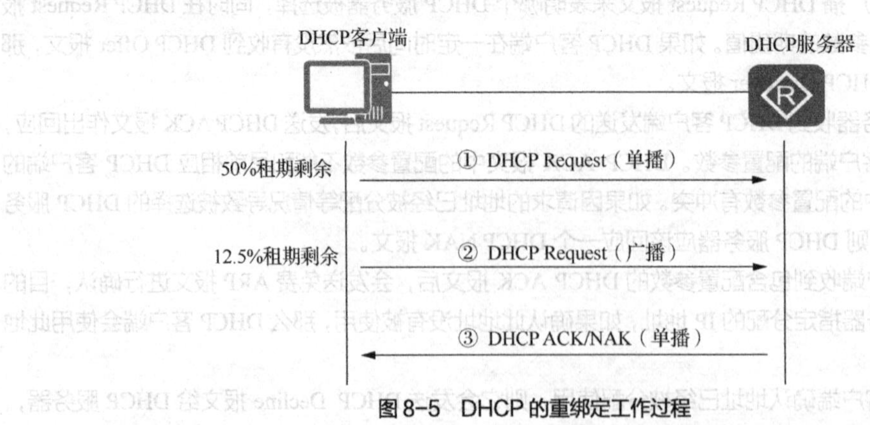

图 8-5　DHCP 的重绑定工作过程

如果 DHCP 客户端发送的 DHCP Request 报文没有被 DHCP 服务器回应，那么 DHCP 客户端将在一定时间后重新发送 DHCP Request 报文。如果一直到租期到期，DHCP 客户端仍没有收到回应报文，则 DHCP 客户端将被迫放弃所拥有的 IP 地址。

3. DHCP 的地址释放

如果 DHCP 客户端不再使用分配的 IP 地址，则它将主动向 DHCP 服务器发送 DHCP Release 报文，释放该 IP 地址，如图 8-6 所示。另外，如果 DHCP 客户端在 IP 地址租期到期前都没有收到 DHCP 服务器的响应，则 DHCP 客户端将停止使用此 IP 地址。

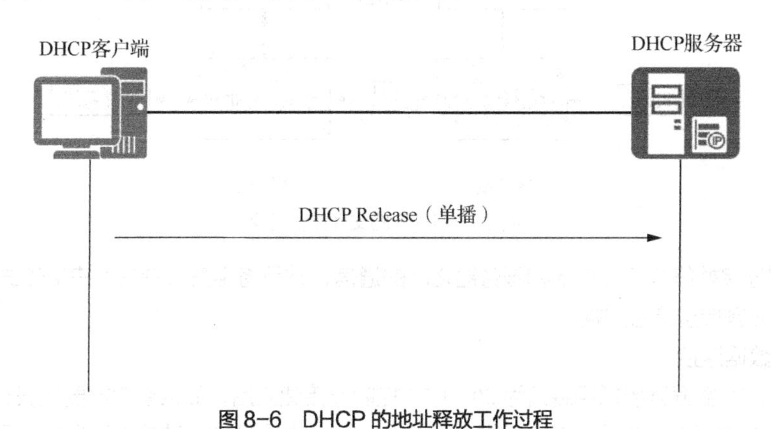

图 8-6　DHCP 的地址释放工作过程

8.6 文件传输服务

在互联网中，人们经常需要在远端主机和本地服务器之间传输文件，文件传输协议提供的服务满足了这种需求。FTP 是互联网上文件传输的标准协议，FTP 使用 TCP 作为传输协议，支持用户的登录认证及访问权限的设置。互联网上另一种常用的文件传输协议是 TFTP，TFTP 不支持用户的登录认证，也不具备复杂的命令。TFTP 使用 UDP 作为传输协议，并具有重传机制。接下来对 FTP 和 TFTP 进行介绍。

V8-6　文件传输服务

8.6.1 FTP

FTP 用于在远端服务器和本地主机之间传输文件，是 IP 网络上传输文件的通用协议。在万维网出现以前，用户使用命令行方式传输文件，FTP 是应用最广泛的协议。目前大多数用户在通常情况下选择使用 E-mail 和 Web 来传输文件，但是 FTP 仍然有着比较广泛的应用。

FTP 在 TCP/IP 协议族中属于应用层协议，其主要功能是向用户提供远端服务器和本地主机之间的文件传输，尤其在进行版本升级、日志下载、文件传输和配置保存等业务操作时，广泛地使用 FTP 功能。FTP 基于相应的文件系统实现。

除了完成文件传输基本功能外，FTP 还提供了常用的文件操作命令，供用户进行文件系统的简单管理，以及交互存取、格式规范和验证控制等超出传输功能范围的配置功能。

1. FTP 的连接

FTP 的文件传输过程如图 8-7 所示，FTP 采用两个 FTP 连接来传输文件。

（1）FTP 控制连接

FTP 控制连接以客户端/服务器模式建立。服务器以被动方式打开用于 FTP 的公共端口 21，等待客户端进行连接；客户端则以主动方式打开公共端口 21，发起连接的建立请求。

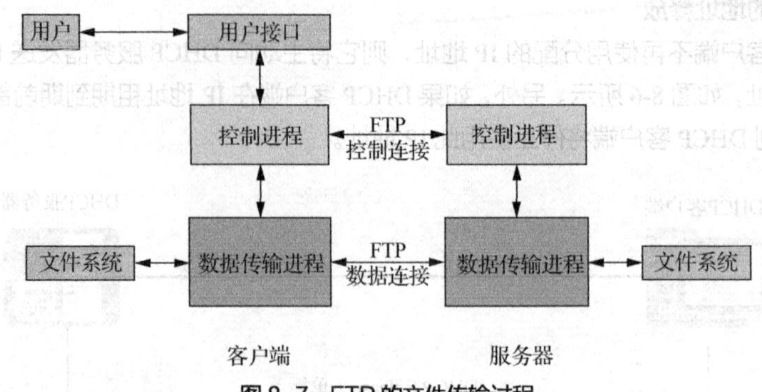

图 8-7　FTP 的文件传输过程

FTP 控制连接始终等待客户端和服务器之间的通信，并且将相关命令从客户端传送给服务器，同时将服务器的应答传送给客户端。

（2）FTP 数据连接

服务器的 FTP 数据连接常用端口为 20。FTP 控制连接建立后，如果客户端要从服务器下载文件，则服务器执行主动打开 FTP 数据连接操作，通常也执行主动关闭 FTP 数据连接操作，但是，当客户端向服务器发送流形式的文件时，需要客户端关闭 FTP 数据连接。

FTP 中的传输方式是流方式，并且文件结尾以关闭 FTP 数据连接为标志，所以对每一个文件或目录的传输来说，都要建立一个全新的 FTP 数据连接。

2. FTP 的传输模式

FTP 的传输有两种模式：ASCII 传输模式和二进制传输模式。

FTP 默认采用 ASCII 传输模式。假定用户正在复制的文件包含简单 ASCII 文本，如果在远程计算机上运行的是与服务器不同的操作系统，则当传输文件时，FTP 通常会自动地调整文件的内容以便把文件格式解释成远程计算机存储文本文件的格式。但是常常有这样的情况：用户正在传输的文件不是文本文件，它们可能是程序文件、数据库文件、字处理文件或者压缩文件。此时，若仍用 ASCII 传输模式进行传送，则 FTP 的处理可能会造成文件信息丢失。

因此，在复制任何非文本文件时，最好使用二进制传输模式。在二进制传输模式中，FTP 会保存文件的位序，以便原始文件和复制的文件是逐位一一对应的，即便目的计算机上包含位序列的文件可能是无意义的。在实际网络运维过程中，如果要对网络设备进行软件升级和系统备份，则一般建议采用二进制传输模式。

3. FTP 的工作方式

FTP 支持两种工作方式，主动（PORT）方式和被动（PASV）方式。

采用主动方式建立 FTP 数据连接时，FTP 客户端会通过 FTP 控制连接向 FTP 服务器发送 PORT 命令，PORT 命令中携带客户端的 IP 地址和临时端口号。当需要传送数据时，服务器通过 TCP 端口 20 与客户端提供的临时端口建立数据传输通道，完成数据传输。在整个过程中，服务器在建立 FTP 数据连接时主动发起连接，因此这种方式称为主动方式。

实际应用中，如果客户端处于防火墙的内部，主动方式可能会遇到问题。因为客户端提供的端口号是随机的，防火墙并不知道。而为了安全起见，通常防火墙只会允许外部主机访问部分内部已知端口，阻断对内部随机端口的访问，从而造成无法建立 FTP 数据连接。此时，需要使用被动方式进行传输。

当客户端使用被动方式时，在 FTP 控制连接建立后，FTP 客户端会利用 FTP 控制连接向 FTP 服务器发送 PASV 命令，告诉服务器使用被动方式。服务器选择临时端口并告知客户端，应答报文中携带服务器的 IP 地址和临时端口号。当需要传送数据时，客户端主动与服务器的临时端口建立数据传输通道，并完成数据传输。在整个过程中，服务器总是被动接收客户端的 FTP 数据连接，因此这种方式称为被动方式。

采用被动方式时，两个连接都是由客户端发起的。一般防火墙不会限制从内部的客户端发出的连接，所以这样就解决了在主动方式下防火墙阻止外部发起的连接而造成无法进行数据传输的问题。

8.6.2 TFTP

TFTP 也是用于在远端服务器和本地主机之间传输文件的，相对于 FTP 来说，TFTP 没有复杂的交互存取接口和认证控制，适用于服务器和客户端之间不存在复杂的交互的环境。

TFTP 采用客户端/服务器模式，承载在 UDP 上，TFTP 服务器使用端口 69 侦听 TFTP 连接。TFTP 只具备简单的文件传输能力，包括文件的上传和下载。TFTP 不像 FTP 那样拥有一个庞大的命令集，不支持文件目录列表的功能，也不支持对用户的身份验证和授权。

TFTP 传输是由客户端发起的。当客户端需要下载文件时，由客户端向 TFTP 服务器发送读请求报文，然后从服务器接收数据，并向服务器发送确认报文；当需要上传文件时，由客户端向 TFTP 服务器发送写请求报文，然后向服务器发送数据，并接收服务器的确认报文。

TFTP 进行文件传输时，可以将待传输文件看作由多个连续的文件块组成。每一个 TFTP 数据报文中包含一个文件块，同时对应一个文件块编号。每次发完一个文件块后，就等待对方的确认，确认时应指明所确认的块编号。发送方发送完数据后，如果在规定的时间内收不到接收方的确认，则发送方重新发送数据。如果接收方在规定时间内没有收到下一个文件块数据，则重发确认报文。这种方式可以确保文件的发送不会因某一数据的丢失而失败。

每一次 TFTP 发送的数据报文中包含的文件块大小固定为 512 字节，如果文件长度恰好是 512 字节的整数倍，那么在文件传送完毕后，发送方必须在最后发送一个不包含数据的数据报文，用来表明文件传输完毕。如果文件长度不是 512 字节的整数倍，那么最后传送的数据报文所包含的文件块大小肯定小于 512 字节，这正好可以作为文件结束的标志。

TFTP 的文件传输过程以 TFTP 客户端向 TFTP 服务器发送一个读请求或写请求开始。图 8-8 所示为 TFTP 客户端从 TFTP 服务器下载文件的过程，其中读请求表示 TFTP 客户端需要从 TFTP 服务器下载文件。图 8-9 所示为 TFTP 客户端上传文件到 TFTP 服务器时的过程，其中写请求表示 TFTP 客户端需要向 TFTP 服务器上传文件。

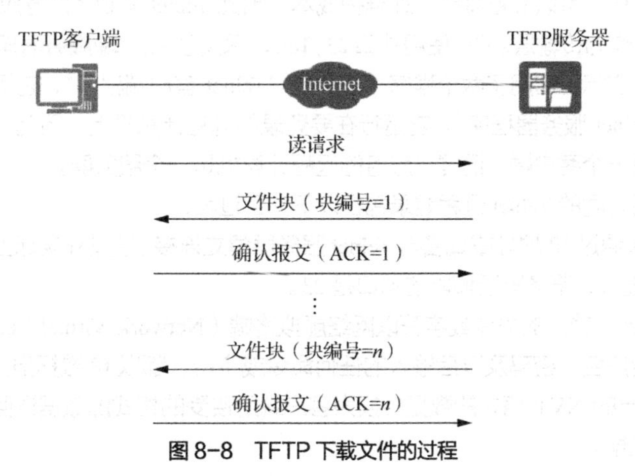

图 8-8　TFTP 下载文件的过程

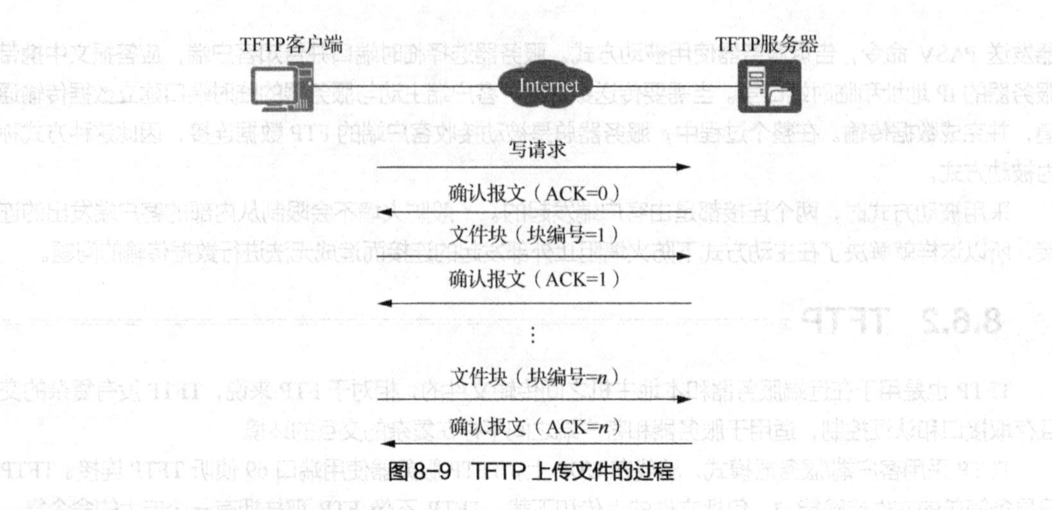

图 8-9　TFTP 上传文件的过程

8.7 远程登录服务

远程登录服务是互联网上最早提供的基本服务工具之一，它可以跨越空间，让用户访问远程的计算机，但这些计算机必须连接在互联网上。远程登录能将本地计算机连接并登录到 Internet 主机上，是一种特殊的通信方式。通过远程登录，本地计算机可以获得远程主机的强大运算能力，还可以对远程主机进行配置管理。

V8-7　远程登录服务

8.7.1 Telnet 远程登录

远程通信网络（Telecommunication Network，Telnet）协议起源于 ARPANet，是最早的互联网应用之一。

Telnet 是互联网中远程登录服务的标准协议和主要方式，是 TCP/IP 协议族中的一员。它为用户提供了在本地计算机上完成远程主机工作的能力，主要用途就是使用远程计算机上所拥有的本地计算机没有的信息资源，是常用的远程控制服务器的方法。

传统的计算机操作方式是使用直接连接到计算机上的专用硬件终端进行命令行操作的。而使用 Telnet 时，用户可以使用自己的计算机，通过网络远程登录到另一台计算机进行操作，从而突破了距离和设备的限制。同样的，用户可以使用 Telnet 远程登录到支持 Telnet 服务的任意网络设备，从而实现远程配置、维护等工作，可以节省网络管理维护成本，因此 Telnet 得到了广泛应用。

Telnet 使用 TCP 作为传输层协议，使用端口 23，Telnet 采用了客户端/服务器模式。当用户通过 Telnet 登录远程计算机时，实际上启用了两个程序，一个是“Telnet 客户端程序”，它运行在用户的本地计算机上；另一个是“Telnet 服务器程序”，它运行在要登录的远程计算机上。因此，在远程登录过程中，用户的本地计算机是一个客户端，而提供服务的远程计算机是一个服务器。

客户端和服务器之间的 Telnet 远程登录包含以下交互过程。

① Telnet 客户端通过 IP 地址或域名与 Telnet 服务器建立连接。该过程实际上是在客户端和服务器之间建立一个 TCP 连接，服务器所侦听的端口是 23。

② 系统将客户端上输入的命令或字符以网络虚拟终端（Network Virtual Terminal，NVT）格式传送到服务器。登录用户名、密码及以后输入的任何命令或字符，都以 IP 数据报文的形式进行传送。

③ 服务器将输出的 NVT 格式的数据转换为客户端所接受的格式的数据送回客户端，包括输入命令回显和命令执行结果。

④ 客户端发送命令对 TCP 连接进行断开，远程登录结束。

8.7.2 STelnet 远程登录

Telnet 缺少安全的认证方式，且传输过程采用 TCP 进行明文传输，存在很大的安全隐患。单纯提供 Telnet 服务容易招致 DoS、主机 IP 地址欺骗、路由欺骗等恶意攻击。随着人们对网络安全的重视，传统的使用 Telnet 通过明文传送密码和数据的方式已经逐渐不被接受。

安全外壳（Secure Shell，SSH）的标准端口为 22。SSH 是一种网络安全协议，通过对网络数据进行加密，在一个不安全的网络环境中，提供了安全的远程登录和其他安全网络服务，解决了 Telnet 的安全问题。SSH 通过 TCP 进行数据交互，它在 TCP 之上构建了一个安全的通道。另外，SSH 服务除了支持标准端口 22 外，还支持其他服务端口，以防受到非法攻击。

SSH 支持密码认证及 RSA（Rivest, Shamir & Adleman）非对称加密认证，可对数据进行数据加密标准（Data Encryption Standard，DES）、三重数据加密标准（Triple Data Encryption Standard，3DES）、AES 等加密，能够有效防止对密码的窃听，保护数据的完整性和可靠性，从而保证数据的安全传输。SSH 对于 RSA 认证的支持、对称加密和非对称加密的混合应用、密钥的安全交换，最终实现了安全的会话过程。SSH 的数据加密传输、认证机制更加安全，因此已经被广泛使用，成为当前最重要的网络协议之一。

SSH 协议有两个版本，即 SSH1（SSH 1.5）协议和 SSH2（SSH 2.0）协议，两者是不同的协议，互不兼容。SSH2 在安全、功能和性能上均优于 SSH1。

STelnet 是 Secure Telnet 的简称，它使得用户可以从远端安全登录到设备，提供交互式配置界面，所有交互数据均经过加密，可实现安全的会话。网络设备支持 STelnet 的客户端和服务器，支持 SSH1 协议和 SSH2 协议。

SSH 采用传统客户端/服务器模式，其安全特性通过以下方式保证。

① 数据加密：通过客户端/服务器协商交换生成的 Encryption Key 用于实现对数据报文的对称加密，确保数据在传输过程中的机密性。

② 数据完整性：通过客户端/服务器协商交换生成的 Integrity Key 可唯一标识一条会话链路，所有会话交互报文被 Integrity Key 标识。一旦数据被第三方修改，接收方就能够检查出来，并丢弃报文，确保数据在传输过程中的完整性。

③ 权限认证：通过提供多种认证方式，确保只有认证通过的合法用户才能与服务器进行会话，提高了系统安全性，同时保障了合法用户的权益。

【技能实训】

实训 8-1　利用 IIS 组件搭建 FTP 服务器

【实训描述】

小白在学习和生活中很喜欢安装及备份一些实用软件，他经常光顾学校信息中心搭建的 FTP 服务器，FTP 服务器可以实现计算机之间快速的文件传输。小白想在自己的计算机上架设 FTP 服务器，把平常自己搜集的软件、电影、音乐等资源放在 FTP 服务器上，这样不仅可以学习搭建服务器的知识，还便于后期和同学们互相分享资源。

【实训准备】

1. 安装有 Windows 7 以上操作系统的计算机。

2. 局域网环境正常。

【实训拓扑】

FTP 服务器架设拓扑如图 8-10 所示，小白在自己的计算机上架设服务器，并发布资源，将同学们的计算机作为客户端进行测试。

图 8-10　FTP 服务器架设拓扑

【实训步骤】

1. 以 Windows 7 操作系统为例，在计算机的“开始”菜单中选择“控制面板”→“程序和功能”选项，打开“程序和功能”窗口，选择“启用和关闭 Windows 功能”选项，如图 8-11 所示。

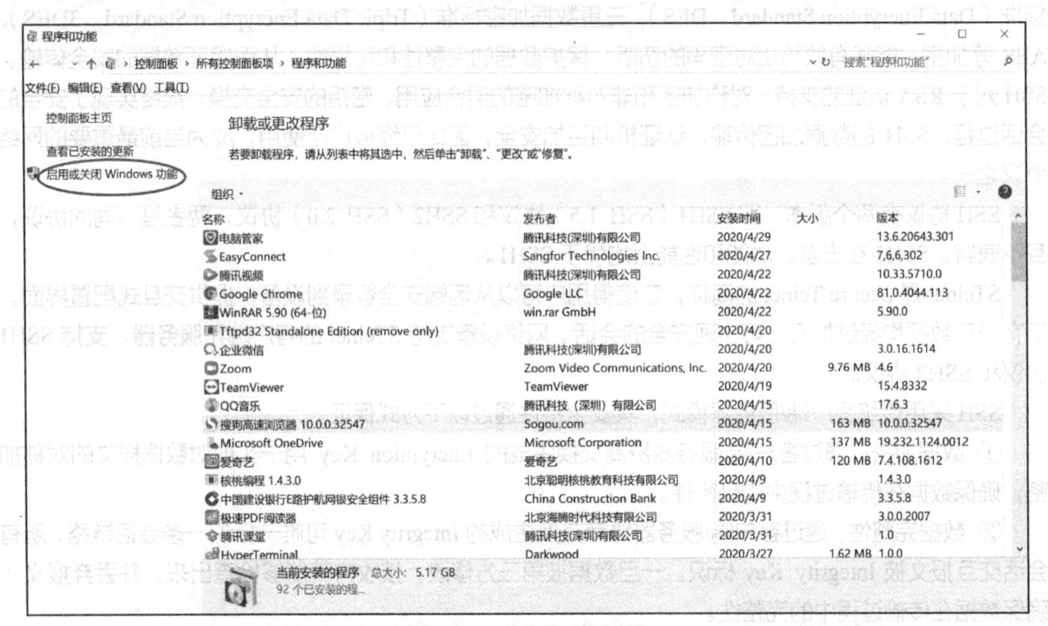

图 8-11　“程序和功能”窗口

2. 在弹出的“Windows 功能”窗口中，选中“Internet Information Services”中的“FTP 服务器”“Web 管理工具”以及“万维网服务”中的“安全性”复选框，单击“确定”按钮，如图 8-12 所示。

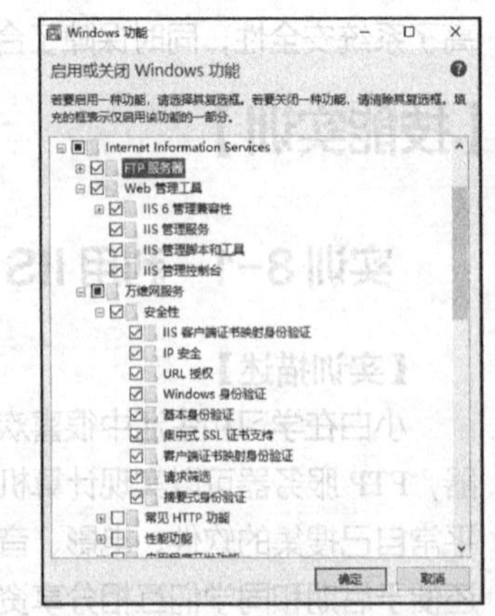

图 8-12　Windows 启用 FTP 服务

3. 回到“控制面板”窗口，选择“管理工具”→“服务”选项，启用 Microsoft FTP Service 服务，如图 8-13 所示。

4. 再次回到“控制面板”窗口，选择“管理工具”→“Internet Information Services（IIS）管理器”选项，打开“Internet Information Services（IIS）管理器”（简称“IIS 管理器”），如图 8-14 所示。

5. 在“IIS 管理器”窗口左侧的导航树中选择“网站”选项，单击鼠标右键，选择“添加 FTP 站点”选项，弹出“添加 FTP 站点”对话框，开始架设 FTP 站点，如图 8-15 所示。

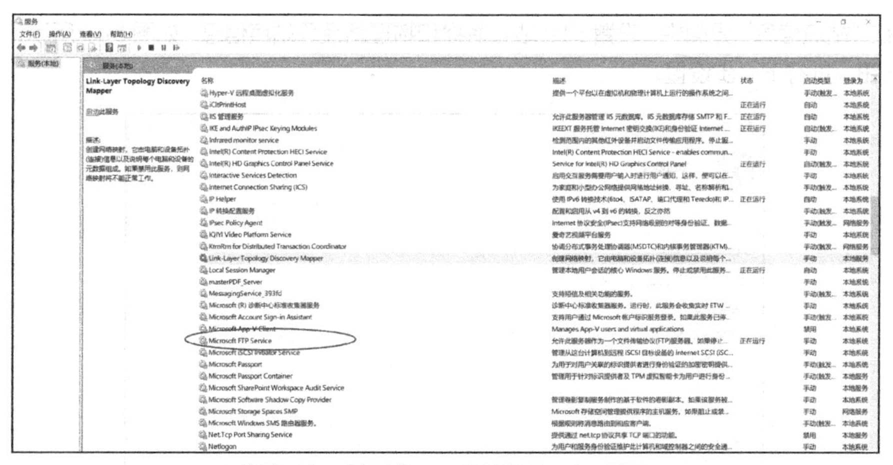

图 8-13　启用 Microsoft FTP Service 服务

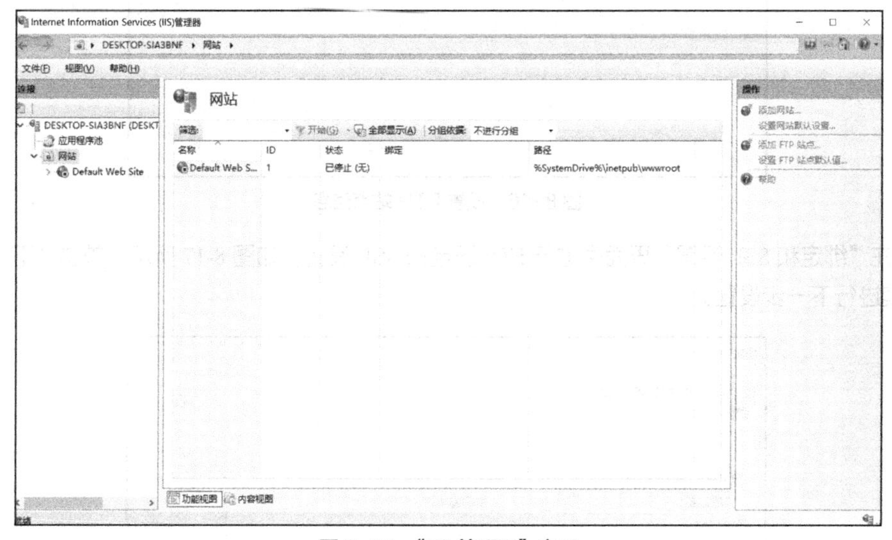

图 8-14　“IIS 管理器”窗口

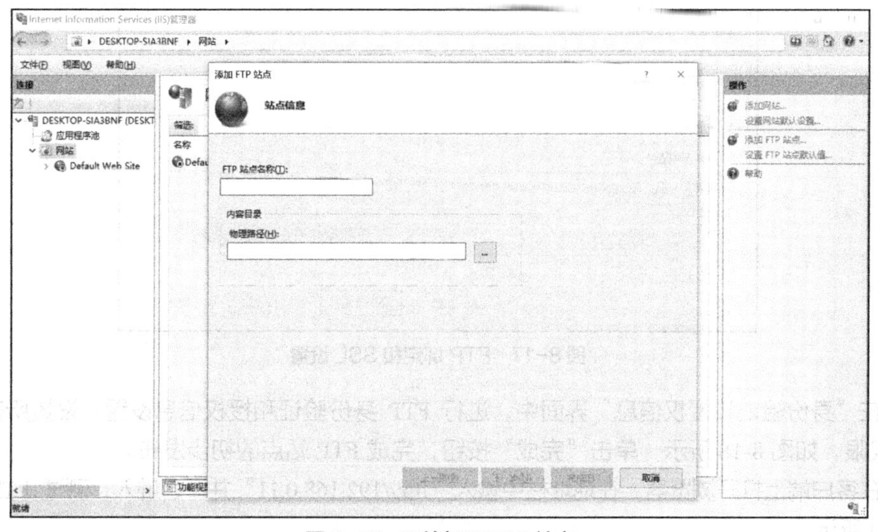

图 8-15　开始架设 FTP 站点

6. 在“站点信息”界面中，设置 FTP 站点名称和物理路径等站点信息，如图 8-16 所示，单击“下一步”按钮，进行下一步设置。

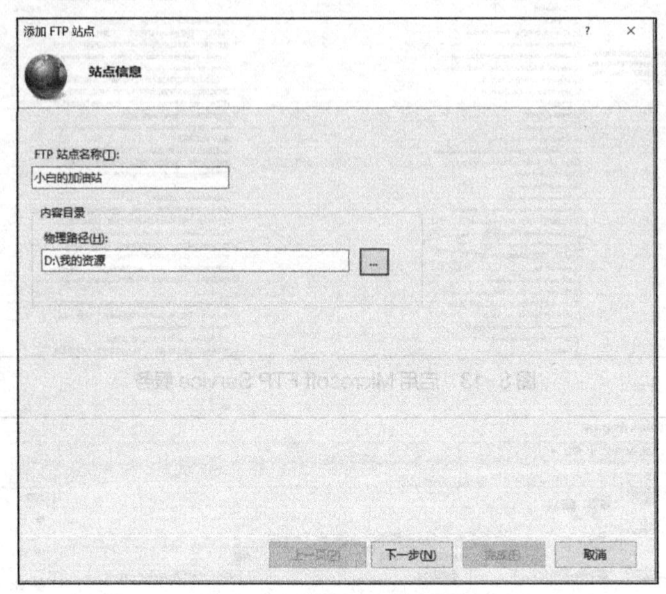

图 8-16 设置 FTP 站点信息

7. 在“绑定和 SSL 设置”界面中进行 FTP 绑定和 SSL 设置，如图 8-17 所示，单击“下一步”按钮，继续进行下一步设置。

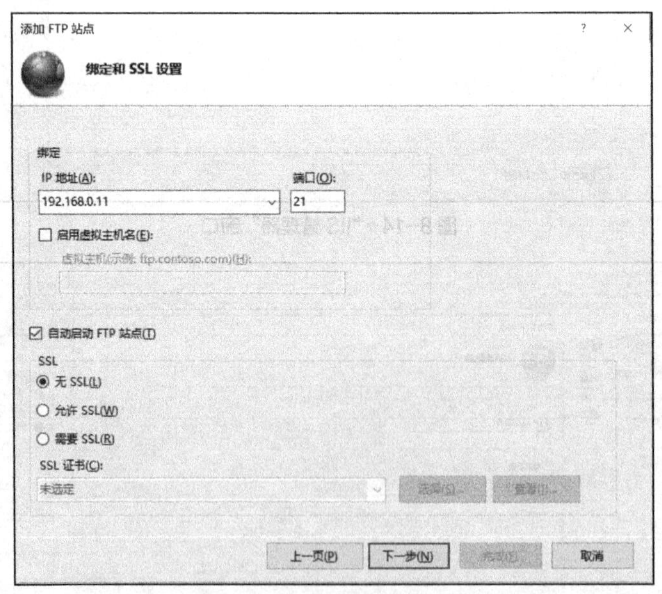

图 8-17 FTP 绑定和 SSL 设置

8. 在“身份验证和授权信息”界面中，进行 FTP 身份验证和授权信息设置，设置所有用户具有读取权限，如图 8-18 所示，单击“完成”按钮，完成 FTP 站点的初步发布。

9. 在客户端上打开浏览器，在地址栏中输入“ftp://192.168.0.11”并匿名进入，测试 FTP 服务，如图 8-19 所示。

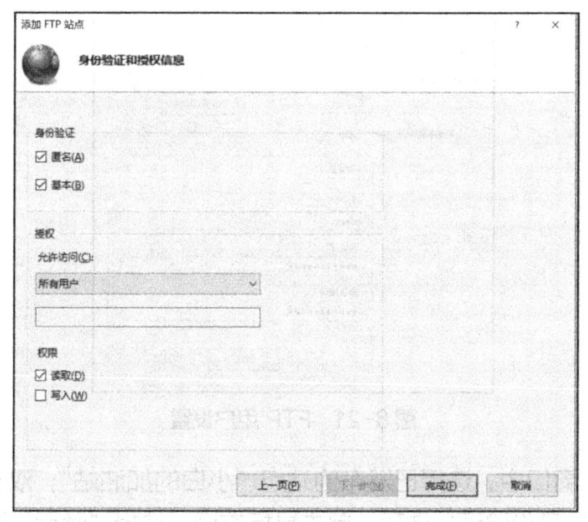

图 8-18　FTP 身份验证和授权信息设置

图 8-19　匿名登录测试 FTP 服务

10. 为提高 FTP 服务器的安全性，实际进行服务器搭建时可以关闭匿名登录，还可以更改 FTP 服务端口，如将端口改为“8021”。

（1）在“IIS 管理器”窗口中，选择已发布的站点“小白的加油站”，并选择右侧的“基本设置”选项，在弹出的“编辑网站”对话框中单击“连接为”按钮，如图 8-20 所示。

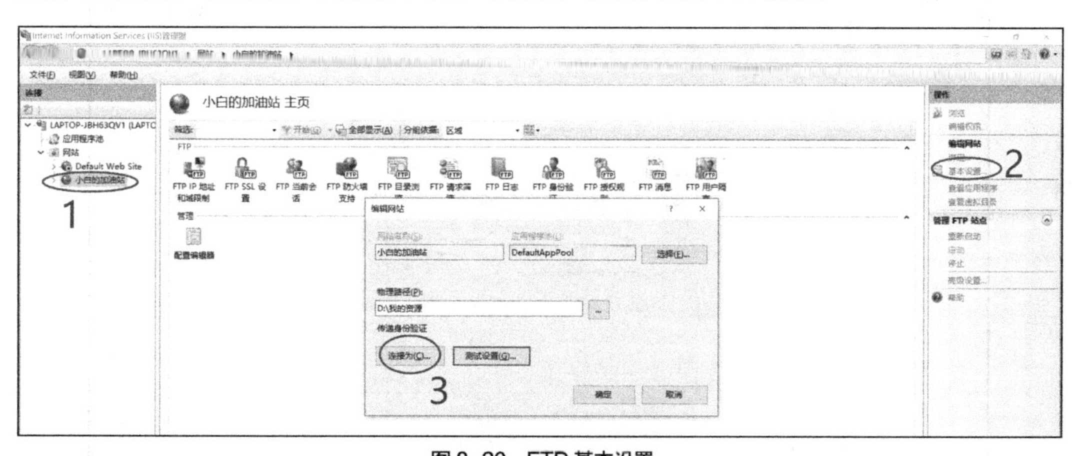

图 8-20　FTP 基本设置

（2）在弹出的“连接为”对话框中单击“设置”按钮，并在弹出的“设置凭据”对话框中设置 FTP 登录用户名为“xiaobai”，密码为“xiaobai@123”，如图 8-21 所示。注意，此处需先在 Windows 中添加用户，用户名为“xiaobai”，密码为“xiaobai@123”。

图 8-21　FTP 用户设置

（3）在“IIS 管理器”窗口中，选择已发布的站点“小白的加油站”，双击“FTP 身份验证”选项，在随后的界面中选择“匿名身份验证”选项，单击鼠标右键，选择“禁用”选项，关闭匿名身份认证，如图 8-22 所示。

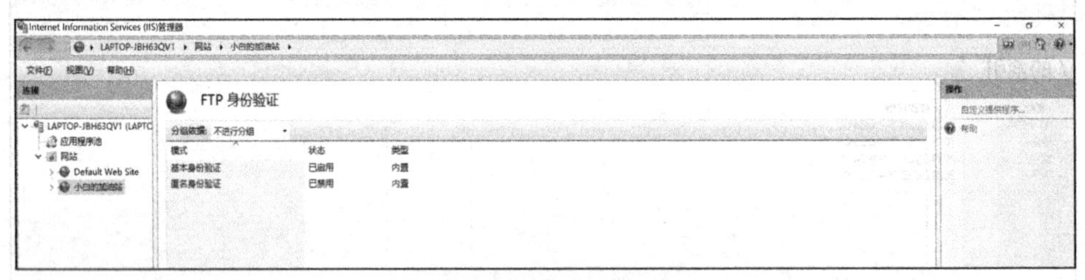

图 8-22　关闭匿名身份认证

（4）在“IIS 管理器”窗口中，选择已发布的站点“小白的加油站”，并选择右侧的“绑定”选项，在弹出的“网站绑定”对话框中，选择已绑定的 FTP 站点，单击“编辑”按钮，并在弹出的“编辑网站绑定”对话框中设置 FTP 端口为“8021”，如图 8-23 所示。

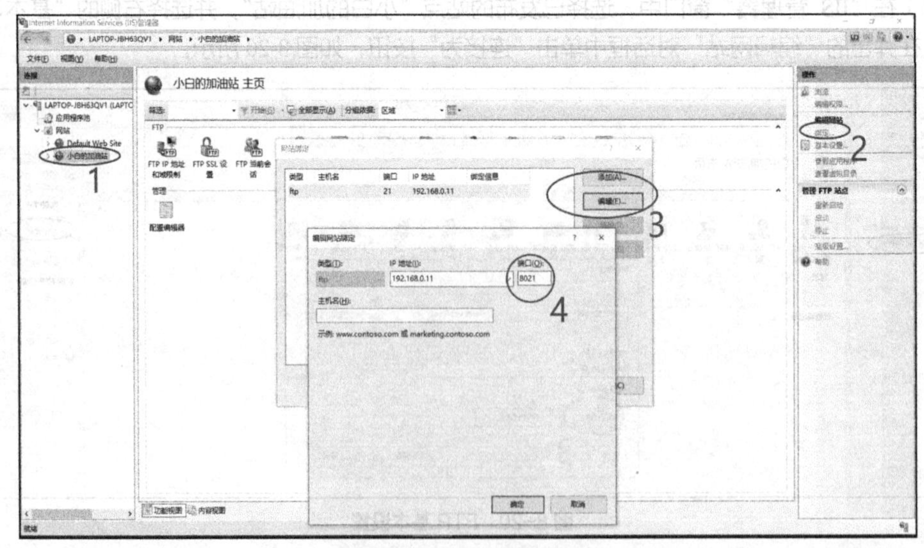

图 8-23　更改 FTP 服务端口

（5）在“IIS 管理器”窗口中，选择已发布的站点“小白的加油站”，并选择右侧的“重新启动”选项，重启 FTP 服务，使得新的 FTP 服务端口生效，如图 8-24 所示。

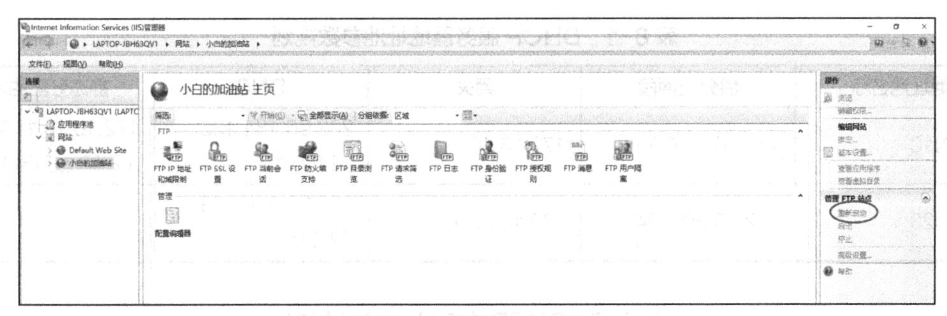

图 8-24　重启 FTP 服务

11. 在客户端中使用浏览器打开 FTP 站点“ftp://192.168.0.11:8021”，在弹出的登录对话框输入用户名“xiaobai”、密码“xiaobai@123”，即可成功登录 FTP 服务器。此外，也可以在客户端的命令行界面中执行【ftp://xiaobai:xiaobai@123@192.168.0.11:8021】命令进行登录。

【实训实施记录】

1. 在客户端用浏览器测试 FTP 匿名登录，截图记录。
2. 在客户端用浏览器测试 FTP 基本用户登录，截图记录。
3. 在客户端用命令行测试 FTP 基本用户登录，截图记录。

实训 8-2　配置 DHCP 服务器

【实训描述】

小白在宿舍使用网络时，时不时会出现 IP 地址冲突的网络故障，原因是宿舍网络采用了静态 IP 地址，有些同学重装完操作系统后，可能会误设 IP 地址。通过学习，小白知道使用 DHCP 服务器动态分配 IP 地址可以解决这个问题，他准备在 eNSP 上完成 DHCP 服务器的配置，并进行测试与验证。

【实训准备】

1. 安装了 eNSP 和 Windows7 以上操作系统的计算机。
2. 完成数据准备。

【实训拓扑】

本实训拓扑如图 8-25 所示，拓扑中包含两个需要分配 IP 地址的网段，DHCP 服务器地址池参数规划如表 8-1 所示，DHCP 中继器 VLAN 规划如表 8-2 所示。

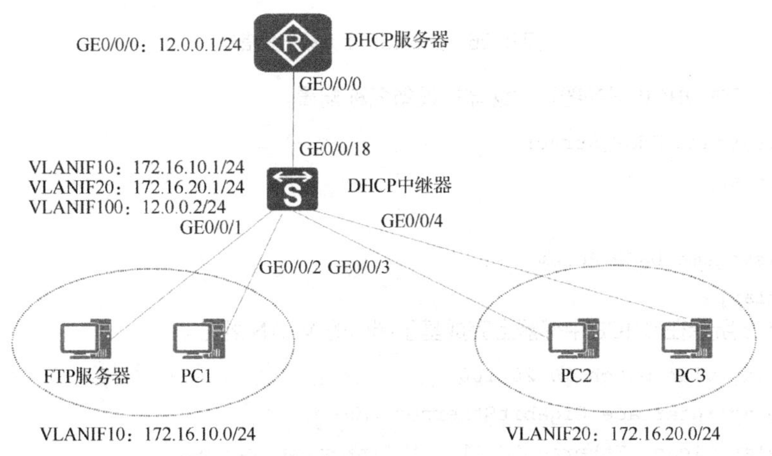

图 8-25　配置 DHCP 服务器拓扑

表 8-1　DHCP 服务器地址池参数规划

地址池名称	供分配网段	网关	DNS	静态分配地址
VLAN10	172.16.10.0/24	172.16.10.1	202.96.134.133 12.0.0.1	172.16.10.100/24 （FTP 服务器）
VLAN20	172.16.20.0/24	172.16.20.1	202.96.134.133 12.0.0.1	

表 8-2　DHCP 中继器 VLAN 规划

端口	链路类型	VLAN
GE0/0/1	Access	10
GE0/0/2	Access	10
GE0/0/3	Access	20
GE0/0/4	Access	20
GE0/0/18	Access	100

【实训步骤】

1．在 eNSP 中选择“AR3260”路由器作为 DHCP 服务器，选择“S5700”交换机作为 DHCP 中继器，按图 8-25 所示完成拓扑搭建，效果如图 8-26 所示。

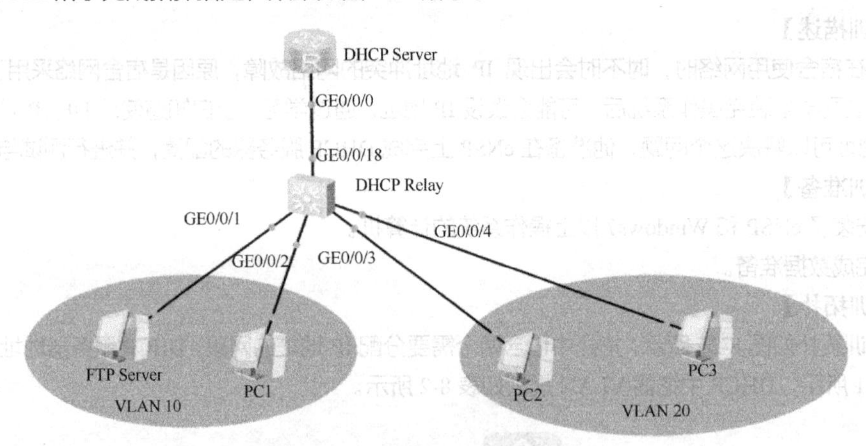

图 8-26　在 eNSP 上完成拓扑搭建

2．按拓扑完成 DHCP 服务器和中继器的设备名称配置。

```
[Huawei]sysname DHCP_Server
[DHCP_Server]

[Huawei]sysname DHCP_Relay
[DHCP_Relay]
```

3．按表 8-2 所示在 DHCP 中继器上完成基于端口的 VLAN 划分。

```
[DHCP_Relay]vlan batch 10 20 100
[DHCP_Relay]interface GigabitEthernet 0/0/1
[DHCP_Relay-GigabitEthernet0/0/1]port link-type  access
```

```
[DHCP_Relay-GigabitEthernet0/0/1]port default  vlan 10
[DHCP_Relay]interface GigabitEthernet 0/0/2
[DHCP_Relay-GigabitEthernet0/0/2]port link-type  access
[DHCP_Relay-GigabitEthernet0/0/2]port default  vlan 10
[DHCP_Relay]interface GigabitEthernet 0/0/3
[DHCP_Relay-GigabitEthernet0/0/3]port link-type  access
[DHCP_Relay-GigabitEthernet0/0/3]port default  vlan 20
[DHCP_Relay]interface GigabitEthernet 0/0/4
[DHCP_Relay-GigabitEthernet0/0/4]port link-type  access
[DHCP_Relay-GigabitEthernet0/0/4]port default  vlan 20
[DHCP_Relay]interface GigabitEthernet 0/0/18
[DHCP_Relay-GigabitEthernet0/0/18]port link-type  access
[DHCP_Relay-GigabitEthernet0/0/18]port default  vlan 100
```

4. 在 DHCP 服务器和中继器上完成 IP 地址配置。

```
[DHCP_Server]interface GigabitEthernet 0/0/0
[DHCP_Server-GigabitEthernet0/0/0]ip address 12.0.0.1 24
[DHCP_Relay]interface Vlanif 10
[DHCP_Relay-Vlanif10]ip address 172.16.10.1 24
[DHCP_Relay]interface Vlanif 20
[DHCP_Relay-Vlanif20]ip address 172.16.20.1 24
[DHCP_Relay]interface Vlanif 100
[DHCP_Relay-Vlanif100]ip address 12.0.0.2 24
```

5. 在 DHCP 服务器上配置地址池（编者搭建的拓扑中，FTP 服务器的 MAC 地址为 54-89-98-FF-18-D7）。

```
[DHCP_Server]ip pool  vlan10
[DHCP_Server-ip-pool-vlan10]network  172.16.10.0 mask 24
[DHCP_Server-ip-pool-vlan10]gatewa
[DHCP_Server-ip-pool-vlan10]dns-list 202.96.134.133 12.0.0.1y-list 172.16.10.1
[DHCP_Server-ip-pool-vlan10]static-bind   ip-address  172.16.10.100  mac-address
5489-98FF-18D7
[DHCP_Server]ip pool  vlan20
[DHCP_Server-ip-pool-vlan20]network  172.16.20.0 mask 24
[DHCP_Server-ip-pool-vlan20]gatewa
[DHCP_Server-ip-pool-vlan20]dns-list 202.96.134.133 12.0.0.1y-list 172.16.10.1
```

6. 在 DHCP 服务器上启用 DHCP 服务，并在接口 GE0/0/0 上配置地址池为全局地址池。

```
[DHCP_Server]dhcp enable
[DHCP_Server]interface GigabitEthernet 0/0/0
[DHCP_Server-GigabitEthernet0/0/0]dhcp select  global
```

7. 在 DHCP 中继器上启用 DHCP 服务，并完成 DHCP 中继器的相关配置。

```
[DHCP_Relay]dhcp enable
[DHCP_Relay]interface vlanif10
```

```
[DHCP_Relay-Vlanif10]dhcp select relay
[DHCP_Relay-Vlanif10]dhcp relay  server-ip 12.0.0.1
[DHCP_Relay]interface vlanif20
[DHCP_Relay-Vlanif20]dhcp select relay
[DHCP_Relay-Vlanif20]dhcp relay  server-ip 12.0.0.1
```

8. 在 DHCP 服务器和中继器上配置静态路由。

```
[DHCP_Server]ip route-static 172.16.0.0 16 12.0.0.2
[DHCP_Relay]ip route-static  0.0.0.0 0 12.0.0.1
```

9. 客户端使用 DHCP 方式配置 IP 地址，并在命令行界面中执行【ipconfig /renew】命令获取 IP 地址，此时所有客户端应该都能正常获取相应的 IP 地址，其中，FTP 服务器的 IP 地址固定为 172.16.10.100。

【实训实施记录】

1. 在 DHCP 中继器上执行【display port vlan active】命令查看 Port VLAN 划分结果，截图记录。
2. 在 DHCP 服务器上执行【display ip pool】命令查看地址池配置，截图记录。
3. 在 DHCP 服务器上执行【display dhcp server statistics】命令查看 DHCP 报文统计，截图记录。
4. 在 DHCP 中继器上执行【display dhcp relay statistics】命令查看 DHCP 报文统计，截图记录。
5. 在客户端执行【ipconfig /renew】命令获取 IP 地址，截图记录。

实训 8-3　配置远程登录环境

【实训描述】

随着学习的深入，小白开始接触真实的网络设备，但是小白发现网络设备在初始状态下大都需要通过 Console 口登录，且必须到达设备现场才能进行。小白希望能简单、方便地对设备进行远程管理，Telnet 登录管理可以满足这个需求。本实训中，小白通过 Console 口搭建 Telnet 登录环境，先后配置密码认证和 AAA 认证方式，并进行登录测试。

【实训准备】

1. 安装了 eNSP 和 Windows7 以上操作系统的计算机。
2. 完成数据准备。

【实训拓扑】

Telnet 登录拓扑如图 8-27 所示。

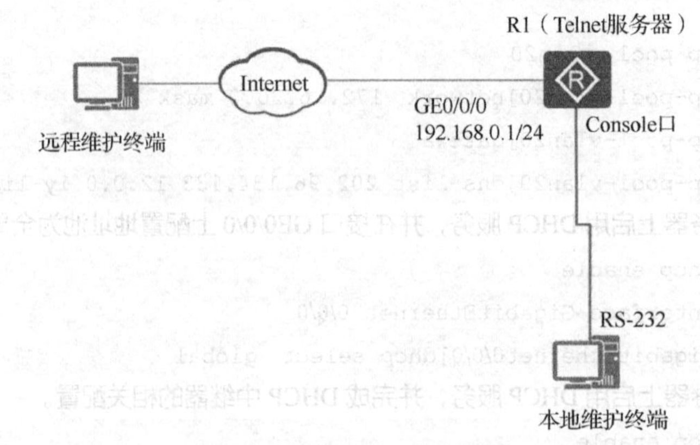

图 8-27　Telnet 登录拓扑

【实训步骤】

1. 在 eNSP 上搭建实训拓扑。

（1）按图 8-27 所示拓扑设置远程计算机上与 eNSP 连接的虚拟网卡 IP 地址，如 192.168.0.10/24。

（2）按图 8-27 所示拓扑选择一台路由器 AR3260、一台 PC、一台云设备。

（3）在 Cloud1 上增加一个 UDP 端口和 IP 地址为 192.168.0.10/24 的虚拟网卡端口，并创建这两个端口之间的双向映射，如图 8-28 所示。

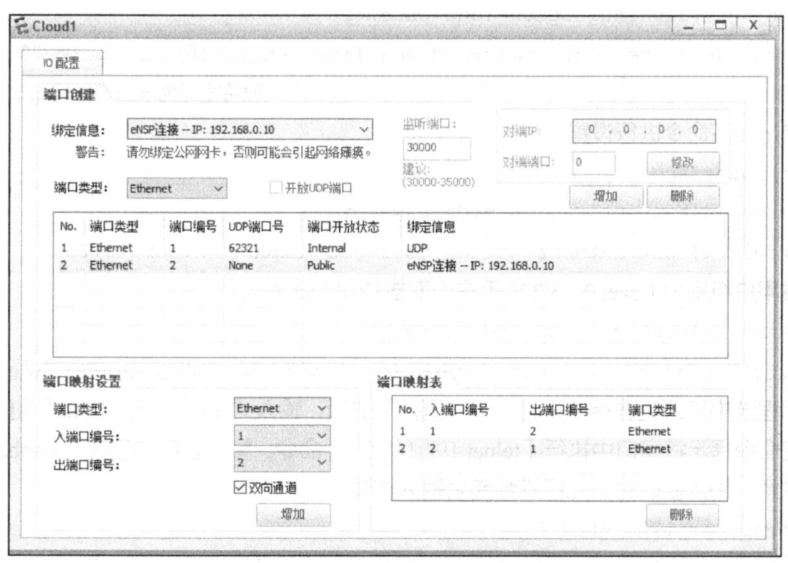

图 8-28 创建端口之间的双向映射

（4）按拓扑进行线缆连接，路由器和本地维护终端之间的连接使用“CTL”（串口连接线缆），路由器和 Cloud1 之间的连接使用“Copper”，完成连接后更改拓扑中设备的名称，如图 8-29 所示。

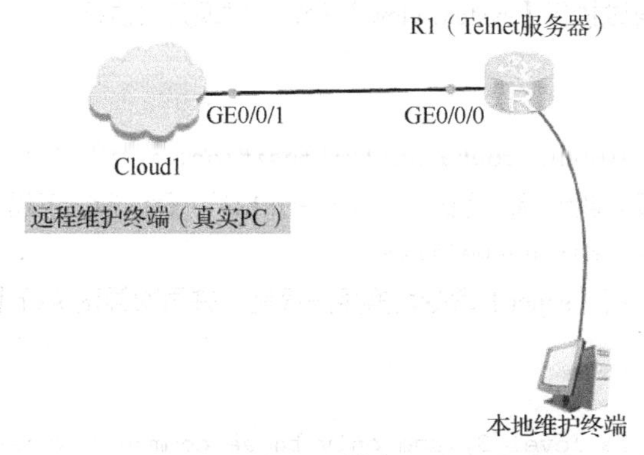

图 8-29 eNSP 搭建 Telnet 登录拓扑

2. 配置设备名称为 R1，配置接口 GE0/0/0 的 IP 地址。

```
<Huawei>system-view
[Huawei]sysname R1
[R1]interface GigabitEthernet 0/0/0
[R1-GigabitEthernet0/0/0]ip address 192.168.0.1 24
```

3. 配置密码认证方式的Telnet登录环境，并进行登录测试。

（1）配置Telnet最大登录数目（该数目在VRP不同版本和不同形态间有差异，具体以设备为准，默认情况下Telnet最大登录数目为5）。

```
[R1]user-interface maximum-vty 15
```

（2）进入VTY用户界面视图，配置验证方式为密码方式，并设置密码为“xiaobai@23”。

```
[R1]user-interface vty  0 14
[R1-ui-vty0-14]authentication-mode password
Please configure the login password (maximum length 16):xiaobai@123
                                              //设置密码为 xiaobai@123
```

也可以使用如下命令进行设置。

```
[R1]user-interface vty  0 14
[R1-ui-vty0-14]authentication-mode password
[R1-ui-vty0-14] set authentication password  cipher  xiaobai@123
```

（3）设置用户级别为Level 0，VTY用户界面支持Telnet协议。

```
[R1-ui-vty0-14]protocol inbound telnet
[R1-ui-vty0-14]user privilege  level  0     //安全起见，远程登录用户建议设置为低级别用户
```

（4）在远程维护终端上选择“开始”→“运行”选项，输入“cmd”，按“Enter”键，打开命令提示符窗口，在命令提示符窗口中执行【telnet 192.168.0.1】命令，输入正确的密码“xiaobai@123”后可成功登录（注意，输入密码时，光标不会随着输入移动）。

```
C:\Users>telnet 192.168.0.1
Login authentication


Password:
<R1>
```

（5）在远程维护终端上尝试执行【system-view】命令，发现无法执行。

```
<R1>system-view
   ^

Error: Unrecognized command found at '^' position.
```

（6）在本地维护终端上设置超级用户密码为“huawei@123”，默认情况下超级用户级别为Level 3。

```
[R1]super password  cipher huawei@123
```

（7）在远程维护终端上执行【super】命令切换用户级别，并再次尝试执行【system-view】命令。

```
<R1>super
  Password:
  Now user privilege is level 3, and only those commands whose level is
  equal to or less than this level can be used.
  Privilege note: 0-VISIT, 1-MONITOR, 2-SYSTEM, 3-MANAGE
<R1>system-view
Enter system view, return user view with Ctrl+Z.
[R1]
```

4. 配置AAA认证方式的Telnet登录环境，并进行登录测试。

（1）在AAA视图下配置用于Telnet登录的本地用户，用户名为“xiaobai”，密码为“xiaobai@123”，

用户级别为 Level 0。

```
[R1] aaa
[R1-aaa] local-user xiaobai password cipher xiaobai@123
[R1-aaa] local-user xiaobai privilege level 0
[R1-aaa] local-user xiaobai service-type telnet
```

（2）在 VTY 用户界面视图下配置认证方式为 AAA。

```
[R1]user-interface vty 0 14
[R1-ui-vty0-14]authentication-mode aaa
```

（3）在远程维护终端上打开第三方软件（如 PuTTY），进行键盘设置和会话设置，如图 8-30 和图 8-31 所示。在进行键盘设置时，将“Backspace 回退键”设置为“Control-H”，“Fn 功能键和小键盘”设置为“VT100+”；在进行会话设置时，主机名称（或 IP 地址）设置为“192.168.0.1”，“连接类型”设置为“Telnet”。

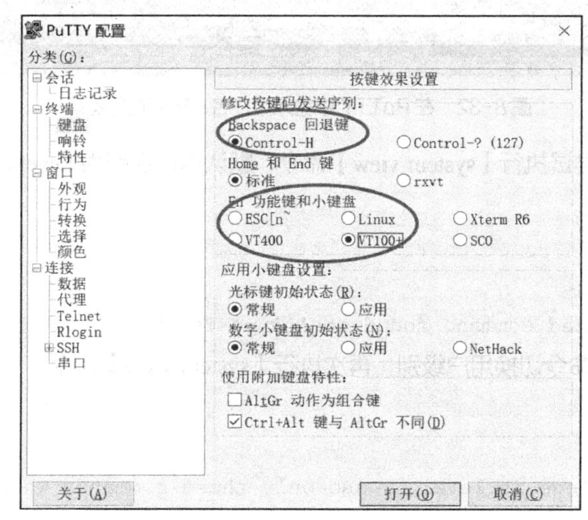

图 8-30　PuTTY 键盘设置

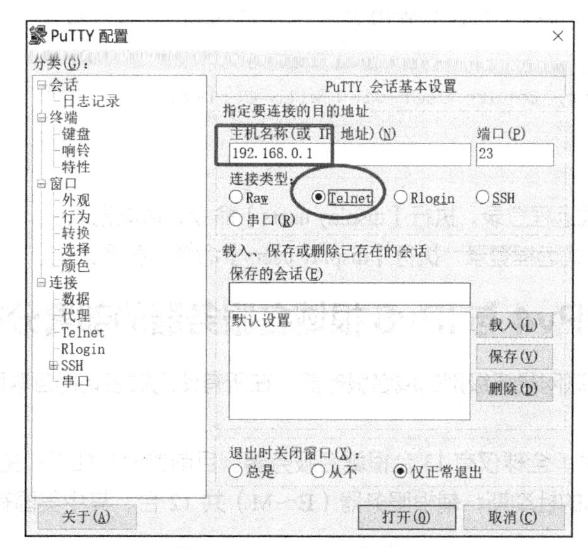

图 8-31　PuTTY 会话设置

（4）单击“打开”按钮后，弹出登录命令行窗口，如图 8-32 所示，输入用户名“xiaobai”，密码“xiaobai@123”后即可成功登录。

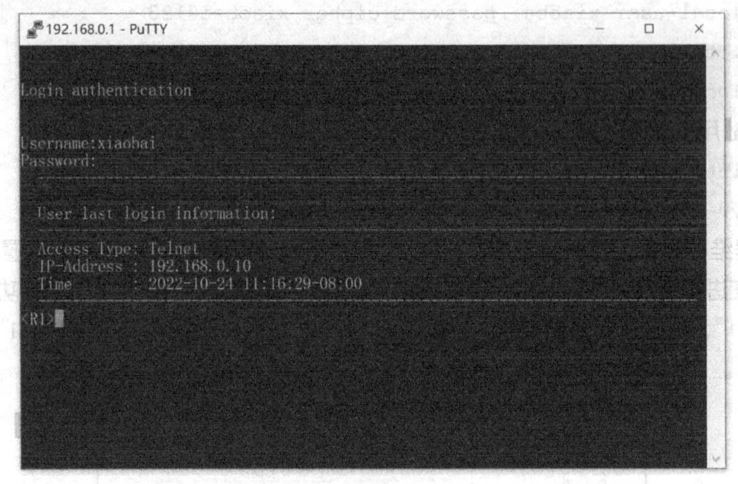

图 8-32　在 PuTTY 中输入用户名、密码进行登录

（5）登录成功后，尝试执行【system-view】命令，默认用户级别为 Level 0，因此此时无法执行该命令。

```
<R1>system-view
    ^
Error: Unrecognized command found at '^' position.
```

（6）执行【super】命令切换用户级别，再次执行【system-view】命令。

```
<R1>super
 Password:
 Now user privilege is level 3, and only those commands whose level is
 equal to or less than this level can be used.
 Privilege note: 0-VISIT, 1-MONITOR, 2-SYSTEM, 3-MANAGE
<R1>system-view
Enter system view, return user view with Ctrl+Z.
[R1]
```

【实训实施记录】

1. 以密码认证方式远程登录，执行【display users】命令，截图记录。
2. 以 AAA 认证方式远程登录，执行【display users】命令，截图记录。

【学思启示——IPv4 与 IPv6 根域名服务器的部署分布】

根域名服务器是互联网最高级别的域名服务器，在所有使用域名访问互联网的应用中，都需要用到根域名服务器。

在 IPv4 网络体系中，全球仅有 13 台根域名服务器。目前的分布如下：主根服务器（A）1 台，设置在美国弗吉尼亚州的杜勒斯；辅根服务器（B～M）共 12 台，其中美国有 9 台，瑞典、荷兰、日本各 1 台。

随着互联网的进一步发展，DNS 采用了任播技术，部分根域名服务器在全球设有多个镜像点。早在 2002 年，F 根域名服务器就开始使用任播技术，此后几年里，其他根域名服务器也开始使用任播技术，到了今天，所有根域名服务器都使用了任播技术，节点遍布全球。

进入 21 世纪以来，随着互联网的高速发展，我国已经成为全球网民最多的互联网大国，相应的，IPv4 根域镜像也开始陆续部署。

而在 IPv6 的部署过程中，"雪人计划"于 2016 年在美国、日本、印度、俄罗斯、德国、法国等 16 个国家完成了 25 台 IPv6 根域名服务器的架设，其中包括 3 台主根服务器和 22 台辅根服务器，如表 8-3 所示。值得一提的是，在 25 台 IPv6 根域名服务器中，我国部署了 1 台主根服务器，3 台辅根服务器，总数量跃居全球第一，这也意味着我国掌握了全球最多的 IPv6 根域名服务器，这有助于打破原有的互联网体系，为建立多边、透明的国际互联网治理体系打下坚实基础。

表 8-3 "雪人计划"IPv6 根域名服务器全球部署情况

国家	主根服务器	辅根服务器	国家	主根服务器	辅根服务器
中国	1	3	西班牙	0	1
美国	1	2	奥地利	0	1
日本	1	0	智利	0	1
印度	0	3	南非	0	1
法国	0	3	澳大利亚	0	1
德国	0	2	瑞士	0	1
俄罗斯	0	1	荷兰	0	1
意大利	0	1			

【模块小结】

本模块介绍了常见的互联网应用与服务，包括 Web 服务、电子邮件服务、域名解析服务、动态 IP 地址分配服务、文件传输服务、远程登录服务等。通过对本模块的学习，学生可了解互联网常见应用，理解其工作原理，掌握相应的配置方法。

本模块最后通过实训使学生加深了对理论知识的理解，训练了学生的配置能力，培养了学生分析网络的能力，并培养了学生的团结协作精神。

【练习题】

一、填空题

1. HTTP 的中文全称是_______，默认使用的端口是_______。HTTPS 默认使用的端口是_______。

2. DNS 的中文全称是________，默认使用的端口是________。

3. 域名"www.baidu.com"中，________为顶级域名，________为二级域名，而________表示二级域名中的主机。

4. DHCP 的地址分配方式有________、________和________。

5. FTP 的中文全称是________，FTP 是一种典型的双通道协议，包括________和________。

二、选择题

1. FTP 基于（　　）协议提供可靠的数据传输。

A. RTP　　B. SIP　　C. UDP　　D. TCP

2.（　　）用于在互联网上传递电子邮件。

A. SMTP　　B. MSTP　　C. FTP　　D. TFTP

3. POP用于接收电子邮件，它使用TCP的（　　）端口。

A. 110　　B. 53　　C. 21　　D. 23

4. DNS的主要作用是（　）。

A. 域名解析　　B. 远程接入　　C. 文件传输　　D. 邮件传输

5. 在Windows 10操作系统中，要想释放当前通过DHCP获取的IP地址，使用的命令是（　　）。

A. ipconfig /all　　B. ipconfig /renew　　C. ipconfig /release　　D. ipconfig

6.（　）可以用于文件传输。

A. FTP　　B. TFTP　　C. Telnet　　D. ICMP

7. 在使用FTP进行路由器软件升级时，传输模式应该选用（　　）。

A. 二进制模式　　B. 流字节模式　　C. 字节模式　　D. 文字模式

模块9 企业网组建综合实践

09

【学习目标】

【知识目标】

- 了解网络组建的需求分析。
- 理解网络组建的规划设计。

【技能目标】

- 能够结合网络拓扑结构分析技术要点。
- 能够独立完成网络搭建。
- 能够掌握网络故障分析与排除的能力。

【素质目标】

- 掌握实际动手解决问题的能力。
- 在训练中理解团结协作的精神。
- 培养爱国主义精神和工匠精神。

【情景引入】

经过这段时间的学习与训练，小白学到了很多知识和技能，在团队协作、沟通交流等方面也有了不小的进步。为了更好地检验自己的学习成果，小白在老师的指导下，规划设计了一个企业网组建方案，并独立完成了网络的组建与实施。

9.1 企业网需求分析

在这个信息化大发展的时代，为满足日益增长的通信需求，现在的企业网建设在网络带宽、可靠性、安全性等方面有更高的要求，因此，在进行网络规划设计之前，首先应该对企业的网络需求进行调研分析。

V9-1 企业网需求分析

一般的网络需求分析至少应包括如下 4 个方面。

1. 拓扑需求分析

企业网的拓扑需求分析主要包括节点地理位置分布、组织或部门分布、用户分布等，即企业网有哪些部门、各部门有多少人员（终端），以及这些部门和人员的地理分布情况。

2. 带宽需求分析

根据部门和人员的应用需求估算带宽需求，目前的企业网组建中心节点通常应具有万兆级带宽处理能力，在总体带宽设计时还须考虑保留未来中远期的可扩展能力。

3. 稳定性需求分析

企业网应具备稳定性设计，以确保网络通信的实时畅通，保障企业生产运营的正常进行。企业网的稳定性需求包括设备可靠性、链路可靠性、业务可靠性等。也就是说，核心设备及链路需要具有一定的冗余度，并在核心设备出现故障进行切换时，能够保障业务正常运行。

4. 安全性需求分析

现在的企业网应提供完善的网络安全解决方案，以阻止病毒和黑客的攻击，避免因网络安全问题导致企业经济损失。企业网的安全性一般可通过部署防火墙、IDS、杀毒软件等安全措施来实现，当然，更安全的做法是建立一整套安全控制方案，包括用户接入控制、主动识别和抑制病毒等。

9.2 企业网规划设计

企业网规划设计是在需求分析的基础上，对企业网的拓扑、网络地址、技术方案等进行规划设计。网络规划设计一般应遵循以下原则。

V9-2 企业网规划设计

1. 先进性和成熟性

网络规划设计要保证网络的先进性和成熟性。先进性指的是网络系统的性能不仅要满足当前企业需求，还应有充分的业务冗余，以保证系统能适应未来中远期的需求扩展，具体扩展能力应结合经济成本综合考虑；成熟性则指为保障网络的可靠性，尽可能采用成熟的组网技术和方案，包括成熟的产品、完善的标准和稳定的市场供给等。

2. 安全性和可靠性

安全性和可靠性是网络系统规划与设计的重要原则之一。为了保证各项业务应用，网络必须具有高可靠性，尽量避免系统出现单点故障，防止非法环路及广播风暴。在对网络结构、网络设备等进行高可靠性设计的基础上，采用先进的网络管理技术，实时采集并统计网络信息流量，监控网络运行状态，及时查找并排除故障。同时，采用必要的安全措施，如在局域网和广域网互连节点上设置防火墙，在多层次上以多种方式实现安全性控制等，以抵御来自网络内部或外部的威胁。

3. 开放性和可扩展性

为充分保证网络在可预见期间发展和扩大的能力，网络系统应具有良好的开放性和可扩展性，以适应未来网络节点、业务量的增长以及业务类型的扩展等。

4. 可管理性和可维护性

网络系统本身具有一定的复杂性，随着业务的不断发展，网络管理的任务必定会日趋繁重，所以在网络的规划设计中，必须建立一套全面的网络管理解决方案。网络设备应采用智能化、可管理的设备，同时采用先进的网络管理软件，对网络实行分布式管理。通过先进的管理策略、管理工具提高网络运行的可管理性和可维护性，简化网络的维护工作。

5. 经济性和实用性

网络系统的规划设计应根据用户需求，充分考虑资金投入能力，以较高的性价比构建网络系统，即在满足系统性能并考虑到在可预见期间内仍不失其先进性的前提下，尽量使整个系统投资合理且实用性强。

9.2.1 企业网拓扑结构设计

企业网的拓扑结构一般采用层次化结构设计，通常包括核心层、汇聚层和接入层 3 个层次，也称 3 层网络结构，如图 9-1 所示。

在图 9-1 中，核心层一般采用高性能网络设备，以提供高速可靠的传输能力；汇聚层将接入层的流量进行汇聚处理后再转发给核心层，以减轻核心层设备的负荷；而接入层直接连接各种用户终端，将分布在不同位置的各种用户终端接入网络中。当然，在实际应用中，层次化结构设计可根据实际需求灵活处理，例如，有些网络规模较小的企业网可以将核心层和汇聚层合并以简化网络结构，节约经济成本。

层次化结构设计对网络进行了分层，在一定程度上降低了网络整体的复杂性，简化了网络配置，使得网络更易于维护和管理。此外，各层之间具有一定的独立性，方便后期进行升级和改造，不会互相影响，实施起来更为简捷。

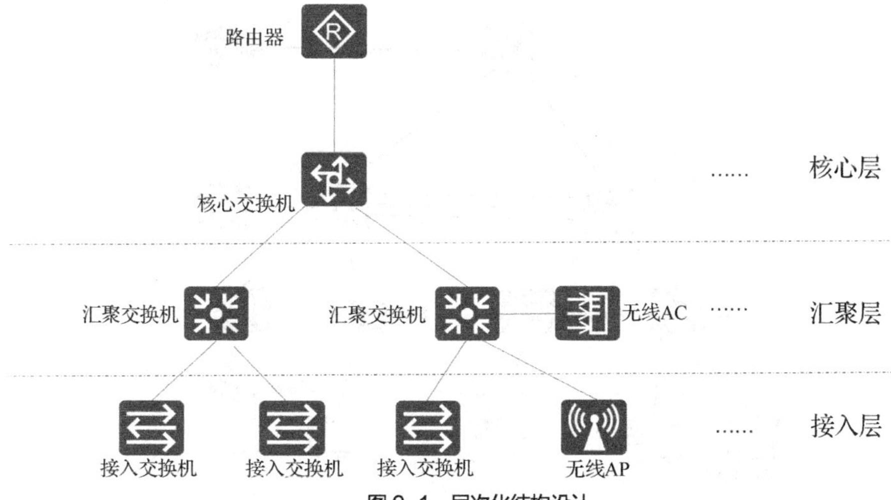

图 9-1　层次化结构设计

9.2.2　企业网设备选型

目前全球有许多供应网络设备的厂商，在选择产品供应商时，应选择在国内外市场占有份额较大的公司，包括华为、思科、新华三、锐捷等，大多数国内企业组建网络时会选择这些厂商。

企业网是企业重要的信息基础设施，是企业信息化建设的基石。因此，在设备选型时需综合考虑企业网建设的中短期目标，在网络技术、产品选用、系统管理与服务、系统应用等多个方面具有前瞻性，在预算的建设成本内完成网络建设，确保企业网具备良好的稳定性、可靠性和安全性。

核心层是网络的主干部分，其主要功能是通过高速转发通信，提供快速、可靠的骨干传输结构。因此，核心层的交换机和路由器应拥有更高的可靠性、性能和吞吐量。网络的接入层是直接面向用户连接或访问网络的部分，其目的是允许终端用户连接到网络。因此，接入交换机需要具备低成本和高端口密度的特性。汇聚层位于核心层和接入层之间，汇聚交换机是多台接入交换机的汇聚点，它必须能够处理来自接入层设备的所有通信量，并提供到核心层的上行链路。因此，与接入交换机相比，汇聚交换机需要更高的性能、更少的接口和更高的交换速率。

在实际组建网络时，除了核心层、汇聚层和接入层设备之外，还需要对外网接入设备进行选型。外网接入设备提供内网与外网通信的接口，是内外网络之间信息交换的重要通道，为提高网络安全性，一般选用防火墙产品。

9.3 企业网组建实施

本节以一个中小企业的网络建设为案例，介绍企业网组建的实施流程。假定网管小白所在的 A 公司新入驻了一栋办公大楼，为满足日常的办公需求，公司已经申请了无源光网络（Passive Optical Network，PON）接入，带宽为 1Gbit/s，拨号账号为“baixiaobai@163.gd”，密码为“baixiaobai@123”。现在公司决定为研发部、综管部和财务部等各部门组建企业网，希望所有员工都能无障碍接入互联网。其中，为方便研发部开展业务，需要同时部署有线和无线接入方式，并可通过 DHCP 自动获取 IP 地址。此外，为便于后期维护管理，小白希望可以在综管部的网管服务器上对交换机和防火墙进行远程登录管理。A 公司的网络拓扑如图 9-2 所示。

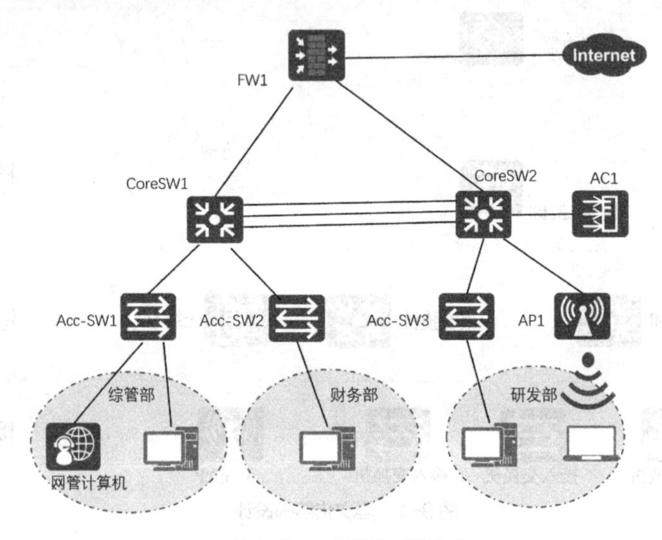

图 9-2　A 公司的网络拓扑

如图 9-2 所示，两台核心交换机（CoreSW1 和 CoreSW2）之间采用 3 条链路进行连接，使用链路聚合技术以防止单链路故障导致网络中断。研发部为实现员工的移动办公，部署了 DHCP 服务器，并进行了无线覆盖。使用防火墙（FW1）作为企业网边缘设备，配置 PPPoE 拨号，接入运营商网络，同时配置安全策略保护内网，阻断来自互联网的黑客攻击与威胁，核心交换机和防火墙之间实现三层互连，配置静态路由以实现全网互通。此外，所有交换机启动 Telnet 服务，便于小白进行远程管理。

综上所述，本项目的实施具体分为以下工作任务。

① 方案规划与设计：根据需求分析和网络拓扑结构进行方案规划和设计。

② 企业网项目实施：根据规划完成设备安装、连接与调试。

③ 项目测试：业务测试与验收。

9.3.1 方案规划与设计

1. 拓扑规划

根据前文的需求分析，对网络拓扑进行详细规划设计，具体如图 9-3 所示。核心交换机 CoreSW1 和 CoreSW2 之间使用 3 条链路互连，使用链路聚合提高链路带宽，并配置为静态 LACP 模式，成员接口间实现 2：1 备份。核心交换机和防火墙之间使用 IP 地址互连，配置静态路由实现内网全网互通。

防火墙上配置 PPPoE 拨号接入互联网，并配置基于 IP 地址和端口的安全策略。研发部同时部署有线和无线接入，无线接入采用 FIT AP+AC 解决方案，AC 采用旁挂二层组网，AC 上配置 DHCP 服务以为 AP 分配 IP 地址，核心交换机 CoreSW2 配置 DHCP 服务以为所有有线和无线终端分配 IP 地址。

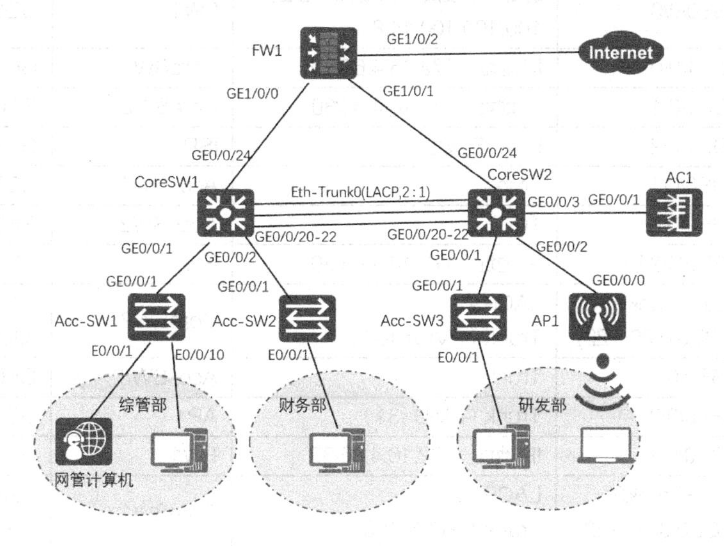

图 9-3　A 公司的网络拓扑规划

2. 参数规划

根据项目需求分析及项目拓扑规划，本项目相应的 VLAN 规划、设备管理规划、端口使用规划、IP 地址规划及 Telnet 服务规划分别如表 9-1～表 9-5 所示。

表 9-1　VLAN 规划

VLAN ID	VLAN 描述	网段	VLAN 使用部门或设备
10	IMD	172.16.1.0/24	综管部
20	FD	172.16.2.0/24	财务部
30	RD	172.16.3.0/24	研发部
31	AC&AP	172.16.4.128/28	研发部 AC 及 AP
100	NM	172.16.4.0/26	设备管理
200	CoreSW1-FW1	172.16.4.66/30	交换机 CoreSW1 与防火墙 FW1 互连
	CoreSW2-FW1	172.16.4.70/30	交换机 CoreSW2 与防火墙 FW1 互连

表 9-2　设备管理规划

设备类型	型号	设备命名	登录密码	超级用户密码
防火墙	USG6000E	FW1	xiaobai@123	xiaobai@123A
核心交换机	S5700	CoreSW1	xiaobai@123	xiaobai@123A
核心交换机	S5700	CoreSW2	xiaobai@123	xiaobai@123A
接入交换机	S3700	Acc-SW1	xiaobai@123	xiaobai@123A
接入交换机	S3700	Acc-SW2	xiaobai@123	xiaobai@123A
接入交换机	S3700	Acc-SW3	xiaobai@123	xiaobai@123A
无线控制器	AC6005	AC1	xiaobai@123	xiaobai@123A
无线接入点	AC5030	AP1	xiaobai@123	xiaobai@123A

表 9-3　端口使用规划

本端设备	本端端口	端口配置	对端设备	对端端口
ISP	GE0/0/0	绑定 VT 接口。VT 的 IP 地址：100.100.100.1/28	FW1	GE1/0/2
FW1	GE1/0/0	IP 地址：172.16.4.65/30	CoreSW1	GE0/0/24
	GE1/0/1	IP 地址：172.16.4.69/30	CoreSW2	GE0/0/24
	GE1/0/2	PPPoE 拨号	ISP	GE0/0/0
CoreSW1	GE0/0/1	Trunk	Acc-SW1	GE0/0/1
	GE0/0/2	Trunk	Acc-SW2	GE0/0/1
	GE0/0/24	IP 地址：172.16.4.66/30	FW1	GE1/0/0
	Eth-Trunk0 (GE0/0/20～22)	LACP,2:1 Trunk（PVID=100）	CoreSW2	Eth-Trunk0 (GE0/0/20～22)
CoreSW2	GE0/0/1	Trunk	Acc-SW3	GE0/0/1
	GE0/0/2	Trunk（PVID=31）	AP1	GE0/0/0
	GE0/0/24	IP 地址：172.16.4.66/30	FW1	GE1/0/1
	Eth-Trunk0 (GE0/0/20～22)	LACP，2：1 Trunk（PVID=100）	CoreSW1	Eth-Trunk0 (GE0/0/20～22)
Acc-SW1	GE0/0/1	Trunk	CoreSW1	GE0/0/1
	E0/0/1～5	VLAN 100	综管部网管端口	
	E0/0/6～20	VLAN 10	综管部普通端口	
Acc-SW2	GE0/0/1	Trunk	CoreSW1	GE0/0/2
	E0/0/1～20	VLAN 20	财务部	
Acc-SW3	GE0/0/1	Trunk	CoreSW2	GE0/0/1
	E0/0/1～20	VLAN 30	研发部	
AC1	GE0/0/1	Trunk	CoreSW2	GE0/0/3
AP1	GE0/0/0	Hybrid	CoreSW2	GE0/0/2

表 9-4　IP 地址规划

设备名	端口	IP 地址	用途
FW1	GE1/0/0	172.16.4.65/30	与 CoreSW1 互连
	GE1/0/1	172.16.4.69/30	与 CoreSW2 互连
	GE1/0/2	PPPoE 拨号	ISP 提供的 PON 接入
CoreSW1	VLANIF 10	172.16.1.1/24	综管部网关
	VLANIF 20	172.16.2.1/24	财务部网关
	VLANIF 100	172.16.4.1/24	设备管理网关
CoreSW2	VLANIF 30	172.16.3.1/24	研发部网关
	VLANIF 100	172.16.4.2/24	设备管理地址
Acc-SW1	VLANIF 100	172.16.4.3/24	设备管理地址
Acc-SW2	VLANIF 100	172.16.4.4/24	设备管理地址
Acc-SW3	VLANIF 100	172.16.4.5/24	设备管理地址
AC1	VLANIF 31	172.16.4.129/31	无线 AP 的 DHCP 服务器

表 9-5 Telnet 服务规划

设备名	VTY 认证方式	登录用户名	密码	用户等级
Core-SW1	AAA	xiaobai	xiaobai@123	0
Core-SW2	AAA	xiaobai	xiaobai@123	0
Acc-SW1	AAA	xiaobai	xiaobai@123	0
Acc-SW2	AAA	xiaobai	xiaobai@123	0
Acc-SW3	AAA	xiaobai	xiaobai@123	0

9.3.2 企业网项目实施

任务一 VLAN 配置

【任务描述】

部署设备管理与各部门的局域网，主要包括在核心交换机、各部门接入交换机及无线 AC 上创建 VLAN，并将接入交换机的端口划分给相应的 VLAN。

【任务实施】

（1）在交换机和 AC 上创建 VLAN 并配置描述信息。

① 在 CoreSW1 上创建 VLAN 并配置描述信息。

```
<Huawei>system-view
[Huawei]sysname CoreSW1
[CoreSW1]vlan 10
[CoreSW1-vlan10]description IMD
[CoreSW1]vlan 20
[CoreSW1-vlan20]description FD
[CoreSW1]vlan 100
[CoreSW1-vlan100]description NM
[CoreSW1]vlan 200
[CoreSW1-vlan200]description CoreSW1-FW1
```

② 在 CoreSW2 上创建 VLAN 并配置描述信息。

```
<Huawei>system-view
[Huawei]sysname CoreSW2
[CoreSW2]vlan 30
[CoreSW2-vlan10]description RD
[CoreSW2]vlan 31
[CoreSW2-vlan20]description AC&AP
[CoreSW2]vlan 100
[CoreSW2-vlan100]description NM
[CoreSW2]vlan 200
[CoreSW1-vlan200]description CoreSW2-FW1
```

③ 在接入交换机上创建 VLAN 并配置描述信息。

```
<Huawei>system-view
```

```
[Huawei]sysname Acc-SW1
[Acc-SW1]vlan 10
[Acc-SW1-vlan10]description IMD
[Acc-SW1]vlan 100
[Acc-SW1-vlan100]description NM

<Huawei>system-view
[Huawei]sysname Acc-SW2
[Acc-SW2]vlan 20
[Acc-SW2-vlan20]description FD
[Acc-SW2]vlan 100
[Acc-SW2-vlan100]description NM

<Huawei>system-view
[Huawei]sysname Acc-SW3
[Acc-SW3]vlan 30
[Acc-SW3-vlan30]description  RD
[Acc-SW3]vlan 100
[Acc-SW3-vlan100]description NM
```

④ 在 AC1 上创建 VLAN 并配置描述信息。

```
<Huawei>system-view
[Huawei]sysname AC1
[AC1]vlan 31[AC1-vlan31]description AC&AP
```

（2）在交换机上将端口划分给 VLAN。

① 在核心交换机上将端口划分给 VLAN。

```
[CoreSW1]int GigabitEthernet 0/0/24
[CoreSW1-GigabitEthernet0/0/24]port link-type access
[CoreSW1-GigabitEthernet0/0/24]port default vlan 200
[CoreSW1-GigabitEthernet0/0/24]quit

[CoreSW2]int GigabitEthernet 0/0/24
[CoreSW2-GigabitEthernet0/0/24]port link-type access
[CoreSW2-GigabitEthernet0/0/24]port default vlan 200
[CoreSW2-GigabitEthernet0/0/24]quit
```

② 在接入交换机上将端口划分给 VLAN。

```
[Acc-SW1]port-group vlan10
[Acc-SW1-port-group-vlan10]group-member  Ethernet 0/0/6 to Ethernet 0/0/20
[Acc-SW1-port-group-vlan10]port link-type  access
[Acc-SW1-port-group-vlan10]port default  vlan 10
```

```
[Acc-SW1-port-group-vlan10]quit

[Acc-SW1]port-group vlan100
[Acc-SW1-port-group-vlan100]group-member  Ethernet 0/0/1 to Ethernet 0/0/5
[Acc-SW1-port-group-vlan100]port link-type  access
[Acc-SW1-port-group-vlan100]port default  vlan 100
[Acc-SW1-port-group-vlan100]quit

[Acc-SW2]port-group vlan20
[Acc-SW2-port-group-vlan20]group-member  Ethernet 0/0/1 to Ethernet 0/0/20
[Acc-SW2-port-group-vlan20]port link-type  access
[Acc-SW2-port-group-vlan20]port default  vlan 20
[Acc-SW2-port-group-vlan20]quit

[Acc-SW3]port-group vlan30
[Acc-SW3-port-group-vlan30]group-member  Ethernet 0/0/1 to Ethernet 0/0/20
[Acc-SW3-port-group-vlan30]port link-type  access
[Acc-SW3-port-group-vlan30]port default  vlan 30
[Acc-SW3-port-group-vlan30]quit
```

【任务验证】

（1）在各交换机上执行【display vlan】命令，查看 VLAN 创建及描述信息配置是否生效。

（2）在接入交换机上执行【display port vlan active】命令，查看基于端口划分的 VLAN 的状态。

任务二　以太网配置

【任务描述】

在核心交换机之间配置 3 条链路的链路聚合，提高核心交换机互连带宽，在所有交换机上部署 Trunk 链路，实现交换机之间的互连及 VLAN 的互通。

【任务实施】

（1）核心交换机间配置链路聚合。

① 配置核心交换机链路聚合，采用静态 LACP 模式。

```
[CoreSW1]interface Eth-Trunk 0
[CoreSW1-Eth-Trunk0]mode  lacp-static
[CoreSW1-Eth-Trunk0]trunkport GigabitEthernet  0/0/20 to 0/0/21
[CoreSW1-Eth-Trunk0]quit

[CoreSW2]interface Eth-Trunk 0
[CoreSW2-Eth-Trunk0]mode  lacp-static
[CoreSW2-Eth-Trunk0]trunkport GigabitEthernet  0/0/20 to 0/0/21
[CoreSW2-Eth-Trunk0]quit
```

② 配置核心交换机 CoreSW1 优先级为 100，使其成为主动端，并配置活动接口上限阈值为 2，即正常状态下有两条活动链路及一条冗余备份链路。

```
[CoreSW1]lacp priority 100
[CoreSW1]interface Eth-Trunk 0
[CoreSW1-Eth-Trunk0]max active-linknumber  2
```

（2）部署交换机 Trunk 链路。

① 配置核心交换机。

```
[CoreSW1]interface GigabitEthernet 0/0/1
[CoreSW1-GigabitEthernet0/0/1]port link-type trunk
[CoreSW1-GigabitEthernet0/0/1]port trunk allow-pass vlan all
[CoreSW1-GigabitEthernet0/0/1]quit

[CoreSW1]interface GigabitEthernet 0/0/2
[CoreSW1-GigabitEthernet0/0/2]port link-type trunk
[CoreSW1-GigabitEthernet0/0/2]port trunk allow-pass vlan all
[CoreSW1-GigabitEthernet0/0/2]quit

[CoreSW1]interface Eth-Trunk 0
[CoreSW1-Eth-Trunk0]port link-type trunk
[CoreSW1-Eth-Trunk0]port trunk pvid vlan 100
[CoreSW1-Eth-Trunk0]port trunk allow-pass vlan all

[CoreSW2]interface GigabitEthernet 0/0/1
[CoreSW2-GigabitEthernet0/0/1]port link-type trunk
[CoreSW2-GigabitEthernet0/0/1]port trunk allow-pass vlan all
[CoreSW2-GigabitEthernet0/0/1]quit

[CoreSW2]interface GigabitEthernet 0/0/2
[CoreSW2-GigabitEthernet0/0/2]port link-type trunk
[CoreSW2-GigabitEthernet0/0/2]port trunk pvid vlan 31
[CoreSW2-GigabitEthernet0/0/2]port trunk allow-pass vlan all
[CoreSW2-GigabitEthernet0/0/2]quit
[CoreSW2]interface GigabitEthernet 0/0/3
[CoreSW2-GigabitEthernet0/0/3port link-type trunk
[CoreSW2-GigabitEthernet0/0/3]port trunk allow-pass vlan all
[CoreSW2-GigabitEthernet0/0/3]quit

[CoreSW2]interface Eth-Trunk 0
[CoreSW2-Eth-Trunk0]port link-type trunk
[CoreSW2-Eth-Trunk0]port trunk pvid vlan 100
```

```
[CoreSW2-Eth-Trunk0]port trunk allow-pass vlan all
```

② 配置无线控制器。

```
[AC1]interface GigabitEthernet 0/0/1
[AC1-GigabitEthernet0/0/1]port link-type trunk
[AC1-GigabitEthernet0/0/1]port trunk allow-pass vlan all
```

③ 配置接入交换机。

```
[Acc-SW1]interface GigabitEthernet 0/0/1
[Acc-SW1-GigabitEthernet0/0/1]port link-type trunk
[Acc-SW1-GigabitEthernet0/0/1]port trunk allow-pass vlan all

[Acc-SW2]interface GigabitEthernet 0/0/1
[Acc-SW2-GigabitEthernet0/0/1]port link-type trunk
[Acc-SW2-GigabitEthernet0/0/1]port trunk allow-pass vlan all

[Acc-SW3]interface GigabitEthernet 0/0/1
[Acc-SW3-GigabitEthernet0/0/1]port link-type trunk
[Acc-SW3-GigabitEthernet0/0/1]port trunk allow-pass vlan all
```

【任务验证】

（1）在核心交换机上先后执行【display eth-trunk 0】【display interface eth-trunk 0】命令，查看链路聚合端口的配置信息和状态信息。

（2）在各交换机上执行【display port vlan active】命令，查看端口 VLAN 配置信息。

任务三　IP 业务配置

【任务描述】

在防火墙、核心交换机和无线控制器上配置 IP 地址，在核心交换机 CoreSW2 上启用 DHCP 服务为研发部终端分配 IP 地址，在无线控制器 AC1 上启用 DHCP 服务为 AP1 分配 IP 地址。

【任务实施】

（1）在交换机和无线控制器上启用 VLANIF 虚拟接口并配置 IP 地址。

① 在核心交换机上配置 IP 地址。

```
[CoreSW1]interface Vlanif10
[CoreSW1-Vlanif10]ip address 172.16.1.1 24
[CoreSW1]interface Vlanif20
[CoreSW1-Vlanif20]ip address 172.16.2.1 24
[CoreSW1]interface Vlanif100
[CoreSW1-Vlanif100]ip address 172.16.4.1 26
[CoreSW1]interface Vlanif200
[CoreSW1-Vlanif200]ip address 172.16.4.66 30

[CoreSW2]interface Vlanif30
[CoreSW2-Vlanif30]ip address 172.16.3.1 24
[CoreSW2]interface Vlanif100
[CoreSW2-Vlanif100]ip address 172.16.4.2 26
```

```
[CoreSW2]interface Vlanif200
[CoreSW2-Vlanif200]ip address 172.16.4.70 30
```

② 在接入交换机上配置 IP 地址。

```
[Acc-SW1]interface Vlanif100
[Acc-SW1-Vlanif100]ip address  172.16.4.3 26

[Acc-SW2]interface Vlanif100
[Acc-SW2-Vlanif100]ip address  172.16.4.4 26

[Acc-SW3]interface Vlanif100
[Acc-SW3-Vlanif100]ip address  172.16.4.5 26
```

③ 在无线控制器 AC1 上配置 IP 地址。

```
[AC1]interface vlanif31
[AC1-Vlanif31]ip address 172.16.4.129 28
```

（2）在防火墙 FW1 上配置 IP 地址并划分安全区域。

```
<USG6000V1>system-view
[USG6000V1]sysname FW1
[FW1]interface GigabitEthernet 1/0/0
[FW1-GigabitEthernet1/0/0]ip address 172.16.4.65 30
[FW1-GigabitEthernet1/0/0]quit
[FW1]interface GigabitEthernet 1/0/1
[FW1-GigabitEthernet1/0/1]ip address 172.16.4.69 30
[FW1-GigabitEthernet1/0/9]quit
```

（3）在核心交换机 CoreSW2 上启用 DHCP 服务。

```
[CoreSW2]interface Vlanif30
[CoreSW2-Vlanif30]dhcp select interface
```

（4）在无线控制器 AC1 上启用 DHCP 服务器。

```
[AC1]interface vlanif31
[AC1-Vlanif31]dhcp select interface
```

（5）在 ISP 路由器（模拟运营商）上配置环回接口地址。

```
<Huawei>system-view
[Huawei]sysname ISP
[ISP]interface LoopBack 0
[ISP-LoopBack0]ip address 60.60.60.60 32
```

【任务验证】

（1）在所有设备上执行【display ip interface brief】命令，查看 IP 地址配置情况。

（2）在核心交换机 CoreSW1 上执行【display ip pool interface vlanif30】命令，查看该接口的 IP 地址池信息。

（3）在无线控制器 AC1 上执行【display ip pool interface vlanif31】命令，查看该接口的 IP 地址池信息。

任务四　静态路由配置

【任务描述】

本项目中，防火墙和核心交换机采用三层互连，核心交换机上静态配置默认路由以访问外网，而防火墙需静态配置内网 172.16.1.0/21 的回程路由，分别指向核心交换机 CoreSW1 和 CoreSW2，实现负载分担。此外，在核心交换机 CoreSW1 上配置到达研发部网段的静态路由，在核心交换机 CoreSW2 上配置到达综管部和财务部的静态路由。

【任务实施】

（1）在核心交换机上配置默认路由。

```
[CoreSW1]ip route-static  0.0.0.0 0 172.16.4.65
[CoreSW1]ip route-static  172.168.3.0 24 172.168.4.2

[CoreSW2]ip route-static  0.0.0.0 0 172.16.4.69
[CoreSW2]ip route-static  172.168.1.0 24 172.168.4.1
[CoreSW2]ip route-static  172.168.2.0 24 172.168.4.1
```

（2）在防火墙上配置回程路由。

```
[FW1]ip route-static  172.16.1.0 21 172.16.4.66
[FW1]ip route-static  172.16.1.0 21 172.16.4.70
```

【任务验证】

（1）在核心交换机上执行【display ip routing protocol static】命令，查看静态路由配置信息。

（2）在防火墙 FW1 上执行【display ip routing protocol static】命令，查看静态路由配置信息。

任务五　防火墙基本配置

【任务描述】

在防火墙上划分安全区域，配置基于 IP 地址和端口的安全策略，允许内网主机 ping 防火墙，允许内网主机访问外网，拒绝 IP 地址为 172.16.2.22 的财务部主机访问防火墙及外网。

【任务实施】

（1）在防火墙 FW1 上划分安全区域。

```
[FW1]firewall zone trust
[FW1-zone-trust]add interface  GigabitEthernet 1/0/0
[FW1-zone-trust]add interface  GigabitEthernet 1/0/1
[FW1]firewall zone untrust
[FW1-zone-untrust]add interface  GigabitEthernet 1/0/2
```

（2）配置防火墙安全策略。

① 配置安全策略，拒绝财务部主机访问防火墙及内网。

```
[FW1]security-policy
[FW1-policy-security] rule name trust-deny
[FW1-policy-security-rule-trust-deny] source-zone trust
[FW1-policy-security-rule-trust-deny] destination-zone local
[FW1-policy-security-rule-trust-deny] destination-zone untrust
[FW1-policy-security-rule-trust-deny]    source-address    172.16.2.22    mask
255.255.255.255
[FW1-policy-security-rule-trust-deny]  action deny
```

② 配置安全策略，放行内网访问防火墙的 ICMP 报文。

```
[FW1]security-policy
[FW1-policy-security]. rule name ICMP-test
[FW1-policy-security-rule-ping-test] source-zone trust
[FW1-policy-security-rule-ping-test]destination-zone untrust
[FW1-policy-security-rule-ping-test]destination-zone local
[FW1-policy-security-rule-ping-test]service icmp
[FW1-policy-security-rule-ping-test]action  permit
```

（3）配置防火墙安全策略，允许内网访问外网。

```
[FW1-policy-security]rule name  trust-ISP
[FW1-policy-security-rule-trust-ISP]source-zone trust
[FW1-policy-security-rule-trust-ISP]destination-zone untrust
[FW1-policy-security-rule-trust-ISP]action  permit
```

【任务验证】

（1）在防火墙 FW1 上执行【display zone】命令，查看区域划分情况。

（2）内网主机访问防火墙。

① 测试综管部主机能否访问防火墙。

② 测试财务部主机能否访问防火墙。

③ 将财务部主机 IP 地址修改为 172.16.2.22，并再次访问防火墙，查看测试结果。

（3）在防火墙 FW1 上执行【display security-policy rule all】命令，查看安全策略配置信息。

任务六　WLAN 配置

【任务描述】

为便于研发部开展工作，拟在研发部部署无线覆盖，采用无线控制器旁挂直接转发组网方式。对 AC1 配置 DHCP 服务以便为 AP1 提供 IP 地址，研发部移动终端业务 IP 地址由 CoreSW2 提供。

【任务实施】

（1）创建 AP 组，用于将相同配置的 AP 都加入同一 AP 组中。

```
[AC1] wlan
[AC1-wlan-view] ap-group name ap-group1
[AC1-wlan-ap-group-ap-group1] quit
```

（2）创建域管理模板，在域管理模板下配置无线控制器 AC1 的国家码并在无线接入点 AP1 组下引用域管理模板。

```
[AC1-wlan-view] regulatory-domain-profile name default
[AC1-wlan-regulate-domain-default] country-code cn
[AC1-wlan-regulate-domain-default] quit
[AC1-wlan-view] ap-group name ap-group1
[AC1-wlan-ap-group-ap-group1] regulatory-domain-profile default
Warning: Modifying the country code will clear channel, power and antenna gain
configurations of the radio and reset the AP. Continue?[Y/N]:y
[AC1-wlan-ap-group-ap-group1] quit
[AC1-wlan-view] quit
```

（3）配置无线控制器 AC1 的源接口。

```
[AC1] capwap source interface vlanif 31
```

（4）在无线控制器 AC1 上离线加入无线接入点 AP1，此时应先记录 AP1 的 MAC 地址，本例中 AP1 的 MAC 地址为 00-E0-FC-D7-44-60。

```
[AC1] wlan
[AC1-wlan-view] ap auth-mode mac-auth
[AC1-wlan-view] ap-id 0 ap-mac 00E0-FCD7-4460
[AC1-wlan-ap-0] ap-name area_1
[AC1-wlan-ap-0] ap-group ap-group1
Warning: This operation may cause AP reset. If the country code changes, it will
clear channel, power and antenna gain configurations of the radio, Whether to continue?
[Y/N]:y
[AC1-wlan-ap-0] quit
```

将无线接入点 AP1 上电后，执行【display ap all】命令查看 AP 状态，当“State”字段为“nor”时，表示 AP 正常上线。

```
[AC1-wlan-ap-0]display ap all
Info: This operation may take a few seconds. Please wait for a moment.done.
Total AP information:
nor  : normal          [1]
-------------------------------------------------------------------------------
-------------
ID  MAC            Name   Group      IP            Type      State  STA  Upti   me
-------------------------------------------------------------------------------
-------------
0   00e0-fcd7-4460   area_1  ap-group1  172.16.4.137  AP5030DN    nor   1    41S
-------------------------------------------------------------------------------
-------------
Total: 1
```

（5）配置 WLAN 业务参数。

① 创建名为“RD@A”的安全模板，并配置安全策略，安全密钥为“xiaobai@123”。

```
[AC1-wlan-view] security-profile name RD@A
[AC1-wlan-sec-prof-RD@A] security wpa-wpa2 psk pass-phrase xiaobai@123 aes
[AC1-wlan-sec-prof-RD@A] quit
```

② 创建名为“RD@A”的 SSID 模板，并配置 SSID 名称为“RD@A”。

```
[AC1-wlan-view] ssid-profile name RD@A
[AC1-wlan-ssid-prof-RD@A] ssid RD@A
[AC1-wlan-ssid-prof-RD@A] quit
```

③ 创建名为“RD@A”的 VAP 模板，配置业务数据转发模式、业务 VLAN，并引用安全模板和 SSID 模板。

```
[AC-wlan-view] vap-profile name RD@A
[AC-wlan-vap-prof-RD@A] forward-mode direct-forward
```

```
[AC-wlan-vap-prof-RD@A] service-vlan vlan-id 30
[AC-wlan-vap-prof-RD@A] security-profile RD@A
[AC-wlan-vap-prof-RD@A] ssid-profile RD@A
[AC-wlan-vap-prof-RD@A] quit
```

④ 配置AP组引用VAP模板，AP1上的射频0和射频1都使用VAP模板“RD@A”的配置。

```
[AC-wlan-view] ap-group name ap-group1
[AC-wlan-ap-group-ap-group1] vap-profile RD@A wlan 1 radio 0
[AC-wlan-ap-group-ap-group1] vap-profile RD@A wlan 1 radio 1
[AC-wlan-ap-group-ap-group1] quit
```

【任务验证】

（1）在无线控制器AC1上执行【display vap ssid RD@A】命令，查看无线接入点AP1上的VAP创建状态。

（2）STA 搜索到名为“RD@A”的无线网络，输入密码“xiaobai@123”并正常连接后，在无线控制器AC1上执行【display station ssid RD@A】命令，可以查看到用户已经接入无线网络RD@A中。

（3）在STA上测试到防火墙的连通性。

任务七 出口配置

【任务描述】

企业网采用防火墙作为出口设备，采用PPPoE方式接入互联网。防火墙需要完成PPPoE客户端配置，ISP侧需要进行PPPoE服务器配置。在真实组网环境中，PPPoE服务器无须企业网管理员配置，因此本例PPPoE配置可由教师预先完成。

【任务实施】

（1）在ISP路由器上完成PPPoE服务器配置。

```
[ISP]ip pool pool1
[ISP-ip-pool-pool1]network 100.100.100.0 mask 28
[ISP-ip-pool-pool1]gateway-list 100.100.100.1
[ISP-ip-pool-pool1]dns-list 202.96.134.133
[ISP-ip-pool-pool1]quit
[R3]interface Virtual-Template 1
[ISP-Virtual-Template1]ppp authentication-mode chap
[ISP-Virtual-Template1]ip address 100.100.100.1 255.255.255.240
[ISP-Virtual-Template1]remote address pool pool1
[ISP-Virtual-Template1]quit

[ISP]interface GigabitEthernet 0/0/0
[ISP-GigabitEthernet0/0/0]pppoe-server bind virtual-template 1
[ISP-GigabitEthernet0/0/0]quit
[ISP]aaa
[ISP-aaa]local-user baixiaobai@163.gd password cipher xiaobai@123
[ISP-aaa]local-user baixiaobai service-type ppp
```

（2）在防火墙FW1上完成PPPoE客户端配置。

```
[FW1]dialer-rule 1 ip permit
```

```
[FW1]interface Dialer 1
[FW1-Dialer1]ppp chap  user  baixiaobai@163.gd
[FW1-Dialer1]ppp chap password cipher xiaobai@123
[FW1-Dialer1]dialer user  user1
[FW1-Dialer1]ip address ppp-negotiate
[FW1-Dialer1]ip address ppp-negotiate
[FW1-Dialer1]dialer-group  1
[FW1-Dialer1]quit
[FW1]interface GigabitEthernet 1/0/2
[FW1-GigabitEthernet1/0/2]pppoe-client dial-bundle-number 1
```

（3）在防火墙 FW1 上将拨号接口 Dialer1 加入 untrust 区域，并配置静态路由通过拨号接口访问互联网。

```
[FW1]firewall zone untrust
[FW1-zone-untrust]add  interface  Dialer 1
[FW1]ip route-static 0.0.0.0 0 Dialer 1
```

（4）在防火墙 FW1 上配置 Easy-IP 方式的 NAT（该部分内容本书未做讨论，有兴趣的读者可以自行查阅相关资料）。

```
[FW1]nat-policy
[FW1-policy-nat]rule name trust-NAT
[FW1-policy-nat-rule-trust-NAT]source-address any
[FW1-policy-nat-rule-trust-NAT]action  source-nat  easy-ip
```

【任务验证】

（1）在防火墙 FW1 上执行【display pppoe-client session summary】命令，查看 PPPoE 客户端会话的状态和配置信息。

（2）在防火墙 FW1 上执行【display ip routing-able protocol static】命令，查看路由信息。

（3）在防火墙 FW1 上执行【display nat-policy rule name trust-NAT】命令，查看 NAT 配置信息。

（4）在内网客户端上测试到外网 60.60.60.60 的连通性。

① 综管部主机连通性测试。

② 财务部主机访问防火墙 FW1。

③ 将财务部主机 IP 地址修改为 172.16.2.22，并再次访问防火墙。

④ 研发部 PC 和 STA 连通性测试。

任务八　Telnet 服务配置

【任务描述】

根据表 9-2 和表 9-5 在交换机上配置 Telnet 服务，使得网管计算机可通过 Telnet 服务远程登录交换机并进行远程管理。

【任务实施】

该部分对 5 台交换机的配置完全一致，这里仅介绍核心交换机 CoreSW1 上的配置，其他交换机的配置请读者自行参考完成。

（1）创建 Telnet 服务的用户名和密码。

```
[CoreSW1]aaa
[CoreSW1-aaa]local-user xiaobai password cipher xiaobai@123
```

```
[CoreSW1-aaa]local-user xiaobai service-type telnet
```

（2）设置超级用户密码和用户级别。

```
[CoreSW1]super  password level  3 cipher  xiaobai@123A
```

（3）配置基本 ACL，定义规则允许小白所在的综管部网段连接，其他网段全部拒绝。

```
[CoreSW1]acl number 2000
[CoreSW1-acl-basic-2000] rule 5 permit source 172.16.4.0 0.0.0.63
[CoreSW1-acl-basic-2000] rule 10 deny
```

（4）配置 VTY 接口。

```
[CoreSW1]user-interface vty  0 4
[CoreSW1-ui-vty0-4]authentication-mode  aaa
[CoreSW1-ui-vty0-4]acl 2000 inbound
[CoreSW1-ui-vty0-4]user privilege level  0
```

【任务验证】

在交换机上执行【display telnet server status】命令，查看 Telnet 服务的状态信息。

9.3.3 项目测试

1. 研发部互联网接入测试

（1）有线接入方式。

① 在研发部 PC 上配置 IP 地址为自动获取方式，执行【ipconfig】命令，查看获取的 IP 地址。

```
PC>ipconfig

Link local IPv6 address...........: fe80::5689:98ff:fea8:25e8
IPv6 address......................: :: / 128
IPv6 gateway......................: ::
IPv4 address......................: 172.16.3.254
Subnet mask.......................: 255.255.255.0
Gateway...........................: 172.16.3.1
Physical address..................: 54-89-98-A8-25-E8
DNS server........................: 202.96.134.133
```

② 在研发部 PC 上测试外网连通性。

```
PC>ping 60.60.60.60

Ping 60.60.60.60: 32 data bytes, Press Ctrl_C to break
From 60.60.60.60: bytes=32 seq=1 ttl=253 time=78 ms
From 60.60.60.60: bytes=32 seq=2 ttl=253 time=78 ms
From 60.60.60.60: bytes=32 seq=3 ttl=253 time=62 ms
From 60.60.60.60: bytes=32 seq=4 ttl=253 time=78 ms
From 60.60.60.60: bytes=32 seq=5 ttl=253 time=47 ms

--- 60.60.60.60 ping statistics ---
```

```
5 packet(s) transmitted
5 packet(s) received
0.00% packet loss
round-trip min/avg/max = 47/68/78 ms
```

（2）无线接入方式。

① 在 STA 上配置 IP 地址为自动获取，搜索到名为“RD@A”的无线网络，单击“连接”按钮，如图 9-4 所示。在随后弹出的对话框中输入密码“xiaobai@123”，单击“确定”按钮，完成 STA 无线连接的配置。

图 9-4　无线连接

② 在 STA 上执行【ipconfig】命令，查看获取的 IP 地址。

```
STA>ipconfig

Link local IPv6 address...........: ::
IPv6 address......................: :: / 128
IPv6 gateway......................: ::
IPv4 address......................: 172.16.3.253
Subnet mask.......................: 255.255.255.0
Gateway...........................: 172.16.3.1
Physical address..................: 54-89-98-EA-80-D7
DNS server........................: 202.96.134.133
```

③ 在 STA 上测试到外网连通性。

```
STA>ping 60.60.60.60

Ping 60.60.60.60: 32 data bytes, Press Ctrl_C to break
From 60.60.60.60: bytes=32 seq=1 ttl=253 time=141 ms
```

```
From 60.60.60.60: bytes=32 seq=2 ttl=253 time=140 ms
From 60.60.60.60: bytes=32 seq=3 ttl=253 time=141 ms
From 60.60.60.60: bytes=32 seq=4 ttl=253 time=156 ms
From 60.60.60.60: bytes=32 seq=5 ttl=253 time=125 ms

--- 60.60.60.60 ping statistics ---
  5 packet(s) transmitted
  5 packet(s) received
  0.00% packet loss
  round-trip min/avg/max = 125/140/156 ms
```

2. 财务部互联网接入测试

① 通过静态方式配置财务部PC的IP地址为172.16.2.12/24，网关指向172.16.2.1。

② 测试财务部PC与研发部PC、外网的连通性。

```
PC>ping 172.16.3.254

Ping 172.16.3.254: 32 data bytes, Press Ctrl_C to break
From 172.16.3.254: bytes=32 seq=1 ttl=126 time=109 ms
From 172.16.3.254: bytes=32 seq=2 ttl=126 time=110 ms
From 172.16.3.254: bytes=32 seq=3 ttl=126 time=94 ms
From 172.16.3.254: bytes=32 seq=4 ttl=126 time=125 ms
From 172.16.3.254: bytes=32 seq=5 ttl=126 time=93 ms

--- 172.16.3.254 ping statistics ---
  5 packet(s) transmitted
  5 packet(s) received
  0.00% packet loss
  round-trip min/avg/max = 93/106/125 ms

PC>ping 60.60.60.60

Ping 60.60.60.60: 32 data bytes, Press Ctrl_C to break
From 60.60.60.60: bytes=32 seq=1 ttl=253 time=78 ms
From 60.60.60.60: bytes=32 seq=2 ttl=253 time=63 ms
From 60.60.60.60: bytes=32 seq=3 ttl=253 time=62 ms
From 60.60.60.60: bytes=32 seq=4 ttl=253 time=63 ms
From 60.60.60.60: bytes=32 seq=5 ttl=253 time=78 ms

--- 60.60.60.60 ping statistics ---
  5 packet(s) transmitted
  5 packet(s) received
  0.00% packet loss
```

```
  round-trip min/avg/max = 62/68/78 ms
```

③ 将财务部 PC 的 IP 地址修改为 172.16.2.22/24，网关修改为 172.16.2.1，再次测试与研发部 PC、外网的连通性，此时防火墙 FW1 上的安全策略会拒绝 172.16.2.22 访问外网。

```
PC>ping 172.16.3.254

Ping 172.16.3.254: 32 data bytes, Press Ctrl_C to break
From 172.16.3.254: bytes=32 seq=1 ttl=126 time=109 ms
From 172.16.3.254: bytes=32 seq=2 ttl=126 time=94 ms
From 172.16.3.254: bytes=32 seq=3 ttl=126 time=109 ms
From 172.16.3.254: bytes=32 seq=4 ttl=126 time=94 ms
From 172.16.3.254: bytes=32 seq=5 ttl=126 time=125 ms

--- 172.16.3.254 ping statistics ---
  5 packet(s) transmitted
  5 packet(s) received
  0.00% packet loss
  round-trip min/avg/max = 94/106/125 ms

PC>ping 60.60.60.60

Ping 60.60.60.60: 32 data bytes, Press Ctrl_C to break
Request timeout!
Request timeout!
Request timeout!
Request timeout!
Request timeout!

--- 60.60.60.60 ping statistics ---
  5 packet(s) transmitted
  0 packet(s) received
  100.00% packet loss
```

3. 综管部互联网接入测试

① 通过静态方式配置综管部 PC 的 IP 地址为 172.16.1.11/24，网关指向 172.16.1.1。

② 测试综管部 PC 与财务部 PC、研发部 PC 及外网的连通性。

```
PC>ping 172.16.2.22

Ping 172.16.2.22: 32 data bytes, Press Ctrl_C to break
From 172.16.2.22: bytes=32 seq=1 ttl=127 time=78 ms
From 172.16.2.22: bytes=32 seq=2 ttl=127 time=62 ms
From 172.16.2.22: bytes=32 seq=3 ttl=127 time=78 ms
From 172.16.2.22: bytes=32 seq=4 ttl=127 time=62 ms
```

```
From 172.16.2.22: bytes=32 seq=5 ttl=127 time=78 ms

--- 172.16.2.22 ping statistics ---
  5 packet(s) transmitted
  5 packet(s) received
  0.00% packet loss
  round-trip min/avg/max = 62/71/78 ms
PC>ping 172.16.3.254

Ping 172.16.3.254: 32 data bytes, Press Ctrl_C to break
From 172.16.3.254: bytes=32 seq=1 ttl=126 time=110 ms
From 172.16.3.254: bytes=32 seq=2 ttl=126 time=156 ms
From 172.16.3.254: bytes=32 seq=3 ttl=126 time=94 ms
From 172.16.3.254: bytes=32 seq=4 ttl=126 time=125 ms
From 172.16.3.254: bytes=32 seq=5 ttl=126 time=94 ms

--- 172.16.3.254 ping statistics ---
  5 packet(s) transmitted
  5 packet(s) received
  0.00% packet loss
  round-trip min/avg/max = 94/115/156 ms
PC>ping 60.60.60.60

Ping 60.60.60.60: 32 data bytes, Press Ctrl_C to break
From 60.60.60.60: bytes=32 seq=1 ttl=253 time=62 ms
From 60.60.60.60: bytes=32 seq=2 ttl=253 time=63 ms
From 60.60.60.60: bytes=32 seq=3 ttl=253 time=47 ms
From 60.60.60.60: bytes=32 seq=4 ttl=253 time=62 ms
From 60.60.60.60: bytes=32 seq=5 ttl=253 time=63 ms

--- 60.60.60.60 ping statistics ---
  5 packet(s) transmitted
  5 packet(s) received
  0.00% packet loss
  round-trip min/avg/max = 47/59/63 ms
```

4. 远程登录测试

① 根据拓扑结构配置网管计算机的 IP 地址和网关，如图 9-5 所示。

② 在网管计算机的命令提示符窗口中执行【telnet 172.16.4.1】命令，在进入的登录界面中输入用户名“xiaobai”，密码“xiaobai@123”，即可成功登录，此时用户级别为 Level 0，执行【system-view】命令会发现出错，如图 9-6 所示。

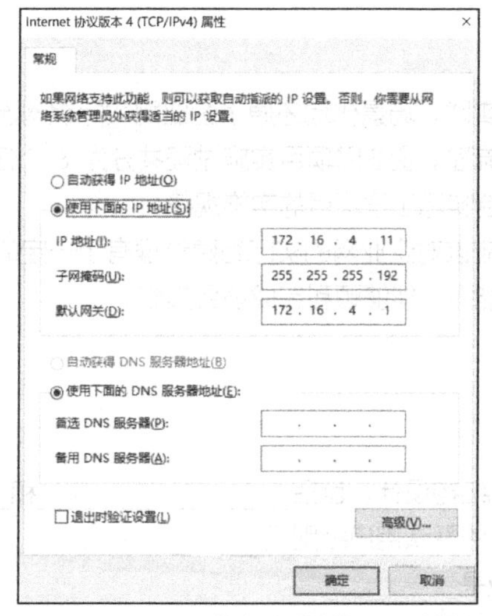

图 9-5　配置网管计算机的 IP 地址和网关

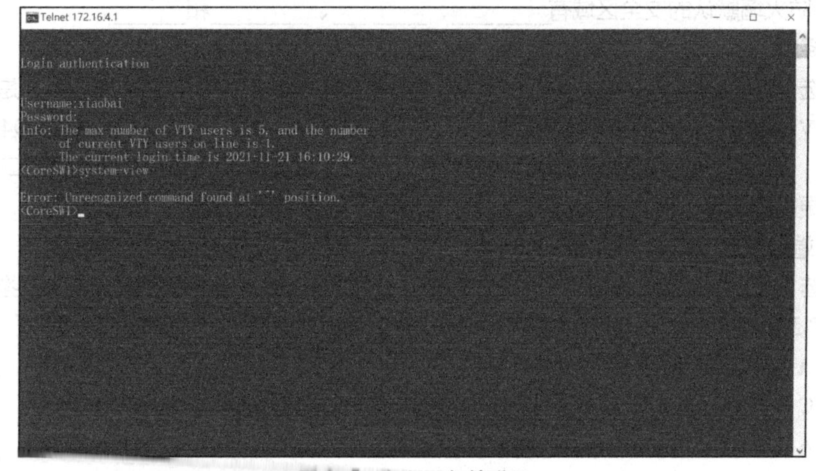

图 9-6　Telnet 初始登录

③ 执行【super】命令，输入超级用户密码“xiaobai@123A”，切换用户级别为 Level 3，再次执行【system-view】命令，此时可以对设备进行配置和管理，如图 9-7 所示。

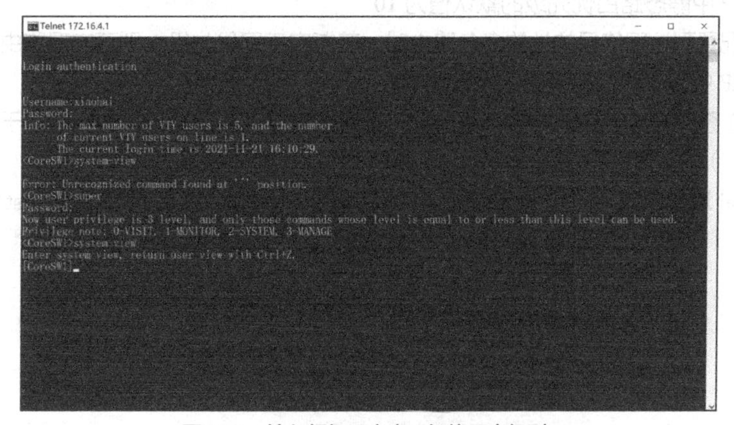

图 9-7　输入超级用户密码切换用户级别

【模块小结】

本模块通过企业网的组建实践，场景化地还原了企业网实际组网流程，包括方案规划与设计、企业网项目实施和项目测试三大流程。企业网项目实施过程共分为 8 个任务，各任务均包含任务描述、任务实施和任务验证过程，符合实际工程项目的实施规律。

通过本模块的学习，读者应该对企业网的实际组建过程有了一定的了解，并能掌握项目中涉及的相关知识点，具备配置和排障能力，能够顺利完成项目实施。

【练习题】

一、填空题

1. 企业网一般采用层次化结构设计，包括________、________和________三层。

2. 华为产品中的超级用户的默认用户级别是______。

3. 静态路由的默认优先级是______。

4. 华为的无线控制器默认使用的 AP 认证模式是______。

5. 华为防火墙默认的安全区域有________、________、________和______。

二、选择题

1.【多选】在 Quidway 系列交换机上，可以通过执行【undo】命令来删除的 VLAN 是（　　）。

A. VLAN 1　　B. VLAN 2　　C. VLAN 1024　　D. VLAN 4094

2.（　　）是将多个端口聚合在一起形成一个汇聚组，以实现出/入负荷在各成员端口中的分担，同时提供了更高的连接可靠性。

A. 端口聚合　　B. 端口绑定　　C. 端口负载均衡　　D. 端口组

3.【多选】某三层交换机连接了 3 个主机用户，分别为 A、B 和 C，若要求 A 与 B 能够二层互通，A、B 能与 C 二层隔离，但是 A、B 能与 C 实现三层互通，则交换机必须要做的配置有（　　）。

A. A 与 B 划分到同一个 VLAN

B. C 划分到与 A、B 不同的另一个 VLAN

C. A、B 主机地址必须在同一网段

D. 交换机上配置两个 VLAN 虚接口，并配置 IP 地址，该地址作为用户的默认网关

4.【多选】关于静态路由优先级的说法正确的有（　　）。

A. 在配置到达同一网络目的地的多条路由时，若指定相同优先级，则可实现负载分担

B. VRP 中静态路由优先级的默认值为 10

C. 在配置到达网络目的地的多条路由时，若指定不同优先级，则可实现路由备份

D. VRP 中静态路由的开销值为零

5. 在 USG 系列防火墙中，将接口添加到安全区域表示该接口所连接的网络属于该区域，接口本身是属于（　　）的。

A. local 域　　B. dmz 域　　C. trust 域　　D. untrust 域